ANÁLISIS MULTIVARIANTE DE DATOS

Aplicaciones con R

César Pérez López

Instituto de Estudios Fiscales (IEF)
Universidad Complutense de Madrid

ANÁLISIS MULTIVARIANTE DE DATOS

Aplicaciones con R

grupo editorial

Análisis Multivariante de Datos. Aplicaciones con R

César Pérez López

ISBN: 978-84-1903-441-0
IBERGARCETA PUBLICACIONES, S.L., Madrid 2024

Edición: 1.ª
Impresión: 1.ª
N.º de páginas: 472
Formato: 17 x 24 cm

Thema: GPH. Análisis de datos: general

COPYRIGHT © 2024 IBERGARCETA PUBLICACIONES, S.L.
info@garceta.es

Análisis Multivariante de Datos. Aplicaciones con R

César Pérez López

1.ª edición,
1.ª impresión
OI: 0031/2024
ISBN: **978-84-1903-441-0**

Deposito Legal: M-1977-2024
Imagen de cubierta: © Fotolia.com

Impresión:

IMPRESO EN ESPAÑA - PRINTED IN SPAIN

ÍNDICE

## Capítulo 1

PRIMEROS CONCEPTOS EN ANÁLISIS MULTIVARIANTE DE DATOS

1.1 INTRODUCCIÓN AL ANÁLISIS MULTIVARIANTE

Al enfrentarse a la realidad de un estudio, el investigador dispone habitualmente de muchas variables medidas u observadas en una colección de individuos, pretende estudiarlas conjuntamente, y acude al Análisis Multivariante. Se encuentra frente a una diversidad de técnicas y debe seleccionar la más adecuada a sus datos, pero, sobre todo, a su objetivo científico. Al observar muchas variables sobre una muestra es presumible que una parte de la información recogida pueda ser redundante, en cuyo caso los *métodos multivariantes de reducción de la dimensión* (métodos que combinan las variables observadas para obtener unas pocas variables ficticias que las representen) tratan de eliminarla. Por otro lado, los individuos pueden presentar ciertas características comunes en sus respuestas, que permitan intentar su *clasificación en grupos de cierta homogeneidad* (analizar las relaciones entre variables para ver si se pueden separar los individuos en agrupaciones a posteriori). Finalmente, podrá existir una variable cuya dependencia de un conjunto de otras sea interesante detectar para analizar su *relación* o, incluso, aventurar su *predicción* cuando las demás sean conocidas.

Por otra parte, el investigador tendrá que considerar si asigna a todas sus variables una importancia equivalente, es decir, si *ninguna variable se destaca como dependiente principal* en el objetivo de la investigación. Si es así, porque maneja simplemente un conjunto de diversos aspectos observados y coleccionados en su muestra, puede acudir para su tratamiento en bloque a lo que podría llamarse *técnicas multivariantes descriptivas o del análisis de la interdependencia (técnicas de aprendizaje no supervisado en el lenguaje del Machine Learning)*.

Y puede hacerlo con dos orientaciones diferentes: por una parte, para *reducir la dimensión de una tabla de datos excesivamente grande* por el elevado número de variables que contiene y quedarse con unas cuantas variables ficticias que, aunque no observadas, sean combinación de las reales y sinteticen la mayor parte de la información contenida en sus datos. También deberá tener en cuenta el tipo de variables que maneja. Si son *variables cuantitativas*, las técnicas que le permiten este tratamiento son el *Análisis de Componentes Principales* y el *Análisis Factorial*, y si son *variables cualitativas*, acudirá al *Análisis de Correspondencias*. La otra orientación posible ante una colección de variables, sin ninguna destacada en dependencia, sería la de *clasificar sus individuos en grupos más o menos homogéneos en relación al perfil* que en aquéllas presenten, en cuyo caso utilizará el *Análisis de Clústeres*, en que los grupos, no definidos previamente, serán configurados por las propias variables que utiliza.

Si no fuera científicamente aceptable una importancia equivalente en las variables que maneja, porque *alguna variable se destaca como dependiente principal* en el objetivo de la investigación, habrá de utilizar *técnicas multivariantes predictivas o del análisis de la dependencia (técnicas de aprendizaje supervisado en el lenguaje del Machine Learning)* considerando la variable dependiente como variable explicada por las demás variables independientes explicativas, y tratando de *relacionar todas las variables* por medio de una posible ecuación o modelo que las ligue. El método elegido sería entonces la *Regresión Lineal*, generalmente con todas las variables cuantitativas. Una vez configurado el modelo matemático se podrá llegar a *predecir el valor de la variable dependiente* conocido el perfil de todas las demás. Si la variable dependiente fuera cualitativa dicotómica (1,0; sí o no) podrá ser utilizada como clasificadora, estudiando su relación con el resto de las variables clasificativas a través de una ecuación de *Regresión Logística*. Si la variable dependiente cualitativa observada constatara la asignación de cada individuo a grupos previamente definidos (dos, o más de dos), puede ser utilizada para *clasificar nuevos casos en que se desconozca el grupo a que probablemente pertenecen*, en cuyo caso estamos ante el *Análisis Discriminante*, que resuelve el importante problema de asignación en función de un perfil cuantitativo de variables clasificativas. Si la variable dependiente es cuantitativa y las explicativas son cualitativas estamos ante los *modelos del análisis de la varianza*, que puede extenderse a los *modelos loglineales* para el análisis de tablas de contingencia de dimensión elevada. El cuadro siguiente permite clasificar las técnicas multivariantes en función del tipo de variables que manejan y del objetivo principal de su tratamiento conjunto.

1.2 CLASIFICACIÓN DE LAS TÉCNICAS DE ANÁLISIS MULTIVARIANTE DE DATOS

1.2.1 Técnicas descriptivas o de aprendizaje no supervisado

Las técnicas descriptivas o de aprendizaje no supervisado más utilizadas en el análisis multivariante de datos son las siguientes:

- Reducción de la dimensión
- Análisis en componentes principales
- Análisis factorial
- Análisis de correspondencias simples
- Análisis de correspondencias múltiples
- Escalamiento multidimensional
- Análisis de correlaciones
- Análisis de asociaciones
- Análisis exploratorio de datos

1.2.2 Técnicas predictivas o de aprendizaje supervisado

Las técnicas predictivas o de aprendizaje supervisado más utilizadas em el análisis multivariante de datos son las siguientes:

- Regresión lineal
- Regresión logística (modelos Logit)
- Regresión probabilística (modelos Probit)
- Modelos lineales generalizados
- Análisis discriminante
- Árboles de decisión
- Redes neuronales

La mayoría de estas técnicas se desarrollan a lo largo de este libro desde un punto de vista metodológico y desde un punto de vista práctico con aplicaciones a través del software R.

1.3 CLASIFICACIÓN DE LAS TÉCNICAS DE ANÁLISIS MULTIVARIANTE DE DATOS POR TIPO DE DATOS

El cuadro siguiente permite clasificar las técnicas de análisis estadístico de datos simultáneamente en función del tipo de variables que manejan y del objetivo principal de su tratamiento conjunto.

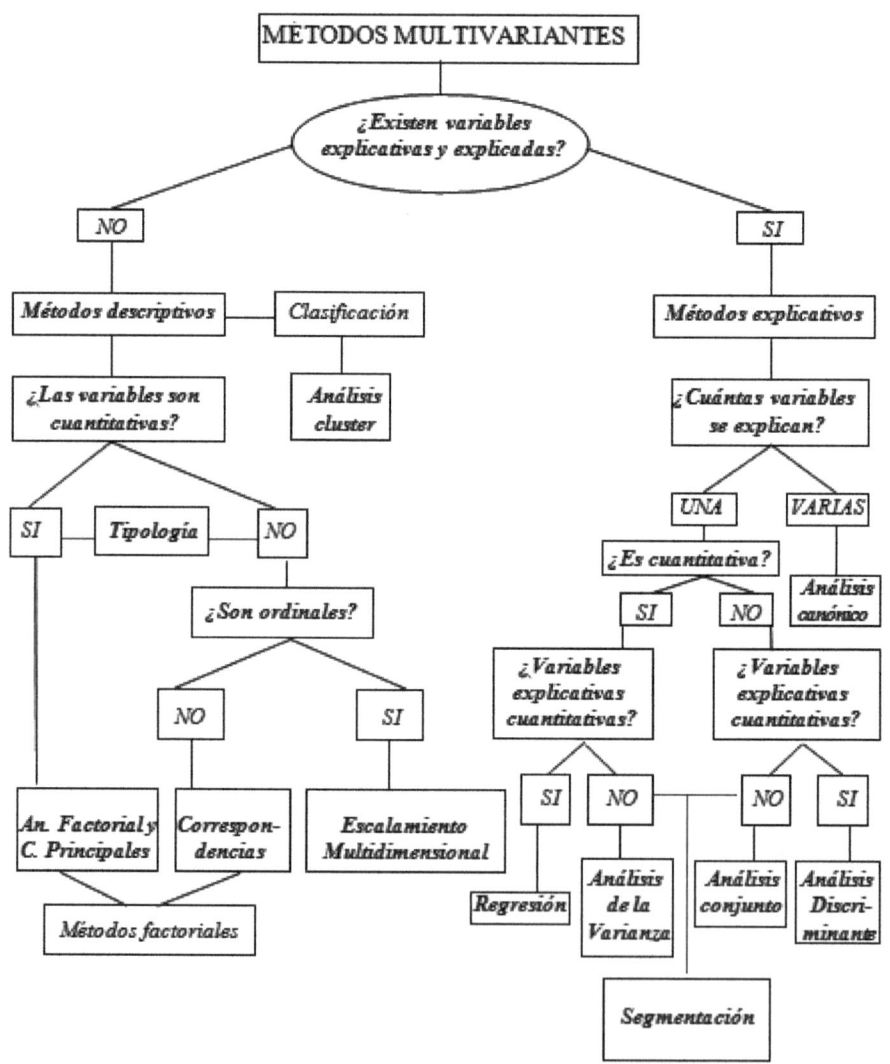

Una panorámica más completa de las técnicas de análisis multivariante de datos desde la óptica del *Machine Learning* sería la siguiente:

Machine Learning
- *Supervised Learning*
  - *Regression*
    - *Linear Models*
    - *Ridge Regression*
    - *LASSO Regresion*
    - *Elastic Net Regression*
    - *Bayesian Regression*
    - *SGD Regression*
    - *SVD Regression*
    - *Huber Regression*
    - *Robust Regression*
  - *Classification*
    - *Discriminant Analisys*
    - *Decision Trees*
    - *Logistic Regression*
    - *Neural Networks*
    - *Support Vector Machine*
    - *Nearest Neighbors*
    - *Naive Bayes*
    - *Bayesian Neural Neworks*
- *Unsupervised Learning*
  - *Clustering*
  - *Dimension Reduction*
  - *Principal Components Analysis*
  - *Multidimensional Scaling*
  - *Exploratory Data Analysis*
  - *Neural Networks*
  - *Pattern Recognition*
  - *Markov Chaines*
  - *Ensemble Methods*
  - *Gaussian Proces Classification*

1.4 FASES A SEGUIR EN LAS TÉCNICAS DE ANÁLISIS MULTIVARIANTE DE DATOS

Para llevar a cabo con éxito, la aplicación de cualquier técnica de análisis multivariante deben resolverse asuntos que van desde el problema de definición del modelo hasta un diagnóstico crítico de los resultados. La aproximación a la modelización se centra en el análisis de un plan de investigación bien definido, comenzando por un modelo conceptual que detalle las relaciones a examinar. Definido el modelo, se pueden iniciar los trabajos empíricos, incluyendo la selección de una técnica multivariante específica y su puesta en práctica. Después de haber obtenido resultados significativos, el asunto central es la interpretación. Finalmente, las medidas de diagnosis aseguran que el modelo no sólo es válido para la muestra de datos, sino que es también generalizable.

Un primer paso en la práctica del análisis multivariante es *definir el problema de investigación, objetivos y técnica multivariante conveniente*. El investigador debe ver en primer lugar el problema en términos conceptuales, definiendo los conceptos e identificando las relaciones fundamentales a investigar. Si se propone un método de dependencia el investigador debe especificar los conceptos de dependencia e independencia. Si se propone una técnica de interdependencia se deben determinar las dimensiones de la estructura o similitud. Con los objetivos y el modelo conceptual especificados, el analista sólo tiene que elegir la técnica multivariante apropiada.

Un segundo paso en la práctica del análisis multivariante es *desarrollar el proyecto de análisis poniendo en práctica la técnica multivariante*. Con el modelo conceptual establecido, el investigador debe poner en práctica la técnica seleccionada. Para cada técnica, el investigador debe desarrollar un plan de análisis específico que dirija el conjunto de supuestos que subyacen en la aplicación de la técnica. Estos supuestos pueden ser el tamaño de muestra mínimo deseado, los tipos de variables permitidas, métodos de estimación, etc. Estos supuestos resuelven los detalles específicos y finalizan la formulación del modelo y los requisitos del esfuerzo de recogida de datos.

Un tercer paso en la práctica del análisis multivariante es la *evaluación de los supuestos básicos de la técnica multivariante*. Una vez recogidos los datos, el primer paso del análisis no es estimar el modelo, sino evaluar que se cumplen los supuestos subyacentes. Para las técnicas de la dependencia será necesario comprobar los supuestos de normalidad, linealidad, homocedasticidad, etc. antes de aplicar el modelo. Para las técnicas de la interdependencia se comprobarán, entre otros, los supuestos de correlación entre las variables.

Un cuarto paso en la práctica del análisis multivariante es la *estimación del modelo multivariante y la valoración del ajuste del modelo*. Una vez satisfechos todos los supuestos del modelo, se procede a su estimación efectiva realizando a continuación una valoración global del ajuste del modelo (parámetros significativos individual y globalmente, capacidad de predicción del modelo, etc.).

Un quinto paso en la práctica del análisis multivariante es la *interpretación de los valores obtenidos*. Una vez estimado el modelo será necesario interpretar los resultados de acuerdo a los valores teóricos posibles. Esta interpretación puede reconducir a la reespecificación del modelo y a su nueva estimación hasta que la interpretación de los resultados se ajuste coherentemente a los valores teóricos. Hasta que no se cumpla esta condición, no existe evidencia empírica de que las relaciones multivariantes de los datos muestrales puedan generalizarse para toda la población.

Un sexto paso en la práctica del análisis multivariante es la *validación del modelo multivariante*. Una vez estimado el modelo será necesario aceptar los resultados con grado de fiabilidad lo más alto posible mediante la aplicación de contrastes específicos de cada técnica.

Las fases anteriores pueden esquematizarse como sigue:

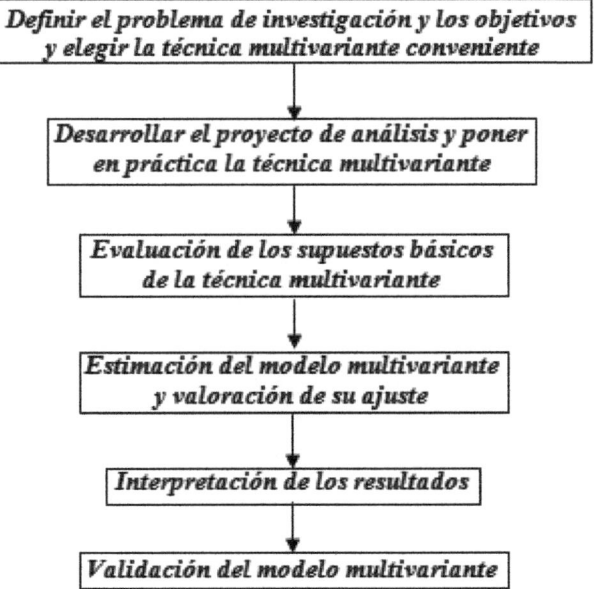

## Capítulo 2

REDUCCIÓN DE LA DIMENSIÓN MEDIANTE COMPONENTES PRINCIPALES.

2.1 INTRODUCCIÓN A LAS TÉCNICAS DE REDUCCIÓN DE LA DIMENSIÓN

En el trabajo actual, el investigador dispone habitualmente de muchas variables medidas u observadas en una colección de individuos y pretende estudiarlas conjuntamente, para lo cual suele acudir al análisis estadístico de datos univariante y multivariante. Entonces se encuentra frente a una diversidad de técnicas y debe seleccionar la más adecuada a sus datos, pero, sobre todo, a su objetivo científico.

Al observar muchas variables sobre una muestra es presumible que una parte de la información recogida pueda ser redundante o que sea excesiva, en cuyo caso los *métodos multivariantes de reducción de la dimensión* (análisis en componentes principales, análisis factorial, análisis de correspondencias, etc.) tratan de eliminarla.

Estos métodos combinan muchas variables observadas para obtener pocas variables ficticias que las representen con la mínima pérdida de información.

2.2 ANÁLISIS EN COMPONENTES PRINCIPALES

El análisis en componentes principales es una técnica de análisis estadístico multivariante que se clasifica entre los métodos de simplificación o reducción de la dimensión y que se aplica cuando se dispone de un conjunto elevado de variables con datos cuantitativos persiguiendo obtener un menor número de variables, combinación lineal de las primitivas, que se denominan componentes principales o factores, cuya posterior interpretación permitirá un análisis más simple del problema estudiado. Su aplicación es directa sobre cualquier conjunto de variables, a las que considera en bloque, sin que el investigador haya previamente establecido jerarquías entre ellas, ni necesite comprobar la normalidad de su distribución. Se trata por tanto de una técnica para el análisis de la interdependencia (en contraposición con las técnicas de la dependencia).

El análisis en componentes principales permite describir, de un modo sintético, la estructura y las interrelaciones de las variables originales en el fenómeno que se estudia a partir de las componentes obtenidas que, naturalmente, habrá que interpretar y «nombrar». El mayor número posible de componentes coincide, como veremos, con el número total de variables. Quedarse con todas ellas no simplificaría el problema, por lo que el investigador deberá seleccionar entre distintas alternativas aquéllas que, siendo pocas e interpretables, expliquen una proporción aceptable de la varianza global o inercia de la nube de puntos que suponga una razonable pérdida de información. Esta reducción de muchas variables a pocas componentes puede simplificar la aplicación sobre estas últimas de otras técnicas multivariantes (regresión, clústeres, etc.).

El método de componentes principales tiene por objeto transformar un conjunto de variables, a las que denominaremos variables *originales interrelacionadas,* en un nuevo conjunto de variables, combinación lineal de las originales, denominadas *componentes principales.* Estas últimas se caracterizan por estar incorrelacionadas entre sí.

En cuanto al interés que tiene esta técnica, en muchas ocasiones el investigador se enfrenta a situaciones en las que, para analizar un fenómeno, dispone de información de muchas variables que están correlacionadas entre sí en mayor o menor grado. Estas correlaciones son como un velo que impiden evaluar adecuadamente el papel que juega cada variable en el fenómeno estudiado. El análisis de componentes principales permite pasar a un nuevo conjunto de variables, las componentes principales, que gozan de la ventaja de estar incorrelacionadas entre sí y que, además, pueden ordenarse de acuerdo con la información que llevan incorporada. Como medida de la cantidad de información incorporada en una componente se utiliza su varianza. Es decir, cuanto mayor sea su varianza mayor es la información que lleva incorporada dicha componente. Por esta razón se selecciona como primera componente aquélla que tenga mayor varianza, mientras que, por el contrario, la última es la de menor varianza.

En general, la extracción de componentes principales se efectúa sobre variables *tipificadas* para evitar problemas derivados de escala, aunque también se puede aplicar sobre variables expresadas en *desviaciones* respecto a la media. Si p

variables están tipificadas, la suma de las varianzas es igual a *p,* ya que la varianza de una variable tipificada es por definición igual a 1. El nuevo conjunto de variables que se obtienen por el método de componentes principales es igual en número al de variables originales. Es importante destacar que la suma de sus varianzas es igual a la suma de las varianzas de las variables originales. Las diferencias entre ambos conjuntos de variables estriban en que, como ya se ha indicado, las componentes principales se calculan de forma que estén incorrelacionadas entre sí. Cuando las variables originales están muy correlacionadas entre sí, la mayor parte de su variabilidad se puede explicar con muy pocas componentes. Si las variables originales estuvieran completamente incorrelacionadas entre sí, entonces el análisis de componentes principales carecería por completo de interés, ya que en ese caso las componentes principales coincidirían con las variables originales.

Merece hacer hincapié en que las componentes principales se expresan como una combinación lineal de las variables originales. Desde el punto de vista de su aplicación, el método de componentes principales es considerado como un método de *reducción,* es decir, un método que permite *reducir* la dimensión del número de variables que inicialmente se han considerado en el análisis. Es vital abordar las técnicas usuales para determinar el número de componentes principales a retener. Ésta es una cuestión importante, ya que ese conjunto de componentes retenidas es el que se utilizará en análisis posteriores para representar a todo el conjunto de variables iniciales.

No obstante, puede considerarse el método de componentes principales como un método para la reducción de datos, y tratar otros problemas como el de rotación de factores, contrastes, etc. en el método de análisis factorial que implica una mayor formalización. En este sentido, el método de componentes principales se inscribe dentro de la estadística descriptiva.

2.3 OBTENCIÓN DE LAS COMPONENTES PRINCIPALES

En el análisis en componentes principales se dispone de una muestra de tamaño *n* acerca de *p* variables X_1, X_2, ...X_p (tipificadas o expresadas en desviaciones respecto de su media) inicialmente correlacionadas, para posteriormente obtener a partir de ellas un número k≤p de variables incorrelacionadas Z_1, Z_2, ...Z_p que sean combinación lineal de las variables iniciales y que expliquen la mayor parte de su variabilidad.

La primera componente principal, al igual que las restantes, se expresa como combinación lineal de las variables originales como sigue:

$$Z_{1i} = u_{11}X_{1i} + u_{12}X_{2i} + \cdots + u_{1p}X_{pi}$$

Para el conjunto de las n observaciones muestrales esta ecuación puede expresarse matricialmente como sigue:

$$\begin{bmatrix} Z_{11} \\ Z_{12} \\ \vdots \\ Z_{1n} \end{bmatrix} = \begin{bmatrix} X_{11} & X_{21} & \cdots & X_{p1} \\ X_{12} & X_{22} & \cdots & X_{p2} \\ & & \vdots & \\ X_{1n} & X_{2n} & \cdots & X_{pn} \end{bmatrix} \begin{bmatrix} u_{11} \\ u_{12} \\ \vdots \\ u_{1p} \end{bmatrix}$$

En notación abreviada tendremos: $Z_1 = X u_1$

Tanto si las X_j están tipificadas, como si están expresadas en desviaciones respecto de su media muestral, la media de Z_1 es cero, esto es, $E(Z_1) = E(X u_1) = E(X)u_1 = 0$

La varianza de Z_1 será:

$$V(Z_1) = \frac{\sum_{i=1}^{n} Z_{1i}^2}{n} = \frac{1}{n} Z_1' Z_1 = \frac{1}{n} u_1' X' X u_1 = u_1' \left[\frac{1}{n} X' X \right] u_1 = u_1' V u_1$$

Si las variables están expresadas en desviaciones respecto a la media, la expresión $\frac{1}{n} X'X$ (**matriz de inercia**) es la matriz de covarianzas muestral a la que denominaremos V (caso más general) y para variables tipificadas $\frac{1}{n} X'X$ es la matriz de correlaciones R.

La primera componente Z_1 se obtiene de forma que su varianza sea máxima y sujeta a la restricción de que la suma de los pesos u_{1j} al cuadrado sea igual a la unidad, es decir, la variable de los pesos o ponderaciones $(u_{11}, u_{12},...,u_{1p})'$ se toma normalizada.

Se trata entonces de hallar Z_1 maximizando $V(Z_1) = u_1' V u_1$, sujeta a la restricción $\sum_{j=1}^{p} u_{1i}^2 = u_1' u_1 = 1$

Para resolver este problema de optimización con restricciones se aplica el método de los multiplicadores de Lagrange considerando la función lagrangiana:

$$L = u_1' V u_1 - \lambda(u_1' u_1 - 1)$$

Derivando respecto de u_1 e igualando a cero, se tiene:

$$\frac{\partial L}{\partial u_1} = 2Vu_1 - 2\lambda u_1 = 0 \Rightarrow (V - \lambda I)u_1 = 0$$

Se trata de un sistema homogéneo en u_1, que sólo tiene solución si el determinante de la matriz de los coeficientes es nulo, es decir, $|V-\lambda I|=0$. Pero la expresión $|V-\lambda I|=0$ es equivalente a decir que λ es un valor propio de la matriz V.

En general, la ecuación $|V-\lambda I|=0$ tiene n raíces $\lambda_1, \lambda_2, ..., \lambda_n$, que puedo ordenarlas de mayor a menor $\lambda_1 > \lambda_2 > ... > \lambda_n$.

En la ecuación $(V-\lambda I)u_1 = 0$ podemos multiplicar por u_1' a la derecha, con lo que se tiene $u_1'(V-\lambda I)u_1 = 0 \Rightarrow u_1'Vu_1 = \lambda \Rightarrow V(Z_1) = \lambda$. Por lo tanto, para maximizar $V(Z_1)$ he de tomar el mayor valor propio λ de la matriz V.

Tomando λ_1 como el mayor valor propio de V y tomando u_1 como su vector propio asociado normalizado ($u_1'u_1=1$), ya tenemos definido el vector de ponderaciones que se aplica a las variables iniciales para obtener la primera componente principal, componente que vendrá definida como:

$$Z_1 = X u_1$$

La segunda componente principal, al igual que las restantes, se expresa como combinación lineal de las variables originales como sigue:

$$Z_{2i} = u_{21}X_{1i} + u_{22}X_{2i} + \cdots + u_{2p}X_{pi}$$

Para el conjunto de las n observaciones muestrales esta ecuación puede expresarse matricialmente como sigue:

$$\begin{bmatrix} Z_{21} \\ Z_{22} \\ \vdots \\ Z_{2n} \end{bmatrix} = \begin{bmatrix} X_{11} & X_{21} & \cdots & X_{p1} \\ X_{12} & X_{22} & \cdots & X_{p2} \\ & & \vdots & \\ X_{1n} & X_{2n} & \cdots & X_{pn} \end{bmatrix} \begin{bmatrix} u_{21} \\ u_{22} \\ \vdots \\ u_{2p} \end{bmatrix}$$

En notación abreviada tendremos: $Z_2 = X u_2$

Tanto si las X_j están tipificadas, como si están expresadas en desviaciones respecto de su media muestral, la media de Z_2 es cero, esto es, $E(Z_2)=E(X u_2) = E(X)u_2 = 0$.

La varianza de Z_2 será:

$$V(Z_2) = \frac{\sum_{i=1}^{n} Z_{2i}^2}{n} = \frac{1}{n} Z_2' Z_2 = \frac{1}{n} u_2' X'X u_2 = u_2' \left[\frac{1}{n} X'X \right] u_2 = u_2' V u_2$$

La segunda componente Z_2 se obtiene de forma que su varianza sea máxima sujeta a la restricción de que la suma de los pesos u_{2j} al cuadrado sea igual a la unidad, es decir, la variable de los pesos o ponderaciones $(u_{21}, u_{22},...,u_{2p})'$ se toma normalizada ($u_2'u_2=1$).

Por otra parte, como Z_1 y Z_2 han de estar incorrelacionados se tiene que:

$$0 = E(Z_2'Z_1) = E(u_2'X'X u_1) = u_2'E(X'X)u_1 = u_2' V u_1$$

También sabemos que $V u_1 = \lambda_1 u_1$ (ya que u_1 es el vector propio de V asociado a su mayor valor propio λ_1). Si multiplicamos por u_2' a la derecha tenemos:

$$0 = u_2' V u_1 = \lambda_1 u_2' u_1 \Rightarrow u_2' u_1 = 0$$

con lo que u_2 y u_1 son ortogonales.

Se trata entonces de hallar Z_2 maximizando $V(Z_2) = u_2' V u_2$, sujeta a las restricciones $u_2' u_2 = 1$, $u_2' V u_1 = 0$.

Para resolver este problema de optimización con dos restricciones se aplica el método de los multiplicadores de Lagrange considerando la función lagrangiana:

$$L = u_2' V u_2 - 2\mu(u_2' V u_1) - \lambda(u_2' u_2 - 1)$$

Derivando respecto de u_2 e igualando a cero, se tiene:

$$\frac{\partial L}{\partial u_2} = 2V u_2 - 2\mu V u_1 - 2\lambda u_2 = 0$$

Dividiendo por 2 y premultiplicando por u_1' tenemos:

$$u_1' V u_2 - \mu u_1' V u_1 - \lambda u_1' u_2 = 0$$

y como $Vu_1 = \lambda_1 u_1$ (ya que u_1 es el vector propio de V asociado a su mayor valor propio λ_1), entonces $u'_1 V = \lambda_1 u'_1$, y podemos escribir la igualdad anterior como:

$$\lambda_1 u'_1 u_2 - \mu V[Z_1] - \lambda u'_1 u_2 = 0$$

Pero:

$$u'_1 u_2 = 0 \Rightarrow \mu V[Z_1] = 0 \Rightarrow \mu = 0$$

De donde:

$$\frac{\partial L}{\partial u_2} = 2Vu_2 - 2\lambda u_2 = 0 \Rightarrow (V - \lambda I)u_2 = 0$$

Se trata de un sistema homogéneo en u_2, que sólo tiene solución si el determinante de la matriz de los coeficientes es nulo, es decir, $|V-\lambda I|=0$. Pero la expresión $|V-\lambda I|=0$ es equivalente a decir que λ es un valor propio de la matriz V.

En general, la ecuación $|V-\lambda I|=0$ tiene n raíces $\lambda_1, \lambda_2, ..., \lambda_n$, que puedo ordenarlas de mayor a menor $\lambda_1 > \lambda_2 > ... > \lambda_n$.

En la ecuación $(V-\lambda I)u_2 = 0$ podemos multiplicar por u_2' a la derecha, con lo que se tiene $u_2'(V-\lambda I)u_2 = 0 \Rightarrow u_2'Vu_2 = \lambda \Rightarrow V(Z_2) = \lambda$. Por lo tanto, para maximizar $V(Z_2)$ he de tomar el segundo mayor valor propio λ de la matriz V (el mayor ya lo había tomado al obtener la primera componente principal).

Tomando λ_2 como el segundo mayor valor propio de V y tomando u_2 como su vector propio asociado normalizado ($u_2'u_2=1$), ya tenemos definido el vector de ponderaciones que se aplica a las variables iniciales para obtener la segunda componente principal, componente que vendrá definida como:

$$Z_2 = X u_2$$

De forma similar, *la componente principal h-ésima* se define como $Z_h = Xu_h$ donde u_h es el vector propio de V asociado a su h-ésimo mayor valor propio. Suele denominarse también a u_h *eje factorial h-ésimo*.

2.4 VARIANZAS DE LAS COMPONENTES

En el proceso de obtención de las componentes principales presentado en el apartado anterior hemos visto que la varianza de la componente h-ésima es:

$$V(Z_h) = u'_h Vu_h = \lambda_h$$

Es decir, la varianza de cada componente es igual al valor propio de la matriz V al que va asociada.

Si, como es lógico, la medida de la variabilidad de las variables originales es la suma de sus varianzas, dicha variabilidad será:

$$\sum_{h=1}^{p} V(X_h) = traza(V)$$

ya que las varianzas de las variables son los términos que aparecen en la diagonal de la matriz de varianzas covarianzas V.

Ahora bien, como V es una matriz real simétrica, por la teoría de diagonalización de matrices, existe una matriz ortogonal P ($P^{-1}=P'$) tal que P'VP=D, siendo D diagonal con los valores propios de V ordenados de mayor a menor en la diagonal principal. Por lo tanto:

$$traza(P'VP) = traza(D) = \sum_{h=1}^{p} \lambda_h$$

Pero:

$$traza(P'VP) = traza(VPP') = traza(V.I) = traza(V)$$

Con lo que ya podemos escribir:

$$\sum_{h=1}^{p} V(X_h) = traza(V) = traza(P'VP) = traza(D) = \sum_{h=1}^{p} \lambda_h = \sum_{h=1}^{p} V(Z_h)$$

Hemos comprobado, además, que la suma de las varianzas de las variables (*inercia total de la nube de puntos*) es igual a la suma de las varianzas de las componentes principales e igual a la suma de los valores propios de la matriz de varianzas covarianzas muestral V.

La proporción de la variabilidad total recogida por la componente principal h-ésima (*porcentaje de inercia explicada por la componente principal h-ésima*) vendrá dada por:

$$\frac{\lambda_h}{\displaystyle\sum_{h=1}^{p} \lambda_h} = \frac{\lambda_h}{traza(V)}$$

Si las variables están tipificadas, $V = R$ y $traza(V) = traza(R) = p$, con lo que la proporción de la componente h-ésima en la variabilidad total será λ_h/p.

También se define el *porcentaje de inercia explicada por las k primeras componentes principales (o ejes factoriales)* como:

$$\frac{\sum_{h=1}^{k} \lambda_h}{\sum_{h=1}^{p} \lambda_h} = \frac{\sum_{h=1}^{k} \lambda_h}{traza(V)}$$

2.5 MATRIZ FACTORIAL O MATRIZ DE CARGAS FACTORIALES DE LAS COMPONENTES

Se denomina matriz factorial de las componentes principales a la matriz de correlaciones entre las componentes Z_h y las variables originales X_j.

Consideramos los vectores muestrales relativos a Z_h y X_j respectivamente:

$$X_j = \begin{bmatrix} X_{j1} \\ X_{j2} \\ \vdots \\ X_{jn} \end{bmatrix} \qquad Z_h = \begin{bmatrix} Z_{h1} \\ Z_{h2} \\ \vdots \\ Z_{hn} \end{bmatrix}$$

La covarianza muestral entre Z_h y X_j viene dada por:

$$Cov(X_j, Z_h) = \frac{1}{n} X'_j Z_h$$

El vector X_j se puede expresar en función de la matriz X utilizando el vector de orden p, al que denominamos por δ, que tiene un 1 en la posición j-ésima y 0 en las posiciones restantes. La forma de expresar X_j en función de la matriz X a través del vector p es la siguiente:

$$X'_j = \delta' X' = \begin{bmatrix} 0 & \cdots & 1 & \cdots & 0 \end{bmatrix} \begin{bmatrix} X_{11} & \cdots & X_{1i} & \cdots & X_{1n} \\ \vdots & & \vdots & & \vdots \\ X_{j1} & \cdots & X_{ji} & \cdots & X_{jn} \\ \vdots & & \vdots & & \vdots \\ X_{p1} & \cdots & X_{pi} & \cdots & X_{pn} \end{bmatrix}$$

Teniendo en cuenta que $Z_h = X u_h$ podemos escribir:

$$Cov(X_j, Z_h) = \frac{1}{n} X'_j Z_h = \frac{1}{n} \delta' X' X u_h = \delta' V u_h = \delta' \lambda_h u_h = \lambda_h \delta' u_h = \lambda_h u_{hj}$$

Por lo tanto, podemos escribir la correlación existente entre la variable X_j y la componente Z_h de la siguiente forma:

$$r_{jh} = \frac{Cov(X_j, Z_h)}{\sqrt{V(X_j)}\sqrt{V(Z_h)}} = \frac{\lambda_h u_{hj}}{\sqrt{V(X_j)}\sqrt{\lambda_h}}$$

Si las variables originales están tipificadas, la correlación entre la variable X_j y la componente Z_h es la siguiente:

$$r_{jh} = \frac{\lambda_h u_{hj}}{\sqrt{V(X_j)}\sqrt{\lambda_h}} = \frac{\lambda_h u_{hj}}{\sqrt{\lambda_h}} = u_{hj}\sqrt{\lambda_h}$$

2.6 PUNTUACIONES O MEDICIÓN DE COMPONENTES

El análisis en componentes principales es en muchas ocasiones un paso previo a otros análisis, en los que se sustituye el conjunto de variables originales por las componentes obtenidas. Por ejemplo, en el caso de estimación de modelos afectados de multicolinealidad o correlación serial (autocorrelación). Por ello, es necesario conocer los valores que toman las componentes en cada observación.

Una vez calculados los coeficientes u_{hj} (componentes del vector propio normalizado asociado al valor propio h-ésimo de la matriz $V = X'X/n$ relativo a la componente principal Z_h), se pueden obtener las puntuaciones Z_{hj}, es decir, los valores de las componentes correspondientes a cada observación, a partir de la siguiente relación:

$$Z_{hi} = u_{h1}X_{1i} + u_{h2}X_{2i} + \cdots u_{hp}X_{pi} \qquad h = 1...p \quad i = 1...n$$

Si las componentes se dividen por su desviación típica se obtienen las componentes tipificadas. Por lo tanto, si llamamos Y_h a la componente Z_h tipificada tenemos:

$$Y_h = \frac{Z_h - E(Z_h)}{\sqrt{V(Z_h)}} = \frac{Z_h}{\sqrt{\lambda_h}} \qquad h = 1...p$$

Por lo tanto, las puntuaciones tipificadas serán:

$$\frac{Z_{hi}}{\sqrt{\lambda_h}} = \frac{u_{h1}}{\sqrt{\lambda_h}} X_{1i} + \frac{u_{h2}}{\sqrt{\lambda_h}} X_{2i} + \cdots \frac{u_{hp}}{\sqrt{\lambda_h}} X_{pi} \qquad h = 1 \ldots p \quad i = 1 \ldots n$$

expresión que puede escribirse como:

$$Y_{hi} = c_{h1} X_{1i} + c_{h2} X_{2i} + \cdots c_{hp} X_{pi} \qquad c_{hi} = \frac{u_{hi}}{\sqrt{\lambda_h}} \qquad h = 1 \ldots p \quad i = 1 \ldots n$$

La matriz formada por los coeficientes c_{hi} suele denominarse matriz de coeficientes de puntuaciones de los factores (*factor score coefficient matrix*).

2.7 NÚMERO DE COMPONENTES PRINCIPALES A RETENER

En general, el objetivo de la aplicación de las componentes principales es reducir las dimensiones de las variables originales, pasando de p variables originales a $m < p$ componentes principales. El problema que se plantea es cómo fijar m, o, dicho de otra forma, ¿qué número de componentes se deben retener? Aunque para la extracción de las componentes principales no hace falta plantear un modelo estadístico previo, algunos de los criterios para determinar cuál debe ser el número óptimo de componentes a retener requieren la formulación previa de hipótesis estadísticas.

2.7.1 Criterio de la media aritmética

Según este criterio se seleccionan aquellas componentes cuya raíz característica λ_j excede de la media de las raíces características. Recordemos que la raíz característica asociada a una componente es precisamente su varianza.

Analíticamente este criterio implica retener todas aquellas componentes en que se verifique que:

$$\lambda_h > \overline{\lambda} = \frac{\sum_{j=1}^{p} \lambda_h}{p}$$

Si se utilizan variables tipificadas, entonces, como ya se ha visto, se verifica que $\sum_{j=1}^{p} \lambda_h = p$, con lo que para variables tipificadas se retiene aquellas componentes tales que $\lambda_h > 1$.

2.7.2 Contraste sobre las raíces características no retenidas

Se puede considerar que, las $p-m$ últimas raíces características poblacionales son iguales a 0. Si las raíces muestrales que observamos correspondientes a estas componentes no son exactamente igual a 0, se debe a los problemas del azar. Por ello, bajo el supuesto de que las variables originales siguen una distribución normal multivariante, se pueden formular las siguientes hipótesis relativas a las raíces características poblacionales:

$$H_0: \lambda_{m+1} = \lambda_{m+2} = ... = \lambda_p = 0$$

El estadístico que se considera para contrastar esta hipótesis es el siguiente:

$$Q^* = \left(n - \frac{2p+11}{6} \right) \left((p-m) Ln\overline{\lambda}_{p-m} - \sum_{j=m+1}^{p} Ln\lambda_j \right)$$

Bajo la hipótesis nula H_0, el estadístico anterior se distribuye como una chi-cuadrado con $(p-m+2)(p-m+1)/2$ grados de libertad. Este contraste se deriva del contraste de esfericidad de Barlett para la existencia o no de una relación significativa entre las variables analizadas que se utiliza en la validación del modelo de análisis multivariante de la varianza.

Para ver la mecánica de la aplicación de este contraste, supongamos que inicialmente se han retenido m raíces características (por ejemplo, las que superan la unidad) al aplicar el criterio de la media aritmética. En el caso de que se rechace la hipótesis nula H_0, implica que una o más de las raíces características no retenidas es significativa. La decisión a tomar en ese caso sería retener una nueva componente, y aplicar de nuevo el contraste a las restantes raíces características. Este proceso continuaría hasta que no se rechace la hipótesis nula.

2.7.3 Prueba de Anderson

Si los valores propios, a partir del valor $m+1$, son iguales, no hay ejes principales a partir del eje $m+1$, en el sentido de que no hay direcciones de máxima variabilidad. La variabilidad en las últimas (n-m) dimensiones es esférica. Para decidir este hecho se debe testearse la hipótesis siguiente:

$$H_0: \lambda_{m+1} = \lambda_{m+2} = \dots = \lambda_p$$

Si esta hipótesis es cierta, el estadístico:

$$\chi^2 = -(n-1)\sum_{j=m+1}^{p} Ln\lambda_j + (p-m)(n-1)Ln\left(\frac{\sum_{j=m+1}^{p} Ln\lambda_j}{(p-m)}\right)$$

sigue una distribuci6n chi-cuadrado con (p-m)(p-m+1)/2-1 grados de libertad, siempre y cuando el número de individuos n sea grande. Si para un m fijado, χ^2 es significativo, debe rechazarse la hipótesis H_0. $\lambda_1, \dots, \lambda_n$ representan los valores propios calculados sobre la matriz de covarianzas muestral.

Esta prueba sólo es válida si las variables $X_1, \dots, X_n$ son normales con distribución conjunta normal.

2.7.4 Prueba de Lebart y Fenelón

Tanto esta prueba como las dos siguientes obedecen a una concepción más empírica que racional del problema. La formulación matemática de lo que pretenden demostrar está pobremente justificada en términos de inferencia estadística.

La idea general es la siguiente: a partir de una cierta dimensión (número de componentes a retener), la restante variabilidad explicada es debida a causas aleatorias (ruidos) que perturban la información contenida en la tabla de datos inicial. En esencia, este "ruido" es debido a fluctuaciones del muestreo (desviaciones de la normalidad, errores de medida, gradientes de dependencia entre los individuos, etc.). Asimilando el ruido a variables independientes, la significación de la dimensión m queda resuelta cuando la varianza explicada supera claramente a la varianza explicada por el ruido. La varianza explicada por las primeras m componentes viene expresada por $V_m = \lambda_1 + \dots + \lambda_m$.

La prueba de Lebart y Fenelon consiste en realizar k análisis sobre n variables independientes para un tamaño muestral n. Ordenando las varianzas explicadas en cada análisis tenemos que $V_m^{i_1} < V_m^{i_2} \cdots < V_m^{i_k}$.

La probabilidad de que se verifique una ordenación fijada es $1/k!$. Consideremos el suceso: "la varianza explicada por el k-ésimo análisis supera a la varianza de los demás", es decir, $V_m^{i_1} < V_m^{i_2} \cdots < V_m^{i_{k-1}} < V_m^k$. Como podemos formar $(k-1)!$ permutaciones en el conjunto $(1,...,k-1)$, la probabilidad de este suceso vendrá dada por $(k-1)! / k! = 1/k$.

Consideremos entonces el nivel de significación $\alpha = 0.05$. Sea V_m la varianza explicada por el análisis real cuya dimensión queremos estudiar. Generemos $k-1 = 19$ ($1/k = 0,05 \Rightarrow k = 100/5 = 20$) análisis con variables independientes generadas al azar. Si V_m procede de variables independientes, la probabilidad de que supere a las varianzas explicadas por los análisis simulados es $1/20 = 0.05$. De este modo tenemos una prueba no paramétrica para decidir la significación de V_m al nivel $\alpha = 0,05$. Si V_m supera a la varianza explicada por los 19 análisis simulados, se puede afirmar, con probabilidad de error 0,05, que la dimensión m es significativa en el sentido dado anteriormente. De manera análoga, para un nivel de significaci6n 0,01 deberíamos simular $k-1 = 99$ análisis ($1/k = 0,01 \Rightarrow k = 100/1 = 100$).

El valor critico de V_m, a partir del cual la varianza explicada es significativa, se obtiene por simulación de datos generados al azar. Lebart y Fenelon publican gráficas y tablas de V_m para $1 \leq m \leq 5$ en función del número de observaciones n y el número de variables p.

2.7.5 Prueba del bastón roto de Frontier

Frontier asimila la descomposición de la variabilidad total $VT = \lambda_1 + ... + \lambda_p$ al romper un bastón de longitud VT en p trozos por $p-1$ lugares de este, elegidos al azar. Ordenando los trozos del bastón, de longitudes $L_1 \geq ... \geq L_p$, se demuestra que:

$$E(L_p) = \frac{1}{p^2}, \quad E(L_{n-1}) = \frac{1}{p}\left(\frac{1}{p} + \frac{1}{p-1}\right), \quad E(L_j) = \frac{1}{p}\sum_{i=0}^{p-j}\frac{1}{j+1} \quad j = 1, \cdots, p$$

Hemos supuesto que $VT = 1$ para normalizar el problema. Si expresamos estos valores medios, cuya suma es 1, en porcentajes de la longitud total, obtenemos el modelo teórico de la descomposición de la varianza en p componentes obtenidas al azar. Por ejemplo, para $p = 4$ tenemos $E(L_1) = 0.5208$, $E(L_2) = 0.2708$, $E(L_3) = 0.1458$ y $E(L_4) = 0.0625$. Por lo que los porcentajes acumulados de varianza de las componentes serán 52,08%, 52,08+27.08=79,16%, 52,08+27,08+14.58=93,74% y 52,08+27,08+14,58+6,25=100%.

Las m primeras componentes son significativas si explican claramente mayor varianza que los m primeros valores medios del modelo del bastón roto. Se considera que las demás componentes descomponen la varianza residual al azar.

2.7.6 Prueba ε de Ibáñez

Esta prueba consiste en añadir a las p variables observables del problema una variable ε formada por datos generados al azar. Se repite entonces el análisis de componentes principales con la nueva variable añadida. Si a partir de la componente $m+1$ la variable ε queda resaltada en la estructura factorial (la saturación o carga de ε en la componente $m+1$ es alta), el número significativo de componentes no puede ser superior a m, pues las demás componentes explicarían una variabilidad inferior a la que es debida a la variable arbitraria ε. Ibáñez da solamente una justificación empírica de esta prueba, comparando los resultados de un análisis sin variable ε con otro análisis con variable ε, y concluyendo que las componentes deducidas de ambos son prácticamente las mismas. Seguidamente ilustra la prueba ε sobre otros análisis con datos experimentales publicados por el propio Ibáñez. La prueba ε sólo llega a proporcionar una cota superior para la dimensión m.

2.7.7 El gráfico de sedimentación

El gráfico de sedimentación se obtiene al representar en ordenadas las raíces características y en abscisas los números de las componentes principales correspondientes a cada raíz característica en orden decreciente. Uniendo todos los puntos se obtiene una Figura que, en general, se parece al perfil de una montaña con una pendiente fuerte hasta llegar a la base, formada por una meseta con una ligera inclinación. Continuando con el símil de la montaña, en esa meseta es donde se acumulan los guijarros caídos desde la cumbre, es decir, donde se sedimentan. Por esta razón, a este gráfico se le conoce con el nombre de gráfico de sedimentación. Su denominación en inglés es *scree plot*. De acuerdo con el criterio gráfico se retienen todas aquellas componentes previas a la zona de sedimentación.

2.7.8 Retención de variables

Hasta ahora todos los contrastes han estado dedicados a determinar el número de componentes a retener. Pero, la retención de componentes, ¿puede afectar a las variables originales? Si se retiene un número determinado de componentes, ¿qué hacer si alguna variable está correlacionada muy débilmente con cada una de las componentes retenidas? Si se plantea un caso de este tipo, sería conveniente suprimir dicha variable del conjunto de variables originales, ya que no estaría representada por las componentes retenidas. Ahora bien, si se considera que la variable a suprimir juega un papel esencial en la investigación, entonces se deberían retener componentes adicionales en el caso de que algunas de ellas estuvieran correlacionadas de forma importante con la variable a suprimir.

2.8 LA REGRESIÓN SOBRE COMPONENTES PRINCIPALES Y EL PROBLEMA DE LA MULTICOLINEALIDAD

La regresión sobre componentes principales sustituye el método clásico de ajuste lineal, cuando las variables exógenas del modelo son numerosas o fuertemente correlacionadas entre sí (multicolinealidad).

Consideremos el modelo lineal general $Y = X\beta + e$ con las hipótesis clásicas de normalidad de los residuos, $E(e)=0$, $V(e) = \sigma^2 I$, pero con problemas de correlación entre las variables exógenas del modelo. Designaremos por $\hat{y}$ el vector de n valores de la variable endógena centrada, y por $\hat{X}$ la matriz conteniendo en columnas los p vectores de n valores, de las variables exógenas centradas. Designaremos estas columnas por $\hat{x}_1, \hat{x}_2, \cdots, \hat{x}_p$. Si los vectores $\hat{x}_1, \hat{x}_2, \cdots, \hat{x}_p$ no son linealmente independientes (multicolinealidad en el modelo $Y = X\beta + e$, el vector $\hat{\beta} = (\hat{X}'\hat{X})^{-1} \hat{X}'\hat{y}$ de los coeficientes estimados de la regresión no podrá ser calculado, ya que la matriz $\hat{X}'\hat{X}$ no será inversible.

Si algunos de los vectores $\hat{x}_1, \hat{x}_2, \cdots, \hat{x}_p$ tienen ángulos pequeños entre sí (dicho de otra forma, si los coeficientes de correlación muestral entre ciertas variables exógenas son cercanos a 1) el vector $\hat{\beta}$ se conocerá, pero con mala precisión. En este caso las contribuciones de cada uno de los coeficientes son difíciles de discernir. En efecto, si la matriz $\hat{X}'\hat{X}$ es «casi singular», algunos de sus valores propios serán próximos a 0. La descomposición de $\hat{X}'\hat{X}$ en función de vectores y valores propios se escribe como:

$$\hat{X}'\hat{X} = \sum_{\alpha=1}^{p} \lambda_\alpha u_\alpha u'_\alpha$$

ya que $\hat{X}'\hat{X}$ es una matriz simétrica definida positiva con valores propios λ_α relativos a vectores propios u_α ortogonales, cuya diagonalización permite escribir:

$$\hat{X}'\hat{X} = (u_1, \cdots, u_p) \begin{pmatrix} \lambda_1 & 0 & \cdots & 0 \\ 0 & \lambda_2 & \cdots & 0 \\ \vdots & \vdots & \ddots & \vdots \\ 0 & 0 & \cdots & \lambda_p \end{pmatrix} \begin{pmatrix} u_1 \\ \vdots \\ u_p \end{pmatrix}$$

Además:

$$\hat{X}'\hat{X} = \sum_{\alpha=1}^{p} \lambda_\alpha u_\alpha u'_\alpha \Rightarrow (\hat{X}'\hat{X})^{-1} = \sum_{\alpha=1}^{p} \frac{1}{\lambda_\alpha} u_\alpha u'_\alpha$$

La casi nulidad del menor valor propio λ_p de $\hat{X}'\hat{X}$ puede expresarse como:

$$\lambda_p = V(Z_p) = V(\hat{X} u_p) = \frac{1}{n}(\hat{X} u_p)'(\hat{X} u_p) \cong 0 \Rightarrow \hat{X} u_p = 0$$

indicando la casi colinealidad de los vectores columna de $\hat{X}$. En estas condiciones, el vector de los coeficientes de ajuste mínimo cuadrático se escribe como:

$$\hat{\beta} = (\hat{X}'\hat{X})^{-1} \hat{X}'\hat{y} = \left(\sum_{\alpha=1}^{p} \frac{1}{\lambda_\alpha} u_\alpha u'_\alpha \right) \hat{X}'\hat{y}$$

y la estimación de su matriz de varianzas covarianzas será:

$$\hat{V}(\hat{\beta}) = S^2(\hat{X}'\hat{X})^{-1} = S^2 \sum_{\alpha=1}^{p} \frac{1}{\lambda_\alpha} u_\alpha u'_\alpha$$

lo que permite ver que uno o varios valores propios casi nulos hacen impreciso el ajuste.

Se eliminaría el problema de la casi colinealidad de los vectores columna de $\hat{X}$ suprimiendo $p-q$ vectores u_k ($k = q+1, q+2,..., p$) correspondiente a los valores propios λ_k más pequeños de $\hat{X}'\hat{X}$.

En estas condiciones, el vector de los coeficientes de ajuste mínimo cuadrático se escribe como:

$$\hat{\beta}^* = (\hat{X}'\hat{X})^{-1} \hat{X}'\hat{y} = \left(\sum_{\alpha=1}^{q} \frac{1}{\lambda_\alpha} u_\alpha u'_\alpha \right) \hat{X}'\hat{y} \qquad q < p$$

y la estimación de su matriz de varianzas covarianzas será:

$$\hat{V}(\hat{\beta}^*) = S^2 \sum_{\alpha=1}^{q} \frac{1}{\lambda_\alpha} u_\alpha u'_\alpha$$

Una vez diagonalizada la matriz $\hat{X}'\hat{X}$, el cálculo de los coeficientes de ajuste referidos a $(u_1, u_2,...,u_q)$ se realiza considerando las componentes principales tipificadas:

$$z_\alpha = \frac{1}{\sqrt{\lambda_\alpha}} \hat{X} u_\alpha \text{ para } \alpha = 1,2,...,q$$

El modelo inicial $Y = X\beta + e$ se ha ajustado ahora mediante $\hat{y} = Zc + d$ donde $Z = (z_1,..., z_q)$ es la matriz (n,q) cuyas columnas son los q vectores propios unitarios y ortogonales z_α asociados a los mayores valores propios de $\hat{X}'\hat{X}$, y donde c es el vector de los q nuevos coeficientes hallados mediante:

$$c = (Z'Z)^{-1}\hat{X}'\hat{y}, \quad V(c) = S^2(Z'Z)^{-1}$$

Pero como $Z'Z = I_q$ ya que $Z = (z_1,..., z_q)$ con z_α ortogonales y unitarios, podemos escribir:

$$c = (Z'Z)^{-1}Z'\hat{y} = Z'\hat{y}, \quad V(c) = S^2(Z'Z)^{-1} = S^2 I = \left(\frac{1}{n-q-1}\sum_{i=1}^{n} d_i^2\right) I$$

Por lo tanto, los coeficientes c están incorrelacionados y todos tienen la misma varianza, estimada por S^2.

2.9 LA REGRESIÓN ORTOGONAL Y LAS COMPONENTES PRINCIPALES

La regresión ortogonal es un método utilizado para determinar una *relación lineal* entre p variables las cuales *a priori* juegan papeles análogos (no se hace la distinción, como en el modelo lineal, entre variables endógenas y exógenas). Más concretamente, se buscan los coeficientes tales que aseguren la *más pequeña dispersión* de esta combinación lineal de las variables.

Sea u un vector de p coeficientes $(u_1,\cdots,u_p)$, sea $\hat{X}$ la matriz (n, p) de observaciones centradas por columnas, y sea $S = \hat{X}'\hat{X}/n$ la matriz de covarianzas muestrales de las p variables. La varianza de la combinación lineal de las variables $Z = \hat{X} u$, definida por u, es la cantidad $V(Z) = V(\hat{X} u) = \dfrac{1}{n} (\hat{X} u_p)'(\hat{X} u_p) = u'Su$.

Desde este punto de vista, el análisis en componentes principales determina la combinación lineal $Z_1 = \hat{X} u_1$, de u_1, con *máxima variancia* λ_1, siendo λ_1 el mayor valor propio de S, y u_1 el vector propio unitario asociado ($u'_1 u_1 = 1$).

$$\lambda_1 = V(Z_1) = V(\hat{X} u_1) = \frac{1}{n} (\hat{X} u_1)'(\hat{X} u_1) = u'_1 S u_1$$

La misma filosofía, aplicada a la búsqueda de la combinación lineal de variables con *varianza mínima*, nos lleva a retener el vector propio u_p de S asociado al más pequeño valor propio λ_p, siendo éste, por otra parte, el valor de esta varianza mínima:

$$\lambda_p = V(Z_p) = V(\hat{X} u_p) = \frac{1}{n} (\hat{X} u_p)'(\hat{X} u_p) = u'_p S u_p$$

Luego, tomando los coeficientes de la regresión ortogonal como las componentes del vector propio u_p de S asociado al más pequeño valor propio λ_p, tenemos caracterizado el mejor ajuste en el sentido de los mínimos cuadrados a la nube de las n observaciones, habiendo definido así el *hiperplano de regresión ortogonal* (hiperplano de $p - 1$ dimensiones).

Se puede generalizar el análisis mediante la búsqueda de un *subespacio* de regresión ortogonal de $p-q$ dimensiones. Este plano estará caracterizado por ser ortogonal a los q vectores propios de S asociados a los q menores valores propios. Estos vectores propios sucesivos definirán una sucesión de combinaciones lineales de las variables, incorrelacionadas, y de varianza mínima.

2.10 INTERPRETACIÓN GEOMÉTRICA DEL ANÁLISIS EN COMPONENTES PRINCIPALES

Se puede realizar una representación gráfica de la nube de puntos $X_1,...,X_p$, columnas de la matriz $X_{(n,p)}$ de casos-variables resultante de medir las variables $X_1,...,X_p$ sobre una muestra de tamaño n. Si únicamente se consideran dos variables, una nube de puntos en un plano puede ser asimilada, de forma simple, a una elipse como envolvente de todos ellos. Si se manejaran tres variables, la Figura en relieve resultante sería un elipsoide. Y si fueran más de tres (p), sería necesario un esfuerzo de generalización para imaginar un hiperelipsoide p-dimensional. En general, los ejes principales de estas Figuras o cuerpos geométricos presentarán una inclinación espacial cualquiera respecto a los ejes que representan las variables originales, es decir, no tienen por qué ser paralelos a éstos. Si lo fueran, en un caso hipotético, las proyecciones del elipsoide sobre los planos que definen dos a dos las variables (Figura 2-1) representarían la máxima dispersión de los puntos de la nube (máximas «sombras» del elipsoide) y las variables originales, cada una por sí sola, contendrían la máxima información de la nube en una de las p dimensiones.

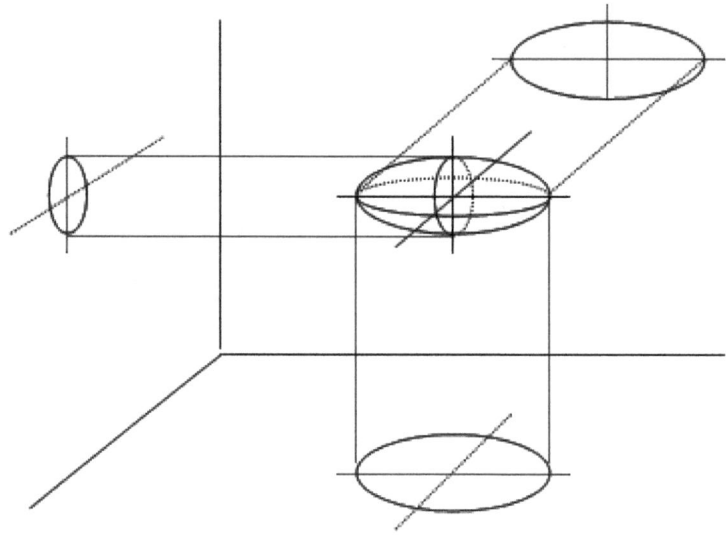

Figura 2-1

Como, además, los ejes son perpendiculares, la dispersión que condensa una de las variables no tiene nada que ver con la que condensan las demás, de modo que cada una recoge la parte de información que no pueden recoger las otras, como ocurre fotografiando un objeto desde tres direcciones perpendiculares.

Pero como la nube, en general, es espacialmente oblicua, las variables originales no recogen solas la información optimizada (máxima «sombra» o dispersión); y habrá otros p ejes (también entre sí perpendiculares y transformados de los ejes iniciales), que serán precisamente los ejes reales del elipsoide, que sí optimizarán la información. Las ecuaciones de estos nuevos ejes serán, como siempre en geometría analítica, combinaciones lineales de las p variables iniciales, que los posicionarán en el espacio. Y se calcularán bajo las condiciones matemáticas de que pasen por el centro de gravedad de la nube, que sean perpendiculares entre sí, que el primero de ellos (el más largo) haga máxima (derivada = 0) la dispersión de la nube sobre él, que el segundo (el siguiente en importancia) haga máxima la dispersión en un plano perpendicular al primero, y así los demás, hasta obtener los p nuevos ejes. Para dos (y hasta para tres) variables iniciales, este cálculo es abordable por métodos habituales de geometría analítica. Pero cuando son más de tres, se llega a tal magnitud de cálculos que es preciso sistematizar la técnica matemática convencional recurriendo a la única herramienta que lo hace posible: el cálculo matricial.

Si los nuevos ejes obtenidos se cortan, como debe ser, en el centro de gravedad de la nube, sus ecuaciones, al no pasar por el origen 0, tendrán un término constante (ordenada en el origen). Pero, como a efectos de información recogida en las proyecciones del elipsoide, no importa más que la dirección de ellos, se puede obligar a que pasen por 0 con lo que todos sus términos independientes desaparecen. Sus ecuaciones representan nuevas variables ficticias, combinación lineal de las reales, que deberán ser interpretadas, y, si tienen sentido, etiquetadas o nombradas. Se trata de variables sintéticas (***componentes principales***) que, aunque no han sido medidas en los individuos, sí pueden ser calculadas a través de los valores que éstos presenten en todas las variables originales. En cada una de estas *p componentes principales* habrá algunas variables que contribuyan más a su configuración, o sea, «pesarán» más en su diseño. Este peso viene dado por los valores de los coeficientes de las variables originales en la ecuación de la componente. Y otras variables pesarán menos, revelando una menor influencia de ellas en la componente. Algunas de estas componentes, precisamente las últimas que surjan en el cálculo de la progresivamente menor dispersión perpendicular, pueden proyectar escasa dispersión de la nube desde esas direcciones. (El elipsoide, si fueran tres dimensiones, puede ser tan «aplanado», visto desde la última componente, que considerarlo como una elipse al ser tan estrecho hará perder escasa información). Desechando estas últimas componentes, previa cuantificación, que permite el cálculo, de la poca información perdida, se habrá simplificado la dimensión del problema que pasa de *p* variables iniciales a *k,* si bien cada una de las componentes conservadas mantiene en su ecuación a todas las variables originales.

Se puede ver así al elipsoide p-dimensional que contiene toda la información del problema estudiado, desde unas cuantas (*k*) direcciones principales que presentan *k* puntos de vista simplificados que el investigador deberá, si puede, interpretar. La adecuada interpretación de estas nuevas variables sintéticas va a depender de que cada una de ellas agrupe con más peso algunas de las variables originales de significado parecido, y con menos peso, las demás. (Por ejemplo, un componente que apareciera con coeficientes altos para la talla y el peso, y bajos para la presión arterial y el colesterol, podría definirse o etiquetarse como una nueva variable llamada tamaño, que no ha sido medida en el estudio).

Pero no siempre será tan destacada la selección útil de variables en las ecuaciones de los componentes principales y, en consecuencia, no resultará fácil la identificación o interpretación de los *k* «puntos de vista». En tal caso, se debe sacrificar la ubicación óptima de los componentes (ejes ideales del elipsoide), haciéndolos rotar algo (poco, o incluso mucho) para que, perdiendo en la dispersión que cada uno explica, pero no en la dispersión total explicada, ganen en agrupación verosímil de variables y, por tanto, en interpretabilidad práctica. Esta *rotación* última del proceso puede mejorar mucho la utilidad del Análisis de componentes principales en la consecución perseguida de un equilibrio entre la reducción de las dimensiones del problema estudiado y la más fácil interpretabilidad de lo que se conserva.

Esta idea intuitiva geométrica es equivalente a la representación matemática que hemos utilizado para la obtención de las componentes principales $Z_1,...,Z_k$, como combinación lineal de las p variables iniciales $X_1,...,X_p$ de la forma siguiente:

$$Z_1 = u_{11}X_1 + u_{12}X_2 + \cdots u_{1p}X_p$$
$$Z_2 = u_{21}X_1 + u_{22}X_2 + \cdots u_{2p}X_p$$
$$\vdots$$
$$Z_p = u_{p1}X_1 + u_{p2}X_2 + \cdots u_{pp}X_p$$

donde los u_{ij} representan los *pesos o cargas factoriales* de cada variable en cada componente. Existirán tantos componentes $Z_1,...,Z_k$ como número de variables, definidas por p series de coeficientes $u_1 = (u_{11},...,u_{1p})$, ..., $u_p = (u_{p1},...,u_{pp})$. Cada componente explica una parte de la varianza total, considerada ésta como una manera de valorar la información total de la tabla de datos. Si se consigue encontrar pocos componentes (k), capaces de explicar casi toda la varianza total, podrán sustituir a las variables primitivas con mínima pérdida de información. De esta forma se dispondrá de unas variables ficticias que, siendo pocas, contienen a todas las originales. Este es el objetivo del análisis en componentes principales: simplificación o reducción de la tabla inicial, de nxp a nxk. Naturalmente, si en vez de seleccionar k componentes principales, se tomaran los p posibles, no existiría pérdida alguna de información, pero no se habría conseguido simplificar el problema.

2.11 EL HIPERELIPSOIDE DE CONCENTRACIÓN

Según hemos visto anteriormente, una ***interpretación geométrica clásica de los componentes principales*** puede consistir en la sustitución de la nube de puntos por la elipse que mejor se ajusta (si fueran dos variables), por el elipsoide (si fueran tres) o por «hiper-elipsoides» (si fueran más de tres). Los ejes principales de estos hiperelipsoides corresponderían a las componentes principales, con centro en el centro de gravedad de la nube, ya que recogen la mayor inercia o dispersión de las proyecciones de la nube original de datos sobre ellos. Los autovectores asociados a las componentes definen las direcciones de los ejes principales del hiperelipsoide que encierra la nube de puntos en el espacio.

La primera componente (eje principal Z_1) hace máxima la inercia de la nube de puntos proyectada sobre él. La segunda componente (eje principal Z_2) hace máxima la inercia de la nube proyectada sobre él y no sobre el primero, puesto que son perpendiculares. Todas las demás componentes, tantas como variables, se obtienen de forma correlativa, manteniendo el criterio de perpendicularidad (en espacio multidimensional) entre todas ellas, y sobre cada componente se proyecta la parte de dispersión que no podría proyectarse sobre ningún otro. La nube real de puntos, hasta ahora asimilada a un elipsoide que la envuelve, no adoptará en general esta forma tan regular, por lo que sus ejes principales, ya no definidos geométricamente, deberán ser ubicados por optimización matemática. A continuación, se presenta un elipsoide de concentración en el caso de tres dimensiones (Figura 2-2).

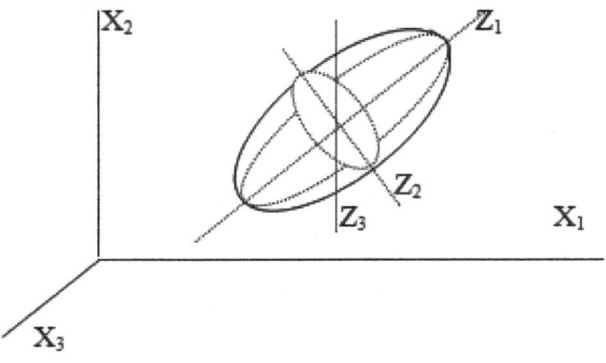

Figura 2-2

El primer eje principal, que como todos los demás ha de pasar por el centro de gravedad de la nube, será aquél que haga máxima (derivada = 0) la inercia de la nube de puntos proyectada sobre él. Una vez fijado, se elegirá el segundo de entre todas las posiciones que en el espacio puede tomar un eje perpendicular al primero por el centro de gravedad, bajo la condición de que la restante dispersión de la nube sobre él proyectada sea máxima. Y, así, sucesivamente.

La magnitud de los cálculos implicados en este proceso obliga a recurrir al cálculo matricial, herramienta matemática habitual que con la ayuda de técnicas automáticas de proceso de datos facilita la resolución de estos problemas en espacios multidimensionales. El cálculo ha demostrado, además, que la varianza (dispersión relativa) de la nube de puntos explicada por cada componente optimizada es el concepto matricial denominado valor propio (λ) asociado a esa componente. Sabiendo que la *inercia total de la nube* es la suma de las varianzas de las p variables, la proporción de varianza total que recoge cada componente (*porcentaje de inercia explicada por la componente principal h-ésima*) será el porcentaje que representa su valor propio frente a este total, es decir:

$$\frac{\lambda_k}{\lambda_1 + \cdots + \lambda_p} \times 100$$

También se puede considerar el *porcentaje de inercia explicada por las k primeras componentes principales (ejes factoriales o factores)* que se define como:

$$\frac{\lambda_1 + \cdots \lambda_k}{\lambda_1 + \cdots \lambda_p} \times 100$$

Ahora bien, como generalmente se parte de la matriz de correlaciones (matriz de covarianzas de las variables estandarizadas), y como la varianza de cada variable estandarizada es 1, la varianza total de la nube será igual a p. En este caso, la proporción de varianza total que recoge cada componente será el porcentaje que representa su valor propio frente a este total, es decir:

$$\frac{\lambda_k}{p} \times 100$$

El *porcentaje de inercia explicada por las k primeras componentes principales (o ejes factoriales)* será ahora:

$$\frac{\lambda_1 + \cdots \lambda_k}{p} \times 100$$

Una vez definidos los nuevos ejes perpendiculares o componentes, se pueden calcular las nuevas coordenadas de los puntos de la nube sobre ellos, obteniéndose así una nueva tabla de casos-componentes ($n \times p$), todavía de las mismas dimensiones que la original. Cada coordenada de un caso sobre uno de los ejes se calcula por la función lineal de todas las variables originales. Hemos visto que el cálculo matricial permite la obtención conjunta inmediata de estas coordenadas. Las proyecciones de todos los casos sobre cada nuevo eje tienen, lógicamente, media cero y varianza igual al valor propio relativo a ese eje. El hecho de que las componentes principales estén centradas sobre la nube implica que las proyecciones de los puntos sobre ellas se repartan a ambos lados del origen, y explica que aparezcan valores positivos y negativos. Son, pues, distancias relativas a efectos comparativos, ya que se trata de proyecciones de datos centrados respecto a la media.

Hasta este momento el proceso se limita a definir unos nuevos ejes perpendiculares que sustituyen a los de las variables primitivas y, sobre ellos, una nueva tabla de datos. Sin embargo, este proceso no simplifica la dimensión del problema. Un caso extremo puede ayudar a entender la posibilidad de simplificación: Imagínese que el elipsoide de la Figura anterior fuera muy aplanado, en cuyo caso uno de sus ejes sería muy corto (muy poca dispersión). En el proceso de cálculo descrito, ese componente habría sido el último en ser obtenido.

Su eliminación, por consiguiente, convertiría el elipsoide casi plano en una elipse, prácticamente con el mismo contenido informativo, pero con una dimensión menos. Se trata por tanto de seleccionar k de entre estos p componentes, de modo que, la reducción de la dimensión no suponga una excesiva pérdida de información. El problema está en cuántos componentes retener. La respuesta (no única) va a depender, tal y como ya se ha estudiado anteriormente, de las características del fenómeno estudiado, de la precisión exigida y, sobre todo, de la posibilidad y verosimilitud de interpretación de las componentes principales retenidas, equilibrio no siempre fácil de conseguir, y para el cual el investigador debe esmerar su sentido crítico.

De todas formas, se recomienda el seguimiento de unas directrices basadas en primer lugar en la retención de aquellos componentes cuyo valor propio, calculado a partir de la matriz de correlaciones, sea mayor que 1, lo que significa que explican más varianza que cualquier variable original estandarizada. Así se habrán elegido componentes mejores que variables en capacidad explicativa. En segundo lugar, puede adoptarse como directriz la retención de cuantos componentes sean precisos para garantizar conjuntamente un mínimo porcentaje, preestablecido por el investigador, de la dispersión global de la nube. Incluso pueden adoptarse como directrices la retención de los componentes que, individualmente, superen un porcentaje preestablecido o la retención de un número fijo de componentes, independientemente de su capacidad explicativa.

2.12 MATRIZ DE CARGAS FACTORIALES, COMUNALIDAD Y CÍRCULOS DE CORRELACIÓN

La dificultad en la interpretación de los componentes estriba en la necesidad de que tengan sentido y midan algo útil en el contexto del fenómeno estudiado. Por tanto, es indispensable considerar el peso que cada variable original tiene dentro del componente elegido, así como las correlaciones existentes entre variables y factores. Un componente es una función lineal de todas las variables, pero puede estar muy bien correlacionado con algunas de ellas, y menos con otras. Ya hemos visto que el coeficiente de correlación entre una componente y una variable se calcula multiplicando el peso de la variable en esa componente por la raíz cuadrada de su valor propio:

$$r_{jh} = u_{hj} \sqrt{\lambda_h}$$

Se demuestra también que estos coeficientes r representan la parte de varianza de cada variable que explica cada factor. De este modo, cada variable puede ser representada como una función lineal de los k componentes retenidos, donde los pesos o cargas de cada componente o factor (*cargas factoriales*) en la variable coinciden con los coeficientes de correlación. El cálculo matricial permite obtener de forma inmediata la tabla de coeficientes de correlación variables-componentes (px k), que se denomina **matriz de cargas factoriales**. Las ecuaciones de las variables en función de las componentes (factores), traspuestas las inicialmente planteadas, son de mayor utilidad en la interpretación de los componentes, y se expresan como sigue:

$$Z_1 = r_{11}X_1 + \cdots + r_{1p}X_p \qquad X_1 = r_{11}Z_1 + \cdots + r_{k1}Z_k$$
$$Z_2 = r_{21}X_1 + \cdots + r_{2p}X_p \quad \Rightarrow \quad X_2 = r_{12}Z_1 + \cdots + r_{k2}Z_k$$
$$\vdots \qquad\qquad\qquad\qquad \vdots$$
$$Z_k = r_{k1}X_1 + \cdots + r_{kp}X_p \qquad X_p = r_{1p}Z_1 + \cdots + r_{kp}Z_k$$

Por las propiedades del coeficiente de correlación se deduce que la suma en horizontal de los cuadrados de las cargas factoriales de una variable en todos los factores (componentes) retenidos es la parte de dispersión total de la variable explicada por el conjunto de k componentes. Esta suma de cuadrados se denomina **comunalidad**. Por ejemplo, para la primera variable, la comunalidad será $r^2_{11} + \ldots + r^2_{k1} = V(X_1) = h_1^2$. Por consiguiente, la suma de las comunalidades de todas las variables representa la parte de inercia global de la nube original explicada por los k factores retenidos, y coincide con la suma de los valores propios de estas componentes. La comunalidad proporciona un criterio de calidad de la representación de cada variable, de modo que, variables totalmente representadas tienen de comunalidad la unidad. También se demuestra que la suma en vertical de los cuadrados de las cargas factoriales de todas las variables en un componente es su valor propio. Por ejemplo, el valor propio del primer componente será $r^2_{11} + \ldots + r^2_{1p} = \lambda_1$. Todas estas demostraciones se realizarán de modo formal en el capítulo siguiente.

Es evidente que, al ser las cargas factoriales los coeficientes de correlación entre variables y componentes, su empleo hace comparables los pesos de cada variable en la componente y facilita su interpretación. En este mismo sentido, su representación gráfica puede orientar al investigador en una primera aproximación a la interpretación de los componentes. Como es lógico, esta representación sobre un plano sólo puede contener los factores de dos en dos, por lo que se pueden realizar tantos gráficos como parejas de factores retenidos. Estos gráficos se denominan **círculos de correlación**, y están formados por puntos que representan cada variable por medio de dos coordenadas que miden los coeficientes de correlación de dicha variable con los dos factores o componentes considerados. Todas las variables estarán contenidas dentro de un círculo de radio unidad (Figura 2-3).

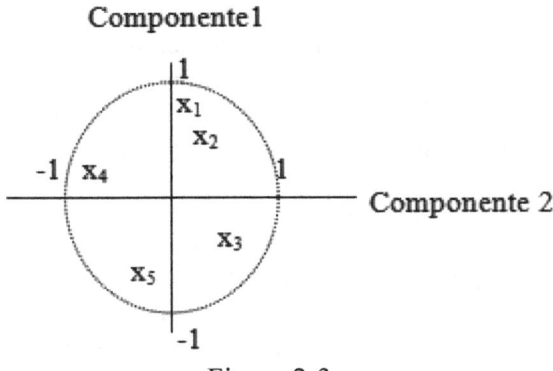

Figura 2-3

2.13 ROTACIÓN DE LAS COMPONENTES

Es frecuente no encontrar interpretaciones verosímiles a los factores (componentes) obtenidos, ya que se ha organizado el estudio partiendo de un primer componente principal que condensaba la máxima inercia de la nube.

Sin embargo, no tiene por qué coincidir esta máxima inercia del primer factor, que condiciona el cálculo de los restantes, con la óptima interpretación de cada uno de los componentes. Sería deseable, para una más fácil interpretación, que cada componente estuviera muy bien relacionada con pocas variables (coeficientes de correlación r próximos a 1 ó - 1) y mal con las demás (r próximos a 0). Esta optimización se obtiene por una adecuada ***rotación de los ejes*** que definen los componentes principales. Sería tolerable sacrificar la no coincidencia del primero de ellos con el eje principal del elipsoide, si así mejorara la interpretabilidad del conjunto. Rotar un conjunto de componentes no cambia la proporción de inercia total explicada, como tampoco cambia las comunalidades de cada variable, que no son sino la proporción de varianza explicada por todos ellos. Sin embargo, los coeficientes, que dependen directamente de la posición de los componentes respecto a las variables originales (cargas factoriales y valores propios), se ven alterados por la rotación.

Se puede comprobar que la rotación así descrita equivale a rotar los componentes en el círculo de correlación. Por ejemplo, en el Gráfico anterior puede observarse cómo una rotación que acercara la primera componente a las variables x_1 y x_2 conseguiría una proyección (carga factorial) máxima sobre ella de dichas variables, y mínima en la componente 2 que se mantendría perpendicular al ser arrastrada en el giro. Los nuevos ejes rotados tendrán una correlación con los correspondientes primitivos, que será menor cuanto mayor sea el ángulo de giro.

Existen varios tipos de rotaciones, que serán analizadas en profundidad en el próximo capítulo. Las más utilizadas son la rotación VARIMAX y la QUARTIMAX. La rotación VARIMAX se utiliza para conseguir que cada componente rotado (en vertical, en la matriz de cargas factoriales) presente altas correlaciones sólo con unas cuantas variables, rotación a la que suele aplicarse la llamada *normalización de Kaiser* para evitar que componentes con mayor capacidad explicativa, que no tienen por qué coincidir con la mejor interpretabilidad, pesen más en el cálculo y condicionen la rotación. Esta rotación, la más frecuentemente utilizada, es adecuada cuando el número de componentes es reducido. La rotación QUARTIMAX se utiliza para conseguir que cada variable (en horizontal, en la matriz de cargas factoriales) tenga una correlación alta con muy pocos componentes cuando es elevado el número de éstos. Tanto Varimax como Quartimax son **rotaciones ortogonales**, es decir, que se mantiene la condición de perpendicularidad entre cada uno de los ejes rotados. Sin embargo, cuando las componentes, aún rotadas ortogonalmente, no presentan una clara interpretación, cabe todavía la posibilidad de intentar mejorarla a través de **rotaciones oblicuas**, que no respetan la perpendicularidad entre ellos. Piénsese en espacios multidimensionales para comprender la complejidad de los cálculos necesarios. De entre las diversas rotaciones oblicuas desarrolladas, la PROMAX, aplicada normalmente sobre una VARIMAX previa, es la más utilizada dada su relativa simplicidad.

En las soluciones oblicuas varían, lógicamente, no sólo los valores propios sino también las comunalidades de las variables y se mantiene, por supuesto, la varianza explicada por el modelo. Además, es importante tener en cuenta que la no perpendicularidad entre los ejes surgida tras una rotación oblicua produce una correlación entre ellos antes inexistente, por lo que la parte de varianza de una variable explicada por una componente no es ya independiente de los demás factores. Deberá valorarse esta relación en la interpretación de los componentes. No se puede decir que una rotación sea mejor que otra, ya que desde un punto de vista estadístico todas son igualmente buenas. La elección entre diferentes rotaciones se basa en criterios no estadísticos, ya que la rotación preferida es aquélla más fácilmente interpretable. Si dos rotaciones proponen diferentes interpretaciones no deben ser consideradas discordantes sino como dos enfoques diferentes de un mismo fenómeno que el investigador deberá analizar. La interpretación de una componente es un proceso subjetivo al que la rotación puede restar parte de subjetividad.

2.14 EL CASO DE DOS VARIABLES

El análisis de las componentes principales constituye un caso de reducción de variables, que visto geométricamente, es un problema de reducción de dimensión.

Supóngase, para facilitar su representación gráfica, dos variables aleatorias X_1 y X_2, por ejemplo, edad y presión arterial sistólica. Una serie de observaciones de estas variables se puede representar en una gráfica bidimensional por una nube de puntos, donde cada punto representa una observación. El problema de las componentes principales se puede plantear del siguiente modo: ¿Se puede encontrar una variable, función lineal de ambas, que represente adecuadamente la "información" contenida en las dos? La Figura siguiente presenta el conjunto de observaciones de las variables X_1 y X_2, donde los valores que toman las variables en cada observación (coordenadas de un punto de la gráfica) son las proyecciones ortogonales sobre los ejes respectivos (Figura 2-4).

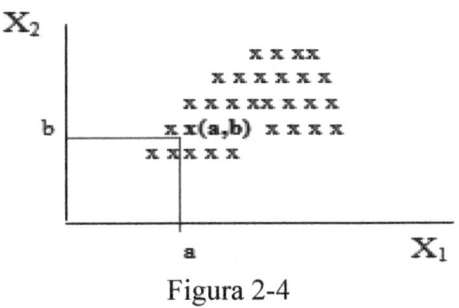

Figura 2-4

Una nueva variable, función lineal de ambas (por ejemplo, la recta de regresión que ajusta la nube de puntos), será un nuevo eje en el mismo plano y, el valor que esa variable tome para cada observación será la proyección del punto correspondiente sobre dicho eje. Se tratará, por tanto, de encontrar, si es posible, el eje más adecuado, es decir, aquél sobre el que se obtenga una representación lo más parecida posible a la nube original, esto es, aquél donde las distancias entre los puntos, que indican las diferencias entre las observaciones, mejor se conserven.

En la Figura que se presenta a continuación se observan dos ejes de ajuste para la misma nube de puntos (Figura 2-5). Comparando las Gráficas A y B de la Figura, parece más adecuado el eje representado en A que el representado en B. Los puntos p y q, que en la representación original están muy alejados entre sí (corresponden a individuos con edades y presiones arteriales muy diferentes), se mantienen más alejados en el eje A que en el B y, en general, ocurre lo mismo con cualquier par de puntos, aunque siempre podremos encontrar algún par específico para el que la distancia se mantenga mejor en el eje B.

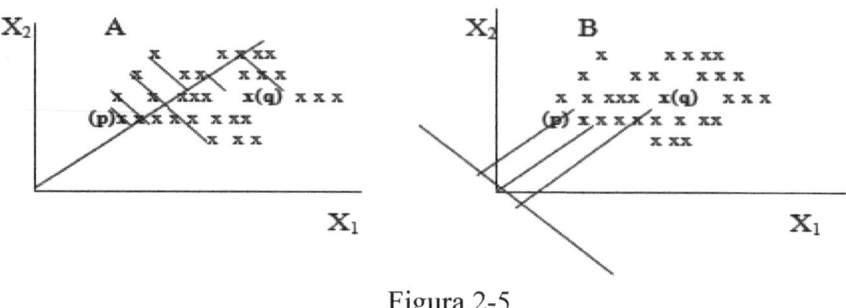

Figura 2-5

El eje *A* representa mejor la dispersión de los datos originales, y esto establece un criterio para definir el mejor eje como aquél sobre el que la varianza proyectada (medida de la dispersión) sea máxima. La siguiente cuestión a considerar es si este eje representa adecuadamente la dispersión original. Una medida de la dispersión del conjunto de variables originales es la suma de las varianzas de cada una de las variables, habitualmente llamada inercia.

Por consiguiente, una medida de la calidad de la representación que la nueva variable consigue, es la razón entre la varianza proyectada y la inercia inicial (la *inercia total de la nube* es la suma de las varianzas de las p variables $X_1,...,X_p$). En este ejemplo se ha podido encontrar un eje mejor que otros, en términos de máxima varianza, porque las variables están correlacionadas (en la Gráfica, los puntos tienden a estar en la dirección de la recta de regresión). Si las variables no estuvieran correlacionadas, los puntos tendrían una disposición homogénea en el plano y no habría ningún eje sobre el que la varianza proyectada fuese mayor que sobre otros (un eje paralelo a la recta de regresión mantendría toda la varianza). El mejor eje será, por lo tanto, aquél sobre el que se proyecte una mayor cantidad de varianza, y en este sentido podremos concretar el término *Información* para identificar la información contenida en una variable con su varianza.

Una vez hallado el nuevo eje de ajuste, es decir, la variable que mejor resume o *reduce* a las dos iniciales X_1 y X_2, vamos a calcular el valor que toma dicha variable para cada punto u observación en el plano, que ya sabemos que es la proyección del punto sobre el nuevo eje.

Un eje se define por un vector unitario U que tiene la dirección del eje, y cuyo módulo es la unidad. Si u_1 y u_2 son sus componentes en los ejes X_1 y X_2, se tiene que $u_1^2 + u_2^2 = 1$, que en notación matricial puede expresarse como $U'U=1$, siendo $U = (u_1,u_2)'$. La Figura 2-6 aclara lo expuesto.

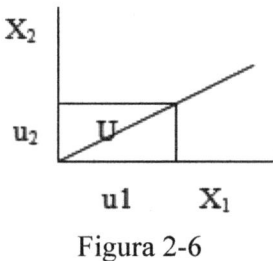

Figura 2-6

Una observación con respecto a las variables X_1 y X_2, se representa por un punto $x(a,b)$ cuyas coordenadas en el plano son a y b, es decir, $x = (a,b)'$. La coordenada de ese punto respecto al nuevo eje será $z = U'x$ (producto escalar de los vectores U y x) y representa la proyección del punto sobre el nuevo eje. La Figura 2-7 aclara estos conceptos.

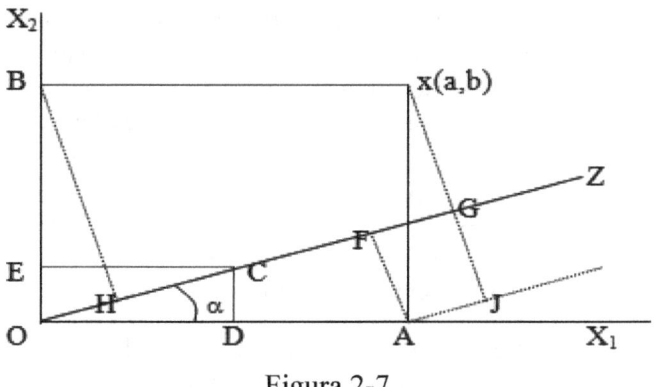

Figura 2-7

Las coordenadas del punto x en los ejes originales son, respectivamente, $a = OA$ y $b = OB$. Las coordenadas del vector unitario U ($OC = 1$) en los ejes originales son $u_1 = OD$ y $u_2 = OE$. La coordenada del punto x en el nuevo eje Z es $z = OG = OF+FG$. En el triángulo OFA (rectángulo en F) se tiene que $cos(\alpha) = OF/OA$, y en el triángulo ODC (rectángulo en D) se tiene que $cos(\alpha) = OD/OC = OD$, con lo que $OF/OA = OD \Rightarrow OF = OD*OA = u_1a$. Realizando el mismo razonamiento en los triángulos OHB y OEC se encuentra que $OH = OB*OE = u_2b$. Ahora bien, los triángulos OBH y AXJ son iguales (ambos son rectángulos, el ángulo B es igual al ángulo X por estar comprendidos entre paralelas, y el lado OB es igual a AX) con lo que $OH = AJ$. Además, como $FGJA$ es un rectángulo, entonces $AJ = FG$, con lo que $OH = FG$. Por consiguiente, $z = OF+FG = u_1a+u_2b$, que en notación matricial puede expresarse como sigue:

$$z = U'x = (u_1\, u_2)\begin{pmatrix} a \\ b \end{pmatrix} = u_1a + u_2b$$

Por lo tanto, de la interpretación geométrica de las componentes principales se deduce que dada la variable bidimensional $X = \begin{pmatrix} X_1 \\ X_2 \end{pmatrix}$, se trata de buscar una nueva variable $Z = U'X$, siendo $U = \begin{pmatrix} U_1 \\ U_2 \end{pmatrix}$ con la condición $U'U = 1$, de tal manera que la varianza de Z sea máxima. Pero $Var(Z) = U'\Sigma U$ siendo Σ la matriz de varianzas covarianzas de X, con lo que el problema de componentes principales es encontrar $Z = U'X$ maximizando $U'\Sigma U$ con la condición de que $U'U = 1$. A partir de aquí ya se consideraría todo el aparato algebraico presentado anteriormente para la obtención matemática de las componentes principales.

La principal dificultad del análisis de componentes principales, supuesto un programa de computador con un algoritmo eficiente para diagonalizar matrices, es la interpretación de los factores. Si un factor presentara correlaciones parecidas con muchas variables sería difícil interpretarlo y, generalmente, esto es lo que ocurre. Para resolver esta dificultad se pueden "girar" los factores hasta conseguir que se "parezcan" a alguna variable y así facilitar su interpretación. Esto, en términos no geométricos, significa generar otros factores que, presenten coeficientes de correlación lo más altos posibles con alguna de las variables. Volviendo a la interpretación geométrica de los factores como un sistema de ejes ortogonales, la rotación de los factores es, simplemente, un giro de dichos ejes.

Básicamente hay dos modos de rotación esenciales: *ortogonal* en que los factores se mantienen ortogonales después de la rotación y, por tanto, no garantiza que todos sean fácilmente interpretables y *oblicua* en que cada factor se gira por separado, garantizándose la máxima interpretabilidad de cada uno de ellos, pero a cambio, perdiéndose la independencia entre ellos.

Dentro de la rotación ortogonal, que es la más usada, hay varios métodos dependiendo del criterio con el que se selecciona el ángulo de giro, entre otros: *varimax* que trata de conseguir que cada factor tenga una correlación alta con unas pocas variables y *quartimax* que trata de conseguir que cada variable tenga una correlación alta con unos pocos factores. Para facilitar la interpretación geométrica de la rotación de los factores, realizaremos la representación gráfica para el caso de dos variables X_1 y X_2 y dos factores F_1 y F_2 que se presenta en la Figura 2-8:

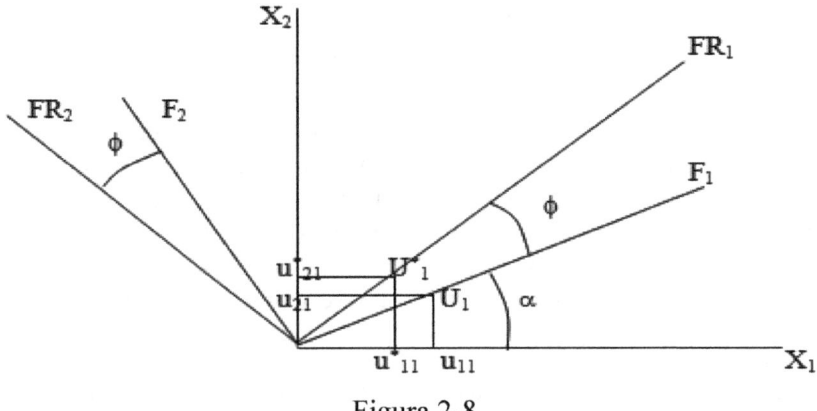

Figura 2-8

Una rotación ortogonal está definida por el ángulo ϕ que gira cada factor (el mismo para todos). Habrá que encontrar una transformación que convierta el vector U_1, de componentes u_{11} y u_{21} y que define el eje del factor F_1, en el vector U^*_1, de componentes u^*_{11} y u^*_{21} y que define el factor rotado FR_1. Esta transformación será, en una rotación ortogonal, la misma para todos los factores. Teniendo en cuenta que tanto U_1, como U^*_1, son unitarios tenemos lo siguiente:

$$u_{11} = \cos(\alpha) \qquad u^*_{11} = \cos(\alpha+\phi) = \cos(\alpha)\cos(\phi) - \operatorname{sen}(\alpha)\operatorname{sen}(\phi)$$
$$u_{21} = \operatorname{sen}(\alpha) \qquad u^*_{21} = \operatorname{sen}(\alpha+\phi) = \operatorname{sen}(\alpha)\cos(\phi) + \cos(\alpha)\operatorname{sen}(\phi)$$

con lo que se tiene:

$$u^*_{11} = u_{11}\cos(\phi) - u_{21}\operatorname{sen}(\phi)$$
$$u^*_{21} = u_{11}\operatorname{sen}(\phi) + u_{21}\cos(\phi)$$

que en formato matricial se expresa como sigue:

$$\begin{pmatrix} u^*_{11} \\ u^*_{21} \end{pmatrix} = \begin{pmatrix} \cos(\phi) & -\operatorname{sen}(\phi) \\ \operatorname{sen}(\phi) & \cos(\phi) \end{pmatrix}\begin{pmatrix} u_{11} \\ u_{21} \end{pmatrix}$$

luego la transformación que convierte el vector U_1, de componentes u_{11} y u_{21} y que define el eje del factor F_1, en el vector U^*_1, de componentes u^*_{11} y u^*_{21} y que define el factor rotado FR_1, puede expresarse como $U^*_1 = R\, U_1$, siendo R la matriz de la rotación, que viene dada por:

$$R = \begin{pmatrix} \cos(\phi) & -\text{sen}(\phi) \\ \text{sen}(\phi) & \cos(\phi) \end{pmatrix}$$

Cualquier vector se transforma en su rotado multiplicando sus coordenadas por la matriz R. Es de destacar que los nuevos vectores transformados de los vectores propios de la matriz de covarianzas en la rotación ya no son vectores propios de la matriz de covarianzas, y los nuevos valores propios asociados a los vectores propios transformados por la rotación no coinciden con la varianza de los nuevos factores. Sin embargo, las rotaciones ortogonales conservan las comunalidades de cada variable, así como la suma de las varianzas de los factores.

La matriz U cuyas columnas son los dos autovectores se transformará en $U^*=RU$, de donde se deduce (multiplicando a la derecha por la matriz ortogonal U') que $U^*U'=R$. En el caso general en que el número de variables p es mayor de dos, la rotación está definida por una matriz similar R cuadrada de orden p, en la que aparecen los cosenos de las proyecciones del ángulo ϕ sobre los distintos planos. Los nuevos factores rotados se calculan mediante:

$$Z^* = (U^*)'X = (RU)'X = U'R'X$$

Las varianzas de los nuevos factores rotados serán:

$$Var(Z_i^*) = (U_i^*)'\Sigma U_i^* = (RU_i)'\Sigma RU_i = U_i'R'\Sigma RU_i$$

y la matriz de varianzas covarianzas con los nuevos factores es:

$$U^* = \Sigma U^* = \Sigma RU$$

El problema esencial en la rotación de los factores es encontrar la matriz R más adecuada, y es en esta tarea donde difieren los distintos métodos de rotación ortogonal. Por ejemplo, el método *varimax* elige la matriz R de modo que sea máxima la suma:

$$S = \sum_{i=1}^{k} S_i \text{ con } S_i = \frac{p\sum_{j=1}^{p}\left(r_{ji}^2\right)^2 - \left(\sum_{j=1}^{p}r_{ji}^2\right)^2}{p^2} \text{ para } i = 1,...,k$$

con el objeto de simplificar cada factor para que sus cargas factoriales (coeficientes de correlación entre los factores y las variables) sean altas sólo con algunas variables y pequeñas con el resto. En este método se maximiza la suma de las cargas factoriales cuadráticas de los factores (o *simplicidades S_i*) que, tal y como se han definido, serán grandes cuando haya cargas factoriales extremas y pequeñas para cargas factoriales con valores próximos.

Una variación de este método es la *normalización de Kaiser*, que es igual al *varimax*, pero dividiendo cada carga factorial cuadrática r^2_{ij} por la comunalidad h^2_j de la variable X_j. De esta forma se evita que los factores con sumas de cargas factoriales más altas tengan más peso.

Por lo tanto, en el método de *normalización de Kaiser* se elige la matriz R de forma que sea máxima la suma:

$$S = \sum_{i=1}^{k} S_i \ \text{ con } \ S_i = \frac{p\sum_{j=1}^{p}\left(\dfrac{r^2_{ji}}{h^2_j}\right)^2 - \left(\sum_{j=1}^{p}\dfrac{r^2_{ji}}{h^2_j}\right)^2}{p^2} \ \text{ para } i = 1,...,k$$

Otro método de rotación ortogonal es el método quartimax, que pretende que cada variable tenga una correlación alta con muy pocos factores. Para ello, *se maximiza la varianza de las cargas factoriales para cada variable, en lugar de para cada factor*, con la condición de que se mantengan las comunalidades de cada variable. Se demuestra que esto es equivalente a hacer máxima la suma:

$$Q = \sum_{i=1}^{k}\sum_{j=1}^{p} r_{ij}^4$$

2.15 PROPIEDADES MUESTRALES DE LAS COMPONENTES PRINCIPALES

Supongamos que partimos de N observaciones independientes obtenidas como muestra aleatoria de una normal n-dimensional (μ, Σ) expresadas como sigue:

$$
\begin{array}{cccc}
X_{11} & X_{21} & \cdots & X_{n1} \\
X_{12} & X_{22} & \cdots & X_{n1} \\
\vdots & \vdots & \ddots & \vdots \\
X_{1N} & X_{2N} & & X_{nN}
\end{array}
$$

Si designamos la estimación de Σ (con valores propios $\lambda_1, \lambda_2, ..., \lambda_n$) por S, los vectores propios estimados a partir de S por $b_1, b_2, ..., b_n$ y los valores propios estimados a partir de S por $l_1, l_2, ..., l_n$, se demuestra que cuando N es grande se cumple lo siguiente:

- l_i se distribuye independientemente de los elementos que componen b_i.

- $\sqrt{n}(l_i - \lambda_i)$ se distribuye normalmente con media cero y varianza $2\lambda_i^2$ e independientemente del resto de los autovalores.

- $\sqrt{n}(b_i - u_i)$ se distribuye de acuerdo con una normal multivariante con vector media cero y matriz de varianzas covarianzas $\lambda_i \sum\limits_{\substack{h=1 \\ h \neq i}}^{n} \dfrac{\lambda_h}{(\lambda_h - \lambda_i)^2} u_h u_h'$.

- La covarianza del elemento h-ésimo de u_i y del S-ésimo elemento de u_j es:

$$\frac{\lambda_i \lambda_j}{(\lambda_i - \lambda_j)^2} u_{ih} u_{jS} \quad i \neq j$$

A partir de los resultados anteriores pueden establecerse contrastes de hipótesis y construirse intervalos de confianza. Tenemos los siguientes resultados:

- $\dfrac{\sqrt{n}(l_i - \lambda_i)}{\sqrt{2} l_i} \to N(0,1) \Rightarrow l_i \pm z_{\alpha/2} \sqrt{2/n}\, l_i$ es intervalo de confianza de nivel α de l_i.

- La región crítica del contraste $H_0{:}\lambda_i{=}\lambda^0_i$ contra $H_1{:}\lambda_i{\neq}\lambda^0_i$ es $\left| \dfrac{\sqrt{n}(l_i - \lambda^0_i)}{\sqrt{2}\lambda^0_i} \right| > z_{\alpha/2}$

- Como $\sum\limits_{i=1}^{k} \lambda_i$ es la varianza retenida por los k factores, interesa contrastar la hipótesis de que si los factores que no se han retenido realmente explican menos varianza que una cantidad prefijada τ. Se contrastará entonces $H_0{:} \sum\limits_{i=k+1}^{p} \lambda_i = \tau$

contra $H_1{:} \sum\limits_{i=k+1}^{p} \lambda_i < \tau$, para lo que se usa el estadístico $\sum\limits_{i=k+1}^{p} \sqrt{n}(l_i - \lambda_i)$ de media

0 y varianza $2 \sum\limits_{i=k+1}^{p} \lambda_i^2$, siendo la región crítica $\sum\limits_{i=k+1}^{p} l_i < \tau - z_\alpha \sqrt{\dfrac{2}{n} \sum\limits_{i=k+1}^{p} l_i^2}$, y

siendo un intervalo de confianza para $\sum\limits_{i=k+1}^{p} \lambda_i$ al nivel α el definido como

$$\sum_{i=k+1}^{p} l_i \pm z_{\alpha/2} \sqrt{\frac{2}{n} \sum_{i=k+1}^{p} l_i^2}$$

- Puede contrastarse la hipótesis nula de que la multiplicidad del valor propio λ_k es r, o lo que es lo mismo, que r autovalores intermedios son iguales ($H_0: \lambda_{q+1} = \lambda_{q+2} = ... = \lambda_{q+r}$) mediante el estadístico definido como

$$T = -N \sum_{k=q+1}^{q+r} Ln(l_k) + NrLn\left(\frac{1}{r} \sum_{k=q+1}^{q+r} l_k\right)$$ que se distribuye según una chi-

cuadrado con $NLn\left[\left(\frac{1}{r} \sum_{k=q+1}^{q+r} l_k\right) \middle/ \prod_{k=q+1}^{q+r} l_k\right]$ grados de libertad.

## Capítulo 3

COMPONENTES PRINCIPALES CON R

3.1 ANÁLISIS DE COMPONENTES PRINCIPALES A TRAVÉS DE R

El análisis en componentes principales se realiza fácilmente a través de los menús de R Commander. Se comienza importando el archivo de datos (Figura 3-1). En este caso se trata de un archivo con variables económicas y de población de los barrios de Madrid de nombre *zonasmad.sav*. Las variables son población total (*pt*), población menor de 14 (*p14*), población mayor de 10 años (*p10*), jubilados (*p65*), analfabetos (*anal*), nivel de educación superior (*nes*), ocupados (*ocu*), ocupados en la industria (*ocuin*), ocupador en servicios (*ocuser*), técnicos (*tec*), personal directivo (pd) y trabajadores manuales (*tm*). Estas variables, inicialmente correladas, hay que reducirlas a un grupo menor de variables incorreladas mediante componentes principales. La Figura 3-2 muestra el fichero importado

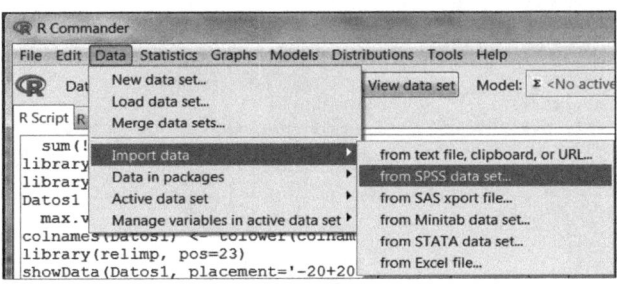

Figura 3-1

		b	pt	p14	p65	p10	anal	nes	ocu	ocuin	ocuser	tec	pd	tm
1	Centro	166.5	23.3	38.1	152.8	4.2	21.4	54.1	7.6	41.7	8.8	0.8	10.3
2	Arganzuela	121.1	23.5	18.4	106.1	2.0	16.5	69.4	7.6	28.6	7.2	0.6	8.4
3	Retiro	126.0	27.2	16.8	109.2	1.2	28.1	39.9	6.3	30.1	10.4	1.9	4.7
4	Salamanca	180.0	30.5	33.4	162.1	1.0	45.3	57.5	7.6	45.1	16.1	2.6	5.4
5	Chamartín	180.0	30.5	16.1	130.3	1.3	39.3	48.1	7.2	35.8	14.5	2.8	4.8
6	Tetuán	164.2	31.3	23.5	145.1	4.2	24.2	52.3	9.6	37.9	9.6	1.1	12.2
7	Chamberi	182.7	29.4	35.0	165.4	1.8	47.2	59.4	7.5	46.4	17.1	2.4	6.1
8	Fuencarral	176.2	51.3	15.6	142.2	3.6	21.6	95.6	10.3	38.7	11.1	1.6	14.3
9	Moncloa	108.4	23.4	13.4	94.2	1.5	32.5	34.6	5.3	26.0	8.7	1.4	5.5
10	Latina	289.5	79.5	23.1	239.7	6.0	22.7	86.6	17.7	59.8	10.4	1.3	26.4
11	Carabanchel	255.9	60.5	24.1	218.3	7.3	16.6	77.4	19.4	50.1	7.5	1.0	28.2
12	Villaverde	195.0	48.5	16.1	166.1	8.3	9.0	56.6	19.3	30.7	3.7	0.5	26.3
13	Mediodía	171.7	49.3	11.1	139.9	9.8	5.5	48.5	13.3	28.1	2.9	0.3	22.9
14	Vallecas	186.2	42.2	20.3	159.8	10.3	7.2	53.7	13.6	32.5	3.1	0.3	23.8
15	Moratalaz	145.9	40.8	10.9	121.4	3.9	10.1	73.7	16.5	49.0	11.6	2.1	19.7
16	Ciudad Lineal	135.1	55.3	21.9	201.5	4.3	28.2	73.7	16.5	49.0	11.6	2.1	19.7
17	San Blas	137.7	32.1	10.3	118.5	6.0	6.3	41.4	12.2	24.1	2.9	0.2	18.2
18	Hortaleza	167.7	51.4	10.1	132.6	4.0	15.5	51.6	12.3	33.7	7.9	1.4	15.8

Figura 3-2

Para realizar el análisis en componentes principales utilizamos la subopción *Principal components analysis* de la opción *Dimensional analysis* del menú *Statistics* (Figura 3-3). En la pantalla *Data* (Figura 3-4) se seleccionan las variables a reducir (en nuestro caso todas las cuantitativas) y en la pantalla *Options* (Figura 3-5) se elige el gráfico de sedimentación y añadir las puntuaciones de las componentes como variables adicionales al archivo. Cuando nos pregunten por el número de componentes las dejamos todas para obtener una salida rica en información.

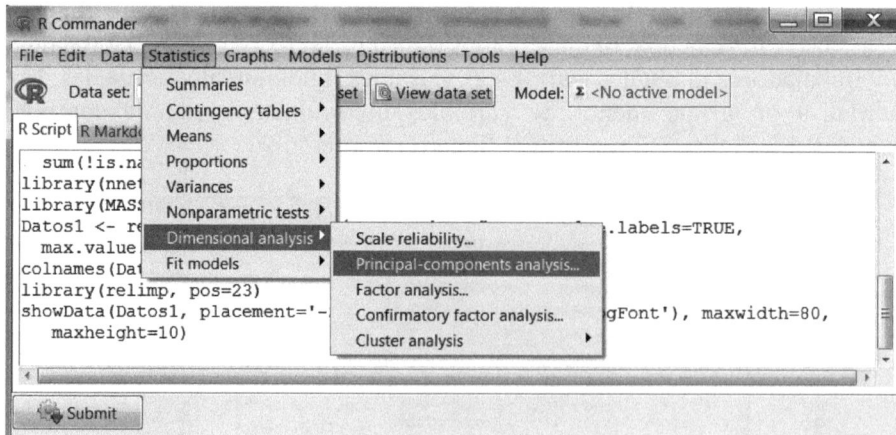

Figura 3-3

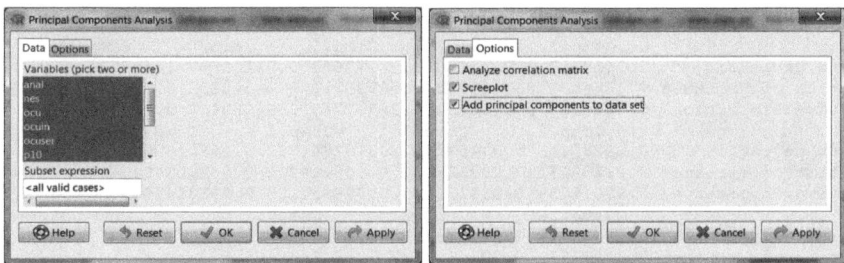

Figura 3-4   Figura 3-5

La salida, considerando todas las componentes es la siguiente:

```
Rcmdr>   local({
Rcmdr+     .PC <-
princomp(~anal+nes+ocu+ocuin+ocuser+p10+p14+p65+pd+pt+tec+tm,
Rcmdr+     cor=TRUE, data=Datos1)
Rcmdr+     cat("\nComponent loadings:\n")
Rcmdr+     print(unclass(loadings(.PC)))
Rcmdr+     cat("\nComponent variances:\n")
Rcmdr+     print(.PC$sd^2)
Rcmdr+     cat("\n")
Rcmdr+     print(summary(.PC))
Rcmdr+   })
```

```
Component loadings:
            Comp.1        Comp.2        Comp.3        Comp.4        Comp.5        Comp.6
anal     0.36132939    0.17534429    0.23628833   -0.13176183    0.12749884    0.05485120
nes     -0.28540796   -0.32820364    0.09703971   -0.28944474   -0.11113457   -0.41446910
ocu      0.20927928   -0.28583487   -0.29973566    0.73951979   -0.26818978   -0.11095715
ocuin    0.38986887   -0.04602526   -0.18112190   -0.10152847    0.47254174    0.05435351
ocuser   0.13787456   -0.44191228   -0.03535675    0.12832067    0.28485670    0.31547990
p10      0.28372312   -0.32707386    0.23077680   -0.14991710    0.07017480   -0.45379998
p14      0.35853098   -0.16834399   -0.26197238   -0.20903285   -0.27207686   -0.40232095
p65     -0.07566879   -0.31189537    0.69694229    0.27665804    0.20801953   -0.02862781
pd      -0.22567914   -0.34375241   -0.36230083   -0.30243018    0.24137662    0.14405080
pt       0.28253132   -0.26746403    0.21213014   -0.29551274   -0.60024926    0.53995004
tec     -0.23257631   -0.39817625   -0.15910925   -0.03176147    0.08063181    0.16982363
tm       0.41660848    0.03984481   -0.04076219   -0.05186551    0.21850077    0.02569982
            Comp.7        Comp.8        Comp.9       Comp.10       Comp.11       Comp.12
anal     0.73382579    0.32309548    0.15882562   -0.005977797   -0.08814635    0.26517055
nes      0.15987954   -0.23727872    0.54111136    0.174874669    0.32542657    0.14948716
ocu      0.31292510   -0.18558007    0.03978427   -0.099303404    0.08368619    0.05218196
ocuin   -0.10790079   -0.57586218   -0.07161260    0.257324667   -0.07762493    0.39483030
ocuser  -0.35561695    0.48240645    0.37071840   -0.112502510    0.16636495    0.22444295
p10     -0.11331381   -0.06882934   -0.04782204   -0.586652654   -0.38803624   -0.10646122
p14     -0.13096947    0.40856035   -0.32608865    0.442635518    0.07066255    0.05979831
p65      0.04400419   -0.01739724   -0.39861737    0.301573902    0.18652725   -0.06133131
pd       0.35397219    0.01502541   -0.44358687   -0.305366066    0.33019658   -0.06778193
pt      -0.01898488   -0.24523874   -0.03494604   -0.035517778    0.03499011    0.01604175
tec      0.19989627    0.04349334    0.11246593    0.377028499   -0.67979322   -0.25870784
tm       0.04863613   -0.07945910    0.24428249    0.113817220    0.28790766   -0.77967736

Component variances:
     Comp.1         Comp.2         Comp.3         Comp.4         Comp.5         Comp.6
5.5974741915   4.1270302140   1.0440274082   0.5211206527   0.3205494633   0.1546885170
     Comp.7         Comp.8         Comp.9        Comp.10        Comp.11        Comp.12
0.1119490553   0.0794364531   0.0243412119   0.0129085233   0.0055786045   0.0008957051
```

```
Importance of components:
                          Comp.1     Comp.2      Comp.3      Comp.4      Comp.5
Standard deviation       2.3658982  2.0315093  1.02177659  0.72188687  0.56617088
Proportion of Variance   0.4664562  0.3439192  0.08700228  0.04342672  0.02671246
Cumulative Proportion    0.4664562  0.8103754  0.89737765  0.94080437  0.96751683
                          Comp.6      Comp.7       Comp.8       Comp.9
Standard deviation       0.39330461  0.334587889  0.281844732  0.156016704
Proportion of Variance   0.01289071  0.009329088  0.006619704  0.002028434
Cumulative Proportion    0.98040754  0.989736625  0.996356330  0.998384764
                          Comp.10     Comp.11       Comp.12
Standard deviation       0.11361568  0.0746900564  2.992833e-02
Proportion of Variance   0.00107571  0.0004648837  7.464209e-05
Cumulative Proportion    0.99946047  0.9999253579  1.000000e+00
```

Se observa que las tres primeras componentes son las que tienen autovalor (*component variances*) mayor que la unidad. Esto nos lleva a repetir el procedimiento con 3 componentes (Figura 3-6). Al hacer clic en OK, se obtiene el gráfico de sedimentación (Figura 3-7) y se añaden las puntuaciones de las tres componentes al archivo de datos con nombres PC1, PC2 y PC3 (Figura 3-8).

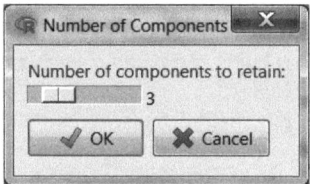

Figura 3-6

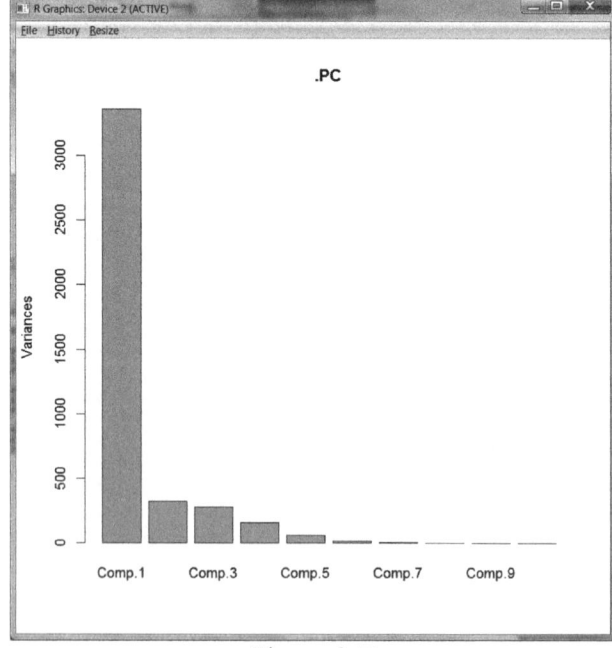

Figura 3-7

```
R Datos1                                                              ☐ X
   p10 anal  nes  ocu ocuin ocuser tec  pd   tm       PC1         PC2         PC3
1  52.8  4.2 21.4 54.1   7.6   41.7 8.8 0.8 10.3  -6.045231 -12.7518733 -11.29368591
2  06.1  2.0 16.5 69.4   7.6   28.6 7.2 0.6  8.4 -67.678492  -0.5837739   9.65636087
3  09.2  1.2 28.1 39.9   6.3   30.1 10.4 1.9  4.7 -66.808729  -1.9416947  -8.81786470
4  62.1  1.0 45.3 57.5   7.6   45.1 16.1 2.6  5.4  11.142613 -24.2527251 -23.21362285
5  30.3  1.3 39.3 48.1   7.2   35.8 14.5 2.8  4.8 -12.127227   4.2284950 -29.64541668
6  45.1  4.2 24.2 52.3   9.6   37.9  9.6 1.1 12.2 -12.006752  -4.0020855  -7.36067586
7  65.4  1.8 47.2 59.4   7.5   46.4 17.1 2.4  6.1  15.526105 -26.8657828 -24.32067474
8  42.2  3.6 21.6 95.6  10.3   38.7 11.1 1.6 14.3   6.355801   3.4925167  14.61892432
9  94.2  1.5 32.5 34.6   5.3   26.0  8.7 1.4  5.5 -91.101748  -1.9043373  -9.15932624
10 39.7  6.0 22.7 86.6  17.7   59.8 10.4 1.3 26.4 156.887279   6.4494133  -2.68230347
11 18.3  7.3 16.6 77.4  19.4   50.1  7.5 1.0 28.2 113.067117   6.3550676   0.06113972
12 66.1  8.3  9.0 56.6  19.3   30.7  3.7 0.5 26.3  28.031900  17.5569647   6.71693394
13 39.9  9.8  5.5 48.5  13.3   28.1  2.9 0.3 22.9  -7.233853  24.7746023   8.67455931
14 59.8 10.3  7.2 53.7  13.6   32.5  3.1 0.3 23.8  15.963537  14.7793083   4.15457067
15 21.4  3.9 10.1 73.7  16.5   49.0 11.6 2.1 19.7 -32.301576   7.6851593  19.47787485
16 01.5  4.3 28.2 73.7  16.5   49.0 11.6 2.1 19.7  12.797539 -48.9295465  42.24242423
17 18.5  6.0  6.3 41.4  12.2   24.1  2.9 0.2 18.2 -50.815816  17.9204111   7.62928639
18 32.6  4.0 15.5 51.6  12.3   33.7  7.9 1.4 15.8 -13.652468  17.9898808   3.26149615
```

Figura 3-8

Podemos realizar un gráfico de dispersión que represente la nube de puntos formada por las dos primeras componentes etiquetando los puntos del gráfico con los nombres de los barrios (diagrama de correlación).

En primer lugar definimos la variable de etiquetado como un vector.

```
> v=c( "Centro", "Arganzuela", "Retiro", "Salamanca", "Chamar
tín", "Tetuán", "Chamberi","Fuencarral", "Moncloa", "Latina",
"Carabanchel", "Villaverde", "Mediodía", "Vallecas", "Moratal
az", "Ciudad Lineal" , "San Blas", "Hortaleza")
```

En segundo lugar representamos el gráfico de dispersión (Figura 3-9).

```
> plot(PC2~PC1); text(PC2~PC1,labels=v)
```

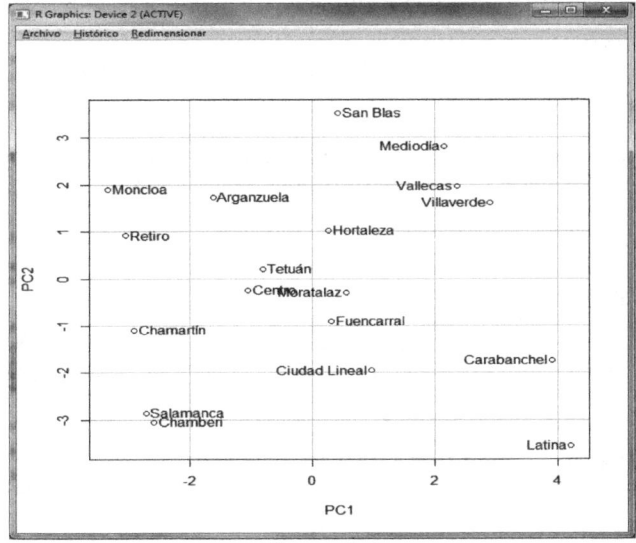

Figura 3-9

Observamos en la parte superior de la gráfica el segmento de países menos desarrollados formado por San Blas, Mediodía, Vallecas y Villaverde. Con desarrollo medio vemos otro segmento de países formado por Moncloa, Retiro y Arganzuela. Hortaleza, Tetuán, Centro y Moratalaz forman otro segmento de desarrollo medio. Con un desarrollo más acentuado tenemos el segmento formado por Chamartín, Fuencarral y Ciudad Lineal. Otro segmento con desarrollo alto lo forman Latina y Carabanchel. Finalmente, el desarrollo más elevado se presenta en los distritos de Salamanca y Chamberí.

De esta forma hemos realizado una segmentación de los barrios de Madrid por nivel de desarrollo. Vemos entonces que el diagrama de correlación de las componentes es una potente herramienta de segmentación.

3.2 COMPONENTES PRINCIPALES A TRAVÉS DE COMANDOS

El comando princomp permite realizar análisis en componentes principales mediante la siguiente sintaxis:

princomp(~v1+v2+...+vn, cor=TRUE, scores=TRUE, data=Conjunto de datos)

Las variables *v1, v2, ..., vn* son las variables a reducir, *cor=TRUE* permite obtener la matriz de correlaciones entre componentes y variables (matriz factorial), *scores=TRUE* permite calcular las puntuaciones de las componentes y data= Conjunto de datos permite declarar el conjunto de datos que contiene las variables.

En nuestro ejemplo anterior la sintaxis vía comandos sería la siguiente:

```
> library(haven)
> zonasmad <- read_sav("E:/DATOS/zonasmad.sav")
> attach(zonasmad)

> componentes=princomp(~anal+nes+ocu+ocuin+ocuser+p10+p14+p65
+pd+pt+tec+tm, cor=TRUE, scores=TRUE, data=Datos1)

> summary(componentes)

Importance of components:
                        Comp.1      Comp.2     Comp.3     Comp.4     Comp.5
Standard deviation     2.3658982  2.0315093 1.02177659 0.72188687 0.56617088
Proportion of Variance 0.4664562  0.3439192 0.08700228 0.04342672 0.02671246
Cumulative Proportion  0.4664562  0.8103754 0.89737765 0.94080437 0.96751683
                         Comp.6      Comp.7      Comp.8      Comp.9
Standard deviation     0.39330461 0.334587889 0.281844732 0.156016704
Proportion of Variance 0.01289071 0.009329088 0.006619704 0.002028434
Cumulative Proportion  0.98040754 0.989736625 0.996356330 0.998384764
                        Comp.10     Comp.11       Comp.12
Standard deviation     0.11361568 0.0746900564 2.992833e-02
Proportion of Variance 0.00107571 0.0004648837 7.464209e-05
Cumulative Proportion  0.99946047 0.9999253579 1.000000e+00
```

Para ver las puntuaciones utilizamos la sintaxis siguiente:

```
> componentes$scores
        Comp.1      Comp.2      Comp.3      Comp.4      Comp.5      Comp.6
1   -1.0583249 -0.2517475  2.33732497  1.02607277  0.30778512  0.295810697
2   -1.6275133  1.7205507 -0.12963914  1.70726329 -0.48831649 -0.162726086
3   -3.0462773  0.9173994 -0.35585201 -0.47702246 -0.04117624 -0.042739880
4   -2.7111251 -2.8531152  0.71525494 -0.26654232  0.12816107  0.014387564
5   -2.9050916 -1.0896091 -0.75788036 -1.19984495 -0.44374407  0.388387352
6   -0.8074149  0.2052439  0.72419066  0.09892785  0.07254999  0.108574846
7   -2.5801503 -3.0454383  0.99602206 -0.13986287  0.15015737  0.019671017
8    0.3024332 -0.9018130 -1.45279736  1.35182621 -1.05475948 -0.248976194
9   -3.3322879  1.9024023 -0.25377244 -0.55351576 -0.16573086 -0.372542743
10   4.2262072 -3.5484776 -0.05781957 -0.34707850 -0.90022151  0.006380601
11   3.9144767 -1.7361601  0.49995579 -0.12089343 -0.04545549  0.181306318
12   2.9101257  1.6140726  0.28684215 -0.45261259  0.31992669 -0.066180050
13   2.1631845  2.8179789  0.21335306 -0.52644559 -0.18212091 -0.079367703
14   2.3700093  1.9640946  1.22166406 -0.07666055  0.12341654  0.094840319
15   0.5443036 -0.2972883 -2.15305487  0.64309854  1.13432236  0.997767158
16   0.9616979 -1.9537882 -0.86868609  0.12590641  1.30353426 -1.120873931
17   0.4181049  3.5213894  0.10008249 -0.12732263  0.09200860 -0.007209674
18   0.2576423  1.0143055 -1.06518835 -0.66529340 -0.31033695 -0.006509610
        Comp.7      Comp.8      Comp.9     Comp.10     Comp.11      Comp.12
1   -0.273230422  0.28460511 -0.20936686 -0.016693221  0.04954580  0.002261065
2   -0.246001294 -0.31404592  0.04268136 -0.065133629 -0.04169829  0.047260661
3   -0.250387819  0.12119159 -0.25193360 -0.068990397  0.01326749  0.005391873
4    0.143454692 -0.13073527 -0.11614703  0.054866755  0.06414854 -0.010477964
5    0.323125843 -0.19885567 -0.03055060 -0.250001215 -0.04259783  0.023568108
6   -0.121586522  0.08026943  0.18392380  0.002292946 -0.13932098  0.018150859
7    0.336452333 -0.07541446  0.16603698  0.195997918 -0.09892113 -0.023148243
8    0.581791715  0.01457186 -0.06802199  0.042224264  0.03115285 -0.035994541
9   -0.275725625  0.05148293  0.33533566  0.075688347  0.18356461  0.003254183
10  -0.554112377  0.28277147  0.10574047 -0.002767937 -0.01557107  0.026417335
11  -0.171751287 -0.39030101  0.05503707 -0.110756125  0.08265677 -0.035455634
12   0.128455522 -0.74574578 -0.13208724  0.166941607  0.01325030  0.039761861
13   0.458475436  0.44965895  0.03682383  0.079736755 -0.03905199  0.029827960
14   0.601510808  0.25715270  0.02184608 -0.129477712  0.06696736 -0.005153316
15  -0.020510233  0.14051123  0.09873543  0.047525961  0.03100537  0.006751593
16   0.009238537  0.12895639 -0.03396946 -0.111674209 -0.02913066  0.005977207
17  -0.323121511 -0.16488599  0.08624009 -0.076470271 -0.10224167 -0.077867503
18  -0.346077796  0.20881243 -0.29032397  0.166690163 -0.02702545 -0.020525505
```

Para ver la matriz factorial utilizamos la siguiente sintaxis:

```
> print(unclass(loadings(componentes)))
```

```
           Comp.1       Comp.2       Comp.3       Comp.4       Comp.5       Comp.6
anal      0.36132939   0.17534429   0.23628833  -0.13176183   0.12749884   0.05485120
nes      -0.28540796  -0.32820364   0.09703971  -0.28944474  -0.11113457  -0.41446910
ocu       0.20927928  -0.28583487  -0.29973566   0.73951979  -0.26818978  -0.11095715
ocuin     0.38986887  -0.04602526  -0.18112190  -0.10152847   0.47254174   0.05435351
ocuser    0.13787456  -0.44191228  -0.03535675   0.12830762   0.28485670   0.31547990
p10       0.28372312  -0.32707386   0.23077680  -0.14991710   0.07017480  -0.45379998
p14       0.35853098  -0.16834399  -0.26197238  -0.20903285  -0.27207686  -0.40232095
p65      -0.07566879  -0.31189537   0.69694229   0.27665804   0.20801953  -0.02862781
pd       -0.22567914  -0.34375241  -0.36230083  -0.30243018   0.24137662   0.14405080
pt        0.28253132  -0.26746403   0.21213014  -0.29551274  -0.60024926   0.53995004
tec      -0.23257631  -0.39817625  -0.15910925  -0.03176147   0.08063181   0.16982363
tm        0.41660848   0.03984481  -0.04076219  -0.05186551   0.21850077   0.02569982
           Comp.7       Comp.8       Comp.9       Comp.10      Comp.11      Comp.12
anal      0.73382579   0.32309548   0.15882562  -0.005977797 -0.08814635   0.26517055
nes       0.15987954  -0.23727872   0.54111136   0.174874669  0.32542657   0.14948716
ocu       0.31292510  -0.18558007   0.03978427  -0.099303404  0.08368619   0.05218196
ocuin    -0.10790079  -0.57586218  -0.07161260   0.257324667 -0.07762493   0.39483030
ocuser   -0.35561695   0.48240645   0.37071840  -0.112502510  0.16636495   0.22444295
p10      -0.11331381  -0.06882934  -0.04782204  -0.586652654 -0.38803624  -0.10646122
p14      -0.13096947   0.40856035  -0.32608865   0.442635518  0.07066255   0.05979831
p65       0.04400419  -0.01739724  -0.39861737   0.301573902  0.18652725  -0.06133131
pd        0.35397219   0.01502541  -0.44358687  -0.305366066  0.33019658  -0.06778193
pt       -0.01898488  -0.24523874  -0.03494604  -0.035517778  0.03499011   0.01604175
tec       0.19989627   0.04349334   0.11246593   0.377028499 -0.67979322  -0.25870784
tm        0.04863613  -0.07945910   0.24428249   0.113817220  0.28790766  -0.77967736
```

Para aislar las puntuaciones de las tres primeras componentes usamos la sintaxis siguiente:

```
> COMP1=componentes$scores[,1]
> COMP2=componentes$scores[,2]
> COMP3=componentes$scores[,3]
```

Ahora ya podemos representar las puntuaciones de la primera componente contra las puntuaciones de la segunda.

```
> v=c( "Centro", "Arganzuela", "Retiro", "Salamanca", "Chamar
tín", "Tetuán", "Chamberi", "Fuencarral", "Moncloa", "Latina"
, "Carabanchel", "Villaverde", "Mediodía","Vallecas", "Morata
laz", "Ciudad Lineal" , "San Blas", "Hortaleza")
```

```
> plot(COMP2~COMP1)
> text(COMP2~COMP1, labels=v )
```

Se obtiene el gráfico de la Figura 3-9.

También podíamos haber utilizado la sintaxis siguiente:

```
> v=cbind(b)
> plot(COMP2~COMP1); text(COMP2~COMP1, labels=v)
```

Como ejemplo adicional se analizan 9 variables medidas sobre 100 madres y sus hijos recién nacidos en parto normal contenidas en el conjunto de datos SAS de nombre *princip.sas7bdat*. Las variables son peso de la madre (PESOM), talla de la madre (TALLAM), semanas de gestación (SEM), presión arterial sistólica de la madre (PASM), presión arterial diastólica de la madre (PADM), peso del recién nacido (PESOR), talla del recién nacido (TALLAR), perímetro torácico del recién nacido (PTR) y perímetro craneal del recién nacido (PCR). El objetivo es intentar reducir la dimensión de la tabla de datos mediante la obtención de unas pocas variables sintéticas, combinación de las originales, que puedan ser usadas en sustitución de éstas, con la mínima pérdida de información, y que tengan sentido biológico.

Comenzamos importando el conjunto de datos *princip.sas7bdat* como un dataframe y habilitando sus variables para análisis:

```
> library(haven)
> princip <-
read_sas("E:/CURSOESTADISTICA2023/DATOS/princip.sas7bdat")
> attach(princip)
```

A continuación, se presentan en primer lugar estadísticos simples sobre las variables (se observan valores similares de media y mediana lo que indica simetría y ausencia de atípicos) y su matriz de correlaciones (que tiene algunos valores altos indicativos de la necesidad de reducción de la dimensión).

```
> summary(princip)
      Num             PESOM            TALLAM            SEM
 Min.   :  1.00   Min.   :34.00   Min.   :152.0   Min.   :35.00
 1st Qu.: 25.75   1st Qu.:56.00   1st Qu.:162.0   1st Qu.:37.00
 Median : 50.50   Median :61.50   Median :165.0   Median :38.00
 Mean   : 50.50   Mean   :61.01   Mean   :165.9   Mean   :38.06
 3rd Qu.: 75.25   3rd Qu.:66.00   3rd Qu.:170.0   3rd Qu.:39.00
 Max.   :100.00   Max.   :79.00   Max.   :182.0   Max.   :41.00
      PASM            PADM            PESOR            TALLAR
 Min.   : 90.0   Min.   : 50.00   Min.   :2.500   Min.   :45.00
 1st Qu.:108.8   1st Qu.: 60.00   1st Qu.:3.075   1st Qu.:49.00
 Median :122.5   Median : 67.50   Median :3.200   Median :50.00
 Mean   :126.2   Mean   : 71.35   Mean   :3.285   Mean   :49.94
 3rd Qu.:140.0   3rd Qu.: 80.00   3rd Qu.:3.500   3rd Qu.:51.00
 Max.   :180.0   Max.   :120.00   Max.   :4.400   Max.   :54.00
      PTR             PCR
 Min.   :30.00   Min.   :30.00
 1st Qu.:31.00   1st Qu.:34.00
 Median :32.00   Median :35.00
 Mean   :32.05   Mean   :34.52
 3rd Qu.:33.00   3rd Qu.:35.00
 Max.   :35.00   Max.   :37.00
```

```
> cor(princip)
                Num        PESOM       TALLAM          SEM         PASM
Num     1.000000000  0.062058840  0.04110761  -0.04332913  -0.06951456
PESOM   0.062058840  1.000000000  0.86472245   0.05330533   0.25911497
TALLAM  0.041107610  0.864722449  1.00000000  -0.04231017  -0.01581233
SEM    -0.043329125  0.053305329 -0.04231017   1.00000000   0.09029228
PASM   -0.069514562  0.259114974 -0.01581233   0.09029228   1.00000000
PADM   -0.080111332  0.163580407 -0.13435558   0.13318100   0.83923682
PESOR  -0.031487923  0.039264393 -0.05223474   0.96826741   0.06606194
TALLAR -0.026071431  0.045624113 -0.05117882   0.90586116   0.04687494
PTR    -0.021883037  0.028164339 -0.07617580   0.82909661   0.05942399
PCR     0.003549741 -0.007897495 -0.00460908   0.63068301   0.08565650
                PADM        PESOR       TALLAR          PTR          PCR
Num     -0.08011133  -0.03148792  -0.02607143  -0.02188304   0.003549741
PESOM    0.16358041   0.03926439   0.04562411   0.02816434  -0.007897495
TALLAM  -0.13435558  -0.05223474  -0.05117882  -0.07617580  -0.004609080
SEM      0.13318100   0.96826741   0.90586116   0.82909661   0.630683006
PASM     0.83923682   0.06606194   0.04687494   0.05942399   0.085656503
PADM     1.00000000   0.10004268   0.09508369   0.07825866   0.075900146
PESOR    0.10004268   1.00000000   0.87440908   0.85840239   0.596146264
TALLAR   0.09508369   0.87440908   1.00000000   0.75770672   0.661136803
PTR      0.07825866   0.85840239   0.75770672   1.00000000   0.564093631
PCR      0.07590015   0.59614626   0.66113680   0.56409363   1.000000000
```

A continuación, se construyen las componentes principales (inicialmente todas).

```
> PC <-
princomp(~PADM+PASM+PCR+PESOM+PESOR+PTR+SEM+TALLAM+TALLAR,
         cor=TRUE, data=princip)
> summary(PC)

Importance of components:
                         Comp.1    Comp.2    Comp.3     Comp.4     Comp.5
Standard deviation     2.030953  1.4138766 1.3134870 0.73082742 0.5002152
Proportion of Variance 0.458308  0.2221163 0.1916942 0.05934541 0.0278017
Cumulative Proportion  0.458308  0.6804243 0.8721185 0.93146392 0.9592656
                         Comp.6     Comp.7      Comp.8      Comp.9
Standard deviation     0.38716727 0.34454178 0.268019543 0.161763472
Proportion of Variance 0.01665539 0.01318989 0.007981608 0.002907491
Cumulative Proportion  0.97592101 0.98911090 0.997092509 1.000000000
> PC
Call:
princomp(formula = ~PADM + PASM + PCR + PESOM + PESOR + PTR +
    SEM + TALLAM + TALLAR, data = princip, cor = TRUE)

Standard deviations:
   Comp.1    Comp.2    Comp.3    Comp.4    Comp.5    Comp.6    Comp.7
2.0309534 1.4138766 1.3134870 0.7308274 0.5002152 0.3871673 0.3445418
   Comp.8    Comp.9
0.2680195 0.1617635

 9 variables and  100 observations.
```

En la salida anterior se observan los autovalores de la matriz de datos ordenados en forma decreciente (cuadrados de las desviaciones típicas), las diferencias entre cada autovalor y el siguiente, la proporción de varianza que explica cada autovalor y la proporción acumulada). Se observa que los tres primeros autovalores (que son los únicos mayores que la unidad) explican el 87,215 de la variabilidad total de los datos.

A continuación, se calcula la matriz factorial, que representa los autovectores correspondientes a los autovalores anteriores de la matriz de datos, que se interpretan como los *pesos de cada variable en la configuración de cada componente* (correlaciones entre las variables y las componentes).

```
> print(unclass(loadings(PC)))
            Comp.1      Comp.2      Comp.3      Comp.4      Comp.5
PADM     0.09228497  0.44171123  0.53797193  0.03314252  0.1363150815
PASM     0.07608856  0.50381903  0.47498182 -0.05203660 -0.1433617784
PCR      0.36620237 -0.02552380 -0.02980890 -0.90456349 -0.1308893614
PESOM    0.02657788  0.58526446 -0.39411289  0.09043858 -0.0002340868
PESOR    0.47117689 -0.04097149 -0.04736592  0.25334159  0.0695080985
PTR      0.43765241 -0.05253509 -0.03754218  0.25899545 -0.7774534606
SEM      0.47587051 -0.02122962 -0.03759195  0.17803160  0.2338253106
TALLAM  -0.03003229  0.44853456 -0.56637190 -0.07971986 -0.0039767540
TALLAR   0.45823736 -0.04241554 -0.05405282  0.02164297  0.5289406108
            Comp.6      Comp.7      Comp.8      Comp.9
PADM     0.658501443  0.17850811  0.14350038  0.034626399
PASM    -0.688006722 -0.11499155  0.06981959 -0.007596457
PCR      0.070709459  0.07385392 -0.13403649  0.023846426
PESOM    0.131803982 -0.26200072 -0.63805963 -0.010872189
PESOR   -0.145634572  0.45305685 -0.18031388  0.667887544
PTR      0.186566218 -0.25001918  0.17270712 -0.075061273
SEM     -0.114054613  0.35851706 -0.10963253 -0.729213038
TALLAM  -0.040026051  0.26775449  0.63016862  0.018962268
TALLAR   0.004853929 -0.64250756  0.27923889  0.119319994
```

Como los tres primeros valores propios, que son los mayores que la unidad, explican un porcentaje muy alto de la variabilidad, nos quedamos con las tres primeras componentes principales para resumir las nueve variables y que además serán combinación lineal de las variables iniciales mediante las ecuaciones siguientes:

C1 = 0,026PESOM − 0,03TALLAM + 0,47SEM + 0,076PASM + 0,092PADM + 0,47PESOR + 0,45TALLAR + 0,43PTR + 0,36PCR

C2 = 0,58PESOM + 0,44TALLAM − 0,021SEM + 0,50PASM + 0,44PADM − 0,04PESOR − 0,042TALLAR − 0,052PTR − 0,025PCR

C3 = 0,039PESOM + 0,56TALLAM + 0,037SEM − 0,47PASM − 0,53PADM + 0,047PESOR + 0,054TALLAR + 0,037PTR + 0,029PCR

Si consideramos las tres primeras componentes principales en la matriz factorial se observa ahora que con la primera componente se asocian claramente las variables SEM, PESOR, TALLAR, PTR y PCR (son las variables que tienen mayor correlación con la primera componente). Con el segundo factor se asocian muy bien las variables PASM y PESOM. Con el tercer factor se asocian con claridad las variables TALLAM y PADM.

Como conclusión a nuestro análisis de componentes principales en el ejemplo estudiado, se han obtenido tres componentes que explican más del 87% de la varianza global de la muestra. Por lo tanto, el estudio inicial con nueve variables puede quedar reducido, con pérdida informativa de variabilidad de menos del 13%, a un estudio más simple con tres componentes. Una primera componente puede interpretarse como el tamaño del recién nacido, ya que aglutina las variables SEM, PESOR, TALLAR, PTR y PCR, que precisamente tienen que ver con el tamaño. Una segunda componente puede interpretarse como la presión arterial sistólica y peso de la madre, ya que aglutina las variables PASM y PESOM. Una tercera componente puede interpretarse como la talla de la madre y su presión arterial diastólica, porque aglutina a las variables TALLAM y PADM.

Ahora calculamos las puntuaciones de las tres primeras componentes principales.

```
> PC3 <- PC$scores[,3]
> PC2 <- PC$scores[,2]
> PC1 <- PC$scores[,1]
```

Ejercicio 3-1. Una empresa especializada en el diseño de automóviles de turismo desea estudiar cuáles son los deseos del público que compra automóviles. Para ello diseña una encuesta con 10 preguntas donde se le pide a cada uno de los 20 encuestados que valore de 1 a 5 si una característica es o no muy importante. Los encuestados deberán contestar con un 5 si la característica es muy importante, un 4 si es importante, un 3 si tiene regular importancia, un 2 si es poco importante y un 1 si no es nada importante. Las 10 características (V1 a V10) a valorar son: precio, financiación, consumo, combustible, seguridad, confort, capacidad, prestaciones, modernidad y aerodinámica. La sintaxis del programa SAS que resuelve el problema recoge los datos. Realizar un análisis en componentes principales que permita extraer unas componenteses adecuados a los datos que resuman correctamente la información que contienen. Los datos se almacenan en al fichero AUTOMOVILES.XLSX

Comenzamos importando el archivo Exel:

```
> library(readxl)
> AUTOMOVILES <- read_excel("E:/CURSOR2023/DATOS/AUTOMOVILES.xlsx")
```

A continuación, accedemos a sus variables.

```
> attach(AUTOMOVILES)
```

Ahora realizamos el análisis en componentes principales.

```
> PC=princomp(~V1+V2+V3+V4+V5+V6+V7+V8+V9+V10, cor=TRUE,
data=AUTOMOVILES)
> summary(PC)
```

```
Importance of components:
                          Comp.1     Comp.2     Comp.3     Comp.4     Comp.5
Standard deviation     2.3877077 1.4384703 0.84881296 0.74012828 0.5619199
Proportion of Variance 0.5701148 0.2069197 0.07204834 0.05477899 0.0315754
Cumulative Proportion  0.5701148 0.7770345 0.84908284 0.90386183 0.9354372
                          Comp.6     Comp.7     Comp.8     Comp.9    Comp.10
Standard deviation     0.52031110 0.3826696 0.3577946 0.2614498 0.179151134
Proportion of Variance 0.02707236 0.0146436 0.0128017 0.0068356 0.003209513
Cumulative Proportion  0.96250959 0.9771532 0.9899549 0.9967905 1.000000000
```

Las diez variables iniciales se reducen a dos componentes que explican el 77,7 por ciento de la variabilidad inicial de los datos. Se observa que solamente dos valores propios son mayores que la unidad (varianzas mayores que 1). El gráfico de sedimentación, que se muestra a continuación (Figura 3-10), indica que se conservarán las dos primeras componentes principales que son las únicas que superan el valor 1 del eje de ordenadas.

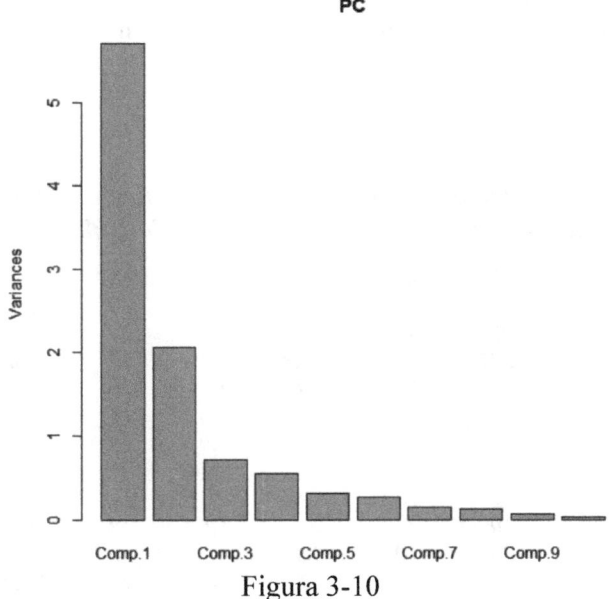

Figura 3-10

A continuación, construimos la matriz factorial.

```
> print(unclass(loadings(PC)))
```

	Comp.1	Comp.2	Comp.3	Comp.4	Comp.5	Comp.6
V1	0.3678778	0.06850674	0.31336900	0.34273670	0.37608956	0.13303218
V2	0.3866893	-0.04415747	0.03957517	0.18935892	0.28408575	0.47057009
V3	0.3521317	0.08035169	0.31548847	0.35936664	-0.30765009	-0.55641107
V4	0.3908007	0.07570314	0.02422468	0.08739270	-0.14404611	-0.12055755
V5	-0.2229614	-0.50100370	-0.17648676	0.29959104	0.34096884	-0.50384560
V6	-0.0826891	-0.62572362	0.00103351	0.39819032	-0.13039937	0.32996772
V7	0.1156815	-0.46704502	0.63433016	-0.57118723	0.03513624	-0.07363908
V8	-0.3609384	0.10858780	0.33098781	0.33528773	-0.46677324	0.16771328
V9	-0.3681529	0.09531830	0.43029392	0.09961339	0.03477849	0.13790321
V10	-0.3204229	0.31563730	0.26811319	0.11396067	0.55575981	-0.14639669

	Comp.7	Comp.8	Comp.9	Comp.10
V1	0.04765195	0.140424799	0.673641139	0.09685594
V2	-0.32824922	-0.056771793	-0.478861391	-0.41070517
V3	-0.11021776	0.335430905	-0.323080109	0.08709235
V4	0.26474717	-0.846164362	-0.030072130	0.10510280
V5	-0.26419107	-0.228456336	0.116595372	-0.26958731
V6	0.38464340	0.093254837	-0.184436364	0.35570970
V7	0.08196335	-0.018968408	-0.003835577	-0.16157779
V8	0.09869681	-0.104890739	0.186991771	-0.57814126
V9	-0.56137296	-0.276128868	-0.079651959	0.49228459
V10	0.50832725	-0.007213697	-0.350254154	-0.03745640

La salida muestra la matriz de correlaciones entre factores y variable, que indica que el primer factor lo forman V1, V2, V3, V4, V8, V9 y V10 (factor economicidad), y el segundo factor lo forman V5, V6 y V7 (factor utilidad).

Las puntuaciones de las componentes que resumen a las variables iniciales se calculan como sigue:

```
> PC1=PC$scores[,1]
> PC2=PC$scores[,2]
```

Ejercicio 3-2. Consideremos los datos correspondientes a 14 países relativos a siete variables socioeconómicas que se presentan en la tabla siguiente:

PAÍSES	DEPO	EMAG	INNA	INRC	MOIN	ENER	APTV
Australia	2	6	8,4	10,1	12	5,2	36
Francia	97	9	10,7	9,2	10	3,7	28
Alemania	247	6	12,4	9,1	15	4,6	33
Grecia	72	31	4,1	8,1	19	1,7	12
Islandia	2	13	11	6,6	11	5,8	25
Italia	189	15	5,7	7,9	15	2,5	22
Japón	311	11	8,7	10,9	8	3,3	24
Nueva Zelanda	12	10	6,8	8	14	3,4	26
Portugal	107	31	2,1	5,5	39	1,1	9
España	74	19	5,3	6,9	15	2	21
Suecia	18	6	12,8	7,2	7	6,3	37
Turquía	56	61	1,6	8,8	153	0,7	5
Reino Unido	229	3	7,2	9,3	13	3,9	39
Estados Unidos	24	4	10,6	7,3	13	8,7	62

Las variables tienen el siguiente significado: DEPO=densidad de población, EMAG= Porcentaje de personas empleadas en la agricultura, INNA= ingresos nacionales per cápita, INRC=inversiones de rendimiento de capital, MOIN=tasa de mortalidad infantil, ENER=consumo de energía por cien habitantes y APTV= aparatos de televisión por cien habitantes. Los datos se almacenan en el archivo países.xlsx

Se trata de aplicar una técnica de análisis multivariante que resuma estas variables clasificadoras del desarrollo económico de los países en un grupo menor de variables clasificadoras basadas en ellas con la pérdida mínima de eficiencia en la clasificación.

Según el enunciado del problema estamos ante un caso de aplicación de la técnica de componentes principales. Comenzamos importando el fichero en R y haciendo un exploratorio sencillo de las variables.

```
> library(readxl)
> PAISES <- read_excel("E:/CURSOR2023/DATOS/PAISES.xlsx")
> View(PAISES)
> attach(PAISES)
> summary(PAISES)
    Países              DEPO              EMAG             INNA
 Length:14         Min.   :  2.0    Min.   : 3.00    Min.   : 1.600
 Class :character  1st Qu.: 19.5    1st Qu.: 6.00    1st Qu.: 5.400
 Mode  :character  Median : 73.0    Median :10.50    Median : 7.800
                   Mean   :102.9    Mean   :16.07    Mean   : 7.671
                   3rd Qu.:168.5    3rd Qu.:18.00    3rd Qu.:10.675
                   Max.   :311.0    Max.   :61.00    Max.   :12.800
      INRC             MOIN             ENER             APTV
 Min.   : 5.500   Min.   :  7.00   Min.   :0.700   Min.   : 5.00
 1st Qu.: 7.225   1st Qu.: 11.25   1st Qu.:2.125   1st Qu.:21.25
 Median : 8.050   Median : 13.50   Median :3.550   Median :25.50
 Mean   : 8.207   Mean   : 24.57   Mean   :3.779   Mean   :27.07
 3rd Qu.: 9.175   3rd Qu.: 15.00   3rd Qu.:5.050   3rd Qu.:35.25
 Max.   :10.900   Max.   :153.00   Max.   :8.700   Max.   :62.00
```

A continuación definimos una matriz cuyas columnas son las variables a reducir y calculamos la matriz de crrelaciones de las variables. Vemos que hay correlaciones altas, lo que indica que procede realizar la reducción.

```
> PAISES1=cbind(DEPO, EMAG, INNA, INRC, MOIN, ENER, APTV)
> cor(PAISES1)
            DEPO         EMAG         INNA         INRC         MOIN
DEPO   1.00000000  -0.1501706   0.01941389   0.490218900  -0.131453066
EMAG  -0.15017056   1.0000000  -0.78576276  -0.182703300   0.889718345
INNA   0.01941389  -0.7857628   1.00000000   0.195520816  -0.601844750
INRC   0.49021890  -0.1827033   0.19552082   1.000000000   0.001732825
MOIN  -0.13145307   0.8897183  -0.60184475   0.001732825   1.000000000
ENER  -0.25475946  -0.7146938   0.83001248   0.009098629  -0.494032279
APTV  -0.06927242  -0.7825311   0.72156901   0.134129883  -0.525574179
            ENER         APTV
DEPO  -0.254759463  -0.06927242
EMAG  -0.714693762  -0.78253109
INNA   0.830012483   0.72156901
INRC   0.009098629   0.13412988
MOIN  -0.494032279  -0.52557418
ENER   1.000000000   0.91484894
APTV   0.914848937   1.00000000
```

A continuación realizamos el análisis de componentes principales.

```
> PC <- princomp(~APTV+DEPO+EMAG+ENER+INNA+INRC+MOIN,
cor=TRUE, data=PAISES)
> summary(PC)

> summary(PC)
Importance of components:
                          Comp.1    Comp.2    Comp.3     Comp.4     Comp.5
Standard deviation     1.9841056 1.2505665 0.8999859 0.59763563 0.51986436
Proportion of Variance 0.5623822 0.2234167 0.1157107 0.05102405 0.03860842
Cumulative Proportion  0.5623822 0.7857988 0.9015095 0.95253352 0.99114194
                           Comp.6      Comp.7
Standard deviation     0.212397881 0.129975129
Proportion of Variance 0.006444694 0.002413362
Cumulative Proportion  0.997586638 1.000000000
```

Las dos primeras componentes explican el 78,57% de la varianza. La salida muestra las desviaciones típcas relativas a cada componente (sus cuadrados o varianzas son los autovalores) y el porcentaje de varianza explicado por cada componente, así como el porcentaje acumulado. El *gráfico de sedimentación* tiene dos valores propios mayores que uno (Figura 3-11), lo que induce a tomar las dos componentes como resumen de las 7 variables.

```
> screeplot(PC)
```

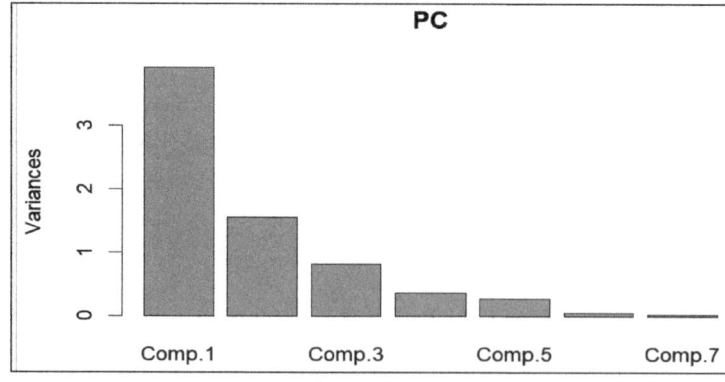

Figura 3-11

Calculamos ahora la matriz factorial.

```
> print(unclass(loadings(PC)))
```

```
            Comp.1         Comp.2         Comp.3        Comp.4        Comp.5        Comp.6
APTV   0.452178029   0.08511898    0.2665843   0.32935485   0.54853061   0.1817905
DEPO   0.009097587  -0.71652554   -0.2517851   0.63442642  -0.05983106  -0.1163795
EMAG  -0.475934577   0.10829792    0.2568253   0.15642648  -0.15820825  -0.5982261
ENER   0.450162358   0.23433260    0.3113045   0.22684771  -0.01563660  -0.5770834
INNA   0.451984107  -0.01452129    0.1455953   0.02175519  -0.80460903   0.1890967
INRC   0.083036397  -0.63877374    0.5378820  -0.51891996   0.11576633  -0.1143095
MOIN  -0.393837172   0.06680528    0.6262206   0.37861348  -0.09727557   0.4622597
            Comp.7
APTV   0.524227384
DEPO  -0.059091529
EMAG   0.537052126
ENER  -0.510687781
INNA   0.301122851
INRC   0.003092993
MOIN  -0.285976062
```

Observando la matriz factorial se ve que la primera componente está correlacionada fuerte y positivamente con las variables *INNA, ENER* y *APTV* y negativamente con las variables *EMAG* y *MOIN*, lo que indica que estas cinco variables son las que más aportan a la formación de esa componente. Dada la naturaleza de estas tres variables, podría considerarse esta primera componente indicativa del desarrollo como la *componente económica y de empleo*. De forma similar, se observa que la segunda componente está correlacionada fuerte y negativamente con las variables *DEPO* e *INRC*, lo que indica que estas dos variables son las que más aportan a la formación de esa componente. Dada la naturaleza de estas dos variables, podría considerarse esta segunda componente indicativa del desarrollo como la *componente demográfica e industrial*. Esta segunda componente puede explicarse en la práctica por el hecho de que la mentalidad industrial de determinados países les conduce a invertir gran parte de su capital en bienes de producción, lo cual redunda frecuentemente en grandes concentraciones de población provocadas por fenómenos migratorios, sobre todo en países de gran superficie.

A continuación, calculamos las puntuaciones de las componentes:

```
> PC1=PC$scores[,1]
> PC2=PC$scores[,2]
> puntuaciones=data.frame(PC1,PC2)
> puntuaciones
            PC1          PC2
1     1.24034914  -0.005344123
2     0.84399672  -0.500174163
3     1.46564256  -1.445175126
4    -1.81097865   0.065197024
5     0.93034684   1.617960621
6    -0.56383903  -0.681606947
7     0.44888758  -2.891160657
8     0.05652368   0.653284498
9    -2.66135756   0.948252505
10   -0.94920643   0.584927773
11    1.96037553   1.292191912
12   -4.92741231   0.182996714
13    0.96519430  -1.447448169
14    3.00147763   1.626098137
```

A continuación, presentamos las puntuaciones con el país correspondiente:

```
> puntuaciones=data.frame(Países,PC1,PC2)
> puntuaciones
         Países         PC1          PC2
1       Australia  1.24034914 -0.005344123
2        Francia   0.84399672 -0.500174163
3        Alemania  1.46564256 -1.445175126
4         Grecia  -1.81097865  0.065197024
5        Islandia  0.93034684  1.617960621
6          Italia -0.56383903 -0.681606947
7           Japón  0.44888758 -2.891160657
8    Nueva Zelanda 0.05652368  0.653284498
9        Portugal -2.66135756  0.948252505
10        España  -0.94920643  0.584927773
11        Suecia   1.96037553  1.292191912
12        Turquía -4.92741231  0.182996714
13     Reino Unido 0.96519430 -1.447448169
14  Estados Unidos 3.00147763  1.626098137
```

Observando las puntuaciones se ve que países como Grecia, Portugal o Turquía, que están en fuerte desarrollo económico, tienen puntuaciones fuertes negativas en la primera componente (económica y de empleo), mientras que Australia, Suecia y Estados Unidos tienen fuertes puntuaciones positivas en la primera componente, hecho que concuerda con su nivel de desarrollo económico y de empleo. Asimismo, la segunda componente (demográfica) se caracteriza por las puntuaciones del grupo Islandia, Suecia y Estados Unidos por su densidad de población, frente a Japón, Reino Unido y Alemania, de elevados valores en ambas variables.

Para clasificar los países considerados según los factores hallados $F1$ y $F2$, realizamos el gráfico de dispersión biespacial en la figura 3-12 (diagrama de correlación de las dos primeras componentes que sitúa en el plano los países respecto de estos dos factores).

```
> windows()
> w=cbind(Países); plot(PC2~PC1); text(PC2~PC1,labels=w )
```

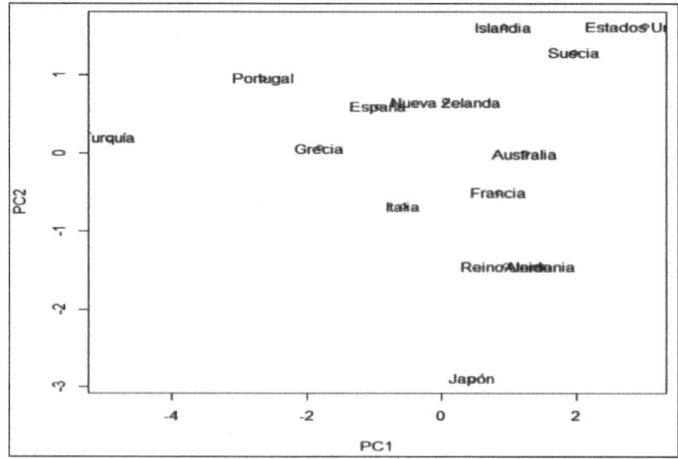

Figura 3-12

Este gráfico aclara la agrupación de países como Grecia, Portugal y Turquía por los parecidos valores que toman en las variables que definen ambos ejes, en especial empleo agrícola (*EMAG*) y mortalidad infantil (*MOIN*) y el reducido valor que en éstas toman EE.UU., Reino Unido y Alemania, que sería la causa de su alejamiento. El mismo razonamiento, pero en sentido opuesto, nos llevaría a explicar el alejamiento de Turquía, Portugal y Grecia, de variables tales como aparatos de TV (*APTV*), energía (*ENER*) e ingresos nacionales (*INNA*), próximas al otro grupo de países desarrollados. La relación de densidad de población (*DEPO*) e inversiones de capital (*INRC*), que básicamente define el segundo eje, queda patente, puesto que en esta muestra particular de países, los de mayor densidad (Japón, Alemania, Reino Unido e Italia) son también los de más elevada mentalidad industrial inversora (*INRC*).

Por cercanía de los países en el gráfico podría realizarse una segmentación global del comportamiento de los países respecto de las variables en estudio. Situaríamos en un primer segemnto a EE.UU, Suecia e Islandia (altas puntuaciones positivas en las componentes). En segundo lugar tenemos otro segemnto formado por Turquía, Portugal y Grecia. En tercer lugar tenemos un segmento formado por Nueva Zelanda y España. En cuarto lugar tenemos un segmento formado por Australia, Francia e Italia. El último segmento lo forman Reino Unido, Alemania y Japón. Estos segmentos son homogéneos dentro de sí en cuanto a las dos componentes que resumen todas las variables (componente demográfica y componnete económica y de empleo).

> ***Ejercicio 3-3.** El archivo mundo.sav contiene información sobre variables demográficas y de desarrollo de varios países del mundo altamente correladas. Se trata de reducir el número inicial de variables correladas a un número menor de variables incorreladas con la mínima pérdida de información.*

Comenzamos leyendo el fichero *mundo.sav* en formato SPSS que contiene los datos.

```
> library(haven)
> MUNDO <- read_sav("E:/CURSOR2023/DATOS/MUNDO.sav")
> View(MUNDO)
> attach(MUNDO)
```

A continuación, observamos las variables del fichero y un mínimo exploratorio de las mismas.

```
> summary(MUNDO)
```

```
      país              relig           poblac            densidad           urbana            espvidaf
Acerbaján   : 1    Católica:41    Min.   :    256    Min.   :   2.3    Min.   :  5.00    Min.   :43.00
Afganistán  : 1    Musulma.:27    1st Qu.:   5100    1st Qu.:  29.0    1st Qu.: 41.00    1st Qu.:67.00
Alemania    : 1    Protest.:16    Median :  10400    Median :  64.0    Median : 60.00    Median :74.00
Arabia Saudí: 1    Ortodoxa: 8    Mean   :  47724    Mean   : 203.4    Mean   : 56.67    Mean   :70.16
Argentina   : 1    Budista : 7    3rd Qu.:  35600    3rd Qu.: 126.0    3rd Qu.: 75.00    3rd Qu.:78.00
Armenia     : 1    (Other) : 9    Max.   :1205200    Max.   :5494.0    Max.   :100.00    Max.   :82.00
(Other)     :103    NA's   : 1
      espvidam           alfabet           inc_pob            mortinf           pib_cap            región
Min.   :41.00    Min.   : 18.00    Min.   :-0.300    Min.   :  4.00    Min.   :  122    África           :19
1st Qu.:61.00    1st Qu.: 62.00    1st Qu.: 0.520    1st Qu.:  9.30    1st Qu.: 1000    América Latina :21
Median :67.00    Median : 88.00    Median : 1.800    Median : 27.70    Median : 2995    Asia / Pacífico:17
Mean   :64.92    Mean   : 78.38    Mean   : 1.682    Mean   : 42.31    Mean   : 5860    Europa Oriental:14
3rd Qu.:72.00    3rd Qu.: 98.00    3rd Qu.: 2.680    3rd Qu.: 63.00    3rd Qu.: 7467    OCDE             :21
Max.   :76.00    Max.   :100.00    Max.   : 5.240    Max.   :168.00    Max.   :23474    Oriente Medio  :17

      calorías           sida            tasa_nat           tasa_mor           tasasida           log_pib
Min.   :1667     Min.   :-32775    Min.   :10.00    Min.   : 2.000    Min.   :-32.3823    Min.   :2.086
1st Qu.:2359     1st Qu.:     41    1st Qu.:14.00    1st Qu.: 7.000    1st Qu.:  0.2697    1st Qu.:3.000
Median :2808     Median :    381    Median :25.00    Median : 9.000    Median :  5.1667    Median :3.476
Mean   :2824     Mean   :   7399    Mean   :25.92    Mean   : 9.534    Mean   : 23.5567    Mean   :3.422
3rd Qu.:3256     3rd Qu.:   3072    3rd Qu.:35.00    3rd Qu.:11.000    3rd Qu.: 19.9924    3rd Qu.:3.873
Max.   :3825     Max.   :411907    Max.   :53.00    Max.   :24.000    Max.   :326.7473    Max.   :4.371

      logtsida           nac_def           fertilid           log_pob           cregrano           alfabmas
Min.   :0.0000    Min.   : 0.9231    Min.   :1.300    Min.   :2.408    Min.   : 0.00    Min.   : 28.00
1st Qu.:0.7841    1st Qu.: 1.5556    1st Qu.:1.880    1st Qu.:3.708    1st Qu.: 6.00    1st Qu.: 70.00
Median :1.3607    Median : 2.6667    Median :2.900    Median :4.017    Median :14.00    Median : 90.00
Mean   :1.3715    Mean   : 3.2010    Mean   :3.532    Mean   :4.114    Mean   :18.27    Mean   : 82.19
3rd Qu.:1.8204    3rd Qu.: 4.1667    3rd Qu.:4.900    3rd Qu.:4.551    3rd Qu.:27.00    3rd Qu.: 97.35
Max.   :3.1830    Max.   :14.0000    Max.   :8.190    Max.   :6.081    Max.   :77.00    Max.   :103.64

      alfabfem           clima
Min.   :  9.00    Min.   :1.000
1st Qu.: 49.00    1st Qu.:5.000
Median : 85.00    Median :5.000
Mean   : 72.74    Mean   :5.708
3rd Qu.: 96.83    3rd Qu.:8.000
```

La siguiente tarea es realizar la reducción de la dimensión propuesta aplicando componentes principales.

```
> componentes=princomp(~poblac+densidad+urbana+espvidaf+ espv
idam+alfabet+inc_pob+mortinf +pib_cap+calorías+sida+ tasa_nat
+tasa_mor+tasasida+log_pib+logtsida+nac_def+fertilid +log_pob
+cregrano+alfabmas+alfabfem, cor=TRUE, scores=TRUE, data=MUND
O)
> summary(componentes)
```

```
Importance of components:
                        Comp.1     Comp.2     Comp.3      Comp.4      Comp.5
Standard deviation      3.2440168 1.7025089 1.46553409 1.22974959 1.07721916
Proportion of Variance 0.4783475 0.1317517 0.09762683 0.06874018 0.05274551
Cumulative Proportion  0.4783475 0.6100991 0.70772598 0.77646616 0.82921167
                        Comp.6     Comp.7     Comp.8      Comp.9      Comp.10
Standard deviation      0.9049914 0.83036623 0.74118697 0.64289188 0.57977687
Proportion of Variance 0.0372277 0.03134128 0.02497082 0.01878682 0.01527915
Cumulative Proportion  0.8664394 0.89778064 0.92275146 0.94153828 0.95681743
                        Comp.11    Comp.12    Comp.13     Comp.14     Comp.15
Standard deviation      0.51535599 0.49361950 0.3388773 0.30317580 0.265431462
Proportion of Variance 0.01207235 0.01107546 0.0052199 0.00417798 0.003202448
Cumulative Proportion  0.96888978 0.97996524 0.9851851 0.98936313 0.992565573
                        Comp.16    Comp.17    Comp.18     Comp.19     Comp.20
Standard deviation      0.226728660 0.192009525 0.17051065 0.1340648731 0.1102008533
Proportion of Variance 0.002336631 0.001675803 0.00132154 0.0008169723 0.0005520104
Cumulative Proportion  0.994902205 0.996578007 0.99789955 0.9987165195 0.9992685298
                        Comp.21    Comp.22
Standard deviation      0.1064915281 0.0689340104
Proportion of Variance 0.0005154748 0.0002159954
Cumulative Proportion  0.9997840046 1.0000000000
```

Se observa que los p-valores (*Standard deviation*) mayores que la unidad corresponden a las 5 primeras componentes que suman entre todas prácticamente el 83% de la proporción de la varianza total (muy buena reducción).

Ahora ya podemos utilizar análisis factorial con 5 factores

Para aislar las puntuaciones de las cinco primeras componentes usamos la sintaxis siguiente:

```
> COMP1=componentes$scores[,1]
> COMP2=componentes$scores[,2]
> COMP3=componentes$scores[,3]
> COMP4=componentes$scores[,4]
> COMP5=componentes$scores[,5]
```

Ahora ya podemos representar las puntuaciones de la primera componente contra las puntuaciones de la segunda etiquetando los puntos (Figura 3-13). Los países ricos aparecen cercanos en la gráfica y los pobres también.

```
> attach(MUNDO)
> v=cbind(país)
> windows()
> plot(COMP2~COMP1)
> text(COMP2~COMP1,labels=v )
```

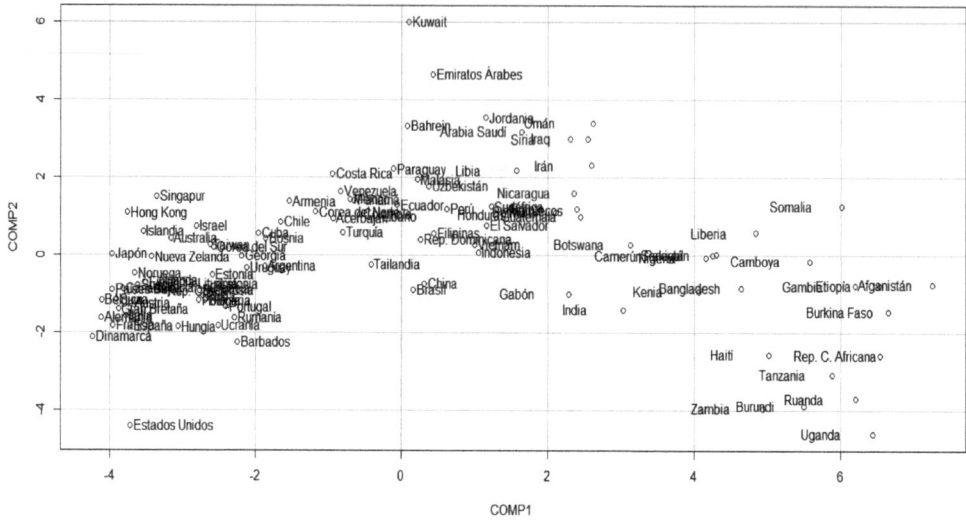

Figura 3-13

## Capítulo 4

REDUCCIÓN DE LA DIMENSIÓN MEDIANTE ANÁLISIS FACTORIAL

4.1 ANÁLISIS FACTORIAL

El análisis factorial tiene como objeto simplificar las múltiples y complejas relaciones que puedan existir entre un conjunto de variables observadas $X_1 X_2 ... X_p$. Para ello trata de encontrar dimensiones comunes o *factores* que ligan a las aparentemente no relacionadas variables.

Concretamente, se trata de encontrar un conjunto de $k<p$ *factores no directamente observables* F_1, F_2 ...F_k que expliquen suficientemente las variables observadas perdiendo el mínimo de información, de modo que sean fácilmente interpretables (*principio de interpretabilidad*) y que sean los menos posibles, es decir, k pequeño (*principio de parsimonia*). Además, los factores han de extraerse de forma que resulten independientes entre sí, es decir, que sean ortogonales. En consecuencia, el análisis factorial es una técnica de reducción de datos que examina la interdependencia de variables y proporciona conocimiento de la estructura subyacente de los datos.

El análisis de componentes principales y el análisis factorial tienen en común que son técnicas para examinar la interdependencia de variables, pero difieren en su objetivo, modelo, características y grado de formalización. En el modelo factorial las comunalidades (variabilidades asociadas a las combinaciones lineales de variables que forman los factores) ya no son unitarias y existen unicidades (variabilidades asociadas al término de error de los factores). En el Análisis de Componentes Principales se obtenían unas variables sintéticas, combinaciones de las originales, cuyo cálculo se basaba únicamente en aspectos matemáticos, independientes de su interpretabilidad práctica que más tarde sería analizada. Si no fueran interpretables, se habrían conseguido unas variables ficticias inútiles para la investigación, aunque matemáticamente siempre calculables. Si lo fueran, se habrán encontrado nuevas variables no medidas, pero biológicamente útiles que han aflorado, sin saber lo que se buscaba, a partir de meras relaciones matemáticas entre las variables originales. En el Análisis Factorial se presupone la existencia de ciertas variables no medidas y de interés biológico que, latentes en la tabla de datos, permanecen a la espera de ser halladas. Esta presunción de existencia de variables subyacentes es la condición clave del Análisis Factorial. Se trata de un método estadístico multivariante distinto del Análisis de Componentes Principales, aunque con soporte matemático parecido, que trata de encontrar variables sintéticas latentes e inobservables, cuya existencia se sospecha. Desde este punto de vista, también acaba siendo un método de simplificación o reducción de la complejidad de la tabla de casos-variables con datos cuantitativos, aunque no es éste su objetivo último.

4.2 OBJETIVO DEL ANÁLISIS FACTORIAL

El análisis factorial tiene como objeto simplificar las múltiples y complejas relaciones que puedan existir entre un conjunto de variables observadas $X_1 X_2 ... X_p$. Para ello trata de encontrar dimensiones comunes o *factores* que ligan a las aparentemente no relacionadas variables. Concretamente, se trata de encontrar un conjunto de $k<p$ *factores no directamente observables* $F_1, F_2 ... F_k$ que expliquen suficientemente a las variables observadas perdiendo el mínimo de información, de modo que sean fácilmente interpretables (*Principio de interpretabilidad*) y que sean los menos posibles, es decir, k pequeño (*Principio de parsimonia*). Además, los factores han de extraerse de forma que resulten independientes entre sí, es decir, que sean ortogonales. En consecuencia, el análisis factorial es una técnica de reducción de datos que examina la interdependencia de variables y proporciona conocimiento de la estructura subyacente de los datos. El aspecto más característico del análisis factorial lo constituye su capacidad de reducción de datos. Las relaciones entre las variables observadas $X_1 X_2 ... X_p$ vienen dadas por su matriz de correlaciones, de modo que, en el análisis factorial se puede partir de una serie de coeficientes de correlación para el conjunto de variables observadas y, a continuación, estudiar si subyace algún patrón de relaciones tal que los datos puedan ser reordenados a un conjunto menor de factores que podemos considerar como variables que recogen y resumen las interrelaciones observadas en los datos.

Como ejemplo ilustrativo, supongamos que tenemos nueve variables $X_1, X_2, ... X_9$ que se intentan resumir por tres factores no observables F_1, F_2 y F_3. Analizando las relaciones entre las variables se observa que las variables X_1, X_3, X_4 y X_6 están fuertemente correlacionadas con otra F_1 que, por lo tanto, constituirá el primer factor. De forma similar las variables X_2 y X_7 se agrupan en el segundo factor F_2 y las variables X_5, X_8 y X_9 se agrupan en el tercer factor F_3. De forma gráfica podríamos expresar este hecho como sigue:

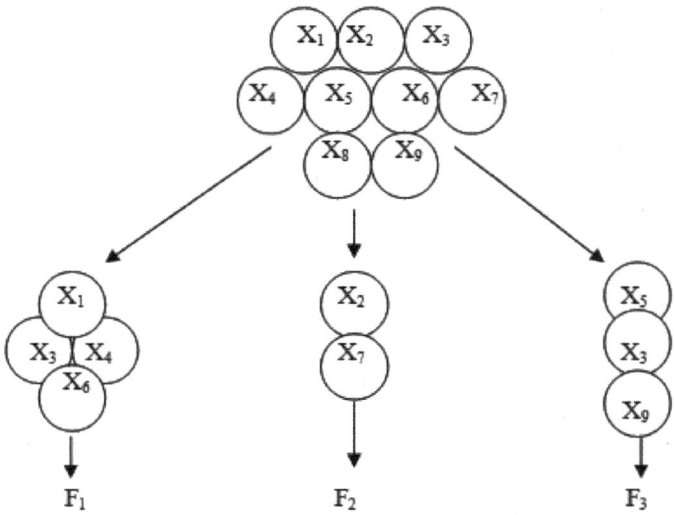

Como aplicación práctica supongamos que se quiere analizar la importancia que los consumidores dan a 14 variables que se consideran relevantes para la compra de un automóvil. Estas variables son: reparaciones baratas (RB), amplia gama de colores (GC), interior espacioso (IE), bajo consumo de gasolina (BC), manejabilidad (MA), aspecto moderno (AM), valor de recompra alto (RA), confortable (CO), motor potente (MP), aspecto elegante (AE), cómodo de conducir (CC), atractivo de línea (AL), maletero amplio (MA) y fácil de aparcar (FA).

Se observa que las 14 variables pueden caracterizarse por cuatro dimensiones subyacentes relacionadas respectivamente con el confort (factor I), con el coste-eficiencia (factor II), con la elegancia (factor III) y con el manejo fácil (factor IV) y no observables directamente. Por lo tanto, en vez de considerar las 14 variables, simplificaremos las cosas, de forma que sólo cuatro factores deban considerarse para caracterizar la estructura subyacente de los datos. De forma gráfica podríamos expresar este hecho como se indica a continuación:

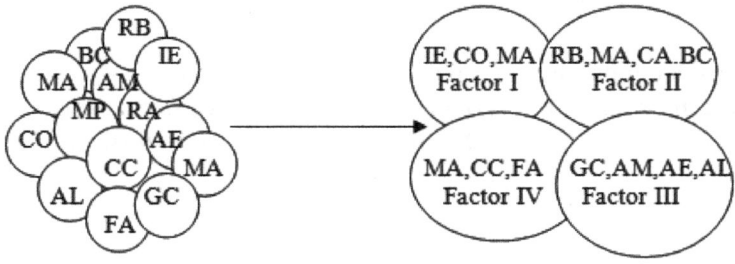

Ya hemos aclarado que el análisis de componentes principales y el análisis factorial tienen en común que son técnicas para examinar la interdependencia de variables, pero difieren en su objetivo, sus características y su grado de formalización. Es esencial observar que hasta el modelo matemático subyacente en ambas técnicas es muy diferente. Hasta tal punto que el análisis factorial podría considerarse como una técnica de la dependencia, ya que su modelo es un modelo predictivo con variables dependientes, independientes y términos de error. Esta circunstancia no ocurre en componentes principales.

Recuérdese que, en Componentes principales, por haber tantos ejes como variables antes de la retención de los mejores, la varianza de las variables originales quedaba totalmente explicada por ellos. Mientras que el objetivo del análisis de componentes principales es explicar la mayor parte de la variabilidad total de un conjunto de variables con el menor número de componentes posible, en el análisis factorial, los factores son seleccionados para explicar las interrelaciones entre variables. En componentes principales se determinan los pesos o ponderaciones que tienen cada una de las variables en cada componente; es decir, las componentes principales se explican en función de las variables observables. Sin embargo, en el análisis factorial las variables originales juegan el papel de variables dependientes que se explican por factores comunes y únicos, que no son observables.

Por otra parte, el análisis de componentes principales es una técnica estadística de reducción de datos que puede situarse en el dominio de la estadística descriptiva, mientras que el análisis factorial implica la elaboración de un modelo que requiere la formulación de hipótesis estadísticas y la aplicación de métodos de inferencia estadística. Como veremos posteriormente, el hecho de que las componentes principales se utilicen como uno de los procedimientos para la extracción de factores, ha podido hacer pensar a algunos erróneamente que son métodos completamente equivalentes. Por otra parte, en algunos programas de computador, por ejemplo, en SPSS, ambas técnicas están dentro del mismo procedimiento general.

4.3 EL MODELO FACTORIAL

Consideramos las variables observables $X_1 X_2 ... X_p$ como variables tipificadas (con media cero y varianza unidad) y vamos a formalizar la relación entre variables observables y factores definiendo el *modelo factorial* de la siguiente forma:

$$X_1 = l_{11}F_1 + l_{12}F_2 + \cdots + l_{1k}F_k + e_1$$
$$X_2 = l_{21}F_1 + l_{22}F_2 + \cdots + l_{2k}F_k + e_2$$
$$\vdots$$
$$X_p = l_{p1}F_1 + l_{p2}F_2 + \cdots + l_{pk}F_k + e_k$$

En este modelo, $F_1, F_2 \ldots F_k$ son los *factores comunes*; $e_1, e_2 \ldots e_p$ son los *factores únicos* o *factores específicos* y l_{jh} es el *peso* del factor h en la variable j, denominado también *carga factorial* o *saturación* de la variable j en el factor h. Según la formulación del modelo, cada una de las p variables observables es una combinación lineal de k *factores comunes* a todas las variables ($k<p$) y de un *factor único* para cada variable. Así pues, todas las variables originales están influenciadas por todos los factores comunes, mientras que para cada variable existe un factor único que es específico para esa variable. Tanto los factores comunes como los específicos son variables no observables. El modelo factorial en forma matricial se expresa como sigue:

$$
\begin{bmatrix} X_1 \\ X_2 \\ \vdots \\ X_p \end{bmatrix}
=
\begin{bmatrix} l_{11} & l_{12} & \cdots & l_{1k} \\ l_{21} & l_{22} & \cdots & l_{2k} \\ & & \vdots & \\ l_{p1} & l_{p2} & \cdots & l_{pk} \end{bmatrix}
\begin{bmatrix} F_1 \\ F_2 \\ \vdots \\ F_k \end{bmatrix}
+
\begin{bmatrix} e_1 \\ e_2 \\ \vdots \\ e_k \end{bmatrix}
$$

o lo que es lo mismo:

$$X = LF + e$$

4.3.1 Hipótesis en el modelo factorial

Para poder aplicar la teoría de la inferencia estadística en el modelo factorial es necesario formular hipótesis estadísticas sobre los factores comunes y sobre los factores únicos. Consideraremos los factores comunes $F_1, F_2 \ldots F_k$ como variables tipificadas de media cero y varianza unitaria, y que además no están correlacionadas entre sí. Según esta condición la matriz de covarianzas de los factores comunes es la matriz identidad ($E[FF'] = I$) y la esperanza del vector de factores comunes es el vector cero ($E[F] = 0$).

Por otra parte, se supone que la matriz de covarianzas de los factores específicos (únicos) es una matriz diagonal, lo que implica que las varianzas de los factores únicos pueden ser distintas y que dichos factores únicos están incorrelacionados entre sí, es decir: $E[ee'] = \Omega$ con Ω matriz diagonal. Por otro lado, la esperanza del vector de factores comunes se supone que es el vector cero ($E[e] = 0$).

Por último, se tendrá en cuenta que para poder realizar inferencias que permitan distinguir, para cada variable, entre los factores comunes y el factor único, es necesario suponer que los factores comunes están incorrelacionados con el factor único, es decir, que la matriz de covarianzas entre los factores comunes y los factores únicos es la matriz cero (**E[Fe']=0**).

Resumiendo, las hipótesis previamente citadas tenemos:

Modelo → **X=LF+e**   Hipótesis → **E[FF']=I, E[F]=0, E[ee']=Ω, E[e]=0, E[Fe']=0**

4.3.2 Comunalidades y especificidades

Dado que las variables X son variables tipificadas, su matriz de covarianzas es igual a la matriz de correlación poblacional R_p, matriz que puede descomponerse de la forma siguiente:

$$R_p = E(XX')=E(LF+e)(LF+e)'=LE(FF')L'+E(ee')+LE(fe')+E(ef')L'=$$
$$LIL'+\Omega+L0+0L'=LL'+\Omega$$

La relación anterior puede expresarse en forma matricial como sigue:

$$
\begin{bmatrix}
1 & \rho_{12} & \cdots & \rho_{1p} \\
\rho_{21} & 1 & \cdots & \rho_{2p} \\
& \vdots & & \\
\rho_{p1} & \rho_{p2} & \cdots & 1
\end{bmatrix}
=
\begin{bmatrix}
l_{11} & l_{12} & \cdots & l_{1k} \\
l_{21} & l_{22} & \cdots & l_{2k} \\
& \vdots & & \\
l_{p1} & l_{p2} & \cdots & l_{pk}
\end{bmatrix}
\begin{bmatrix}
l_{11} & l_{21} & \cdots & l_{p1} \\
l_{12} & l_{22} & \cdots & l_{p2} \\
& \vdots & & \\
l_{1k} & l_{2k} & \cdots & l_{pk}
\end{bmatrix}
+
\begin{bmatrix}
\varpi_1^2 & 0 & \cdots & 0 \\
0 & \varpi_2^2 & \cdots & 0 \\
& \vdots & & \\
0 & 0 & \cdots & \varpi_p^2
\end{bmatrix}
$$

En esta descomposición LL' es la parte correspondiente a los factores comunes y Ω es la matriz de covarianzas de los factores únicos. Además, en la descomposición se observa que la varianza de la variable tipificada X_j se puede expresar como:

$$V_j = 1 = l_{j1}^2 + l_{j2}^2 + \cdots l_{jp}^2 + \varpi_j^2$$

y si denominamos:

$$h_j^2 = l_{j1}^2 + l_{j2}^2 + \cdots + l_{jp}^2$$

tenemos la descomposición de la varianza poblacional de la variable X_j como:

$$V_j = 1 = h_j^2 + \varpi_j^2 \quad j = 1...p$$

Se observa que h_j^2 es la parte de la varianza de la variable X_j debida a los factores comunes, y se denomina ***comunalidad***.

También se observa que ϖ_j^2 es la parte de la varianza de la variable X_j debida a los factores únicos (o específicos), y se denomina ***especificidad***.

De la relación matricial anterior también se deduce que la correlación entre cada par de variables originales X_h y X_j viene dada en función de los coeficientes de los factores comunes como sigue:

$$\rho_{hj} = l_{h1}l_{j1} + l_{h2}l_{j2} + \cdots + l_{hp}l_{jp} = \sum_{s=1}^{p} l_{hs}l_{js}$$

4.4 MÉTODO DE TURSTONE PARA OBTENER LOS FACTORES

El problema fundamental en el análisis factorial es la estimación de los coeficientes l_{jh} de la ***matriz factorial*** L en el modelo **X=LF+e**. A las estimaciones de estos coeficientes se les denomina ***cargas factoriales estimadas***, aunque en la práctica suele omitirse el calificativo estimadas. Las cargas factoriales estimadas nos indican los pesos de los distintos factores en la estimación de la comunalidad de cada variable. Una vez estimado h_j^2 (comunalidad) a partir de las estimaciones de los l_{jh} (cargas factoriales) aplicando que $h_j^2 = l_{j1}^2 + l_{j2}^2 + \cdots + l_{jp}^2$, se realiza la estimación de ϖ_j^2 (especificidad) sencillamente por diferencia aplicando que $\varpi_j^2 = 1 - h_j^2$.

Inicialmente, las matrices de la relación $\mathbf{R_p} = \mathbf{LL'} + \mathbf{\Omega}$, a partir de la cual han de calcularse los coeficientes l_{jh} de la matriz factorial L en el modelo **X=LF+e**, están integradas por parámetros poblacionales que son desconocidos. Será necesario entonces utilizar estimaciones lógicas de estas matrices, cuyos elementos sean conocidos a partir de los datos muestrales. Como es natural, estimaremos la matriz de correlación poblacional R_p por la matriz de correlación muestral R, definida como:

$$R = \begin{bmatrix} 1 & r_{12} & \cdots & r_{1p} \\ r_{21} & 1 & \cdots & r_{2p} \\ & & \vdots & \\ r_{p1} & r_{p2} & \cdots & 1 \end{bmatrix}$$

con lo que la relación $\mathbf{R_p} = \mathbf{LL'} + \mathbf{\Omega}$ pasará a tomar la forma $\mathbf{R} = \hat{L}\hat{L}' + \hat{\Omega}$, siendo necesario ahora la obtención de las matrices estimadas $\hat{L}$ y $\hat{\Omega}$ a partir del conocimiento de la matriz de correlación muestral R. La obtención de estas matrices estimadas no es trivial, ya que surgen problemas de **no unicidad de las soluciones** y de **grados de libertad** en la resolución del sistema R= $\hat{L}\hat{L}' + \hat{\Omega}$.

Las soluciones obtenidas para $\hat{L}$ en el sistema R= $\hat{L}\hat{L}' + \hat{\Omega}$ no tienen por qué ser únicas, ya que si $\hat{L}$ es una solución, también será solución cualquier transformación ortogonal suya B= $\hat{L}$ H con HH'=1. Esto es así porque **BB'=$\hat{L}$ HH' $\hat{L}$ '=$\hat{L}$ $\hat{L}$ '**.

Por otra parte, el sistema R= $\hat{L}\hat{L}' + \hat{\Omega}$ tiene p² ecuaciones, que es el número de elementos de R. Pero la matriz R es simétrica y, consecuentemente, está integrada por *p(p+1)/2* elementos distintos, que será el número real de ecuaciones distintas de las que disponemos. Sin embargo, el número de parámetros a estimar viene dado por los *pxk* elementos de la matriz $\hat{L}$ y los *p* elementos de la matriz $\hat{\Omega}$, esto es, tenemos *pxk+ p=p(k+1)* parámetros a estimar. En consecuencia, para que el sistema tenga solución posible, es decir, para que se pueda llevar a cabo la estimación, se requiere que el número de ecuaciones sea mayor o igual que el número de parámetros a estimar o incógnitas del sistema. Ha de cumplirse entonces que:

$$p(p+1)/2 \geq p(k+1)$$

Ya que la correlación poblacional o teórica entre cada par de variables originales X_h y X_j viene dada en función de los coeficientes de los factores comunes por la expresión:

$$\rho_{hj} = l_{h1}l_{j1} + l_{h2}l_{j2} + \cdots + l_{hp}l_{jp} = \sum_{s=1}^{p} l_{hs}l_{js}$$

existirá la correspondiente expresión muestral, que viene dada por:

$$r_{hj} = \hat{l}_{h1}\hat{l}_{j1} + \hat{l}_{h2}\hat{l}_{j2} + \cdots + \hat{l}_{hp}\hat{l}_{jp} = \sum_{s=1}^{p} \hat{l}_{hs}\hat{l}_{js}$$

La matriz de elementos r_{hj} suele llamarse **matriz de correlación reproducida**.

Como las variables están tipificadas, la carga factorial $\hat{l}_{jf}$ es el coeficiente correlación muestral entre la variable X_j y el factor F_f. Cuando las variables no están tipificadas la correlación entre la variable X_j y el factor F_f es $\dfrac{\hat{l}_{jf}}{\sigma(X_j)}$.

4.5 MÉTODO DEL FACTOR PRINCIPAL PARA OBTENER LOS FACTORES

Partimos de nuestro modelo factorial:

$$X_1 = l_{11}F_1 + l_{12}F_2 + \cdots + l_{1k}F_k + e_1$$
$$X_2 = l_{21}F_1 + l_{22}F_2 + \cdots + l_{2k}F_k + e_2$$
$$\vdots$$
$$X_p = l_{p1}F_1 + l_{p2}F_2 + \cdots + l_{pk}F_k + e_k$$

Considerando las variables X_j reducidas, la varianza total de las p variables X_j será p. De ese total, la varianza explicada por los factores comunes es la suma de las comunalidades, y la explicada exclusivamente por el factor F_j es:

$$V_j = l_{1j}^2 + l_{2j}^2 + \cdots + l_{pj}^2$$

Adicionalmente sabemos que:

$$\rho_{hj} = l_{h1}l_{j1} + l_{h2}l_{j2} + \cdots + l_{hp}l_{jp} = \sum_{s=1}^{p} l_{hs}l_{js} \quad \text{h,j} = 1...\text{p}$$

pudiendo estimarse el coeficiente de correlación poblacional ρ_{hj} por el coeficiente de correlación muestral r_{hj}.

El método del factor principal obtiene el primer factor maximizando la varianza explicada por él, que es $V_1 = l_{11}^2 + l_{21}^2 + \cdots + l_{p1}^2$, sujeta a las restricciones:

$$r_{hj} = \sum_{s=1}^{p} l_{hs}l_{js} \quad \text{h,j} = 1...\text{p}$$

Nos encontramos ante un problema de optimización con restricciones, que se resuelve a partir del método de los multiplicadores de Lagrange considerando la función:

$$G_1 = V_1 + \sum_{h,j=1}^{p} v_{hj} \left(r_{hj} - \sum_{s=1}^{k} l_{hs} l_{js} \right) \qquad v_{hj} = \text{multiplicadores de Lagrange}$$

Derivando la función lagrangiana respecto de las incógnitas (l_{hs}) e igualando a cero, tenemos la expresión fundamental:

$$\frac{\partial G_1}{\partial l_{hs}} = \delta_{1s} l_{h1} - \sum_{j=1}^{p} v_{hj} l_{js} = 0 \qquad s = 1 \cdots p \qquad \delta_{1s} = \begin{cases} 1 & si \quad s = 1 \\ 0 & si \quad s \neq 1 \end{cases}$$

Para s=1, en esta expresión fundamental se tiene que $l_{h1} = \sum_{j=1}^{p} v_{hj} l_{j1}$.

Por otra parte, si en la expresión fundamental multiplicamos a ambos lados por l_{hl} y sumamos respecto a h, tenemos:

$$\delta_{1s} \sum_{h=1}^{p} l_{h1}^2 - \sum_{j=1}^{p} \sum_{h=1}^{p} v_{hj} l_{h1} l_{js} = 0 \qquad s = 1 \cdots p \qquad \delta_{1s} = \begin{cases} 1 & si \quad s = 1 \\ 0 & si \quad s \neq 1 \end{cases}$$

Si en esta última expresión hacemos $\sum_{h=1}^{p} l_{h1}^2 = \lambda_1$ y tenemos en cuenta que:

$$l_{h1} = \sum_{j=1}^{p} v_{hj} l_{j1} \Rightarrow l_{j1} = \sum_{h=1}^{p} v_{hj} l_{h1} \qquad (v_{hj} = v_{jh}), \text{ ya podemos escribir:}$$

$$\delta_{1s} \lambda_1 - \sum_{j=1}^{p} l_{j1} l_{js} = 0 \qquad s = 1 \cdots p \qquad \delta_{1s} = \begin{cases} 1 & si \quad s = 1 \\ 0 & si \quad s \neq 1 \end{cases}$$

Multiplicando la expresión anterior por l_{hs} y sumando en s, se tiene:

$$l_{h1} \lambda_1 - \sum_{j=1}^{p} l_{j1} \underbrace{\left(\sum_{s=1}^{p} l_{hs} l_{js} \right)}_{r_{hj}} = 0 \quad \Rightarrow \sum_{j=1}^{p} l_{j1} r_{hj} - l_{h1} \lambda_1 = 0 \qquad h = 1 \ldots p$$

Esto es:

$$(h_1^2 - \lambda_1)l_{11} + r_{12}l_{21} + \cdots + r_{1p}l_{p1} = 0$$

$$r_{21}l_{11} + (h_2^2 - \lambda_1)l_{21} + \cdots + r_{2p}l_{p1} = 0$$

$$\vdots$$

$$r_{p1}l_{11} + r_{p2}l_{21} + \cdots + (h_n^2 - \lambda_1)a_{n1} = 0$$

Por lo tanto, λ_1 es el mayor valor propio de la matriz de correlaciones LL' y $(l_{11}, l_{21}, ..., l_{p1})'$ es su vector propio asociado, de módulo λ_1. Por lo tanto, se tiene que:

$$l_{i1} = \alpha_{i1}\sqrt{\lambda_1} \qquad i = 1 \cdots p$$

siendo $(\alpha_{11}, \alpha_{21}, ..., \alpha_{p1})$ un vector propio de módulo unidad y λ_1 el mayor valor propio de la matriz de correlaciones LL'.

Una vez obtenidos los pesos (cargas factoriales o saturaciones) del primer factor, que es el que más contribuye a la varianza de las variables, eliminamos su influencia considerando el nuevo modelo factorial:

$$X_1' = X_1 - l_{11}F_1 = l_{12}F_2 + \cdots + l_{1k}F_k + e_1$$

$$X_2' = X_2 - l_{21}F_1 = l_{22}F_2 + \cdots + l_{2k}F_k + e_2$$

$$\vdots$$

$$X_p' = X_p - l_{p1}F_1 = l_{p2}F_2 + \cdots + l_{pk}F_k + e_p$$

y obtenemos el segundo factor maximizando la varianza explicada por él en este segundo modelo, que es $V_2 = l_{12}^2 + l_{22}^2 + \cdots + l_{p2}^2$, sujeta a las restricciones anteriores. Operando como antes se demuestra que:

$$l_{i2} = \alpha_{i2}\sqrt{\lambda_2} \qquad i = 1 \cdots p$$

siendo $(\alpha_{12}, \alpha_{22}, ..., \alpha_{p2})$ un vector propio de módulo unidad y λ_2 el segundo mayor valor propio de la matriz de correlaciones LL'. Ya hemos obtenido los pesos del segundo factor.

Se repite el proceso hasta obtener los pesos de todos los factores, es decir la matriz factorial, al menos hasta que la varianza total explicada por los factores comunes sea igual o próxima a la suma de las comunalidades.

El número de factores obtenidos coincide con el de valores propios no nulos de LL', que son todos positivos ya que LL' es simétrica semidefinida positiva. Hay que tener en cuenta que en la práctica sólo se dispone de correlaciones muestrales, lo que introduce un cierto error de muestreo en el cálculo de los valores propios, error que intenta salvarse fijando una constante positiva c y calculando los valores propios mayores que c, cuyo número indicará el de factores comunes en el modelo factorial. Suele tomarse por lo menos $c=1$ para que la variabilidad explicada por cada factor común supere a la varianza de una variable (que es la unidad).

El método del factor principal puede explicarse por la diagonalización de la matriz LL', que tomará la forma:

$$LL'=TD_\lambda T'$$

siendo T la matriz cuyas k columnas son los vectores propios de módulo unidad de LL' y siendo $D_\lambda=\text{diag}(\lambda_1...\lambda_k)$. La matriz factorial será entonces:

$$L=TD_\lambda^{1/2}$$

4.6 MÉTODO ALPHA PARA OBTENER LOS FACTORES

Este método determina la matriz factorial especificando un número k de factores comunes y formando la matriz T de dimensión pxk con los autovectores unitarios correspondientes a los k primeros vectores propios de la matriz $H^{-1} LL' H^{-1}$, siendo H^2 la matriz de comunalidades (matriz con las comunalidades en la diagonal principal).

Si $D_\lambda=\text{diag}(\lambda_1...\lambda_k)$ entonces, al diagonalizar la matriz $H^{-1} LL' H^{-1}$, se tiene:

$$H^{-1} LL' H^{-1} = T D_\lambda T' \Rightarrow LL'=HT D_\lambda T'H' \qquad (H'=H)$$

Con lo que la matriz factorial será $L=H TD_\lambda^{1/2}$

4.7 MÉTODO DEL CENTROIDE PARA OBTENER LOS FACTORES

En el método del centroide se elige el primer factor de modo que pase por el centro de gravedad (*centroide*) de las variables sin unicidades $X_i'= X_i - e_i$. Tenemos entonces el modelo factorial:

$$X_1'= X_1 - e_1 = l_{11}F_1 + l_{12}F_2 + \cdots + l_{1k}F_k$$
$$X_2'= X_2 - e_2 = l_{21}F_1 + l_{22}F_2 + \cdots + l_{2k}F_k$$
$$\vdots$$
$$X_p'= X_p - e_p = l_{p1}F_1 + l_{p2}F_2 + \cdots + l_{pk}F_k$$

Como las componentes de las variables en el espacio de los factores comunes vienen dadas por:

$$X_1' \rightarrow (l_{11}, l_{12}, \cdots, l_{1k})$$
$$X_2' \rightarrow (l_{21}, l_{22}, \cdots, l_{2k})$$
$$\vdots$$
$$X_p' \rightarrow (l_{p1}, l_{p2}, \cdots, l_{pk})$$

las componentes del centro de gravedad o centroide son:

$$C = \left(\frac{1}{p} \sum_{j=1}^{p} l_{j1}, \quad \frac{1}{p} \sum_{j=1}^{p} l_{j2}, \quad \cdots, \quad \frac{1}{p} \sum_{j=1}^{p} l_{jk} \right)$$

Si exigimos que el primer factor pase por C, el centroide tendrá todas sus componentes nulas excepto la primera, es decir:

$$\sum_{j=1}^{p} l_{j2} = \cdots = \sum_{j=1}^{p} l_{jk} = 0$$

Entonces, en la restricción ya conocida $r_{hj} = l_{h1}l_{j1} + l_{h2}l_{j2} + \cdots + l_{hp}l_{jp}$ se puede sumar en j a ambos lados de la igualdad, para obtener la expresión:

$$\sum_{j=1}^{p} r_{hj} = l_{h1} \sum_{j=1}^{p} l_{j1} + l_{h2} \sum_{j=1}^{p} l_{j2} + \cdots + l_{hp} \sum_{j=1}^{p} l_{jp} = l_{h1} \sum_{j=1}^{p} l_{j1}$$

Si ahora sumamos en h ambos lados de la igualdad anterior tenemos:

$$T = \sum_{h=1}^{p} \sum_{j=1}^{p} r_{hj} = \sum_{h=1}^{p} l_{h1} \sum_{j=1}^{p} l_{j1} = \left(\sum_{j=1}^{p} l_{j1} \right)^2$$

Ya podemos escribir lo siguiente:

$$\sum_{j=1}^{p} r_{hj} = l_{h1} \sum_{j=1}^{p} l_{j1} \Rightarrow l_{h1} = \frac{\sum_{j=1}^{p} r_{hj}}{\sum_{j=1}^{p} l_{j1}} = \frac{\sum_{j=1}^{p} r_{hj}}{\sqrt{T}} = \frac{S_h}{\sqrt{T}} \qquad h = 1 \cdots p$$

Ya hemos obtenido los pesos o saturaciones en el primer factor l_{h1} como el cociente entre la suma de correlaciones en la columna h de LL' entre la suma de todas las correlaciones de LL'.

Considerando ahora las correlaciones $r'_{ij} = r_{ij} - l_{i1} \, l_{j1}$ con i,j=1...p, las componentes de las variables en los restantes factores serán:

$$(l_{12}, \cdots, l_{1k})$$
$$(l_{22}, \cdots, l_{2k})$$
$$\vdots$$
$$(l_{p2}, \cdots, l_{pk})$$

Ahora elegimos el segundo factor de modo que pase por el origen y por C y cambiamos de signo ciertas variables X_i para que no se anulen a la vez todas las sumas:

$$\sum_{j=1}^{p} l_{j2}, \quad \cdots, \quad \sum_{j=1}^{p} l_{jk}$$

Repitiendo el proceso anterior, se obtienen los pesos o saturaciones en el segundo factor l_{h2} como:

$$l_{h2} = \frac{s_h S_{1h}}{\sqrt{T_1}} \qquad h = 1 \cdots p$$

Ya hemos obtenido los pesos o saturaciones en el segundo factor l_{h2} como el cociente entre la suma de correlaciones en la columna h de la matriz transformada de LL' mediante $r'_{ij} = r_{ij} - l_{i1} \, l_{j1}$ con i,j=1...p, entre la suma de todas las correlaciones de dicha matriz transformada. El término s_h cambia de signo al cociente si ha sido necesario cambiar el signo de X_h para que no se anulasen a la vez todas las sumas:

$$\sum_{j=1}^{p} l_{j2}, \quad \cdots, \quad \sum_{j=1}^{p} l_{jk}$$

El proceso para obtener los demás factores es exactamente el mismo.

4.8 MÉTODO DE LAS COMPONENTES PRINCIPALES PARA OBTENER LOS FACTORES

La teoría de componentes principales estudiada en el Capítulo anterior puede utilizarse para la obtención de los factores en el modelo factorial. Es preciso no confundir la Teoría general de componentes principales con una de sus aplicaciones para la obtención de factores en el modelo factorial, que es precisamente lo que se verá aquí.

En el análisis en componentes principales se dispone de una muestra de tamaño n acerca de p variables $X_1, X_2, ...X_p$ (tipificadas o no) inicialmente correlacionadas, para posteriormente obtener a partir de ellas un número $k \leq p$ de variables incorrelacionadas $Z_1, Z_2, ...Z_p$ que sean combinación lineal de las variables iniciales y que expliquen la mayor parte de su variabilidad. Tendremos entonces que:

$$Z_1 = u_{11}X_1 + u_{12}X_2 + \cdots + u_{1p}X_p$$
$$Z_2 = u_{21}X_1 + u_{22}X_2 + \cdots + u_{2p}X_p$$
$$\vdots$$
$$Z_p = u_{p1}X_1 + u_{p2}X_2 + \cdots + u_{pp}X_p$$

Pero este sistema de ecuaciones es reversible, siendo posible expresar las variables X_j en función de las componentes principales Z_j de la siguiente forma:

$$X_1 = u_{11}Z_1 + u_{21}Z_2 + \cdots + u_{p1}Z_p$$
$$X_2 = u_{21}Z_1 + u_{22}Z_2 + \cdots + u_{p2}Z_p$$
$$\vdots$$
$$X_p = u_{1p}Z_1 + u_{2p}Z_2 + \cdots + u_{pp}Z_p$$

La matriz de coeficientes de este segundo sistema es la matriz transpuesta de la matriz de coefientes del sistema anterior, pudiendo utilizarse este segundo sistema para la estimación de los factores. El único problema que podría presentarse es que las componentes Z_j no estén tipificadas, condición que sí se ha exigido a los factores. Este problema se salva utilizando componentes principales tipificadas, definidas por:

$$Y_j = \frac{Z_j}{\sqrt{\lambda_j}} \quad j=1,2,...,p$$

Entonces, en el segundo sistema sustituimos los Z_j por $Y_j\sqrt{\lambda_j}$, resultando la ecuación j-ésima del sistema de la siguiente forma:

$$X_j = u_{1j}Y_1\sqrt{\lambda_1} + u_{2j}Y_2\sqrt{\lambda_2} + \cdots + u_{pj}Y_p\sqrt{\lambda_p}$$

Pero, de la Teoría de componentes principales sabemos que $u_{hj}\sqrt{\lambda_h}$ es el coeficiente de correlación entre la variable j-ésima y la componente h-ésima, lo que permite escribir la ecuación como:

$$X_j = r_{1j}Y_1 + r_{2j}Y_2 + \cdots + r_{pj}Y_p$$

pudiéndose separar en esta última ecuación sus últimos $p-k$ términos, lo que permite escribirla como:

$$X_j = r_{1j}Y_1 + r_{2j}Y_2 + \ldots + r_{kj}Y_k + \left(r_{k+1,j}Y_{k+1} + \ldots + r_{pj}Y_p\right)$$

Comparando esta ecuación con la ecuación del modelo factorial:

$$X_j = l_{j1}F_1 + l_{j2}F_2 + \cdots + l_{jk}F_k + e_j$$

se observa que los k factores F_h se estiman mediante las k primeras componentes principales tipificadas Y_h y la estimación de los coeficientes l_{jh} viene dada por:

$$\hat{l}_{j1} = r_{1j}, \; \hat{l}_{j2} = r_{2j}, \cdots, \; \hat{l}_{jk} = r_{kj}$$

pudiéndose estimar la comunalidad de la variable X_j como:

$$\hat{h}_j^2 = \hat{l}_{j1}^2 + \hat{l}_{j2}^2 + \cdots + \hat{l}_{jk}^2$$

y el factor único e_j se estimará como:

$$\hat{e}_j = r_{k+1,j}Y_{k+1} + r_{m+2,j}Y_{k+2} + \cdots + r_{pj}Y_p$$

y la especificiad o parte de la varianza debida al factor único se estima como:

$$\hat{\varpi}_j^2 = 1 - \hat{h}_j^2$$

4.9 MÉTODO DE COMPONENTES PRINCIPALES ITERADAS O EJES PRINCIPALES PARA OBTENER LOS FACTORES

Es un método similar al de las componentes principales. Se trata de un método iterativo que comienza con el cálculo de la matriz de correlación muestral:

$$R = \begin{bmatrix} 1 & r_{12} & \cdots & r_{1p} \\ r_{21} & 1 & \cdots & r_{2p} \\ & & \vdots & \\ r_{p1} & r_{p2} & \cdots & 1 \end{bmatrix}$$

A continuación, se realiza una estimación inicial de las comunalidades de cada variable calculando la regresión de cada variable sobre el resto de variables originales, estimándose la comunalidad de la variable mediante el coeficiente de determinación obtenido en la regresión.

El siguiente paso es sustituir en la matriz R cada 1 de la diagonal principal por la estimación de la comunalidad correspondiente a cada variable. A la matriz R modificada de esta forma la denominamos matriz de correlación reducida R*:

$$R^* = \begin{bmatrix} \hat{h}_1^2 & r_{12} & \cdots & r_{1p} \\ r_{21} & \hat{h}_2^2 & \cdots & r_{2p} \\ & & \vdots & \\ r_{p1} & r_{p2} & \cdots & \hat{h}_p^2 \end{bmatrix} = R - \hat{\Omega}$$

A continuación, se calculan las raíces características y los vectores característicos asociados a la matriz R*, a partir de los cuales se obtienen las cargas factoriales estimadas $\hat{\lambda}_{jh}$.

Se determinan los factores a retener k mediante un contraste de este tipo de componentes principales de los ya vistos y se calcula la comunalidad de cada variable con los k factores retenidos:

$$\hat{h}_j^2 = \hat{l}_{j1}^2 + \hat{l}_{j2}^2 + \cdots + \hat{l}_{jk}^2$$

y la especificiad o parte de la varianza debida al factor único se estima como:

$$\hat{\varpi}_j^2 = 1 - \hat{h}_j^2 \quad j=1,...,p$$

Hay que tener presente que todas estas especificidades han de resultar positivas, pues se trata de varianzas. Si alguna resulta negativa puede ser que el método no sea aplicable.

Supuestas todas las especificidades positivas se itera el proceso partiendo de la nueva matriz R* cuya diagonal presenta las comunalidades recién estimadas. El procedimiento iterativo se detiene cuando la diferencia entre la comunalidad estimada para cada variable entre dos iteraciones sucesivas sea menor que una cantidad prefijada.

4.10 MÉTODO DE MÁXIMA VEROSIMILITUD PARA OBTENER LOS FACTORES

Los métodos vistos hasta ahora para obtener los factores pueden considerase métodos directos, mientras que los métodos que se van a ver a continuación son métodos estrictamente estadísticos basados en la teoría de la inferencia.

Para poder utilizar máxima verosimilitud necesitamos añadir la hipótesis suplementaria de que los vectores $\vec{x}_1, \vec{x}_2, \cdots, \vec{x}_n$ constituyen una realización de una muestra aleatoria simple de una población normal p-variante $N_p(\vec{\mu}, \Sigma)$ con $\Sigma = LL' + \Omega$.

Si sustituimos $\vec{\mu}$ por su estimador insesgado $\hat{\vec{\mu}} = \dfrac{1}{n}\sum\limits_{i=1}^{n} \vec{x}_i$, la función de verosimilitud toma la siguiente forma:

$$L(\Sigma, \vec{x}_1, \vec{x}_2, \cdots, \vec{x}_n) = \frac{1}{(2\pi)^{\frac{np}{2}} |\Sigma|^{\frac{n}{2}}} e^{-\frac{n}{2} traza(\Sigma^{-1}S)}$$

$|\Sigma|$ es el determinante de Σ, y S=(S$_{ij}$) es la matriz de covarianzas muestrales, siendo:

$$S_{ij} = \frac{1}{n}\sum_{s=1}^{n}(x_{si} - \hat{\mu}_i)(x_{sj} - \hat{\mu}_j) \quad i,j = 1...p$$

Tomando logaritmos en la función de verosimilitud tenemos:

$$Ln[L(\Sigma, \vec{x}_1, \vec{x}_2, \cdots, \vec{x}_n)] = -\frac{np}{2} Ln(2\pi) - \frac{n}{2} Ln(|\Sigma|) - \frac{n}{2} traza(\Sigma^{-1} S)$$

Suponiendo que $\Sigma = LL' + \Omega$, la verosimilitud será una función de L y Ω que podremos maximizarla suponiendo además que $L'\Omega^{-1}L$ es diagonal.

De la expresión del logaritmo de la verosimilitud se deduce que su maximización es equivalente a la minimización de la expresión:

$$Ln(|\Sigma|) + traza(\Sigma^{-1} S)$$

que también es equivalente a la minimización de la expresión:

$Ln(|\Sigma|) + traza(\Sigma^{-1} S) - Ln(|S|) - p$ (la constante adicional no interviene al minimizar)

y como $Ln(|\Sigma|) - Ln(|S|) = -Ln(\Sigma^{-1} S)$, la función a minimizar será:

$$f(F, \Omega) = traza(\Sigma^{-1} S) - Ln(\Sigma^{-1} S) - p \text{ donde } \Sigma = LL' + \Omega$$

Para hallar $\hat{L}$ y $\hat{\Omega}$ que minimicen $f(L, \Omega) = traza(\Sigma^{-1} S) - Ln(\Sigma^{-1} S) - p$ deben igualarse a cero las derivadas parciales de f respecto de F y Ω respectivamente. Lawley y Maxwell demostraron que estas derivadas parciales toman las expresiones:

$$\frac{\partial f(L, \Omega)}{\partial L} = 2\Sigma^{-1}(\Sigma - S)\Sigma^{-1}L$$

$$\frac{\partial f(F, \Omega)}{\partial \Omega} = diag(\Sigma^{-1}(\Sigma - S)\Sigma^{-1})$$

Luego, las ecuaciones a resolver para hallar $\hat{L}$ y $\hat{\Omega}$ que minimicen f serán:

$$\begin{cases} \Sigma^{-1}(\Sigma - S)\Sigma^{-1}L = 0 \\ diag(\Sigma^{-1}(\Sigma - S)\Sigma^{-1}) = diag(\Sigma^{-1} - \Sigma^{-1}S\Sigma^{-1}) = 0 \\ \Sigma = LL' + \Omega \\ J = L'\Omega^{-1}L \quad diagonal \end{cases}$$

Las ecuaciones anteriores determinan $\hat{L}$ y $\hat{\Omega}$ sólo de forma implícita. Las soluciones explícitas requieren la utilización de métodos iterativos de cálculo numérico.

Lawley demostró que las ecuaciones anteriores son equivalentes a:

$$\begin{cases} L = (S-\Omega)\Omega^{-1}LJ^{-1} \\ diag(\Sigma-S) = 0 \Rightarrow v_i = s_{ii} - \sum_{j=1}^{k} a_{ij}^2 \end{cases}$$

En la primera de las dos ecuaciones anteriores se observa que los elementos de la diagonal de J son los valores propios de $\Omega^{-1}(S-\Omega)$, y las columnas de la matriz factorial L son los correspondientes valores propios, con lo cual ya hemos determinado $\hat{L}$. También se demuestra que $\hat{V} = diag(S - \hat{L}\hat{L}')$.

Si se trabaja con variables reducidas, el proceso es similar, sustituyendo la matriz S por la matriz R de correlaciones muestrales. La solución de Lawley sólo tiene como exigencia que Ω^{-1} exista.

Por otra parte, **Joreskog** demostró que las ecuaciones del proceso de minimización de f para una Ω dada son equivalentes a:

$$(\Omega^{-1/2}S\Omega^{-1/2})(\Omega^{-1/2}L) = (\Omega^{-1/2}L)(I+J)$$

lo que nos lleva a la conclusión de que $\Omega^{-1/2}L$ son vectores propios de $\Omega^{-1/2}S\Omega^{-1/2}$ relativos a los valores propios de los elementos de la diagonal de I+J. Entonces, si $\hat{\Theta}$ es la matriz diagonal de orden k con los k primeros valores propios en orden creciente, y $\hat{W}$ es la matriz cuyas columnas son los vectores propios, entonces se demuestra que, para Ω dada, la estimación de la matriz factorial L resulta ser:

$$\hat{L} = \Omega^{-1/2}\hat{W}(\hat{\Theta}-I)^{-1/2}$$

Por otro lado, las ecuaciones del proceso de minimización de f para una L dada son equivalentes a:

$$\frac{\partial f}{\partial \Omega} = diag(\Omega^{-1}(\hat{L}\hat{L}'+\Omega-S)\Omega^{-1}) = 0 \Rightarrow \hat{\Omega} = diag(S - \hat{L}\hat{L}')$$

La solución de Joreskog sólo tiene como exigencia que $\Omega^{-1/2}$ exista. Si alguna unicidad es prácticamente nula, hay problemas con la existencia de $\Omega^{-1/2}$, pero en este caso se obtiene la solución por componentes principales para estas variables con unicidades prácticamente nulas, analizando a continuación las demás variables por el método de la máxima verosimilitud, y combinando finalmente ambos métodos para dar una solución completa al conjunto de todas las variables.

4.11 MÉTODOS MINRES, ULS Y GLS PARA OBTENER LOS FACTORES

El método MINRES (*Minimizing residuals*) también denominado **análisis factorial de correlaciones** calcula la matriz factorial $L = (l_{ij})$ que minimiza los residuos:

$$\bar{r}_{hs} = r_{hs} - \sum_{t=1}^{k} l_{ht} l_{jt} \quad h \neq s$$

Por lo tanto, se calcula la matriz factorial minimizando las diferencias entre la correlación observada y la deducida del modelo factorial, excepto para las correlaciones unitarias $r_{ii}=1$. El criterio de minimización a utilizar es el de los mínimos cuadrados, tratando de hallar L que haga mínima la suma de cuadrados de los elementos no diagonales de la matriz residual $\bar{R} = R^* - LL'$, o sea, que haga mínima la función:

$$F(L) = \sum_{j=h+1}^{p} \sum_{h=1}^{p-1} \left(r_{hj} - \sum_{t=1}^{k} a_{ht} a_{jt} \right)^2$$

Este método permite estimar L sin necesidad de determinar previamente las comunalidades, que a su vez se obtienen como resultado del método. Además, en este método no es necesario suponer hipótesis alguna de multinormalidad de las variables, como ocurre en el caso del método de máxima verosimilitud.

La estimación de L a partir de la minimización de F(L) puede dar lugar a comunalidades mayores que la unidad, hecho que se evitará imponiendo a F(L) la restricción:

$$h_j^2 = \sum_{t=1}^{k} l_{jt}^2 \leq 1 \qquad j = 1 \cdots n$$

Para encontrar una solución efectiva de L, lo más adecuado es utilizar el procedimiento iterativo de Gauss-Seidel de resolución de sistemas de ecuaciones lineales.

Joreskog enfoca de forma general la estimación de la matriz factorial estableciendo una relación entre el método de máxima verosimilitud y los métodos basados en el criterio de los mínimos cuadrados. La estimación de L tal que $\Sigma=LL'+\Omega$ obtenida a partir de la matriz de covarianzas muestrales S, para un k dado, se puede conseguir de tres formas distintas:

1°)   ***Método de los mínimos cuadrados no ponderados ULS*** (*unweighted least squares*), que consiste en minimizar la función:

$$U(L,\Omega) = \text{traza}(S\text{-}\Sigma)^2/2|$$

2°)   ***Método de los mínimos cuadrados generalizados GLS*** (*generalited least squares*), que consiste en minimizar la función:

$$G(L,\Omega) = \text{traza}(I\text{-}S^{\text{-}1}\Sigma)/2$$

3°)   ***Método de máxima verosimilitud ML*** (*maximum likelood*), que consiste en minimizar la función:

$$F(L,\Omega) = \log(\Sigma)\text{+}\text{traza}(S\Sigma^{\text{-}1}) - \log(|S|) - p$$

Las tres funciones pueden ser minimizadas mediante el mismo método básico consistente en dos pasos. En el primer paso, se halla el mínimo condicional para Ω dado, lo que produce como resultado una función $f(\Omega)$. En el segundo paso, se minimiza en Ω esta función mediante un método numérico, que generalmente suele ser el de Newton-Raphson, en caso de que se puedan hallar las dos primeras derivadas de la función. Joreskog ofrece las soluciones en función de los valores y vectores propios de la matriz S-Ω en el método ULS, y de la matriz $\Omega S^{\text{-}1}\Omega$ en los métodos GLS y ML.

Joreskog interpreta la solución por el método del factor principal y la solución MINRES como equivalentes al método ULS, y afirma que los métodos GLS y ML son invariantes para cambio de escala. Posteriormente se demostró mediante contraejemplos que los métodos ML y GLS no siempre son invariantes, mientras que el método ULS puede serlo en determinadas circunstancias.

4.12 CONTRASTES EN EL MODELO FACTORIAL

En el modelo factorial pueden realizarse varios tipos de contrastes. Estos contrastes suelen agruparse en dos bloques, según se apliquen previamente a la extracción de los factores o que se apliquen después. Con los contrastes aplicados previamente a la extracción de los factores trata de analizarse la pertinencia de la aplicación del análisis factorial a un conjunto de variables observables. Con los contrastes aplicados después de la obtención de los factores se pretende evaluar el modelo factorial una vez estimado.

Dentro del grupo de **contrastes que se aplican previamente a la extracción de los factores** tenemos el contraste de esfericidad de Barlett y la medida de adecuación muestral de Kaiser, Meyer y Olkin.

4.12.1 Contraste de esfericidad de Barlett

Evidentemente, antes de realizar un análisis factorial nos plantearemos si las p variables originales están correlacionadas entre sí o no lo están. Si no lo estuvieran no existirían factores comunes y, por lo tanto, no tendría sentido aplicar el análisis factorial. Esta cuestión suele probarse utilizando el contraste de esfericidad de Barlett.

La matriz de correlación poblacional R_p recoge la relación entre cada par de variables mediante sus elementos ρ_{ij} situados fuera de la diagonal principal. Los elementos de la diagonal principal son unos, ya que toda variable está totalmente relacionada consigo misma. En caso de que no existiese ninguna relación entre las p variables en estudio, la matriz R_p sería la identidad, cuyo determinante es la unidad. Por lo tanto, para decidir la ausencia o no de relación entre las p variables puede plantearse el siguiente contraste:

$$H_0 : |R_p|=1$$
$$H_1 : |R_p|\neq1$$

Barlett introdujo un estadístico para este contraste basado en la matriz de correlación muestral R, que bajo la hipótesis H0 tiene una distribución chi-cuadrado con p(p-1)/2 grados de libertad. La expresión de este estadístico es la siguiente:

$$-[n-1-(2p+5)/6]Ln|R|$$

4.12.2 Medida KMO de Kaiser, Meyer y Olkin de adecuación muestral global al modelo factorial y medida MSA de adecuación individual

En un modelo con varias variables el coeficiente de correlación parcial entre dos variables mide la correlación existente entre ellas una vez que se han descontado los efectos lineales del resto de las variables del modelo. En el modelo factorial se pueden considerar esos efectos de otras variables como los correspondientes a los factores comunes. Por lo tanto, el coeficiente de correlación parcial entre dos variables sería equivalente al coeficiente de correlación entre los factores únicos de esas dos variables. Pero de acuerdo con el modelo de análisis factorial los coeficientes de correlación teóricos calculados entre cada par de factores únicos son nulos por hipótesis, y como los coeficientes de correlación parcial constituyen una aproximación a dichos coeficientes teóricos, deben estar próximos a cero. Kaiser-Meyer y Olkin definen la medida KMO de adecuación muestral global al modelo factorial basada en los coeficientes de correlación observados de cada par de variables y en sus coeficientes de correlación parcial mediante la expresión siguiente:

$$KMO = \frac{\sum_j \sum_{h \neq j} r_{jh}^2}{\sum_j \sum_{h \neq j} r_{jh}^2 + \sum_j \sum_{h \neq j} a_{jh}^2}$$

r_{jh} son los coeficientes de correlación observados entre las variables X_j y X_h
a_{jh} son los coeficientes de correlación parcial entre las variables X_j y X_h

En el caso de que exista adecuación de los datos a un modelo de análisis factorial, el término del denominador, que recoge los coeficientes a_{jh}, será pequeño y, en consecuencia, la medida KMO será próxima a la unidad. Valores de KMO por debajo de 0,5 no serán aceptables, considerándose inadecuados los datos a un modelo de análisis factorial. Para valores superiores a 0,5 se considera aceptable la adecuación de los datos a un modelo de análisis factorial. Mientras más cerca estén de 1 los valores de KMO mejor es la adecuación de los datos a un modelo factorial, considerándose ya excelente la adecuación para valores de KMO próximos a 0,9.

También existe una medida de adecuación muestral individual para cada una de las variables basada en la medida KMO. Esta medida se denomina MSA (*Measure of Sampling Adequacy*), se define de la siguiente forma:

$$MSA_j = \frac{\sum_{h \neq j} r_{jh}^2}{\sum_{h \neq j} r_{jh}^2 + \sum_{h \neq j} a_{jh}^2}$$

Si el valor de MSA_j se aproxima a la unidad, la variable X_j será adecuada para su tratamiento en el análisis factorial con el resto de las variables.

También en el modelo factorial pueden realizarse **contrastes después de la obtención de los factores con los que se pretende evaluar el modelo factorial una vez estimado**. Entre ellos tenemos el contraste para la bondad de ajuste del método de máxima verosimilitud y el contraste para la bondad de ajuste del método MINRES.

4.12.3 Contraste para la bondad de ajuste en el método ML de máxima verosimilitud

Una de las principales ventajas de la estimación del modelo factorial por máxima verosimilitud es que proporciona un contraste para la hipótesis:

H_0: k factores son suficientes para describir los datos.
H_1: La matriz Σ no tiene restricciones.

Sabemos que bajo H_0 la función de máxima verosimilitud es:

$$L_0(\hat{\Sigma}, \vec{x}_1, \vec{x}_2, \cdots, \vec{x}_n) = \frac{1}{(2\pi)^{\frac{np}{2}} |\hat{\Sigma}|^{\frac{n}{2}}} e^{-\frac{n}{2}traza(\hat{\Sigma}^{-1}S)}$$

con $\hat{\Sigma} = \hat{L}\hat{L}' + \hat{\Omega}$, siendo $\hat{L}$ y $\hat{\Omega}$ los estimadores de máxima verosimilitud obtenidos. Bajo H_1 sabemos que el estimador de máxima verosimilitud de Σ es S, en cuyo caso la función de verosimilitud será:

$$L_1(\hat{\Sigma}, \vec{x}_1, \vec{x}_2, \cdots, \vec{x}_n) = \frac{1}{(2\pi)^{\frac{np}{2}} |S|^{\frac{n}{2}}} e^{-\frac{n}{2}traza(I)} = \frac{1}{(2\pi)^{\frac{np}{2}} |S|^{\frac{n}{2}}} e^{-\frac{n}{2}p}$$

Si llamamos $\lambda = \dfrac{L_0}{L_1}$ sabemos que el contraste de razón de verosimilitud se realiza utilizando el estadístico:

$$-2Ln\lambda = -2\left[\frac{n}{2}Ln(|S|) + \frac{n}{2}p - \frac{n}{2}Ln(|\hat{\Sigma}|) - \frac{n}{2}traza(\hat{\Sigma}^{-1}S)\right] =$$

$$-np - nLn\left(\frac{|S|}{|\hat{\Sigma}|}\right) + ntraza(\hat{\Sigma}^{-1}S) = np\left[\frac{1}{p}traza(\hat{\Sigma}^{-1}S) - \frac{1}{p}Ln(|\hat{\Sigma}^{-1}S|) - 1\right] =$$

$$= np(\hat{a} - Ln(\hat{g}) - 1)$$

donde $\hat{a}$ y $\hat{g}$ son, respectivamente, las medias aritmética y geométrica de los valores propios de $\hat{\Sigma}^{-1}S$.

Sabemos que, si H_0 es cierta, $-2Ln\lambda$ sigue asintóticamente una distribución chi-cuadrado con s grados de libertad, dónde:

$$s = p(p+1)/2-[p(k+1)-k(k-1)/2]=(p-k)^2 -(p+k)$$

luego para una probabilidad de error de tipo I de valor α, la región de aceptación de H_0 es:

$$\left\{ np(\hat{a} - Ln(\hat{g}) - 1) \le \chi^2_{s,\alpha} \right\}$$

Bartlett demostró que la aproximación a la chi-cuadrado mejoraba si se sustituía n por n' = n−1− (2p+5)/5−2k/3.

En el caso trivial, k=0, H_0 es la hipótesis de que las variables son independientes. En este caso el estimador de máxima verosimilitud de Σ es $\hat{\Sigma} = diag(S)$, y como:

$$traza(\hat{\Sigma}^{-1}S) = traza(\hat{\Sigma}^{-1/2}S\hat{\Sigma}^{-1/2}) = traza(R) = p$$

donde R es la matriz de correlaciones de los datos.
El estadístico del contraste será   −n Ln(|R|).

En la práctica, el problema es decidir cuántos factores comunes es razonable que se ajusten a los datos. Para hacer esto se sigue un procedimiento secuencial partiendo de un valor pequeño para k (k=0 o k=1) y se aumenta el número de factores comunes de uno en uno hasta que no se rechace H0. Este procedimiento, sin embargo, ha sido objeto de críticas, ya que los valores críticos del contraste no se ajustan para tener en cuenta que se contrastan secuencialmente un conjunto de hipótesis.

Para determinados datos, el modelo factorial se rechaza para todos los valores de k para los que s>0. En tales casos concluimos que no existe modelo factorial que se ajuste a los datos.

4.12.4 Contraste para la bondad de ajuste en el método MINRES

La estimación MINRES también proporciona un contraste para las hipótesis:

H_0 : k factores son suficientes para describir los datos.
H_1 : La matriz Σ no tiene restricciones.

El contraste se basa en el estadístico $U_k=(N-1)\log(|LL'+\Omega|\ /\ |R|)$ cuya distribución asintótica bajo la hipótesis nula H_0 y suponiendo multinormalidad de las variables es una chi-cuadrado con $d = [(p-k)^2 - p - k]/2$ grados de libertad.

Este estadístico suele aparecer también bajo la forma:

$$U_k = N[\log(|LL'+\Omega|) - \log(|R|) + \text{traza}(R(LL'+\Omega)^{-1}) - p]$$

e incluso, siendo más sofisticados, podría utilizarse el valor $N-1-(2p+5)/5-2m/3$ en lugar de N, sobre todo cuando N no es muy grande.

4.13 INTERPRETACIÓN GEOMÉTRICA DEL ANÁLISIS FACTORIAL

En el análisis factorial puede realizarse una representación geométrica de las variables aleatorias objeto del análisis. Podemos representar una variable X por un vector considerando la desviación típica $\sigma(X)$ como la norma (módulo o longitud) del mismo ($\|X\|=\sigma(X)$). Esto es lógico hacerlo ya que una variable es tanto más variable cuanto más dispersa está respecto de su media (representa una variabilidad mayor), y la medida de esta dispersión es precisamente la desviación típica.

Pero para representar completamente la variable X por un vector tenemos que asignarle una dirección y un sentido. La dirección de un vector se determina con referencia a otro vector, que se supone fijo, en función del coseno del ángulo que forman $(-1 \le \cos(\varphi) \le +1)$, que vale +1 si ambos vectores tienen la misma dirección y sentido, que vale -1 si ambos vectores tienen la misma dirección y distinto sentido, y que vale cero en caso de que ambos vectores sean ortogonales. Para dos de nuestras variables X e Y podemos considerar su coeficiente de correlación ρ que también verifica $-1 \le \rho \le +1$, y que suponiendo que X e Y tienen media nula, $\rho=\pm1$ implica Y=aX. Luego $\rho=+1$ implica que las dos variables tengan la misma dirección y sentido, y $\rho=-1$ implica que las dos variables tengan la misma dirección y distinto sentido.

Intuitivamente podemos decir que dos variables están separadas al máximo si son incorrelacionadas, y como la separación máxima en cuanto a la dirección de dos factores es la ortogonalidad, dicha separación referida a variables será la incorrelación. Podemos entonces poner $\rho=\cos(\varphi)$ y utilizar la correlación para dar una idea de la separación direccional de dos variables aleatorias consideradas como vectores. La separación máxima.

Por lo tanto, podemos representar cada variable del análisis factorial por un vector de módulo igual a la desviación típica de la variable y con origen en el origen de coordenadas. El coseno del ángulo formado por dos vectores es el coeficiente de correlación de las correspondientes variables, correspondiéndose la incorrelación entre dos variables con la ortogonalidad entre dos vectores.

Si las variables son reducidas estarán representadas por vectores de módulo unidad. Si las variables son linealmente independientes (rango n), estos vectores ocuparán un espacio n-dimensional con sus extremos en una esfera de radio unidad, siendo los factores vectores unitarios ortogonales y ortonormales.

En el modelo factorial tenemos:

$$X_1 = l_{11}F_1 + l_{12}F_2 + \cdots + l_{1k}F_k + e_1$$
$$X_2 = l_{21}F_1 + l_{22}F_2 + \cdots + l_{2k}F_k + e_2$$
$$\vdots$$
$$X_p = l_{p1}F_1 + l_{p2}F_2 + \cdots + l_{pk}F_k + e_k$$

con lo que podemos representar las variables del modelo una vez restadas sus unicidades en función de k factores como sigue:

$$X_1' = X_1 - e_1 = l_{11}F_1 + l_{12}F_2 + \cdots + l_{1k}F_k$$
$$X_2' = X_2 - e_2 = l_{21}F_2 + l_{22}F_2 + \cdots + l_{2k}F_k$$
$$\vdots$$
$$X_p' = X_p - e_p = l_{p1}F_1 + l_{p2}F_2 + \cdots + l_{pk}F_k$$

De esta forma tenemos las variables del análisis factorial sin sus unicidades representadas por los factores, siendo el módulo de estas variables X_j' inferior a la unidad (es exactamente h, pues h_j^2 es la parte de la varianza de la variable X_j debida a los factores comunes, es decir, $V(X_j')$, es decir, la comunalidad). Las saturaciones, pesos o cargas factoriales de cada variable en cada factor se representarán por las proyecciones ortogonales de cada variable en cada factor.

A continuación, se presenta un gráfico relativo a cuatro variables X_1, X_2, X_3 y X_4 representadas por dos factores F_1 y F_2.

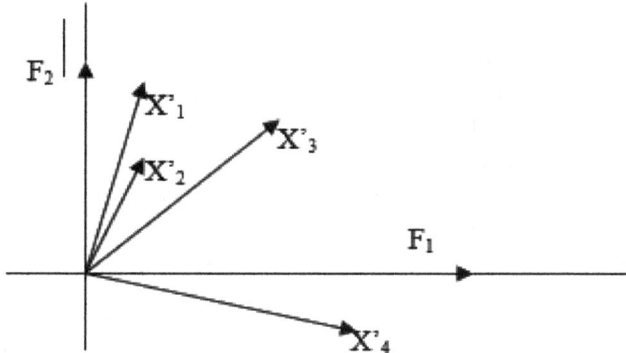

Como las saturaciones, pesos o cargas factoriales de cada variable en cada factor (elementos de la matriz factorial), se representan por las proyecciones ortogonales de cada variable en cada factor, la cuarta variable se explica fuertemente y de forma positiva por el primer factor (proyección positiva grande de X'_4 sobre F_1), mientras que se representa poco y en sentido negativo por el segundo factor (proyección negativa pequeña de X'_4 sobre F_2). De la misma forma, la primera y segunda variables se explican fuertemente y de forma positiva por el segundo factor, y se explican poco y de forma positiva por el primer factor. La tercera variable se explica de igual forma por el primero y segundo factor.

Puede ocurrir que al realizar esta representación geométrica del modelo factorial, las proyecciones de la mayoría de las variables sobre los factores no sean lo suficientemente grandes como para que la interpretación del modelo resulte adecuada. Si la representación geométrica resulta difusa, se puede realizar una rotación de los factores que clarifique las proyecciones de las variables sobre ellos. Nos introducimos así en el campo de las rotaciones factoriales, que se explicarán con más detalle en los siguientes apartados.

Con una rotación factorial se transforma una solución factorial inicial en otro tipo de solución preferida. Tal transformación va encaminada a poner de manifiesto la solución de la manera más convincente y clara para su interpretación científica.

Teóricamente puede justificarse la interpretación vectorial realizada aquí por el hecho de que el conjunto de variables aleatorias sobre una población dotado de las operaciones de suma y producto por un escalar tiene estructura de espacio vectorial. Las variables con varianza finita y esperanza nula forman un subespacio vectorial del anterior en el cual la covarianza $Cov(X,Y)$ es un producto escalar que define una norma dada por la varianza y un ángulo entre vectores cuyo coseno es el coeficiente de correlación.

4.14 ROTACIÓN DE LOS FACTORES

El trabajo en el análisis factorial persigue que los factores comunes tengan una interpretación clara, porque de esa forma se analizan mejor las interrelaciones existentes entre las variables originales. Sin embargo, en muy pocas ocasiones resulta fácil encontrar una interpretación adecuada de los factores, iniciales, con independencia del método que se haya utilizado para su extracción. Precisamente los procedimientos de *rotación de factores* se han ideado para obtener, a partir de la solución inicial, unos factores que sean fácilmente interpretables.

En la solución inicial cada uno de los factores comunes están correlacionados en mayor o menor medida con cada una de las variables originales. Pues bien, con los *factores rotados* se trata de que cada una de las variables originales tenga una correlación lo más próxima a 1 que sea posible con uno de los factores y correlaciones próximas a 0 con el resto de los factores. De esta forma, y dado que hay más variables que factores comunes, cada factor tendrá una correlación alta con un grupo de variables y baja con el resto de las variables. Examinando las características de las variables de un grupo asociado a un determinado factor se pueden encontrar rasgos comunes que permitan identificar el factor y darle una denominación que responda a esos rasgos comunes. Si se consigue identificar claramente estos rasgos, se habrá dado un paso importante, ya que con los factores comunes no sólo se reducirá la dimensionalidad del problema, sino que también se conseguirá desvelar la naturaleza de las interrelaciones existentes entre las variables originales.

Existen dos formas básicas de realizar la rotación de factores: rotación ortogonal y rotación oblicua. En la **rotación ortogonal**, los ejes se rotan de forma que quede preservada la incorrelación entre los factores. Dicho de otra forma, los nuevos ejes, o ejes rotados, son perpendiculares de igual forma que lo son los factores sin rotar. Por esta restricción, a la rotación ortogonal se le denomina también *rotación rígida*. Entre los diversos procedimientos de rotación ortogonal el denominado método *Varimax* es el más conocido y aplicado. Los ejes de los factores del método *Varimax* se obtienen maximizando la suma de varianzas de las cargas factoriales al cuadrado dentro de cada factor. Existen otros métodos de rotación ortogonal de los factores menos utilizados, como son el método *Equamax* y el método *Quartimax*.

En la **rotación oblicua** los ejes no son ortogonales y los factores ya no estarán incorrelacionados, con lo que se pierde una propiedad que en principio es deseable que cumplan los factores. Sin embargo, en ocasiones puede compensarse esta pérdida, si, a cambio, se consigue una asociación más nítida de cada una de las variables con el factor correspondiente. El método de rotación oblicua más conocido es el denominado *Oblimin*, existiendo otros menos utilizados como el *Oblimax, Promax, Quartimin*, *Biquartimin* y *Covarimin*, algoritmos que permiten controlar el grado de no ortogonalidad. Conviene advertir que tanto en la rotación ortogonal, como en la rotación oblicua la comunalidad de cada variable no se ve modificada.

La obtención de la matriz factorial es en general el primer paso de la factorización. El siguiente paso es la rotación de los factores a fin de obtener unos nuevos factores que tengan mayor interpretabilidad. Los diferentes criterios de rotación se rigen por el **postulado de parsimonia**, mediante el cual se elegirá el número mínimo de factores comunes compatible con las variables, y entre las diferentes clases de factores, se elegirán aquellos cuya estructura goce de mayor simplicidad.

4.15 ROTACIONES ORTOGONALES

En la rotación ortogonal se plantea el problema siguiente: dada la matriz factorial L, hallar una matriz ortogonal de transformación T, de modo que la matriz B=LT sea la matriz factorial de unos nuevos factores ortogonales, verificando ciertas condiciones analíticas de estructura simple definidas por los distintos métodos de rotación.

4.15.1 Método Varimax

El método *Varimax* obtiene los ejes de los factores maximizando la suma de varianzas de las cargas factoriales al cuadrado dentro de cada factor. Suele definirse la *simplicidad* de un factor por la varianza de los cuadrados de sus cargas factoriales en las variables observables. La simplicidad S_i^2 del factor F_i será entonces:

$$S_i^2 = \frac{1}{p} \sum_{j=1}^{p} (l_{ji}^2)^2 - \left(\frac{1}{p} \sum_{j=1}^{p} l_{ji}^2 \right)^2$$

El método de rotación Varimax pretende hallar B=LT de modo que la suma de las simplicidades de todos los factores sea máxima, lo que implica la maximización de:

$$S^2 = \sum_{i=1}^{k} S_i^2 = \sum_{i=1}^{k} \left[\frac{1}{p} \sum_{j=1}^{p} (l_{ji}^2)^2 - \left(\frac{1}{p} \sum_{j=1}^{p} l_{ji}^2 \right)^2 \right]$$

El problema que plantea la expresión anterior es que las variables con mayores comunalidades tienen una mayor influencia en la solución final. Para solventar este problema se efectúa la normalización de Kaiser, en la que cada carga factorial al cuadrado se divide por la comunalidad de la variable correspondiente (método *Varimax normalizado*). La función a maximizar será ahora:

$$SN^2 = \sum_{i=1}^{k} \left[\frac{1}{p} \sum_{j=1}^{p} \left(\frac{l_{ji}^2}{h_j^2} \right)^2 - \left(\frac{1}{p} \sum_{j=1}^{p} \frac{l_{ji}^2}{h_j^2} \right)^2 \right]$$

En su forma definitiva, el **método Varimax** halla la matriz B maximizando:

$$W = p^2 SN^2 = p \sum_{i=1}^{k} \sum_{j=1}^{p} \left(\frac{l_{ji}^2}{h_j^2} \right)^2 - \sum_{i=1}^{n} \left(\sum_{j=1}^{p} \frac{l_{ji}^2}{h_j^2} \right)^2$$

Para realizar la maximización se halla la matriz $T = \begin{pmatrix} Cos(\varphi) & Sen(\varphi) \\ -Sen(\varphi) & Cos(\varphi) \end{pmatrix}$

que efectúa la rotación de dos factores de forma que su suma de simplicidades sea máxima. Repitiendo esto para los p(p-1)/2 pares posibles de factores, se tiene:

$$B=LT_{11}T_{12}T_{13}...T_{m-1,m}$$

Cuando la rotación es de más de dos factores se realiza un procedimiento iterativo. El primer y segundo factor se giran según el ángulo φ determinado por el procedimiento anterior. El nuevo primer factor se gira con el tercer factor, y se sigue así hasta que todos los k(k−1)/2 pares de factores hayan sido girados. Esta sucesión de rotaciones se llama ciclo. Se repiten los ciclos hasta completar uno en que todos los ángulos de giro sean menores que un cierto valor prefijado.

Una propiedad importante del método *Varimax* es que, después de aplicado, queda inalterada, tanto la varianza total explicada por los factores, como la comunalidad de cada una de las variables. La nueva matriz corresponde también a factores ortogonales y tiende a simplificar la matriz factorial por columnas, siendo muy adecuada cuando el número de factores es pequeño.

4.15.2 Método Quartimax

Cuando se realizan rotaciones de los factores se maximizan unas cargas factoriales a costa de minimizar otras. En el caso de la rotación *Quartimax* se hace máxima la suma de las cuartas potencias de todas las cargas factoriales, esto es:

$$Q = \sum_{j=1}^{p} \sum_{i=1}^{k} \left(l_{ji}^2 \right)^2 = \sum_{j=1}^{p} \sum_{i=1}^{k} l_{ji}^4 \quad \text{debe ser máximo}$$

Si T es la matriz ortogonal de la transformación y B=LT, las comunalidades $\sum_{i=1}^{k} b_{ji}^2 = \sum_{i=1}^{k} l_{ji}^2 = h_j^2$ permanecen invariantes, con lo que también permanecerá

constante su cuadrado $\left(\sum_{i=1}^{k} b_{ji}^2\right)^2 = \sum_{i=1}^{k} b_{ji}^4 + 2\sum_{i<r}^{k} b_{ji}^2 b_{jr}^2$. Sumando las p variables se

tiene:

$$\sum_{j=1}^{p}\sum_{i=1}^{k} b_{ji}^4 + 2\sum_{j=1}^{p}\sum_{i<r}^{k} b_{ji}^2 b_{jr}^2 = \text{constante}$$

En esta expresión, el término de la izquierda es Q, y su maximización

implica la minimización del término de la derecha $N = \sum_{j=1}^{p}\sum_{i<r}^{k} b_{ji}^2 b_{jr}^2$, lo que da una

estructura más simple a la matriz B.

También puede considerarse la varianza de los cuadrados de todas las cargas factoriales de la matriz, obteniéndose la expresión:

$$M = \frac{1}{kp}\sum_{j=1}^{p}\sum_{i=1}^{k} b_{ji}^4 - (\bar{b}^2)^2 \qquad \bar{b}^2 = \frac{1}{kp}\sum_{j=1}^{p}\sum_{i=1}^{k} b_{ji}^2$$

La maximización de M también es un buen criterio de estructura simple.

Otro camino distinto consiste en hallar la matriz factorial B de modo que la curtosis de los cuadrados de sus cargas factoriales sea máxima. Tendremos que:

$$K = \frac{\displaystyle\sum_{j=1}^{p}\sum_{i=1}^{k} b_{ji}^4}{\left(\displaystyle\sum_{j=1}^{p}\sum_{i=1}^{k} b_{ji}^2\right)^2} \quad \text{debe ser máximo}$$

En resumen, hemos planteado cuatro criterios analíticos de estructura simple (Q máximo, N mínimo, K máximo y M máximo) todos ellos equivalentes. La obtención de B que verifique uno cualquiera de los criterios anteriores se consigue maximizando Q. Para obtener la matriz B que maximiza Q se sigue un proceso análogo al de la rotación *Varimax*.

La nueva matriz corresponde también a factores ortogonales y tiende a simplificar la matriz factorial por filas, siendo muy adecuada cuando el número de factores es elevado.

4.15.3 Métodos Ortomax: Ortomax general, Biquartimax y Equamax

Realmente sólo existen dos métodos distintos para conseguir rotaciones ortogonales que se aproximen a la estructura simple, que son el método *Varimax* y el método *Quartimax*.

El ***método Ortomax general*** considera una solución intermedia a los métodos *Varimax* y *Quartimax*, maximizando la función:

$$B=\alpha Q+\beta W$$

siendo α, β parámetros a elegir.

Poniendo $v=\beta/(\alpha+\beta)$, y después de algunas transformaciones, el llamado *método Ortomax en su forma general* consiste en maximizar:

$$\sum_{r=1}^{k}\left(\sum_{j=1}^{p}b_{jr}^{4}-\frac{v}{p}\left(\sum_{j=1}^{p}b_{jr}^{2}\right)^{2}\right)$$

Si $v=0$ el *método Ortomax general* equivale al método *Quartimax*, y si $v=1$ equivale al método *Varimax*. Si $v=1/2$ tenemos el ***método Biquartimax*** o criterio igualmente ponderado. Si $v=k/2$ tenemos el ***método Equamax***

4.16 ROTACIONES OBLICUAS

Dado el modelo factorial L (de factores ortogonales), nos proponemos hallar una matriz T, de modo que P=LT verifique unos criterios de estructura simple. No imponemos ahora restricción a la matriz T, es decir, T puede ser no ortogonal. Esto significa que la matriz P corresponderá a unos factores oblicuos y contendrá las cargas factoriales de las variables en los factores oblicuos. No obstante, existe una matriz V de estructura factorial oblicua tal que V=PD=LΛ siendo D diagonal y Λ coincidente con T normalizada por filas, con lo que las columnas de V son las mismas que las de P multiplicadas por una constante. Por lo tanto, la optimización de P implica la de V y viceversa.

Existen varios métodos para alcanzar una estructura simple oblicua, unos sobre la matriz V y otros sobre la matriz P.

4.16.1 Método Oblimax y método Quartimin

En el *método Oblimax* se halla Λ ·de modo que los coeficientes de $V = L\Lambda$ verifiquen que:

$$K = \frac{\displaystyle\sum_{j=1}^{p}\sum_{i=1}^{k} v_{ji}^{4}}{\left(\displaystyle\sum_{j=1}^{p}\sum_{i=1}^{k} v_{ji}^{2}\right)^{2}} \quad \text{sea máximo}$$

Para obtener Λ se empieza rotando un par de factores mediante una matriz cualquiera que maximice K para este par. Esto se repite para todos los pares completando un ciclo, ciclos que también se repiten hasta que K alcance el máximo.

En el *método Quartimin* se minimiza:

$$N = \sum_{j=1}^{p}\sum_{i<r}^{k} v_{ji}^{2} v_{jr}^{2}$$

El proceso numérico para hallar Λ exige una larga iteración, en la que cada paso es la obtención de los vectores propios de una matriz simétrica.

4.16.2 Métodos Oblimin: Covarimin, Oblimin general y Biquartimin

Se trata de la adaptación de la rotación *Varimax* al caso oblicuo. Un primer método es el *método Covarimin* que consiste en minimizar las covarianzas de los cuadrados de los coeficientes de V. Es decir, se trata de minimizar la expresión:

$$C = \sum_{r<s=1}^{k}\left(p\sum_{j=1}^{p} v_{jr}^{2} v_{js}^{2} - \sum_{j=1}^{p} v_{jr}^{2} \sum_{j=1}^{p} v_{js}^{2} \right)$$

Se demuestra que en el caso ortogonal equivale al método *Varimax*. El inconveniente de este método es que proporciona factores casi ortogonales, en contraste con los factores muy oblicuos que proporciona el método *Quartimin*.

El *método Oblimin general* considera una solución intermedia a los métodos *Covarimin* y *Quartimin*, minimizando la función:

$$B = \alpha N + \beta C / n$$

siendo α, β parámetros a elegir.

Poniendo $v=\beta/(\alpha+\beta)$, y después de algunas transformaciones, el llamado *método Oblimin en su forma general* consiste en minimizar:

$$B = \sum_{r<s=1}^{k}\left(p\sum_{j=1}^{p}v_{jr}^{2}v_{js}^{2} - v\sum_{j=1}^{p}v_{jr}^{2}\sum_{j=1}^{p}v_{js}^{2} \right)$$

El grado de oblicuidad de los factores depende del parámetro $0\le v\le 1$. Si $v=0$ equivale al método *Quartimin* (máxima oblicuidad), y si $v=1$ equivale al método *Covarimin* (mínima oblicuidad). Si $v=1/2$ tenemos el **método Biquartimin**.

4.16.3 Método Oblimin directo: Rotación Promax

El **método Oblimin directo** consiste en hallar P de modo que sea mínimo:

$$f(P) = \sum_{r<s=1}^{k}\left(\sum_{j=1}^{p}p_{jr}^{2}p_{js}^{2} - \frac{\delta}{p}\sum_{j=1}^{p}p_{jr}^{2}\sum_{j=1}^{p}p_{js}^{2} \right)$$

siendo δ un parámetro que determina el grado de oblicuidad de los factores.

El **método de Rotación Promax** es un método directo calculable sin necesidad de procesos iterativos, resultando más simple que el resto de los métodos de rotación oblicua. Este método se aplica directamente a la matriz factorial ortogonal rotada según el criterio *Varimax*.

Sea A la matriz factorial ortogonal rotada según el método *Varimax*. Se construye la matriz $P=(P_{ij})$ siendo:

$$P_{ij} = \frac{\left|a_{ij}^{r+1}\right|}{a_{ij}} \quad r>1$$

Cada elemento de P es la potencia r-ésima del respectivo elemento de A conservando el signo. Una carga factorial a_{ij} grande elevada a la potencia r quedará mucho más destacada que una saturación pequeña. A continuación, se calcula L tal que AL coincida con P en el sentido de los mínimos cuadrados, siendo la solución:

$$L=(A'A)^{-1} A'P$$

La matriz L debe ser normalizada de modo que $T=(L')^{-1}$ tenga sus factores columna de módulo unidad. Entonces P=AL es el modelo factorial oblicuo y el grado de oblicuidad de los factores obtenidos aumenta con el valor entero r, que juega un papel parecido a v en los métodos *Oblimin*.

4.17 PUNTUACIONES O MEDICIÓN DE LOS FACTORES

El análisis factorial es en muchas ocasiones un paso previo a otros análisis, en los que se sustituye el conjunto de variables originales por los factores obtenidos. Por ejemplo, en el caso de estimación de modelos afectados de multicolinealidad. Por ello, es necesario conocer los valores que toman los factores en cada observación. Sin embargo, es importante hacer constar que, salvo el caso de que se haya aplicado el análisis de componentes principales para la extracción de factores, no se obtienen unas puntuaciones exactas para los factores. En su lugar, es preciso realizar estimaciones para obtenerlas. Estas estimaciones se pueden realizar por distintos métodos. Los procedimientos más conocidos, y que aparecen implementados en los paquetes de software son los de *mínimos cuadrados, regresión, Anderson-Rubin y Barlett.*

En el método de regresión las puntuaciones de los factores obtenidas pueden estar correlacionadas, aun cuando se asume que los factores son ortogonales. Tampoco la varianza de las puntuaciones de cada factor es igual a 1. Con el método de Anderson-Rubin se obtienen puntuaciones de factores que están incorrelacionadas y que tienen varianza 1. Finalmente, en el método de Barlett se aplica el método de máxima verosimilitud, haciendo el supuesto de que los factores tienen una distribución normal con media y matriz de covarianzas dadas.

Sea nuestro modelo factorial $X=LF+e$, y sea $x=(x_1,...,x_p)$ un valor concreto de la variable medida sobre un cierto individuo de la población p-dimensinal. Se trata ahora de medir el valor correspondiente de $f=(f_1,...,f_k)$ relativo a los k factores comunes.

4.17.1 Medición de componentes principales

En el caso de las componentes principales el número de factores comunes coincide con el de variables. El modelo factorial será $X=LF$ y se pueden expresar los factores directamente como combinación lineal de las variables poniendo $F=L^{-1}X$.

Si los factores son las componentes principales, la solución es todavía más directa, ya que premultiplicando por L' en el modelo factorial se tiene $L'X=L'LF$, de donde $F=(L'L)^{-1}L'X$. Además, los vectores columna de L son vectores propios ortogonales de la matriz de correlaciones R, siendo los cuadrados de sus módulos los valores propios correspondientes. Luego $L'L=D_\lambda$ es una matriz diagonal que contiene los valores propios, y $F=(D_\lambda)^{-1}L'X$, pudiéndose expresar cada componente principal según la combinación lineal:

$$F_j = \sum_{i=1}^{p} \frac{l_{ij}}{\lambda_j} X_i \quad j=1...k$$

4.17.2 Medición de los factores mediante estimación por mínimos cuadrados

Cuando el número de factores comunes es inferior a p, no es posible expresarlos directamente en función de las variables, es decir, no es posible expresar $f=(f_1,...,f_k)$ en función de $x=(x_1,...,x_p)$.

Si interpretamos $x=Lf+e$ como un modelo lineal donde x y L son conocidos, f son los parámetros desconocidos y e son los errores del modelo, podemos estimar f tal que sea mínimo:

$$\sum_{i=1}^{p}(x_i - l_{i1}f_1 - \cdots l_{ik}f_k)^2$$

La estimación de f es: $\hat{f} = (L'L)^{-1} L'x$

4.17.3 Medición de los factores mediante estimación por regresión

Consideramos la regresión múltiple del factor F_i sobre las variables $X_1,...,X_p$

$$\hat{F}_i = \hat{\beta}_1 X_1 + \cdots \hat{\beta}_p X_p = \hat{\beta}_i X$$

F_i verifica que $E[(F_i - \hat{F}_i)^2]$ es mínimo, y los coeficientes $\hat{\beta}$ se obtienen de la relación $\hat{\beta}_i = R^{-1}\delta$ siendo δ_i el vector columna con las correlaciones entre el factor F_i y las variables X. Estimando F_i mediante $\hat{F}_i$ tendremos:

$$\hat{F}_i = \delta_i' R^{-1} X$$

y considerando los m factores comunes tendremos:

$$\hat{f} = S R^{-1} x$$

siendo S=LT (las columnas de T contienen las cargas factoriales de los factores oblicuos respecto a los ortogonales) la matriz de la estructura factorial. En el caso de factores ortogonales S=L y tenemos:

$$\hat{f} = L' R^{-1} x$$

4.17.4 Medición de los factores mediante el método de Bartlett

Bartlett considera que las variables en el modelo factorial son combinación lineal de los factores comunes, mientras que los factores únicos deben ser entendidos como desviaciones de esta combinación lineal, por lo que deben ser minimizadas.

Dados x y f, los valores de los factores únicos son:

$$u_i = (x_i - \sum_{j=1}^{k} l_{ij} f_j)/d_i \quad i=1,...,p$$

Consideramos entonces la función $G = u_1^2 + ... + u_p^2$ y, según Bartlett, hallamos f de modo que G sea mínimo. Se tiene:

$$\frac{\partial G}{\partial f_r} = 2 \sum_{i=1}^{p} (x_i - \sum_{j=1}^{k} l_{ij} f_j) \frac{(-l_{ir})}{d_i^2} = 0 \quad r=1...k$$

de donde:

$$\sum_{i=1}^{p} x_i \frac{l_{ir}}{d_i^2} = \sum_{i=1}^{p} \frac{l_{ir}}{d_i^2} \sum_{j=1}^{k} l_{ij} f_j = 0$$

y en notación matricial: $L'D^{-2} x = L'D^{-2} L f$, realizándose la estimación de los factores mediante:

$$\hat{f} = (L'D^{-2} L)^{-1} L'D^{-2} x$$

4.17.5 Medición de los factores mediante el método de Anderson y Rubin

Se trata de una modificación del método de Bartlett consistente en minimizar la función $G = u_1^2 + ... + u_p^2$ condicionada a que los factores estimados sean ortogonales, es decir, $E(\bar{F}_i . F_i) = 0$ $i \neq j$. La solución obtenida por Anderson y Rubin es:

$$\hat{f} = B^{-1} L'D^{-2} x \ \lfloor B^2 = L'D^{-2} R D^{-2} A$$

4.18 ANÁLISIS FACTORIAL EXPLORATORIO Y CONFIRMATORIO

Una tarea fundamental en cualquier ciencia experimental es la exploración, descripción, clasificación y análisis de los objetos y fenómenos naturales. Técnicas como el análisis de componentes principales, el análisis de correspondencias, el análisis de proximidades, la taxonomía numérica, etc., son una buena herramienta para alcanzar este objetivo.

El análisis factorial nos ha permitido analizar la dimensionalidad latente en un conjunto de n variables observables, expresada a través de unos factores comunes. Hemos dedicado este Capítulo a determinar el número de factores y su influencia en las variables, siguiendo unos criterios de estructura simple, tomando como información principal la matriz de correlaciones y sin utilizar ningún otro tipo de información. Esta es la forma de análisis que ha predominado hasta los años sesenta, bajo la influencia de Thurstone y que se conoce con el nombre de *Análisis factorial exploratorio*, análisis que ha cumplido y sigue cumpliendo una meritoria labor en Psicología y otras ciencias.

La experiencia demuestra, no obstante, que la utilización a ciegas del análisis factorial exploratorio no siempre proporciona factores fácilmente interpretables. El análisis factorial realizado con un conocimiento previo de las características de los factores suele dar mejores resultados. Más que de una exploración se trata ahora de confirmar unos factores más o menos conocidos, por razones de tradición científica, porque han sido hallados en otros análisis similares, etc. Esta es, en líneas generales, la filosofía del *Análisis factorial confirmatorio*.

La utilización de un método en sentido confirmatorio obliga a comprobar si las variables se ajustan a un cierto modelo o hipótesis preexistente, de forma parcial o absoluta. Normalmente se utiliza cuando una rama del conocimiento científico ha llegado a un estado de mayor sofisticación y desarrollo, interesando construir nuevas experiencias controladas, generalizar teorías, encontrar aplicaciones, etc.

El análisis factorial puede ser correctamente utilizado en sentido confirmatorio por la especial flexibilidad del modelo factorial. Esta propiedad no la tienen, en general, otros métodos multivariantes (análisis de correspondencias, análisis canónico, etc.), en los que se trata de reducir la dimensión de los datos con pérdida mínima de información.

El *Análisis factorial confirmatorio* normalmente trabaja sobre factores oblicuos. Dada una matriz de correlaciones, en análisis factorial confirmatorio se parte de una supuesta estructura factorial responsable de las relaciones entre las variables. El caso más simple consiste en establecer una hipótesis sobre el número de factores comunes. En general, el tipo de hipótesis hace referencia a la naturaleza de los factores (ortogonales, oblicuos, mixtos), al número de factores comunes, o a las cargas factoriales fijas y libres del modelo factorial.

Generalmente se realiza la estimación del supuesto modelo factorial confirmatorio sujeto a determinadas restricciones mediante el método de máxima verosimilitud y posteriormente se confirman las restricciones mediante un adecuado contraste de hipótesis generalmente basado en la razón de verosimilitudes. El método de máxima verosimilitud estudiado en este Capítulo para la estimación del modelo factorial y los contrastes del modelo están incluidos en las técnicas de análisis factorial confirmatorio.

4.19 ESQUEMA GENERAL DEL ANÁLISIS FACTORIAL

A continuación, se presenta un esquema con las distintas etapas de trabajo en un análisis factorial. El esquema se puede interpretar como un diagrama de flujo que esquematiza y ordena las diferentes tareas a llevar a cabo en el análisis factorial habitualmente.

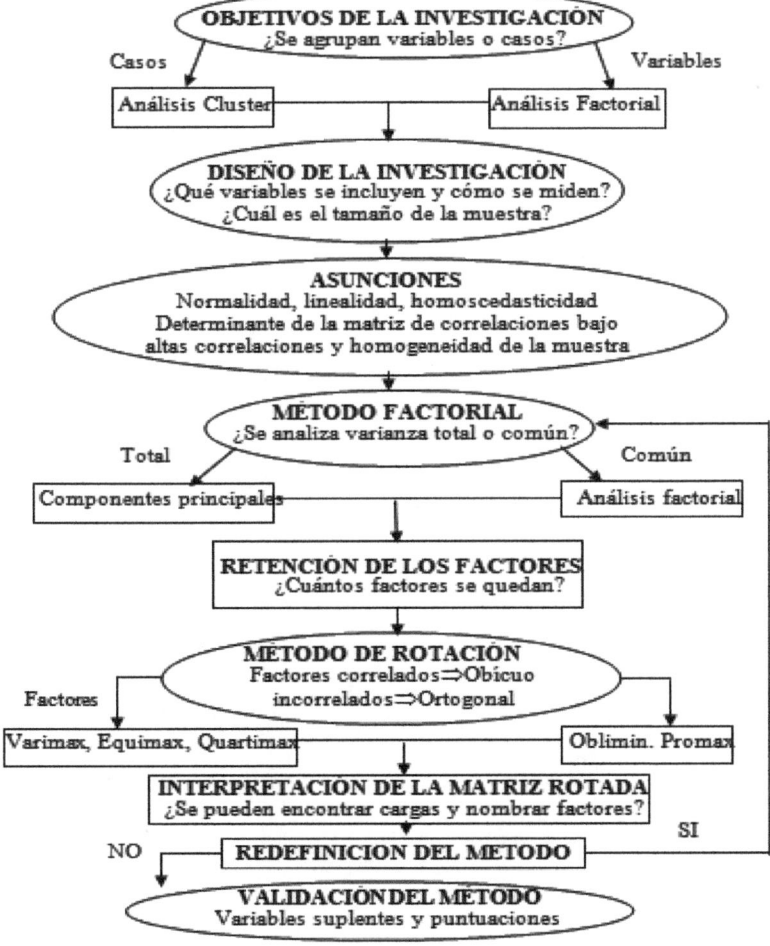

## Capítulo 5

ANÁLISIS FACTORIAL A TRAVÉS DE R

5.1 ANÁLISIS FACTORIAL A TRAVÉS DE R COMANDER

El análisis factorial se realiza fácilmente a través de los menús de R Commander (librería *Rcmdr* de R). Se comienza importando el archivo de datos (Figura 5-1). En este caso se trata del mismo archivo utilizado ya en el caso de las componentes principales con variables económicas y de población de los barrios de Madrid de nombre *zonasmad.sav*. Se recuerda que las variables son población total (*pt*), población menor de 14 (*p14*), población mayor de 10 años (*p10*), jubilados (*p65*), analfabetos (*anal*), nivel de educación superior (*nes*), ocupados (*ocu*), ocupados en la industria (*ocuin*), ocupador en servicios (*ocuser*), técnicos (*tec*), personal directivo (*pd*) y trabajadores manuales (*tm*). Estas variables, inicialmente correladas, hay que reducirlas a un grupo menor de variables incorreladas mediante componentes principales. La Figura 5-2 muestra el fichero importado

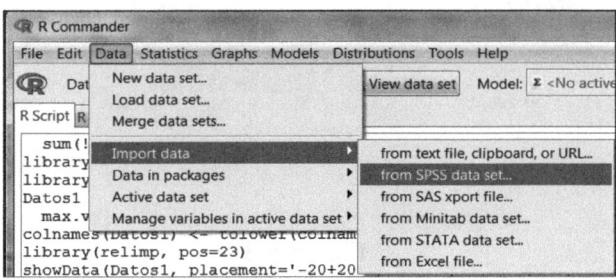

Figura 5-1

		b	pt	p14	p65	p10	anal	nes	ocu	ocuin	ocuser	tec	pd	tm
1	Centro	166.5	23.3	38.1	152.8	4.2	21.4	54.1	7.6	41.7	8.8	0.8	10.3
2	Arganzuela	121.1	23.5	18.4	106.1	2.0	16.5	69.4	7.6	28.6	7.2	0.6	8.4
3	Retiro	126.0	27.2	16.8	109.2	1.2	28.1	39.9	6.3	30.1	10.4	1.9	4.7
4	Salamanca	180.0	30.5	33.4	162.1	1.0	45.3	57.5	7.6	45.1	16.1	2.6	5.4
5	Chamartín	180.0	30.5	16.1	130.3	1.3	39.3	48.1	7.2	35.8	14.5	2.8	4.8
6	Tetuán	164.2	31.3	23.5	145.1	4.2	24.2	52.3	9.6	37.9	9.6	1.1	12.2
7	Chamberi	182.7	29.4	35.0	165.4	1.8	47.2	59.4	7.5	46.4	17.1	2.4	6.1
8	Fuencarral	176.2	51.3	15.6	142.2	3.6	21.6	95.6	10.3	38.7	11.1	1.6	14.3
9	Moncloa	108.4	23.4	13.4	94.2	1.5	32.5	34.6	5.3	26.0	8.7	1.4	5.5
10	Latina	289.5	79.5	23.1	239.7	6.0	22.7	86.6	17.7	59.8	10.4	1.3	26.4
11	Carabanchel	255.9	60.5	24.1	218.3	7.3	16.6	77.4	19.4	50.1	7.5	1.0	28.2
12	Villaverde	195.0	48.5	16.1	166.1	8.3	9.0	56.6	19.3	30.7	3.7	0.5	26.3
13	Mediodía	171.7	49.3	11.1	139.9	9.8	5.5	48.5	13.3	28.1	2.9	0.3	22.9
14	Vallecas	186.2	42.2	20.3	159.8	10.3	7.2	53.7	13.6	32.5	3.1	0.3	23.8
15	Moratalaz	145.9	40.8	10.9	121.4	3.9	10.1	73.7	16.5	49.0	11.6	2.1	19.7
16	Ciudad Lineal	135.1	55.3	21.9	201.5	4.3	28.2	73.7	16.5	49.0	11.6	2.1	19.7
17	San Blas	137.7	32.1	10.3	118.5	6.0	6.3	41.4	12.2	24.1	2.9	0.2	18.2
18	Hortaleza	167.9	51.4	10.1	132.6	4.0	15.5	51.6	12.3	33.7	7.9	1.4	15.8

Figura 5-2

Para realizar el análisis factorial utilizamos la subopción *Factor analysis* de la opción *Dimensional analysis* del menú *Statistics* (Figura 5-3). En la pantalla *Data* (Figura 5-4) se seleccionan las variables a reducir (en nuestro caso todas) y en la pantalla *Options* (Figura 5-5) se elige el método de rotación y el método para el cálculo de las puntuaciones de los factores. Cuando nos pregunten por el número de factores (Figura 5-6) utilizamos 3 (los datos son los mismos que en el caso anterior de componentes principales).

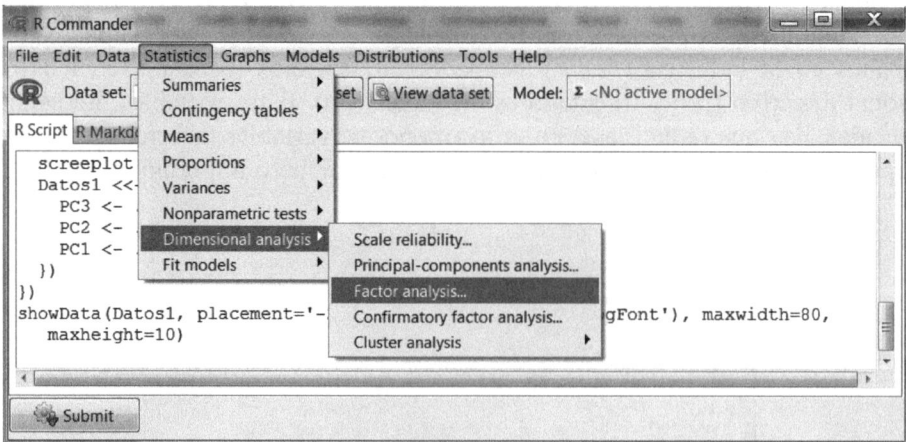

Figura 5-3

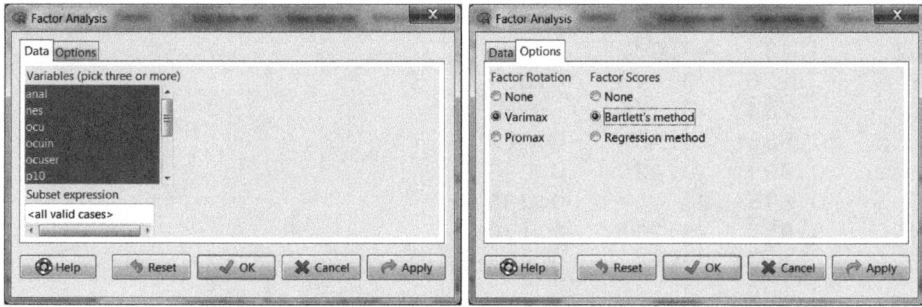

Figura 5-4   Figura 5-5

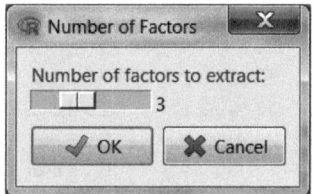

Figura 5-6

Al pulsar OK se obtiene la salida siguiente:

```
Rcmdr>  local({
Rcmdr+    .FA <-
factanal(~anal+nes+ocu+ocuin+ocuser+p10+p14+p65+pd+pt+tec+tm,
Rcmdr+    factors=3, rotation="varimax", scores="Bartlett",
data=Datos1)
Rcmdr+    print(.FA)|
Rcmdr+    Datos1 <<- within(Datos1, {
Rcmdr+        F3 <- .FA$scores[,3]
Rcmdr+        F2 <- .FA$scores[,2]
Rcmdr+        F1 <- .FA$scores[,1]
Rcmdr+    })
Rcmdr+ })

Call:
factanal(x = ~anal + nes + ocu + ocuin + ocuser + p10 + p14 +
p65 + pd + pt + tec + tm, factors = 3, data = Datos1, scores
= "Bartlett",     rotation = "varimax")

Uniquenesses:
  anal    nes    ocu  ocuin ocuser    p10    p14    p65     pd     pt    tec
 0.116  0.115  0.482  0.043  0.084  0.086  0.194  0.108  0.050  0.316  0.005
    tm
 0.005

Loadings:
```

```
        Factor1  Factor2  Factor3
anal     0.433   -0.832
nes     -0.126    0.843    0.397
ocu      0.704    0.146
ocuin    0.836   -0.430   -0.269
ocuser   0.809    0.420    0.293
p10      0.875             0.380
p14      0.855   -0.216   -0.170
p65      0.150    0.287    0.887
pd       0.104    0.968
pt       0.764   -0.112    0.295
tec      0.105    0.966    0.227
tm       0.734   -0.647   -0.199
```

```
                 Factor1  Factor2  Factor3
SS loadings        4.717    4.219    1.462
Proportion Var     0.393    0.352    0.122
Cumulative Var     0.393    0.745    0.866
```

```
Test of the hypothesis that 3 factors are sufficient.
The chi square statistic is 68.58 on 33 degrees of freedom.
The p-value is 0.000271
RcmdrMsg: [7] NOTE: The dataset Datos1 has 18 rows and 19
columns.
```

En la salida se observa la matriz factorial (*Loadongs*), los valores propios asociados a cada factor (*SS loadings*), la proporción de varianza explicada por cada factor (*Proportion Var*) y la proporción acumulada (*Cumulative Var*) que indica que entre los tres factores explican el 86,6% de la variabilidad de los datos). La reducción es bastante buena.

La matriz factorial nos indica que el primer factor incluye las variables *anal, ocu, ocoin, ocuser, p10, p14, pt* y *tm*, es decir, se trata de un factor de *población y ocupación*. El segundo factor incluye las variables *anal, nes, pd* y *tec*, que podría definirse como un factor de *formación*. El tercer factor incluye solamente la variable *p65* y podría definirse como *jubilados*. Vemos aquí la importancia de a economía de la tercera edad.

Las puntuaciones de los factores se sitúan como variables adicionales en la parte derecha del conjunto de datos (F1, F2, …).

Podríamos hacer un gráfico de dispersión del primer factor contra el segundo para realizar una segmentación de los barrios de Madrid por nivel de desarrollo, pero esa labor la realizaremos en el siguiente apartado.

5.2 ANÁLISIS FACTORIAL A TRAVÉS DE COMANDOS

El comando *factanal* permite realizar análisis factorial mediante la siguiente sintaxis sencilla:

> *factanal(~v1+v2+…+vn, factors=n, rotation=METHOD, scores=METHOD,*
> *data=dataset)*

Las variables *v1, v2, ..., vn* son las variables a reducir, *factors =n* indica el número de factores a considerar, *rotation=METHOD* permite elegir el método de rotación (*varimax* o *promax*), *scores=METHOD* permite calcular las puntuaciones de los factores a través el método especificado (*Bartlett* o *regression*) y *data= Conjunto de datos* permite declarar el conjunto de datos que contiene las variables.

Vamos a realizar ahora el análisis factorial del apartado anterior vía comandos.

Comenzamos importando el archivo *zonasmad.sav* y liberando sus variables.

```
> library(haven)
> zonasmad <- read_sav("E:/DATOS/zonasmad.sav")
> View(zonasmad)
> attach(zonasmad)
```

Para nuestro ejemplo anterior la sintaxis vía comandos sería la siguiente:

```
> factorial1=factanal(~anal+nes+ocu+ocuin+ocuser+p10+p14+p65+
pd+pt+tec+tm, factors=3, rotation="varimax",
scores="Bartlett", data=zonasmad)
>
> summary(factorial1)
             Length Class       Mode
converged        1   -none-     logical
loadings        36   loadings   numeric
uniquenesses    12   -none-     numeric
correlation    144   -none-     numeric
criteria         3   -none-     numeric
factors          1   -none-     numeric
dof              1   -none-     numeric
method           1   -none-     character
rotmat           9   -none-     numeric
scores          54   -none-     numeric
STATISTIC        1   -none-     numeric
PVAL             1   -none-     numeric
n.obs            1   -none-     numeric
call             6   -none-     call
```

```
> factorial1

Call:
factanal(x = ~anal + nes + ocu + ocuin + ocuser + p10 + p14 +
p65 + pd + pt + tec + tm, factors = 3, data = Datos1, scores
= "Bartlett",        rotation = "varimax")

Uniquenesses:
  anal    nes    ocu  ocuin ocuser    p10    p14    p65     pd     pt    tec
 0.116  0.115  0.482  0.043  0.084  0.086  0.194  0.108  0.050  0.316  0.005
    tm
 0.005

Loadings:
        Factor1 Factor2 Factor3
anal      0.433  -0.832
nes      -0.126   0.843   0.397
ocu       0.704   0.146
ocuin     0.836  -0.430  -0.269
ocuser    0.809   0.420   0.293
p10       0.875           0.380
p14       0.855  -0.216  -0.170
p65       0.150   0.287   0.887
pd        0.104   0.968
pt        0.764  -0.112   0.295
tec       0.105   0.966   0.227
tm        0.734  -0.647  -0.199

                Factor1 Factor2 Factor3
SS loadings       4.717   4.219   1.462
Proportion Var    0.393   0.352   0.122
Cumulative Var    0.393   0.745   0.866

Test of the hypothesis that 3 factors are sufficient.
The chi square statistic is 68.58 on 33 degrees of freedom.
The p-value is 0.000271
```

En la salida vemos la matriz factorial (*Loadings*), que nos permite identificar y nombrar los factores, los valores propios, la proporción de varianza explicada por cada factor (*Proportion Var*) y la proprción acumulada (*Cumulative Var*).

La matriz factorial nos indica que el primer factor incluye las variables *anal, ocu, ocoin, ocuser, p10, p14, pt* y *tm*, es decir, se trata de un factor de *población y ocupación*. El segundo factor incluye las variables *anal, nes, pd* y *tec*, que podría definirse como un factor de *formación*. El tercer factor incluye solamente la variable *p65* y podría definirse como *jubilados*.

Para ver las puntuaciones de los factores utilizamos la siguiente sintaxis:

```
> factorial1$scores
          Factor1        Factor2        Factor3
1   -0.64901110  -0.572629411    2.3761608
2   -1.35617486  -0.395564730    0.2297504
3   -1.27445248   0.570143759   -0.3846389
4   -0.04457714   1.422842853    1.1347120
5   -0.51867804   1.535470459   -0.7084447
6   -0.35147699  -0.043352970    0.6582699
7    0.17115237   1.510830912    1.3970493
8    0.15999141   0.545089200   -0.5784566
9   -1.56067686   0.185911954   -0.4408794
10   2.02694800  -0.067270211    0.7246813
11   1.68152582  -0.678836218    0.4890759
12   0.59223374  -1.255573209   -0.5537121
13  -0.13747474  -1.395465935   -0.5520414
14   0.09534839  -1.589541366    0.4450031
15   0.95821451   0.932617739   -2.1015699
16   1.19686528   0.570099095   -0.2967166
17  -0.81596236  -1.279682860   -0.6664218
18  -0.17379492   0.004910936   -1.1718213
```

Podemos definir las puntuaciones para los tres primeros factores como variables mediante la sintaxis siguiente:

```
> F1=factorial1$scores[,1]
> F2=factorial1$scores[,2]
> F3=factorial1$scores[,3]
```

Para realizar un gráfico de dispersión del primer factor contra el segundo con etiquetas en los puntos (Figura 5-7) utilizaremos la siguiente sintaxis:

```
> b
 [1] "Centro          " "Arganzuela      " "Retiro          "
 [4] "Salamanca       " "Chamartín       " "Tetuán          "
 [7] "Chamberi        " "Fuencarral      " "Moncloa         "
[10] "Latina          " "Carabanchel     " "Villaverde      "
[13] "Mediodía        " "Vallecas        " "Moratalaz       "
[16] "Ciudad Lineal   " "San Blas        " "Hortaleza       "

> w=cbind(b)
```

```
> w
        b
 [1,] "Centro                "
 [2,] "Arganzuela            "
 [3,] "Retiro                "
 [4,] "Salamanca             "
 [5,] "Chamartín             "
 [6,] "Tetuán                "
 [7,] "Chamberi              "
 [8,] "Fuencarral            "
 [9,] "Moncloa               "
[10,] "Latina                "
[11,] "Carabanchel           "
[12,] "Villaverde            "
[13,] "Mediodía              "
[14,] "Vallecas              "
[15,] "Moratalaz             "
[16,] "Ciudad Lineal         "
[17,] "San Blas              "
[18,] "Hortaleza             "
```

```
> windows()
> w=cbind(b); plot(F2~F1); text(F2~F1,labels=w )
```

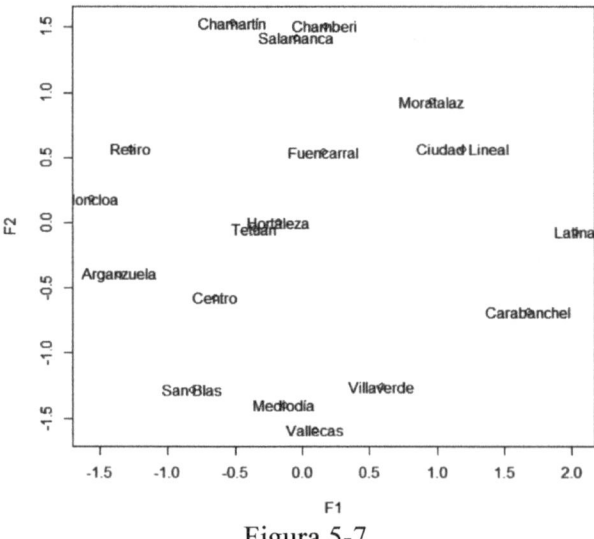

Figura 5-7

Ya tenemos el gráfico de dispersión de las dos primeras componentes. Se observa que Salamanca, Chamberí y Chamartín son los distritos más desarrollados de Madrid. El siguiente segmento, con desarrollo medio, lo forman Moratalaz, Fuencarral y Ciudad Lineal. Otro segmento del mismo estilo lo forman Retiro y

Moncloa y también Hortaleza y Tetuán. Arganzuela y Centro forman otro segmento de desarrollo medio y lo mismo ocurre con Latina y Carabanchel. Finalmente, el segmento de distritos de Madrid menos desarrollados lo forman San Blas, Mediodía, Villaverde y Vallecas. Esta segmentación es más adecuada que la obtenida por componentes principales en el capítulo anterior, ya que aquí hemos realizado rotación de los factores.

Como ejemplo adicional supongamos que queremos utilizar análisis factorial para explorar la relación entre las puntuaciones de distintas evaluaciones de un grupo de estudiantes. Para cada estudiante se registran las puntuaciones de seis trabajos (T1 a T6), dos puntuaciones de exámenes cuatrimestrales (C1 y C2) y la puntuación del examen final (F) en el archivo *estudiantes.xls*.

T1	T2	T3	T4	T5	T6	C1	C2	F
15	18	36	29	44	30	78	87	70
15	16	24	30	41	30	71	73	89
15	14	23	34	28	24	84	72	76
15	20	39	35	50	30	74	79	96
15	20	39	35	46	30	76	77	94
15	20	28	30	49	28	40	44	66
15	15	29	25	36	30	88	69	93
15	20	37	35	50	30	97	95	98
14	16	24	30	44	28	57	78	85
15	17	29	26	38	28	56	78	76
15	17	31	34	40	27	72	67	84
11	16	29	34	31	27	83	68	75
15	18	31	18	40	30	75	43	67
14	14	29	25	49	30	71	93	93
15	18	36	29	44	30	85	64	75

En primer lugar, cargamos el archivo en memoria y exploramos sus variables.

```
> library(readxl)
> ESTUDIANTES <- read_excel("E:/DATOS/ESTUDIANTES.xlsx")
> View(ESTUDIANTES)
> attach(ESTUDIANTES)
```

```
> summary(ESTUDIANTES)
      T1               T2              T3              T4              T5
 Min.   :11.0    Min.   :14.00   Min.   :23.00   Min.   :18.00   Min.   :28.0
 1st Qu.:15.0    1st Qu.:16.00   1st Qu.:28.50   1st Qu.:27.50   1st Qu.:39.0
 Median :15.0    Median :17.00   Median :29.00   Median :30.00   Median :44.0
 Mean   :14.6    Mean   :17.27   Mean   :30.93   Mean   :29.93   Mean   :42.0
 3rd Qu.:15.0    3rd Qu.:19.00   3rd Qu.:36.00   3rd Qu.:34.00   3rd Qu.:47.5
 Max.   :15.0    Max.   :20.00   Max.   :39.00   Max.   :35.00   Max.   :50.0
      T6               C1              C2              F
 Min.   :24.0    Min.   :40.0    Min.   :43.00   Min.   :66.00
 1st Qu.:28.0    1st Qu.:71.0    1st Qu.:67.50   1st Qu.:75.00
 Median :30.0    Median :75.0    Median :73.00   Median :84.00
 Mean   :28.8    Mean   :73.8    Mean   :72.47   Mean   :82.47
 3rd Qu.:30.0    3rd Qu.:83.5    3rd Qu.:78.50   3rd Qu.:93.00
 Max.   :30.0    Max.   :97.0    Max.   :95.00   Max.   :98.00
```

A continuación, reducimos las variables mediante un análisis factorial de tres factores con rotación *orthogonal varimax* y puntuaciones de Bartlett.

```
> FA <- factanal(~C1+C2+F+T1+T2+T3+T4+T5+T6, factors=3,
rotation="varimax", scores="Bartlett",data=ESTUDIANTES)
> FA

factanal(x = ~C1 + C2 + F + T1 + T2 + T3 + T4 + T5 + T6, factors = 3,      data = ES
TUDIANTES, scores = "Bartlett", rotation = "varimax")

Uniquenesses:
   C1    C2     F    T1    T2    T3    T4    T5    T6
0.771 0.365 0.285 0.832 0.005 0.293 0.005 0.353 0.113

Loadings:
   Factor1 Factor2 Factor3
C1          0.477
C2          0.789   0.110
F   0.185   0.819   0.103
T1  0.372          -0.153
T2  0.907  -0.239   0.340
T3  0.804   0.190   0.157
T4          0.326   0.942
T5  0.773   0.216
T6  0.729   0.325  -0.501

                Factor1 Factor2 Factor3
SS loadings       2.772   1.879   1.328
Proportion Var    0.308   0.209   0.148
Cumulative Var    0.308   0.517   0.664

Test of the hypothesis that 3 factors are sufficient.
The chi square statistic is 10.75 on 12 degrees of freedom.
The p-value is 0.551
```

Según el patrón de los factores, que representa la matriz de correlaciones entre las variables originales y los factores, se observa que las variables más correlacionadas con el factor 1 son los trabajos (del 1 al 6, salvo el 4) lo que ya permite detectar como primer factor subyacente un factor que podemos denominar habilidad en los trabajos. En cuanto al segundo factor, se observa que las variables más correlacionadas con él son los exámenes cuatrimestrales y el examen final, lo que permite detectar un segundo factor subyacente que podríamos denominar factor habilidad en los exámenes. El trabajo 4 formaría el tercer factor.

Entre los tres factores explican el 66,4 por ciento de la variabilidad inicial de los datos. Este número de factores es suficiente, ya que el p-valor del contraste de suficiencia es 0,551, mucho mayor que 0,05.

Podría ampliarse el ejercicio utilizando 4 factores para aumentar el porcentaje de variabilidad explicada. Tendríamos lo siguiente:

```
> FA1 <- factanal(~C1+C2+F+T1+T2+T3+T4+T5+T6, factors=4,
rotation="varimax", scores="Bartlett",data=ESTUDIANTES)
> FA1
```

```
factanal(x = ~C1 + C2 + F + T1 + T2 + T3 + T4 + T5 + T6, factors = 4,      data = E
TUDIANTES, scores = "Bartlett", rotation = "varimax")

Uniquenesses:
   C1    C2     F    T1    T2    T3    T4    T5    T6
0.063 0.335 0.305 0.820 0.005 0.181 0.005 0.114 0.142

Loadings:
    Factor1 Factor2 Factor3 Factor4
C1          0.292           0.921
C2          0.794   0.111   0.149
F   0.145   0.797   0.117   0.156
T1  0.386          -0.158
T2  0.912  -0.204   0.347
T3  0.792   0.150   0.163   0.377
T4          0.310   0.945
T5  0.790   0.381          -0.337
T6  0.712   0.324  -0.483   0.114

               Factor1 Factor2 Factor3 Factor4
SS loadings      2.763   1.761   1.330   1.175
Proportion Var   0.307   0.196   0.148   0.131
Cumulative Var   0.307   0.503   0.650   0.781

Test of the hypothesis that 4 factors are sufficient.
The chi square statistic is 2.1 on 6 degrees of freedom.
The p-value is 0.91
```

Ahora, la variabilidad explicada por los 4 primeros factores ha aumentado hasta el 78,1 por ciento, siendo todos los autovalores mayores que la unidad. Además, el p-valor del contraste de suficiencia explicativa ha aumentado.

En cuanto a la interpretación de los factores, vemos que es igual que el caso anterior, salvo que los dos exámenes cuatrimestrales pertenecen a factores distintos. Tenemos un primer factor formado por la habilidad en los trabajos (salvo el trabajo

4), un segundo factor formado por la habilidad en los exámenes (salvo el primer cuatrimestre), un tercer factor formado por la habilidad en el cuarto trabajo y un cuarto factor formado por la habilidad en el examen del primer trimestre.

Podríamos intentar utilizar 5 factores. Tendríamos lo siguiente:

```
> FA2 <- factanal(~C1+C2+F+T1+T2+T3+T4+T5+T6, factors=5,
rotation="varimax", scores="Bartlett",data=ESTUDIANTES)
> FA2

factanal(x = ~C1 + C2 + F + T1 + T2 + T3 + T4 + T5 + T6, factors = 5,      data = ES
TUDIANTES, scores = "Bartlett", rotation = "varimax")

Uniquenesses:
   C1    C2     F    T1    T2    T3    T4    T5    T6
0.254 0.330 0.005 0.779 0.005 0.096 0.005 0.005 0.165

Loadings:
   Factor1 Factor2 Factor3 Factor4 Factor5
C1          0.272           0.817
C2          0.693   0.145   0.224   0.345
F   0.148   0.955           0.151  -0.170
T1  0.368          -0.197  -0.143  -0.149
T2  0.929  -0.182   0.274          -0.147
T3  0.824           0.110   0.434   0.126
T4          0.276   0.950
T5  0.799   0.357          -0.384   0.269
T6  0.674   0.311  -0.517   0.111

                Factor1 Factor2 Factor3 Factor4 Factor5
SS loadings       2.800   1.813   1.337   1.119   0.286
Proportion Var    0.311   0.201   0.149   0.124   0.032
Cumulative Var    0.311   0.513   0.661   0.786   0.817

Test of the hypothesis that 5 factors are sufficient.
The chi square statistic is 0.69 on 1 degree of freedom.
The p-value is 0.406
```

Vemos ahora que el último valor propio ya no es mayor que la unidad y aporta solamente un 3,2 por ciento de variabilidad de los datos. Por otra parte, al interpretar el factor 5, no se le asignaría ninguna variable. Por lo tanto, está claro que sobra.

Incluso en este ejemplo no sería descabellado considerar solamente 2 factores, que se interpretarían aproximadamente como habilidad en los trabajos y habilidad en los exámenes.

```
> FA3 <- factanal(~C1+C2+F+T1+T2+T3+T4+T5+T6, factors=2,
rotation="varimax", scores="Bartlett",data=ESTUDIANTES)
> FA3
```

```
factanal(x = ~C1 + C2 + F + T1 + T2 + T3 + T4 + T5 + T6, factors = 2,      data = ES
TUDIANTES, scores = "Bartlett", rotation = "varimax")

Uniquenesses:
   C1    C2     F    T1    T2    T3    T4    T5    T6
0.757 0.297 0.365 0.903 0.005 0.285 0.823 0.470 0.672

Loadings:
    Factor1 Factor2
C1           0.493
C2           0.836
F    0.196   0.772
T1   0.311
T2   0.969  -0.237
T3   0.816   0.222
T4   0.341   0.246
T5   0.700   0.197
T6   0.498   0.283

                Factor1 Factor2
SS loadings       2.597   1.825
Proportion Var    0.289   0.203
Cumulative Var    0.289   0.491

Test of the hypothesis that 2 factors are sufficient.
The chi square statistic is 25.76 on 19 degrees of freedom.
The p-value is 0.137
```

Vemos que se explica prácticamente un 50% de la variabilidad de los datos y que el contraste de suficiencia explicativa acepta dos factores, ya que el p-valor es mayor que 0,05 (aunque lógicamente es el más pequeño de todos los casos).

A la hora de interpretar los factores a través de la matriz factorial, se ve claramente que el primer factor lo forman las variables T1 a T6 (habilidad en el trabajo) y el segundo factor lo forma habilidad en los exámenes cuatrimestrales y final.

Como tercer ejemplo, realizaremos un análisis factorial de todas las variables del fichero *ratios.sav* que contiene ratios relativos a las ventas de las empresas españolas. Concretamente los ratios son beneficios/recursos propios (*R*1), cash-flow/ventas (*R*2), inmovilizado/activos totales (*R*3), ventas/activos totales (*R*4), ventas/plantilla (*R*5), beneficios/capital social (*R*6) y beneficios/ventas (*R*7) que caraterizan a las empresas españolas con mayores ventas. Se trata de resumir estos ratios por un número menor de factores con mínima pérdida de información que tengan la suficiente calidad para seguir agrupando a las empresas según sus ventas. Se trata de estudiar si sería coherente identificar un factor financiero, un factor estructural y un factor de rentabilidad.

Comenzamos importando el fichero de nombre *ratios.sav*, liberando sus variables y haciendo un exploratorio básico de las mismas.

```
> library(haven)
> RATIOS <- read_sav("E:/CURSOR2023/DATOS/RATIOS.sav")
> View(RATIOS)
> attach(RATIOS)
> summary(RATIOS)
      r1                   r2                   r3                   r4
 Min.   :-2.598100   Min.    :-1.32230   Min.   :0.0471   Min.    :0.1072
 1st Qu.: 0.001075   1st Qu.: 0.00940   1st Qu.:0.2748   1st Qu.:0.6241
 Median : 0.071800   Median : 0.04540   Median :0.4564   Median :1.1454
 Mean   : 0.176646   Mean    : 0.03549   Mean   :0.4810   Mean    :1.4733
 3rd Qu.: 0.154325   3rd Qu.: 0.09820   3rd Qu.:0.6860   3rd Qu.:1.8338
 Max.   :11.952900   Max.    : 0.60790   Max.   :0.9809   Max.    :7.6864
 NA's   :1
      r5                   r6                   r7
 Min.   :    2.077   Min.   :-1.661500   Min.   :-1.661495
 1st Qu.:   19.683   1st Qu.:-0.005975   1st Qu.:-0.005983
 Median :   32.261   Median : 0.019650   Median : 0.019675
 Mean   :   81.274   Mean   :-0.010806   Mean   :-0.010806
 3rd Qu.:   62.203   3rd Qu.: 0.049750   3rd Qu.: 0.049757
 Max.   :1803.286   Max.   : 0.594600   Max.   : 0.594587
 NA's   :1           NA's   :1           NA's   :1
```

A continuación realizamos una análisis factorial con todas las variables del archivo, tres factores, rotación varimax y puntuaciones por regresión.

```
> FA=factanal(~r1+r2+r3+r4+r5+r6+r7,factors=3, rotation =
"varimax", scores="regression",data=RATIOS)
> FA

Call:
factanal(x = ~r1 + r2 + r3 + r4 + r5 + r6 + r7, factors = 3,        data = RATIOS, sco
res = "regression", rotation = "varimax")

Uniquenesses:
   r1    r2    r3    r4    r5    r6    r7
0.997 0.034 0.379 0.590 0.726 0.005 0.005

Loadings:
   Factor1 Factor2 Factor3
r1
r2  0.969  -0.156
r3         -0.787
r4          0.571   0.290
r5          0.162   0.494
r6  0.991
r7  0.991

               Factor1 Factor2 Factor3
SS loadings      2.911   1.018   0.340
Proportion Var   0.416   0.145   0.049
Cumulative Var   0.416   0.561   0.610

Test of the hypothesis that 3 factors are sufficient.
The chi square statistic is 2586.66 on 3 degrees of freedom.
The p-value is 0
```

Observando la matriz factorial y dada la naturaleza de las variables, podemos decir que el primer factor (*R2*, *R6* y *R7*) es un *factor financiero* relativo a la distribución de los beneficios y flujo de caja, el segundo factor (*R1* y *R3*) es un *factor estructural* relativo a recursos propios, inmovilizado y activos totales y el tercer factor (*R4* y *R5*) es un factor de rentabilidad relativo a la distribución de las ventas.

Vemos que sólo hay dos p-valores mayores que la unidad, con lo que la reducción sería más conveniente a dos factores.

```
> FA=factanal(~r1+r2+r3+r4+r5+r6+r7,factors=2, rotation = "va
rimax", scores="regression",data=RATIOS)
> FA

Call:
factanal(x = ~r1 + r2 + r3 + r4 + r5 + r6 + r7, factors = 2,        data = RATIOS, sco
res = "regression", rotation = "varimax")

Uniquenesses:
   r1    r2    r3    r4    r5    r6    r7
0.997 0.032 0.419 0.650 0.946 0.005 0.005

Loadings:
   Factor1 Factor2
r1
r2  0.977  -0.116
r3         -0.758
r4          0.592
r5          0.219
r6  0.988   0.146
r7  0.988   0.146

               Factor1 Factor2
SS loadings      2.920   1.031
Proportion Var   0.417   0.147
Cumulative Var   0.417   0.564
```

Dada la naturaleza de las variables, podemos decir que el primer factor (*R2*, *R6* y *R7*) es un *factor financiero* relativo a la distribución de los beneficios y flujo de caja, el segundo factor (*R1*, *R3*, R4 y R5) es un *factor estructural* relativo a recursos propios, inmovilizado y activos totales y de rentabilidad relativo a la distribución de las ventas.

Ejercicio 5-1. Consideramos una empresa especializada en el diseño de automóviles de turismo que desea estudiar cuáles son los deseos del público comprador. Para ello diseña una encuesta con una serie de preguntas en las que se le pide a cada uno de los 20 encuestados que valore de 1 a 5 la importancia de las 10 características siguientes: precio, financiación, consumo, gasolina, seguridad, confortabiliad, capaciadd, prestaciones, juvenil y aerodinámico. Se trata de intentar resumir esta información proporcionada por las 10 variables, mediante un conjunto menor de factores latentes en los datos y directamente relacionados con las variables con pérdida mínima de información. Identificar estos factores, relacionarlos con las variables y valorar la calidad del resumen de la información. La informacion se almacena en el archivo Excel AUTOS.XLSX

Los datos obtenidos son los siguientes (Figura 5-8):

PRECIO	FINANCIACION	CONSUMO	GASOLINA	SEGURIDAD	CONFORT	CAPACIDAD	PRESTACIONES	JUVENIL	AERODINAMICA
4	1	4	3	3	2	4	4	4	4
5	5	4	4	3	3	4	1	1	3
2	1	3	1	4	2	1	5	4	5
1	1	1	1	4	4	2	5	5	4
1	1	2	1	5	5	4	3	3	2
5	5	5	5	3	3	4	2	2	1
4	5	4	4	2	2	5	1	1	1
3	2	3	1	4	4	2	5	5	5
4	4	4	3	4	4	3	1	1	1
5	5	5	5	2	2	3	2	2	2
2	2	2	1	5	4	4	3	4	3
4	4	5	5	4	5	5	2	1	2
3	2	2	1	4	5	4	4	3	3
5	5	4	4	5	4	4	1	2	2
4	3	3	1	4	4	5	3	4	4
5	5	4	4	4	5	4	2	1	1
4	4	5	2	4	5	5	4	4	2
5	5	4	4	2	2	1	2	2	3
3	3	2	2	4	4	5	4	5	4
5	5	4	4	4	5	4	3	2	1

Figura 5-8

Comenzamos importando el conjunto da datos y haciendo un exploratorio básico de sus variables.

```
> library(readxl)
> AUTOS <- read_excel("E:/CURSOR2023/DATOS/AUTOS.xlsx")
> summary(AUTOS)
     PRECIO        FINANCIACION        CONSUMO         GASOLINA        SEGURIDAD
 Min.   :1.0    Min.   :1.0     Min.   :1.00    Min.   :1.0    Min.   :2.0
 1st Qu.:3.0    1st Qu.:2.0     1st Qu.:2.75    1st Qu.:1.0    1st Qu.:3.0
 Median :4.0    Median :4.0     Median :4.00    Median :3.0    Median :4.0
 Mean   :3.7    Mean   :3.4     Mean   :3.50    Mean   :2.8    Mean   :3.7
 3rd Qu.:5.0    3rd Qu.:5.0     3rd Qu.:4.00    3rd Qu.:4.0    3rd Qu.:4.0
 Max.   :5.0    Max.   :5.0     Max.   :5.00    Max.   :5.0    Max.   :5.0
    CONFORT        CAPACIDAD        PRESTACIONES       JUVENIL        AERODINAMICA
 Min.   :2.00   Min.   :1.00    Min.   :1.00    Min.   :1.00    Min.   :1.00
 1st Qu.:2.75   1st Qu.:3.00    1st Qu.:2.00    1st Qu.:1.75    1st Qu.:1.75
 Median :4.00   Median :4.00    Median :3.00    Median :2.50    Median :2.50
 Mean   :3.70   Mean   :3.65    Mean   :2.85    Mean   :2.80    Mean   :2.65
 3rd Qu.:5.00   3rd Qu.:4.25    3rd Qu.:4.00    3rd Qu.:4.00    3rd Qu.:4.00
 Max.   :5.00   Max.   :5.00    Max.   :5.00    Max.   :5.00    Max.   :5.00
```

A continuación, vemos que la matriz de correlaciones de las variables tiene valores altos, lo que indica que la reducción será procedente.

```
> cor(AUTOS)
                  PRECIO FINANCIACION     CONSUMO    GASOLINA  SEGURIDAD
PRECIO         1.0000000    0.87328595   0.8227068   0.8163752 -0.5013159
FINANCIACION   0.8732860    1.00000000   0.7290378   0.8291310 -0.4392191
CONSUMO        0.8227068    0.72903777   1.0000000   0.8123536 -0.4781461
GASOLINA       0.8163752    0.82913105   0.8123536   1.0000000 -0.5496865
SEGURIDAD     -0.5013159   -0.43921906  -0.4781461  -0.5496865  1.0000000
CONFORT       -0.1937601   -0.07126739  -0.2255894  -0.2616171  0.7377945
CAPACIDAD      0.2134668    0.24876462   0.1915028   0.1738070  0.1753079
PRESTACIONES  -0.6477072   -0.78440645  -0.5570735  -0.7367273  0.2917811
JUVENIL       -0.6446941   -0.75193098  -0.6296349  -0.7891501  0.3406250
AERODINAMICA  -0.4974610   -0.69699068  -0.5402292  -0.6537458  0.1225791
                  CONFORT  CAPACIDAD PRESTACIONES    JUVENIL AERODINAMICA
PRECIO        -0.19376008  0.2134668   -0.6477072 -0.64469411   -0.4974610
FINANCIACION  -0.07126739  0.2487646   -0.7844064 -0.75193098   -0.6969907
CONSUMO       -0.22558942  0.1915028   -0.5570735 -0.62963492   -0.5402292
GASOLINA      -0.26161713  0.1738070   -0.7367273 -0.78915014   -0.6537458
SEGURIDAD      0.73779454  0.1753079    0.2917811  0.34062503    0.1225791
CONFORT        1.00000000  0.4206208    0.1324920  0.05478646   -0.2359846
CAPACIDAD      0.42062076  1.0000000   -0.3007577 -0.18039552   -0.4139927
PRESTACIONES   0.13249196 -0.3007577    1.0000000  0.88647429    0.7302468
JUVENIL        0.05478646 -0.1803955    0.8864743  1.00000000    0.7845472
AERODINAMICA  -0.23598461 -0.4139927    0.7302468  0.78454720    1.0000000
```

A continuación realizamos una análisis factorial con todas las variables del archivo, dos factores, rotación varimax y puntuaciones por el método de Bartlett.

```
> FA=factanal(~PRECIO+FINANCIACION+CONSUMO+GASOLINA+SEGURIDAD
+ CONFORT+CAPACIDAD+ PRESTACIONES+JUVENIL+AERODINAMICA,
factors=2, rotation = "varimax", scores = "Bartlett",
data=AUTOS)
> FA

Call:
factanal(x = ~PRECIO + FINANCIACION + CONSUMO + GASOLINA + SEGURIDAD +     CONFORT
+ CAPACIDAD + PRESTACIONES + JUVENIL + AERODINAMICA,      factors = 2, data = AUTOS,
scores = "Bartlett", rotation = "varimax")

Uniquenesses:
      PRECIO FINANCIACION       CONSUMO     GASOLINA    SEGURIDAD      CONFORT
       0.248        0.155         0.323        0.127        0.238        0.174
   CAPACIDAD PRESTACIONES       JUVENIL AERODINAMICA
       0.702        0.283         0.240        0.262

Loadings:
             Factor1 Factor2
PRECIO         0.849  -0.175
FINANCIACION   0.919
CONSUMO        0.800  -0.193
GASOLINA       0.912  -0.201
SEGURIDAD     -0.440   0.754
CONFORT                0.905
CAPACIDAD      0.296   0.459
PRESTACIONES  -0.846
JUVENIL       -0.870
AERODINAMICA  -0.787  -0.343
```

```
              Factor1  Factor2
SS loadings     5.420    1.829
Proportion Var  0.542    0.183
Cumulative Var  0.542    0.725

Test of the hypothesis that 2 factors are sufficient.
The chi square statistic is 33.78 on 26 degrees of freedom.
The p-value is 0.141
```

Se observa que el 72,5% de la varianza total se explica por los dos primeros factores, factores que resumirán de forma adecuada a las 10 variables. Además, el p-valor del contraste de suficiencia en la reducción es mayor que 0,05.

Observando la matriz factorial vemos que los factores pueden escribirse en función de las variables de la siguiente forma:

Factor1= -0,175*PRECIO + 0,929*FINANCIACION + 0,800*CONSUMO + 0,912*GASOLINA +0,296*CAPACIDAD - 0,846*PRESTACIONES - 0,870*JUVENIL - 0,787*AERODINAMICA

Factor2= 0,849*PRECIO - 0,193*CONSUMO -0,201*GASOLINA +0,754*SEGURIDAD +0,905*CONFORT +0,459*CAPACIDAD - 0,343*AERODINAMICA

en donde los valores de las variables en las ecuaciones están estandarizados restándoles sus medias y dividiéndolos entre sus desviaciones estándar.

Para interpretar los factores observamos en la matriz factorial las variables con coeficientes más altos respecto del cada factor. Se observa que las variables PRECIO, FINANCIACION, CONSUMO, GASOLINA, PRESTACIONES, JUVENIL Y AERODINAMICO se correlacionan fuertemente con el primer factor (las cuatro primeras con correlación positiva y las tres últimas con correlación negativa).

Estamos entonces ante un *factor que une la idea de economicidad y del escaso interés porque el coche tenga aire deportivo*. Este factor explica por sí sólo más del 50% de la varianza (54,2%), lo que quiere decir que discrimina muy bien el colectivo, es decir, el colectivo se divide entre los que desean un coche económico valorando poco su aspecto deportivo y los que, por el contrario, quieren un coche deportivo sin importarle el aspecto económico.

Por otra parte, las variables SEGURO, CONFORT y CAPACIDAD se correlacionan fuerte y positivamente con el segundo factor. Estamos entonces ante un *factor que encierra la idea de utilidad del coche*. Este factor explica por sí sólo casi 20% de la varianza (18,3%), lo que quiere decir que discrimina bastante bien el colectivo. Se corrobora así la alta calidad de los dos factores obtenidos para resumir las 10 variables.

Para calcular las puntuaciones de los factores usamos la siguiente sintaxis:

```
> FAC1=FA$scores[,1]
> FAC2=FA$scores[,2]
> SCORES=data.frame(FAC1,FAC2)
> SCORES
           FAC1         FAC2
1    -0.65588226  -1.63085699
2     0.90334298  -0.56877226
3    -1.54499568  -1.42306981
4    -1.68089837  -0.07917943
5    -0.96531455   1.45815983
6     1.16528553  -0.45438433
7     1.02232487  -1.10645190
8    -1.29586082  -0.31175075
9     0.69327112   0.65009899
10    1.02861305  -1.61233674
11   -0.97469903   0.72309665
12    1.00169788   0.98438226
13   -0.78881508   0.85367099
14    0.88580160   0.86186685
15   -0.61328622   0.19579768
16    1.07957633   1.17289779
17    0.01621803   0.91664391
18    0.63922682  -1.80836466
19   -0.80585782   0.10172696
20    0.89025164   1.07682497
```

Ejercicio 5-2. Una empresa especializada en el diseño de automóviles de turismo desea estudiar cuáles son los deseos del público que compra automóviles. Para ello diseña una encuesta con 10 preguntas donde se le pide a cada uno de los 20 encuestados que valore de 1 a 5 si una característica es o no muy importante. Los encuestados deberán contestar con un 5 si la característica es muy importante, un 4 si es importante, un 3 si tiene regular importancia, un 2 si es poco importante y un 1 si no es nada importante. Las 10 características (V1 a V10) a valorar son: precio, financiación, consumo, combustible, seguridad, confort, capacidad, prestaciones, modernidad y aerodinámica. La sintaxis del programa SAS que resuelve el problema recoge los datos. Realiza un análisis factorial que permita extraer unos factores adecuados a los datos que resuman correctamente la información que contienen.

Comenzamos importando el archivo Excel de nombre automóviles.xlsx y haciendo un análisis exploratorio simple de sus variables.

```
> library(readxl)
> AUTOMOVILES <- read_excel("E:/DATOS/AUTOMOVILES.xlsx")
> attach(AUTOMOVILES)
> summary(AUTOMOVILES)
```

```
       V1              V2              V3              V4              V5
Min.   :1.0     Min.   :1.0     Min.   :1.00    Min.   :1.0     Min.    :2.0
1st Qu.:3.0     1st Qu.:2.0     1st Qu.:2.75    1st Qu.:1.0     1st Qu.:3.0
Median :4.0     Median :4.0     Median :4.00    Median :3.0     Median :4.0
Mean   :3.7     Mean   :3.4     Mean   :3.50    Mean   :2.8     Mean    :3.7
3rd Qu.:5.0     3rd Qu.:5.0     3rd Qu.:4.00    3rd Qu.:4.0     3rd Qu.:4.0
Max.   :5.0     Max.   :5.0     Max.   :5.00    Max.   :5.0     Max.    :5.0
       V6              V7              V8              V9              V10
Min.   :2.00    Min.   :1.00    Min.   :1.00    Min.   :1.00    Min.   :1.00
1st Qu.:2.75    1st Qu.:3.00    1st Qu.:2.00    1st Qu.:1.75    1st Qu.:1.75
Median :4.00    Median :4.00    Median :3.00    Median :2.50    Median :2.50
Mean   :3.70    Mean   :3.65    Mean   :2.85    Mean   :2.80    Mean   :2.65
3rd Qu.:5.00    3rd Qu.:4.25    3rd Qu.:4.00    3rd Qu.:4.00    3rd Qu.:4.00
Max.   :5.00    Max.   :5.00    Max.   :5.00    Max.   :5.00    Max.   :5.00
```

A continuación, realizamos un análisis factorial con todas sus variables y con dos factores inicialmente, una rotación varimax y con obtención de puntuaciones va través del método de Bartlett.

```
> FA <- factanal(~V1+V2+V3+V4+V5+V6+V7+V8+V9+V10, factors=2,
  rotation="varimax", scores="Bartlett", data=AUTOMOVILES)
> FA
```

```
Uniquenesses:
   V1    V2    V3    V4    V5    V6    V7    V8    V9   V10
0.248 0.155 0.323 0.127 0.238 0.174 0.702 0.283 0.240 0.262

Loadings:
    Factor1 Factor2
V1    0.849  -0.175
V2    0.919
V3    0.800  -0.193
V4    0.912  -0.201
V5   -0.440   0.754
V6             0.905
V7    0.296   0.459
V8   -0.846
V9   -0.870
V10  -0.787  -0.343

               Factor1 Factor2
SS loadings      5.420   1.829
Proportion Var   0.542   0.183
Cumulative Var   0.542   0.725

Test of the hypothesis that 2 factors are sufficient.
The chi square statistic is 33.78 on 26 degrees of freedom.
The p-value is 0.141
```

Observamos que los dos primeros factores explican el 72,5% de la variabilidad inicial de los datos. Además, el p-valor de suficiencia de las dos primeras componentes para reducir las variables con criterio es menor que 0,05.

La matriz factorial o matriz de correlaciones entre factores y variables (*Loadings*) indica que el primer factor lo forman V1, V2, V3, V4, V8, V9 y V10, y el segundo factor lo forman V5, V6 y V7. Podríamos entonces escribir las ecuaciones de los factores de la siguiente forma:

Factor1=0,849*V1+0,919*V2+0,800*V3+0,912*V4-0,846*V8-0,870*V9-0,787*V10
Factor2=0,754*V5+0,905*V6+0,479*V7.

Las puntuaciones factoriales se calculan como sigue:

```
> FAC1=FA$scores[,1]
> FAC2=FA$scores[,2]
> SCORES=data.frame(FAC1,FAC2)
> SCORES
            FAC1          FAC2
1   -0.65588226 -1.63085699
2    0.90334298 -0.56877226
3   -1.54499568 -1.42306981
4   -1.68089837 -0.07917943
5   -0.96531455  1.45815983
6    1.16528553 -0.45438433
7    1.02232487 -1.10645190
8   -1.29586082 -0.31175075
9    0.69327112  0.65009899
10   1.02861305 -1.61233674
11  -0.97469903  0.72309665
12   1.00169788  0.98438226
13  -0.78881508  0.85367099
14   0.88580160  0.86186685
15  -0.61328622  0.19579768
16   1.07957633  1.17289779
17   0.01621803  0.91664391
18   0.63922682 -1.80836466
19  -0.80585782  0.10172696
20   0.89025164  1.07682497
```

No olvidemos que las puntuaciones factoriales son los factores que resumen a las variables iniciales.

Ejercicio 5-3. Se analizan 9 variables medidas sobre 100 madres y sus hijos recién nacidos en parto normal contenidas en el conjunto de datos SAS de nombre princip.sas7bdat. Las variables son peso de la madre (PESOM), talla de la madre (TALLAM), semanas de gestación (SEM), presión arterial sistólica de la madre (PASM), presión arterial diastólica de la madre (PADM), peso del recién nacido (PESOR), talla del recién nacido (TALLAR), perímetro torácico del recién nacido (PTR) y perímetro craneal del recién nacido (PCR). El objetivo es intentar reducir la dimensión de la tabla de datos mediante la obtención de unas pocas variables sintéticas, combinación de las originales, que puedan ser usadas en sustitución de éstas, con la mínima pérdida de información, y que tengan sentido biológico.

Comenzamos importando el conjunto de datos *princip.sas7bdat* como un dataframe y habilitando sus variables para análisis:

```
> library(haven)
> princip <-
read_sas("E:/CURSOESTADISTICA2023/DATOS/princip.sas7bdat")
> attach(princip)
```

A continuación, se presentan en primer lugar estadísticos simples sobre las variables (se observan valores similares de media y mediana lo que indica simetría y ausencia de atípicos) y su matriz de correlaciones (que tiene algunos valores altos indicativos de la necesidad de reducción de la dimensión).

```
> summary(princip)
      Num              PESOM            TALLAM             SEM
 Min.   :  1.00   Min.   :34.00   Min.   :152.0   Min.   :35.00
 1st Qu.: 25.75   1st Qu.:56.00   1st Qu.:162.0   1st Qu.:37.00
 Median : 50.50   Median :61.50   Median :165.0   Median :38.00
 Mean   : 50.50   Mean   :61.01   Mean   :165.9   Mean   :38.06
 3rd Qu.: 75.25   3rd Qu.:66.00   3rd Qu.:170.0   3rd Qu.:39.00
 Max.   :100.00   Max.   :79.00   Max.   :182.0   Max.   :41.00
      PASM             PADM            PESOR            TALLAR
 Min.   : 90.0    Min.   : 50.00   Min.   :2.500   Min.   :45.00
 1st Qu.:108.8    1st Qu.: 60.00   1st Qu.:3.075   1st Qu.:49.00
 Median :122.5    Median : 67.50   Median :3.200   Median :50.00
 Mean   :126.2    Mean   : 71.35   Mean   :3.285   Mean   :49.94
 3rd Qu.:140.0    3rd Qu.: 80.00   3rd Qu.:3.500   3rd Qu.:51.00
 Max.   :180.0    Max.   :120.00   Max.   :4.400   Max.   :54.00
      PTR              PCR
 Min.   :30.00    Min.   :30.00
 1st Qu.:31.00    1st Qu.:34.00
 Median :32.00    Median :35.00
 Mean   :32.05    Mean   :34.52
 3rd Qu.:33.00    3rd Qu.:35.00
 Max.   :35.00    Max.   :37.00
```

```
> cor(princip)
                Num        PESOM       TALLAM         SEM         PASM
Num     1.000000000  0.062058840  0.04110761 -0.04332913 -0.06951456
PESOM   0.062058840  1.000000000  0.86472245  0.05330533  0.25911497
TALLAM  0.041107610  0.864722449  1.00000000 -0.04231017 -0.01581233
SEM    -0.043329125  0.053305329 -0.04231017  1.00000000  0.09029228
PASM   -0.069514562  0.259114974 -0.01581233  0.09029228  1.00000000
PADM   -0.080111332  0.163580407 -0.13435558  0.13318100  0.83923682
PESOR  -0.031487923  0.039264393 -0.05223474  0.96826741  0.06606194
TALLAR -0.026071431  0.045624113 -0.05117882  0.90586116  0.04687494
PTR    -0.021883037  0.028164339 -0.07617580  0.82909661  0.05942399
PCR     0.003549741 -0.007897495 -0.00460908  0.63068301  0.08565650
                PADM        PESOR       TALLAR         PTR          PCR
Num     -0.08011133 -0.03148792 -0.02607143 -0.02188304  0.003549741
PESOM    0.16358041  0.03926439  0.04562411  0.02816434 -0.007897495
TALLAM  -0.13435558 -0.05223474 -0.05117882 -0.07617580 -0.004609080
SEM      0.13318100  0.96826741  0.90586116  0.82909661  0.630683006
PASM     0.83923682  0.06606194  0.04687494  0.05942399  0.085656503
PADM     1.00000000  0.10004268  0.09508369  0.07825866  0.075900146
PESOR    0.10004268  1.00000000  0.87440908  0.85840239  0.596146264
TALLAR   0.09508369  0.87440908  1.00000000  0.75770672  0.661136803
PTR      0.07825866  0.85840239  0.75770672  1.00000000  0.564093631
PCR      0.07590015  0.59614626  0.66113680  0.56409363  1.000000000
```

A continuación, se realiza el análisis factorial.

```
> FA <- factanal(~PESOM+TALLAM+SEM+PASM+PADM+PESOR+TALLAR+PTR
+PCR, factors=3, rotation="varimax", scores="Bartlett", data=
princip)
> FA

Call:
factanal(x = ~PESOM + TALLAM + SEM + PASM + PADM + PESOR + TALLAR +     PTR + PCR,
factors = 3, data = princip, scores = "Bartlett",     rotation = "varimax")

Uniquenesses:
 PESOM TALLAM    SEM   PASM   PADM  PESOR TALLAR    PTR    PCR
 0.154  0.005  0.018  0.188  0.117  0.045  0.172  0.279  0.596

Loadings:
       Factor1 Factor2 Factor3
PESOM           0.898   0.193
TALLAM          0.990  -0.117
SEM    0.989
PASM                    0.896
PADM                    0.937
PESOR  0.977
TALLAR 0.909
PTR    0.848
PCR    0.634

               Factor1 Factor2 Factor3
SS loadings      3.888   1.797   1.740
Proportion Var   0.432   0.200   0.193
Cumulative Var   0.432   0.632   0.825
```

Se observa en la matriz factorial que con el primer factor se asocian claramente las variables SEM, PESOR, TALLAR, PTR y PCR. Con el segundo factor se asocian muy bien las variables PASM y PADM. Con el tercer factor se asocian con claridad las variables TALLAM y PESOM. Como se ve, esta rotación ha surtido efecto. En caso contrario, hubiera sido necesario probar con distintos tipos de rotaciones hasta conseguir la más adecuada.

Como conclusión a nuestro análisis de componentes principales en el ejemplo estudiado, se han obtenido tres componentes que explican más del 82,5% de la varianza global de la muestra. Por lo tanto, el estudio inicial con nueve variables puede quedar reducido, con pérdida informativa de variabilidad de menos del 17,5%, a un estudio más simple con tres componentes. Una primera componente puede interpretarse como el tamaño del recién nacido, ya que aglutina las variables SEM, PESOR, TALLAR, PTR y PCR, que precisamente tienen que ver con el tamaño. Una segunda componente puede interpretarse como la presión arterial de la madre, ya que aglutina las variables PASM y PADM, que precisamente tienen que ver con la citada presión arterial. Una tercera componente puede interpretarse como el tamaño de la madre, ya que engloba las variables TALLAM y PESOM, que precisamente tienen que ver con el citado tamaño.

Las puntuaciones factoriales son las siguientes:

```
> FAC1=FA$scores[,1]
> FAC2=FA$scores[,2]
> FAC3=FA$scores[,3]
```

FAC1, FAC2 y FAC3 son las coordenadas de los factores que resumen a las variables iniciales.

## Capítulo 6

REDUCCIÓN DE LA DIMENSIÓN MEDIANTE ANÁLISIS DE CORRESPONDENCIAS SIMPLES Y MÚLTIPLES

6.1 CANTIDAD DE INFORMACIÓN Y DISTANCIAS

El objetivo principal del análisis de datos suele ser resumir y sintetizar la información contenida en una gran tabla de datos, de manera que, permitiendo una pequeña pérdida de información, se produzca una ganancia en significación. Para poder vigilar la calidad de los resultados, así como para diseñar el método de análisis, es necesario definir lo que entendemos por *cantidad de información*. Existen diversas formas de medir la cantidad de información. Para considerarlas, comencemos por imaginarnos una tabla en la que se miden dos variables para *n* individuos. Gráficamente podemos representar la tabla mediante un plano cuyos ejes representan las dos variables respectivamente, y cada punto representa un individuo cuyas coordenadas son los valores que toma para cada una de las variables. De esta forma podríamos obtener representaciones de los puntos en un plano formando nubes como las presentadas en las dos Figuras 6-1 y 6-2:

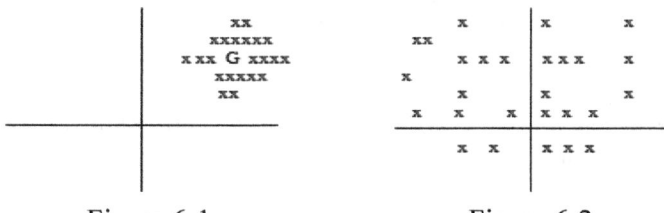

Figura 6-1   Figura 6-2

En la primera figura casi todos los puntos son semejantes, y toman valores próximos para ambas variables. No hay muchas diferencias entre unos individuos y otros y cada uno de ellos individualmente no aporta mucha información al colectivo. Se podrían representar todos ellos bastante bien por su centro de gravedad G, que los resume adecuadamente.

En la figura de la derecha los individuos están más dispersos, más separados. Su centro de gravedad G los representa peor, los resume mal, y varía mucho con la introducción o supresión de un individuo. Todos son muy diferentes e individualmente aportan mucha información al colectivo. De esta forma podríamos decir intuitivamente que los puntos de la primera Figura contienen poca información, mientras que los puntos de la figura de la derecha contienen mucha.

Existen diversas formas matemáticas de medir la cantidad de información, algunas de las cuales se utilizan en los métodos factoriales. Todas las medidas de la información incluyen una medida de la distancia entre los puntos, por lo que es necesario definir también el concepto de ***distancia***. La distancia entre dos individuos o variables mide el grado de asociación o semejanza entre éstas. Existen distintas medidas de la distancia y todas ellas cumplen los siguientes axiomas:

1. $\forall$ ii' $d_{ii'} > 0$ y $d_{ii} = 0$ (la distancia nunca es negativa y la distancia de un punto a sí mismo es cero.

2. $\forall$ ii' $d_{ii'} = d_{i'i}$ (la distancia es simétrica).

3. $\forall$ a$\neq$b$\neq$c $d_{ac} \leq d_{ab} + d_{bc}$ (desigualdad triangular).

La distancia más utilizada con variables cuantitativas es la ***distancia euclídea***. Sean i e i' dos individuos en los que se han medido p variables. Estos individuos están representados por los valores que toman para el conjunto de variables x_i y $x_{i'}$. La distancia euclídea al cuadrado se mide mediante la suma de las diferencias, el cuadrado de los valores de cada variable en los dos individuos a través de la fórmula siguiente:

$$d_{ii'}^2 = \sum_{j=1}^{p} (x_{ij} - x_{i'j})^2$$

Dos individuos que toman valores próximos para todo el conjunto de variables tendrán una distancia pequeña (son semejantes).

Otra función de distancia utilizada en algunos métodos multivariantes es la *distancia χ^2*. Se trata de una distancia entre distribuciones o perfiles que se utiliza cuando se analizan tablas de frecuencias. La distancia χ^2 entre dos filas i e i' de términos k_{ij} y $k_{i'j}$ se calcula mediante la siguiente fórmula:

$$d_{ii'}^2 = \sum_{j=1}^{p} \frac{1}{k_j / k} \left(\frac{k_{ij}}{k_i} - \frac{k_{i'j}}{k_{i'}} \right)^2$$

donde k_{ij} es la frecuencia de asociación de *i* y *j*, k_i es la frecuencia con que se ha presentado *i*, $k_i = \sum_j k_{ij}$ y $k = \sum_{ij} k_{ij}$. Por lo tanto, se trata de una distancia euclídea ponderada.

Existen diversas funciones de distancia, y cada una tiene unas propiedades que la hacen más adecuada a un tipo de datos o de análisis.

Una *medida de la información* de una tabla de datos de *n* individuos y *p* variables es la suma de los cuadrados de distancias de los individuos *i* al origen. La fórmula es la siguiente:

$$I = \sum_{i=1}^{n} d^2(i,0)$$

pero, generalmente, el origen suele hacerse coincidir con el centro de gravedad G, con lo que la información se mide mediante la fórmula:

$$I = \sum_{i=1}^{n} d^2(i,G)$$

y si las variables son métricas, se puede utilizar la distancia euclídea, con lo que se tiene:

$$I = \sum_{i=1}^{n} \sum_{j=1}^{p} (x_{ij} - G_j)^2$$

fórmula que puede expresarse como:

$$I = \sum_{j=1}^{p} \sum_{i=1}^{n} (x_{ij} - G_j)^2$$

es decir, como la suma de las varianzas de las variables, razón por la que esta medida de la información se denomina *varianza total*.

Este *criterio de la varianza* se utiliza en muchos métodos factoriales para medir la cantidad de información de una tabla o la cantidad de información mantenida después de un análisis.

También suele utilizarse para medir la cantidad de información la *inercia de la nube de puntos I(N) con relación al centro de gravedad G* (medida de la dispersión de los puntos en torno a su centro), cuya expresión es la siguiente:

$$I_G(N) = \sum_{i=1}^{n} p_i d^2(i, G)$$

Esta fórmula de la inercia de la nube de puntos representa la suma de las distancias al cuadrado de los puntos al centro de gravedad ponderadas por los pesos p_i, de modo que, cuando todos los individuos i tienen el mismo peso ($p_i=1$) y la distancia es la euclídea, la inercia de la nube coincide con la varianza total.

6.2 ANÁLISIS GENERAL DE LOS MÉTODOS FACTORIALES

Consideramos una tabla rectangular de valores numéricos formada por n filas que representan a n individuos y p columnas que representan a p variables. Los representaremos mediante la matriz X de orden (n,p) y términos x_{ij} (valor que toma la variable j para el individuo i).

$$
n\ Individuos
\begin{cases}
\end{cases}
X =
\begin{pmatrix}
x_{11} & x_{12} & \cdots & x_{1j} & \cdots & x_{1p} \\
x_{21} & x_{22} & \cdots & x_{2j} & \cdots & x_{2p} \\
\vdots & \vdots & & \vdots & & \vdots \\
x_{i1} & x_{i2} & \cdots & x_{ij} & \cdots & x_{ip} \\
\vdots & \vdots & & \vdots & & \vdots \\
x_{n1} & x_{n2} & \cdots & x_{nj} & \cdots & x_{np}
\end{pmatrix}
$$

p Variables

Los datos de la tabla anterior pueden representarse en dos espacios distintos. En el *espacio de las variables R^p* se representan los n individuos por sus coordenadas (p-tuplas) o valores que toman para cada una de las p variables. En el *espacio de los individuos R^n* se representan las p variables por sus coordenadas (n-tuplas) o valores que toman para cada uno de los n individuos.

Estos dos espacios están provistos de la distancia euclídea usual. Para dos individuos i e i', la distancia euclídea entre ellos viene definida como:

$$d(i\ i') = \sqrt{\sum_j (x_{ij} - x_{i'j})^2}$$

La distancia euclídea entre dos individuos i e i' al cuadrado es la suma de las diferencias existentes entre los valores que toman los individuos para cada variable, elevadas las diferencias al cuadrado para evitar que se compensen las positivas con las negativas.

Si dos individuos que toman valores iguales para todas las variables coinciden en un punto, su distancia es nula. Cuanto mayores sean las diferencias entre los individuos en relación a las variables medidas, más alejadas estarán en el espacio y mayor será su índice de distancias.

Para dos variables j y j', la distancia euclídea entre ellas viene definida como:

$$d(j\ j') = \sqrt{\sum_i (x_{ij} - x_{ij'})^2}$$

Esta distancia será nula cuando las variables tomen los mismos valores para el conjunto de individuos, y será pequeña cuando estos valores sean próximos; es decir, cuando las variables tengan un comportamiento semejante.

La ***cantidad de información de la nube de puntos*** se mide por la suma de las distancias desde dichos puntos al origen elevada al cuadrado $\sum_{ij} x_{ij}^2$. Cuando el origen coincida con el centro de gravedad y los pesos sean unitarios, la cantidad de información coincide con la ***inercia de la nube*** $I_G(N) = \sum_i d^2(i, G)$.

6.3 OBJETIVO GENERAL DEL ANÁLISIS FACTORIAL

Una vez introducido el concepto de información de la nube de puntos, ya podemos especificar el objetivo general del análisis factorial. Este objetivo será buscar un nuevo subespacio de R^p (R^q, $q < p$) que contenga la mayor cantidad posible de información existente en la nube primitiva, y que mejor se ajuste a la nube de puntos y la deforme lo menos posible. El criterio de ajuste es el de los mínimos cuadrados.

6.3.1 Análisis en $\mathbf{R}^p$

Si z_i representa al individuo i en el nuevo subespacio y x_i en el primitivo, se trata de obtener el subespacio que minimice simultáneamente las distancias entre z_i y x_i para todos los puntos de la nube inicial y en proyección, es decir, se trata de obtener el subespacio sobre el cual la nube proyectada se deforme lo menos posible.

En la Figura 6-3 se representa la reducción de la nube inicial de puntos x_i a una nube de puntos z_i en un subespacio de dimensión 1 (recta) por el criterio de mínimos cuadrados. Para hacer la reducción a cualquier subespacio de dimensión superior se seguiría un proceso iterativo.

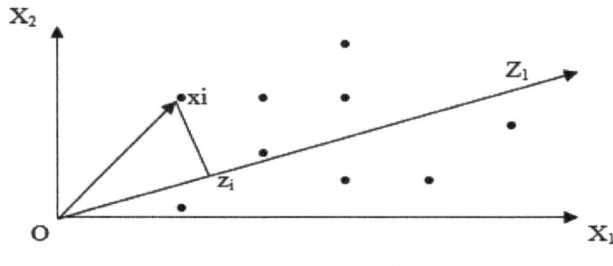

Figura 6-3

Se trata de minimizar las sumas de los cuadrados de las distancias de x_i a z_i, para evitar que se compensen los valores positivos y negativos. Por lo tanto, se trata de minimizar $\sum_i \left(\overline{x_i z_i} \right)^2$. Pero, por el teorema de Pitágoras:

$$\overline{Ox_i}^2 = \overline{x_i z_i}^2 + \overline{Oz_i}^2 \Rightarrow \sum_i \overline{Ox_i}^2 = \sum_i \overline{x_i z_i}^2 + \sum_i \overline{Oz_i}^2$$

con lo que se tiene que:

$$Mín \sum_i \overline{x_i z_i}^2 = Min \left(\sum_i \overline{Ox_i}^2 - \sum_i \overline{Oz_i}^2 \right) = Max \sum_i \overline{Oz_i}^2$$

Por lo tanto, la minimización de la suma de las distancias al cuadrado $\sum_i \left(\overline{x_i z_i} \right)^2$ en el espacio original, es equivalente a la maximización de la suma de los cuadrados de las proyecciones $\sum_i \overline{Oz_i}^2$ en el subespacio.

Si u_1 es el vector unitario del eje Z_1 (subespacio de dimensión 1 que mejor ajusta la nube de puntos), la proyección $\overline{Oz_i}$ del punto z_i de la nube inicial sobre el eje Z_1 es el producto escalar de $\overline{Ox_i}$ y u_1 (suma de los productos término a término de los elementos de los vectores $\overline{Ox_i}$ y u_1), es decir, el producto escalar de la fila i-ésima de la matriz X por el vector unitario u_1, que puede expresarse como $x_i'u_1 = \sum_j x_j u_{1j}$ con $u'_1\, u_1 = 1$ (por ser u_1 unitario).

Si consideramos las proyecciones $\overline{Oz_i}$ de todos los puntos z_i de la nube inicial sobre el eje Z_1 tenemos que se representan por $X\, u_1$, siendo su cuadrado $u_1 X'\, X\, u_1$.

Por lo tanto, para hallar el subespacio de dimensión 1 que mejor ajusta la nube de puntos hay que hallar Z_1 maximizando $u_1'X'Xu_1$, sujeta a la restricción

$$\sum_{j=1}^{p} u_{1i}^2 = u_1'u_1 = 1.$$

Para resolver este problema de optimización con restricciones se aplica el método de los multiplicadores de Lagrange considerando la función lagrangiana:

$$L(u_1) = u_1'X'Xu_1 - \lambda(\, u_1'u_1-1)$$

Derivando respecto de u_1 e igualando a cero, se tiene:

$$\frac{\partial L}{\partial u_1} = 2X'Xu_1 - 2\lambda u_1 = 0 \Rightarrow (X'X - \lambda I)u_1 = 0$$

Se trata de un sistema homogéneo en u_1, que sólo tiene solución si el determinante de la matriz de los coeficientes es nulo, es decir, $|X'X-\lambda I|=0$. Pero la expresión $|X'X-\lambda I|=0$ es equivalente a decir que λ es un valor propio de la matriz X'X.

En general, la ecuación $|X'X-\lambda I|=0$ tiene p raíces $\lambda_1, \lambda_2, ..., \lambda_p$, que puedo ordenarlas de mayor a menor $\lambda_1 > \lambda_2 > ... > \lambda_p$.

En la ecuación $(X'X-\lambda I)u_1=0$ podemos multiplicar por u_1' a la derecha, con lo que se tiene $u_1'(X'X-\lambda I)u_1=0 \Rightarrow u_1'X'Xu_1=\lambda$. Por lo tanto, para maximizar $u_1'X'Xu_1$ hay que tomar el mayor valor propio λ de la matriz X'X.

Tomando λ_1 como el mayor valor propio de X'X y tomando u_1 como su vector propio asociado normalizado ($u_1'u_1=1$), ya tenemos definido el vector director unitario u_1 que define el eje Z_1 (mejor subespacio de dimensión 1 que ajusta la nube de puntos) que vendrá definido como $Z_1 = X\,u_1$.

Cada individuo tiene una proyección sobre este nuevo eje, y el conjunto de proyecciones se denomina factor, de modo que la nueva variable factor es una combinación lineal de las iniciales, ya que:

$$F_1(i) = x_i'u_1 = \sum_j x_{ij}u_{1j} = x_{i1}u_{11} + \cdots + x_{ip}u_{1p}$$

Se trata de una variable artificial que en algún momento se le podrá asignar algún nombre, y otras veces no, pero en todo caso nos permitirá estudiar las relaciones y semejanzas entre los individuos.

La cantidad de información o varianza recogida por el nuevo eje Z_1 es precisamente λ_1 ya que $\lambda_1 = u_1'X'Xu_1 = V(X\,u_1) = V(Z_1)$.

La obtención del subespacio de dimensión 2 que mejor ajusta la nube de puntos se hace mediante un proceso iterativo. Una vez hallado el eje (subespacio de dimensión 1) que, pasando por el origen, maximice la suma de cuadrados de las proyecciones sobre él de todos los puntos de la nube inicial, a continuación, se busca un segundo eje que, pasando por el origen y siendo perpendicular al primero, maximice la suma de cuadrados de las proyecciones sobre él de todos los puntos de la nube, y así sucesivamente.

Se trata entonces de hallar Z_2 maximizando $V(Z_2) = u_2'X'Xu_2$, sujeta a las restricciones $u_2'u_2=1$, $u_2'u_1=0$.

Para resolver este problema de optimización con dos restricciones se aplica el método de los multiplicadores de Lagrange considerando la función lagrangiana:

$$L = u_2'X'Xu_2 - \mu(\,u_2'u_1) - \lambda(\,u_2'u_2-1)$$

Derivando respecto de u_2 e igualando a cero, se tiene:

$$\frac{\partial L}{\partial u_2} = 2X'Xu_2 - \mu u_1 - 2\lambda u_2 = 0$$

Premultiplicando por u_2' tenemos:

$$2u_2' X' X u_2 - \mu u_2' u_1 - 2\lambda u_2' u_2 = 0$$

Y como $u_2{'}u_2{=}1$, $u_2{'}u_1{=}0$, se tiene que $u_2{'}X{'}Xu_2{=}\lambda$, que es el máximo buscado. Si llamamos λ_2 a este máximo $(u_2{'}X{'}Xu_2{=}\lambda_2)$ y lo sustituimos en la expresión anterior $2u_2' X' X u_2 - \mu u_2' u_1 - 2\lambda u_2' u_2 = 0$, se tiene que $X{'}Xu_2{=}\lambda_2 u_2$ (o sea, que u_2 es el vector propio asociado al segundo mayor valor propio λ_2 de X'X).

Tomando λ_2 como el segundo mayor valor propio de X'X y tomando u_2 como su vector propio asociado normalizado ($u_2{'}u_2{=}1$), ya tenemos definido el vector director del segundo eje Z_2 (que vendrá definido como $Z_2{=}X u_2$) perpendicular al primer eje Z_1, y que permiten hallar el subespacio de dimensión 2 (engendrado por los vectores unitarios u_1 y u_2 directores de Z_1 y Z_2) que mejor ajusta la nube de puntos en el sentido de mínimos cuadrados.

Cada individuo tiene una proyección sobre este nuevo eje Z_2, proyección que se representa mediante:

$$F_2(i) = x_i' u_2 = \sum_j x_{ij} u_{2j} = x_{i1} u_{21} + \cdots + x_{ip} u_{2p}$$

Y el conjunto de estas proyecciones (que se denomina factor), constituyen una nueva variable artificial combinación lineal de las p variables iniciales, que es el segundo factor.

De forma similar se obtiene el eje Z_q (q<p) perpendicular a todos los anteriores, que se define como $Z_q{=}Xu_q$ donde u_q es el vector propio de X'X asociado a su q-ésimo mayor valor propio. Suele denominarse también a u_q *eje factorial q-ésimo*.

De esta forma se obtiene que el espacio q dimensional (q<p) que mejor se ajusta a la nube de puntos está engendrado por los vectores propios u_1, u_2, ..., u_q asociados a los q mayores valores propios $\lambda_1{>}\lambda_2{>}...{>}\lambda_q$, de la matriz X'X.

6.3.2 Análisis en R^n

Análogamente, en el espacio de los individuos se tratará de buscar los ejes que minimizan la deformación o maximizan la suma de las proyecciones de las variables al cuadrado.

Sea v_1 el vector director del subespacio de dimensión 1 (eje Z'_1) que pasa por el origen. La proyección de un punto j sobre el eje viene dada por

$x_j'v_1 = \sum_i x_{ij}v_{1j}$. La proyección de todos los puntos es $X'v_1$ y la suma de sus cuadrados es $v_1' XX'v_1$. Por lo tanto, se trata de buscar el vector unitario v_1 que maximice $v_1' XX'v_1$, sujeto a la restricción $v'_1v_1=1$. Siguiendo el método utilizado en el caso de R^p, se llega a que v_1 es el vector propio de XX' asociado a su mayor valor propio μ_1 ($XX'v_1=\mu_1v_1$).

De esta forma se obtiene que el espacio q dimensional (q<p) que mejor se ajusta a la nube de puntos está engendrado por las vectores propios $v_1, v_2, ..., v_q$ asociados a los q mayores valores propios $\mu_1>\mu_2> ...>\mu_q$, de la matriz X'X.

La proyección de un punto j sobre el eje Z'_α ($\alpha=1,...,q$), se representa mediante:

$$G_\alpha(j) = x_j'v_\alpha = \sum_i x_{ij}u_{\alpha i} = x_{1j}u_{\alpha 1} + \cdots + x_{pj}u_{\alpha n}$$

Y el conjunto de estas proyecciones (que se denomina factor), constituyen una nueva variable artificial combinación lineal de las n variables iniciales, que es el factor α.

6.3.3 Relación entre los análisis en los espacios R^p y R^n

Resulta que valores propios $\mu_1>\mu_2> ...>\mu_q$, asociados a los vectores propios $v_1, v_2, ..., v_q$ de la matriz XX' son iguales respectivamente a los valores propios $\lambda_1>\lambda_2>...>\lambda_q$, asociados a los vectores propios $u_1, u_2, ..., u_q$ de la matriz X'X, es decir:

$$\lambda_1=\mu_1, \lambda_2=\mu_2,..., \lambda_q=\mu_q$$

lo que significa que la cantidad de información o varianza (suma de las proyecciones al cuadrado) recogida por los ejes respectivos en ambos espacios, es la misma.

Para demostrar lo afirmado en el párrafo anterior, partimos de la expresión $XX'v_\alpha=\mu_\alpha v_\alpha$ (que representa el hecho de que v_α es un vector propio de XX' asociado al valor propio μ_α) y premultiplicamos por X' para obtener $(X'X)X'v_\alpha=\mu_\alpha X'v_\alpha$, de donde se deduce que $X'v_\alpha$ es un vector propio de la matriz X'X asociado también al valor propio μ_α. Por lo tanto, a cada vector propio v_α de XX' relativo al valor propio u_α le corresponde un vector propio $X'v_\alpha$ de X'X relativo al mismo valor propio μ_α. Existirá entonces una proporcionalidad entre u_α y $X'v_\alpha$ y todo valor propio no nulo de la matriz XX' es valor propio de la matriz X'X. Además, como λ_1 es el mayor valor propio asociado a u_1, se deduce que $\lambda_1 \geq \mu_1$.

Análogamente en el otro espacio, si partimos de la expresión $X'Xu_\alpha = \lambda_\alpha u_\alpha$ (que representa el hecho de que u_α es un vector propio de X'X asociado al valor propio λ_α) y premultiplicamos por X para obtener $(XX')Xu_\alpha = \lambda_\alpha Xu_\alpha$, de donde se deduce que Xu_α es un vector propio de la matriz XX' asociado también al valor propio λ_α. Por lo tanto, a cada vector propio u_α de X'X relativo al valor propio λ_α le corresponde un vector propio Xu_α de XX' relativo al mismo valor propio λ_α. Existirá entonces una proporcionalidad entre v_α y Xu_α y todo valor propio no nulo de la matriz X'X es valor propio de la matriz XX'. Además, como μ_1 es el mayor valor propio asociado a v_1, se deduce que $\lambda_1 \leq \mu_1$.

Hemos deducido entonces que $\lambda_1 = \mu_1$, y de igual forma se puede deducir que $\forall \alpha = 1,...,q$ $\lambda_\alpha = \mu_\alpha$. Además, conocidos los vectores propios de un subespacio se pueden obtener los del otro sin necesidad de una nueva factorización. Por ejemplo, dados los v_α, la proporcionalidad entre u_α y $X'v_\alpha$ permite escribir $u_\alpha = kX'v_\alpha$. Como $\mu'_\alpha u_\alpha = 1$, podemos escribir $k^2 v'_\alpha X'X v_\alpha = 1$. Pero, por otra parte, sabemos que $v'_\alpha X'X v_\alpha = \lambda_\alpha$ por ser la suma de las proyecciones al cuadrado (cada valor propio λ_α mide la suma de los cuadrados de las proyecciones sobre el eje α, o sea, $v'_\alpha X'X v_\alpha = \lambda_\alpha$). Esto nos lleva a escribir $k^2 \lambda_\alpha = 1 \Rightarrow k = \dfrac{1}{\sqrt{\lambda_\alpha}}$. Por lo tanto $u_\alpha = kX'v_\alpha \Rightarrow u_\alpha = \dfrac{1}{\sqrt{\lambda_\alpha}} X'v_\alpha$.

De la misma forma, y partiendo de la proporcionalidad entre v_α y Xu_α se obtiene que $v_\alpha = \dfrac{1}{\sqrt{\lambda_\alpha}} u_\alpha$

Existe entonces una proporcionalidad entre las coordenadas de los puntos individuo sobre el eje factorial α en R^p, Xu_α y las componentes del vector unitario director del eje α en el otro espacio, v_α. Análogamente, las coordenadas de los puntos variables sobre el eje α, $X'v_\alpha$ son proporcionales a las componentes del vector unitario director del eje α en el otro espacio, u_α.

$$G_\alpha = X'v_\alpha = \sqrt{\lambda_\alpha} u_\alpha \qquad G_\alpha(j) = \sum_i x_{ij} v_{\alpha i} = \sqrt{\lambda_\alpha} u_{\alpha j}$$

Estas relaciones permiten una reducción de cálculos, de modo que sólo es necesario obtener los valores y vectores propios de una matriz, y a partir de ellos se obtienen los de la otra. Además, por ser iguales los valores propios de las matrices, coinciden las cantidades de información recogida por los dos ejes respectivos en ambos análisis, lo que facilita la superposición de los espacios sobre el mismo gráfico.

Como $\lambda_1 > \lambda_2 > ... > \lambda_q$, λ_1 debe ser más importante que los demás respecto de la cantidad de información de la nube que recoge. Si a partir del que ocupa el lugar q, los valores propios $\lambda_{q+1}, \lambda_{q+2}, ..., \lambda_p$ pueden considerarse muy pequeños (próximos a cero), los ejes correspondientes recogen poca información, ya que la suma de las proyecciones al cuadrado sobre esos ejes es pequeña. De esta forma, el conjunto de los q primeros ejes permitirá resumir la nube de puntos con buena precisión. La cantidad de información, tasa de inercia, o parte de la varianza total, recogida por los q primeros ejes factoriales se define mediante $\tau_q = \sum_{h=1}^{q} \lambda_h \Big/ \sum_{h=1}^{p} \lambda_h$ y mide la parte de dispersión de la nube de puntos recogida en el subespacio $\mathbb{R}^q$.

En general, se define el ***porcentaje de inercia explicada por los k primeros ejes factoriales*** como:

$$\tau_k = \frac{\sum_{h=1}^{k} \lambda_h}{\sum_{h=1}^{p} \lambda_h} = \frac{\sum_{h=1}^{k} \lambda_h}{traza(X'X)}$$

6.3.4 Reconstrucción de la tabla inicial de datos a partir de los ejes factoriales

Es posible reconstruir de forma aproximada los valores numéricos de la tabla de datos inicial X a partir de los q primeros ejes, utilizando los vectores directores de los ejes y los valores propios. En efecto:

$$v_\alpha = \frac{1}{\sqrt{\lambda_\alpha}} u_\alpha \Rightarrow \sqrt{\lambda_\alpha} v_\alpha = X u_\alpha \Rightarrow \sqrt{\lambda_\alpha} v_\alpha u_\alpha' = X u_\alpha u_\alpha' \Rightarrow \sum_{\alpha=1}^{p} \sqrt{\lambda_\alpha} v_\alpha u_\alpha' = X \sum_{\alpha=1}^{p} u_\alpha u_\alpha'$$

Como los vectores u_α son unitarios y perpendiculares, $\sum_{\alpha=1}^{p} u_\alpha u_\alpha'$ es la matriz identidad, ya que es el producto de la matriz ortogonal de los vectores propios por su traspuesta, que es también su inversa (por ortogonalidad), con lo que:

$$\sum_{\alpha=1}^{p} \sqrt{\lambda_\alpha} v_\alpha u_\alpha' = X \sum_{\alpha=1}^{p} u_\alpha u_\alpha' \Rightarrow X = \sum_{\alpha=1}^{p} \sqrt{\lambda_\alpha} v_\alpha u_\alpha'$$

Si consideramos lo q ejes factoriales, se obtiene una representación exacta de la tabla de datos inicial, pero normalmente, a partir del que ocupa el lugar q, los valores propios λ_{q+1}, λ_{q+2},...,λ_p suelen ser muy pequeños (próximos a cero), con lo que los ejes correspondientes recogen poca información, ya que la suma de las proyecciones al cuadrado sobre esos ejes es pequeña. De esta forma estos últimos ejes aportarán poca información a la reconstrucción, considerándose la reconstrucción aproximada de la tabla de datos inicial X dada por:

$$X \approx \sum_{\alpha=1}^{q} \sqrt{\lambda_\alpha} \, v_\alpha u_\alpha^{'}$$

Se sustituyen así los nxp números de la matriz X por sólo nxq números constituidos por q vectores $\sqrt{\lambda_\alpha} v_\alpha$ y los q vectores u$_\alpha$.

La calidad total de la reconstrucción de la tabla inicial X se mide mediante el coeficiente $\tau_q = \sum_{h=1}^{q} \lambda_h \Big/ \sum_{h=1}^{p} \lambda_h$

6.4 COMPONENTES PRINCIPALES COMO CASO PARTICULAR DEL ANÁLISIS FACTORIAL GENERAL

En el caso en que la tabla de datos de partida esté formada por variables cuantitativas y heterogéneas, es aplicable el análisis factorial general previa tipificación de las variables. El análisis resultante, una vez realizada la tipificación, resulta ser el análisis en componentes principales ya estudiado en un capítulo anterior.

El análisis en componentes principales se utiliza para describir una matriz R de variables continuas del tipo individuos por variables. Es decir, una matriz que recoge el valor que toman cada una de las variables j, $\{j = 1,...,p\}$ en cada uno de los individuos u observaciones i, $\{i = 1,...,n\}$.

$$p\ Variables$$

$$n\ Individuos \left\{ \quad R = \begin{pmatrix} r_{11} & r_{12} & \cdots & r_{1j} & \cdots & r_{1p} \\ r_{21} & r_{22} & \cdots & r_{2j} & \cdots & r_{2p} \\ \vdots & \vdots & & \vdots & & \vdots \\ r_{i1} & r_{i2} & \cdots & r_{ij} & \cdots & r_{ip} \\ \vdots & \vdots & & \vdots & & \vdots \\ r_{n1} & r_{n2} & \cdots & r_{nj} & \cdots & r_{np} \end{pmatrix} \right.$$

Al igual que en el análisis factorial general, los datos de la tabla anterior pueden representarse en dos espacios distintos. En el **espacio de las variables R^p** se representan los n individuos por sus coordenadas (p-tuplas) o valores que toman para cada una de las p variables. En el **espacio de los individuos R^n** se representan las p variables por sus coordenadas (n-tuplas) o valores que toman para cada uno de los n individuos.

Las variables Figuran en columnas y los individuos, en filas. Éstos pueden ser individuos encuestados, observaciones, marcas, consumidores de un producto, etc. Esta matriz puede ser muy disimétrica, y las variables, muy heterogéneas, tanto en media como en desviación. Por ejemplo, una variable puede medir las ventas en pesetas y otra, tipos de rendimientos, con lo cual las diferencias de medias serían enormes. Por esta razón, antes de aplicar el análisis factorial general a la matriz R, se realiza una transformación de la matriz, como veremos a continuación.

6.4.1 Análisis en R^p

Para evitar que variables que toman valores muy altos tengan un peso muy importante en la determinación de los ejes, se realiza una transformación consistente en centrar los datos de la siguiente forma:

$$x'_{ij} = r_{ij} - \bar{r}_j \ \text{ con } \ \bar{r}_j = \frac{1}{n}\sum_{i=1}^{n} r_{ij} = \text{media de la variable } j$$

De esta manera se elimina la influencia del nivel general de las variables, realizándose una traslación del origen al centro de gravedad de la nube. Gráficamente, podemos comprobar la conveniencia de realizar esta operación. Supongamos que la representación de los individuos es la del Gráfico (Figura 6-4):

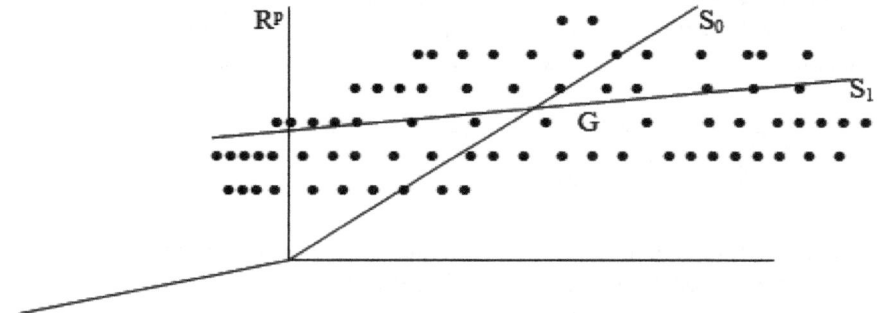

Figura 6-4

Buscamos el subespacio de dimensión reducida que, pasando por el origen, represente bien la nube de puntos. Si tomamos como solución el subespacio S_0, no obtendremos una buena representación. Se produce entonces una deformación fuerte al proyectar los puntos individuos sobre So. Sin embargo, lo que tratamos de estudiar no es la posición de los individuos con respecto al origen, sino sus posiciones respectivas, o sea, la forma de la nube. Es evidente que en un caso como el del gráfico que nos ocupa esto se lograría mejor y obtendríamos una representación más fiel sobre el subespacio S_1, que no pasa por el origen sino por el centro de gravedad G de la nube. Para realizar un análisis general en relación al centro de gravedad G, se traslada el origen de coordenadas al centro de gravedad.

Por otra parte, puede ocurrir que las dispersiones de las distintas variables que forman la tabla de datos sean muy diferentes, lo que hará necesaria otra transformación en los datos de partida, realizando una tipificación como sigue:

$$x_{ij} = \frac{r_{ij} - \bar{r}_j}{s_j \sqrt{n}} \quad \text{siendo} \quad s_j^2 = \frac{1}{n} \sum_{i=1}^{n} (r_{ij} - \bar{r}_j)^2$$

De esta forma, para dos individuos i e i', la distancia euclídea entre ellos, que en general hemos visto que viene definida por $d(i\ i') = \sqrt{\sum_j (x_{ij} - x_{i'j})^2}$, puede expresarse como sigue:

$$d^2(i\ i') = \sum_j (x_{ij} - x_{i'j})^2 = \sum_j \left(\frac{r_{ij} - \bar{r}_j}{s_j \sqrt{n}} - \frac{r_{i'j} - \bar{r}_j}{s_j \sqrt{n}} \right)^2 = \frac{1}{n} \sum_j \left(\frac{r_{ij} - r_{i'j}}{s_j} \right)^2$$

De esta forma, todas las variables tendrán una contribución semejante a la determinación de las proximidades y no habrá variables que por ser muy dispersas contribuyan más al cálculo de las distancias.

Otra característica importante de la tipificación realizada lo constituye el hecho de que la matriz de correlaciones C coincida con la matriz X'X, cuyo término general $c_{jj'}$ coincide con la correlación ente las variables j y j', como se muestra en la expresión:

$$c_{jj'} = \sum_i \frac{(r_{ij} - \bar{r}_j)(r_{ij'} - \bar{r}_{j'})}{s_j \sqrt{n} \; s_{j'} \sqrt{n}} = \sum_i \frac{(r_{ij} - \bar{r}_j)(r_{ij'} - \bar{r}_{j'})}{s_j \; s_{j'} \; n} = corr(j, j')$$

Por lo tanto, el análisis en componentes principales en R^p consistirá en realizar un análisis factorial general sobre la tabla X tipificada. El análisis consistirá entonces en obtener los vectores propios u_α de la matriz de correlaciones C=X'X, y las proyecciones de los individuos sobre los ejes dirigidos por estos vectores propios son las componentes principales, que se obtienen mediante $F_\alpha = X u_\alpha$, donde u_α es el vector propio de C=X'X asociado a su α-ésimo mayor valor propio λ_α. Para el individuo i, su proyección sobre el eje de vector director u_α viene dada por la combinación lineal:

$$F_\alpha(i) = x_i' u_\alpha = \sum_j x_{ij} u_{\alpha j} = x_{i1} u_{\alpha 1} + \cdots + x_{ip} u_{\alpha p}$$

La proporción de la variabilidad total recogida por la componente principal h-ésima (*porcentaje de inercia explicada por la componente principal h-ésima*) vendrá dada por:

$$\frac{\lambda_h}{\sum_{h=1}^p \lambda_h} = \frac{\lambda_h}{traza(C)} = \frac{\lambda_h}{p}$$

También se define el *porcentaje de inercia explicada por las k primeras componentes principales (o ejes factoriales)* como:

$$\frac{\sum_{h=1}^k \lambda_h}{\sum_{h=1}^p \lambda_h} = \frac{\sum_{h=1}^k \lambda_h}{traza(C)} = \frac{\sum_{h=1}^k \lambda_h}{p}$$

Se puede interpretar la nube de individuos en función de los factores, ya que la contribución absoluta de un individuo i a la formación de un eje α ($CTA_\alpha(i)$) es mayor cuanto más alta sea su proyección sobre el eje:

$$CTA_\alpha(i) = \frac{F_\alpha^2(i)}{\displaystyle\sum_i F_\alpha^2(i)}$$

También se puede obtener una medida de la calidad de la representación de un individuo i sobre el eje α a través de la contribución relativa $CTR_\alpha(i)$, o cociente entre la cantidad de información restituida en proyección y la información aportada por i:

$$CTR_\alpha(i) = \frac{F_\alpha^2(i)}{\displaystyle\sum_j x_{ij}^2}$$

Si en su representación en el plano de los factores (individuos representados por sus coordenadas sobre los factores), dos individuos están próximos, pueden interpretarse como individuos de comportamiento semejante, tomando valores próximos para todas las variables medidas sobre ellos.

6.4.2 Análisis en R^n

La transformación realizada en la tabla de datos produce efectos diferentes en este espacio. Así como en R^p se trasladaba el origen al centro de gravedad y se situaba a los individuos alrededor del origen, en R^n la transformación produce una deformación de la nube de puntos. El cambio de escala de cada variable (multiplicación por $1/(s_j\sqrt{n})$) sitúa todos los puntos variables a la distancia 1 del origen. En efecto:

$$d^2(j,O) = \sum_i x_{ij}^2 = \sum_i \left(\frac{r_{ij} - \bar{r}_j}{s_j\sqrt{n}}\right)^2 = \sum_i \frac{(r_{ij} - \bar{r}_j)^2/n}{s_j^2} = \frac{\displaystyle\sum_i (r_{ij} - \bar{r}_j)^2/n}{s_j^2} = \frac{s_j^2}{s_j^2} = 1$$

Los p puntos están en una hiperesfera de radio 1 cuyo centro es el origen. Al proyectar los puntos sobre el subespacio obtenido al aplicar el análisis factorial general se puede producir una contracción, con lo cual en proyección los puntos estarán situados a una distancia del origen menor o igual a 1.

La distancia entre 2 puntos variables en el espacio R^n puede expresarse en función del coeficiente de correlación $c_{jj'}$ entre las variables j y j' como sigue:

$$d^2(j,j') = \sum_i (x_{ij} - x_{ij'})^2 = \sum_i \left(\frac{r_{ij} - \bar{r}_j}{s_j\sqrt{n}} - \frac{r_{ij'} - \bar{r}_{j'}}{s_{j'}\sqrt{n}} \right)^2 = \frac{1}{n}\sum_i \left(\frac{r_{ij} - \bar{r}_j}{s_j} - \frac{r_{ij'} - \bar{r}_{j'}}{s_{j'}} \right)^2$$

$$= \frac{1}{n}\sum_i \left[\frac{(r_{ij} - \bar{r}_j)^2}{s_j^2} - \frac{(r_{ij'} - \bar{r}_{j'})^2}{s_{j'}^2} + 2\frac{(r_{ij} - \bar{r}_j)(r_{ij'} - \bar{r}_{j'})}{s_j s_{j'}} \right] =$$

$$= \frac{\frac{1}{n}\sum_i (r_{ij} - \bar{r}_j)^2}{s_j^2} - \frac{\frac{1}{n}\sum_i (r_{ij'} - \bar{r}_{j'})^2}{s_{j'}^2} + 2\frac{\frac{1}{n}\sum_i (r_{ij} - \bar{r}_j)(r_{ij'} - \bar{r}_{j'})}{s_j s_{j'}} =$$

$$= \frac{s_j^2}{s_j^2} - \frac{s_{j'}^2}{s_{j'}^2} + 2c_{jj'} = 2(1 - c_{jj'})$$

De esta forma, las proximidades entre los puntos variables se pueden interpretar en términos de correlación, de modo que, si dos variables están muy correlacionadas positivamente ($c_{jj'} \cong 1$), la distancia entre ellas es casi cero $(d^2(j,j') \cong 0)$. Si dos variables están muy correlacionadas negativamente ($c_{jj'} \cong -1$), la distancia entre ellas es máxima $(d^2(j,j') \cong 4)$. Si las dos variables están incorrelacionadas ($c_{jj'} \cong 0$), la distancia entre ellas es intermedia $(d^2(j,j') \cong 2)$.

Para obtener los factores puede no ser necesario diagonalizar la matriz XX'. Como ya se ha visto en el análisis general, los vectores propios de XX' asociados al valor propio λ_α se obtienen a partir de los de la matriz X'X mediante:

$$v_\alpha = \frac{1}{\sqrt{\lambda_\alpha}} u_\alpha$$

La proyección de los puntos variables sobre el eje α viene dada por el vector:

$$G_\alpha = X'v_\alpha = \sqrt{\lambda_\alpha} u_\alpha \qquad G_\alpha(j) = \sum_i x_{ij} v_{\alpha i} = \sqrt{\lambda_\alpha} u_{\alpha j}$$

Para la variable j, su proyección sobre el eje factorial α también puede expresarse como sigue:

$$G_\alpha(j) = \sum_i x_{ij} v_{\alpha i} = \frac{\sum_i x_{ij} F_\alpha(i)}{\sqrt{\lambda_\alpha}} = \frac{Cov(\alpha, j)}{s_\alpha s_j} = Corr(\alpha, j)$$

Se ha empleado la relación $F_\alpha(i) = v_{\alpha i} \sqrt{\lambda_\alpha}$.

Sobre los planos factoriales los puntos variables están situados en el interior de un círculo de radio unidad centrado en el origen. En efecto, hemos visto que los puntos variables están situados en la hiperesfera de radio unidad (por la transformación de la tipificación realizada en los datos iniciales) y al proyectarlos se puede producir una contracción y acercarse al origen, pero no una dilatación. Cuanto menor sea la pérdida de información, menor será la contracción. Los puntos variables están mejor representados en el plano mientras más próximos estén el borde del círculo. La nube de variables no está centrada en el origen, sino que las variables pueden estar situadas todas al mismo lado del origen si se correlacionan positivamente.

6.5 ANÁLISIS FACTORIAL DE CORRESPONDENCIAS

El análisis de correspondencias es un método multivariante factorial de reducción de la dimensión de una tabla de casos-variables con datos cualitativos con el fin de obtener un número reducido de factores, cuya posterior interpretación permitirá un estudio más simple del problema investigado. El hecho de que se manejen variables cualitativas (o, por supuesto, cuantitativas categorizadas) confiere a esta prueba factorial una característica diferencial: No se utilizan como datos de partida mediciones individuales, sino frecuencias de una tabla; es decir, número de individuos contenidos en cada casilla. El análisis factorial es de aplicación incluso con sólo dos caracteres o variables cualitativas (análisis de correspondencias simple), cada una de las cuales puede presentar varias modalidades o categorías. El método se generaliza cuando el número de variables o caracteres cualitativos es mayor de dos (análisis de correspondencias múltiple).

El conocido tratamiento conjunto de dos caracteres o variables cualitativas a través de la prueba de asociación o independencia de la χ^2 proporcionaba exclusivamente información sobre la relación significativa o no entre ambas, sin aclarar qué categorías o modalidades estaban implicadas. Sin embargo, el análisis de correspondencias extrae relaciones entre categorías y define similaridades o disimilaridades entre ellas, lo que permitirá su agrupamiento si se detecta que se corresponden. Y todo esto queda plasmado en un espacio dimensional de escasas variables sintéticas o factores que pueden ser interpretados o nombrados y que, además, deben condensar el máximo posible de información. Representaciones gráficas o mapas de correspondencias permiten visualizar globalmente las relaciones obtenidas.

Por obedecer a la sistemática general del análisis factorial, las dimensiones que definen el espacio en que se representan las categorías se obtienen como factores cuantitativos, por lo que el análisis de correspondencias acaba siendo un método de extracción de variables ficticias cuantitativas a partir de variables cualitativas originales, al definir aquéllas las relaciones entre las categorías de éstas. Esto puede permitir la aplicación posterior de otras pruebas multivariantes cuantitativas (regresión, clústeres...). Una posibilidad propia de este análisis es la inclusión a posteriori de una nueva categoría de alguna de las variables (categoría suplementaria) que, no habiendo participado en el cálculo, interese representar para su comparación con las originales. La abundancia y vistosidad de los resultados obtenidos hacen de esta prueba una magnífica fuente de hipótesis de trabajo para continuar la investigación.

El carácter cualitativo de las variables también obliga a un proceso metodológico distinto. Si se trata de estudios de similaridad o disimilaridad entre categorías, se habrá de cuantificar la diferencia o distancia entre ellas. En una tabla de frecuencias cada categoría de una variable está formada por un conjunto de individuos distribuidos en cada una de las categorías de la otra. Por tanto, el proceso para hallar la distancia entre dos categorías de una variable es el utilizado en Estadística para el cálculo del desajuste de dos distribuciones, por medio de las diferencias (desajustes) cuadráticas (para evitar enjugar diferencias positivas con negativas) relativas (es menos clara una diferencia de dos individuos en cuatro que en un dos por ciento). La suma de estas diferencias cuadráticas relativas entre las frecuencias de ambas distribuciones no es otra cosa que el conocido concepto de la χ^2. Así, el análisis de correspondencias puede considerarse como un análisis de componentes principales aplicado a variables cualitativas que, al no poder utilizar correlaciones, se basa en la distancia no euclídea de la χ^2.

6.6 ANÁLISIS DE CORRESPONDENCIAS SIMPLE

Ya sabemos que el análisis factorial de correspondencias simple está particularmente adaptado para tratar tablas de contingencia, representando los efectivos existentes en las múltiples modalidades (categorías) combinadas de dos caracteres (variables cualitativas). Si cruzamos en una tabla de contingencia el carácter I con modalidades desde i=1 hasta i=n (en filas), con el carácter J con modalidades desde j=1 hasta j=p (en columnas), podemos representar el número de unidades estadísticas que pertenecen simultáneamente a la modalidad *i* del carácter I y a la modalidad *j* del carácter J mediante k_{ij}. En este caso, la distinción entre observaciones y variables en el cuadro de doble entrada es artificial, pero, por similitud con componentes principales, suele hablarse a veces de individuos u observaciones cuando nos referimos al conjunto de las modalidades del carácter I (filas), y de variables cuando nos referimos al conjunto de las modalidades del carácter J (columnas), tal y como se observa en la Tabla siguiente:

I \ J	1	2	$\cdots$	j	$\cdots$	p
1						
2				$\vdots$		
$\vdots$						
i			$\cdots$	k_{ij}	$\cdots$	
$\vdots$				$\vdots$		
n						

De una forma general puede considerarse que los objetivos que se persiguen cuando se aplica el análisis factorial de correspondencias son similares a los perseguidos con la aplicación del análisis de componentes principales, y pueden resumirse en los dos puntos siguientes:

- Estudio de las relaciones existentes en el interior del conjunto de modalidades del carácter I y estudio de las relaciones existentes en el interior del conjunto de modalidades del carácter J.

- Estudio de las relaciones existentes entre las modalidades del carácter I y las modalidades del carácter J.

La tabla de datos (k_{ij}) es una matriz K de orden (n, p) donde k_{ij} representa la frecuencia absoluta de asociaciones entre los elementos *i* y *j*, es decir el número de veces que se presentan simultáneamente las modalidades *i* y *j* de los caracteres I y J.

Utilizaremos la siguiente notación:

$$k_{i.} = \sum_{j=1}^{p} k_{ij} = \text{efectivo total de la fila } i.$$

$$k_{.j} = \sum_{i=1}^{n} k_{ij} = \text{efectivo total de la columna } j.$$

$$k_{ij} = \sum_{i=1}^{n} \sum_{j=1}^{p} k_{ij} = \text{efectivo total de la población.}$$

El método buscado para el análisis factorial de correspondencias simple deberá ser simétrico con relación a las líneas y columnas de K (para estudiar las relaciones en el interior de los conjuntos I y J) y deberá permitir comparar las distribuciones de frecuencias de las dos características (para estudiar las relaciones entre los conjuntos I y J).

Para comparar dos líneas entre sí (filas o columnas) en una tabla de contingencia, no interesan los valores brutos sino los porcentajes o distribuciones condicionadas. En una tabla de contingencia, el análisis buscado debe trabajar no con los valores brutos k_{ij} sino con *perfiles* o porcentajes. No interesa poner de manifiesto las diferencias absolutas que existen entre dos líneas, sino que los elementos i,i' (j,j') se consideran semejantes si presentan la misma distribución condicionada.

Una primera caracterización de las modalidades *i* del carácter I (variables *i*) puede hacerse a partir del peso relativo (expresado en tanto por uno) de cada modalidad del carácter J en la modalidad *i*, $\dfrac{k_{i1}}{k_{i.}}, \dfrac{k_{i2}}{k_{i.}}, \cdots, \dfrac{k_{ip}}{k_{i.}}$, que denominamos *perfil de la variable i*, y que es la distribución de frecuencias condicionada del carácter J para I=i.

De modo análogo la caracterización de las modalidades *j* del carácter J (observaciones *j*) puede hacerse a partir del peso relativo (expresado en tanto por uno) de cada modalidad del carácter I en la modalidad *j*, $\dfrac{k_{1j}}{k_{.j}}, \dfrac{k_{2j}}{k_{.j}}, \cdots, \dfrac{k_{nj}}{k_{.j}}$, que denominamos *perfil de la observación j*, y que es la distribución de frecuencias condicionada del carácter I para J=j.

6.6.1 Formación de las nubes y definición de distancias

En R^p tomaremos la nube de *n* puntos *i* (*n* filas de la tabla de perfiles de las variables *i*) cuyas coordenadas son $\dfrac{k_{i1}}{k_{i.}}, \dfrac{k_{i2}}{k_{i.}}, \cdots, \dfrac{k_{ip}}{k_{i.}}$ i=1...n

En R^n se forma la nube de *p* puntos j (*p* columnas de la tabla de perfiles de las observaciones *j*) cuyas coordenadas son $\dfrac{k_{1j}}{k_{.j}}, \dfrac{k_{2j}}{k_{.j}}, \cdots, \dfrac{k_{nj}}{k_{.j}}$ j=1...p

Las transformaciones realizadas son idénticas en los dos espacios R^p y R^n. Sin embargo, ello va a llevar a transformaciones analíticas diferentes. Los nuevos datos en R^n no son la traspuesta de la matriz en R^p. Esto nos conduce a *realizar dos análisis factoriales diferentes, uno en cada espacio*. Pero encontraremos unas relaciones entre los factores que permitirán reducir los cálculos a una sola factorización facilitando además la interpretación.

A partir de ahora se trabajará con la **tabla de contingencia en frecuencias relativas** $f_{ij} = \dfrac{k_{ij}}{k}$ con $k = \sum\limits_{i=1}^{n} \sum\limits_{j=1}^{p} k_{ij}$. Tendremos el siguiente esquema:

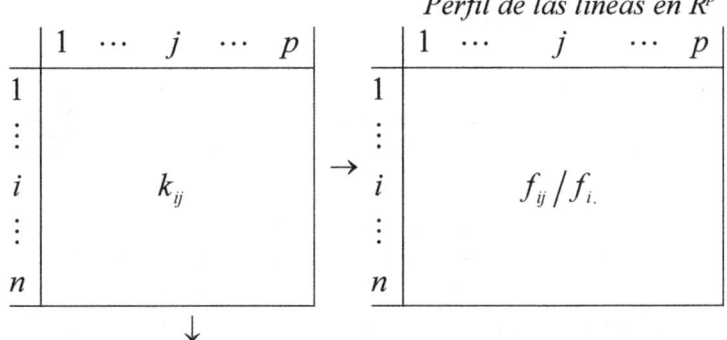

Perfil de las líneas en R^p

El análisis factorial de correspondencias trabaja con perfiles, pero no olvida las diferencias entre los efectivos de cada línea o columna, sino que le asigna un peso proporcional a su importancia en el total. En R^p cada punto i está afectado por un peso $f_{i.}$ y en R^n cada punto j está afectado por un peso $f_{.j}$ con lo que, de esta forma, se evita que al trabajar con perfiles se privilegie a las clases de efectivos pequeños.

El hecho de trabajar con perfiles, en vez de con los valores absolutos iniciales nos lleva a utilizar la distancia ji-cuadrado (distancia entre distribuciones) en vez de la euclídea. Partiendo de la definición de distancia ji-cuadrado dada al principio del Capítulo, en el análisis de correspondencias la distancia entre los individuos (puntos fila) i e i' en R^p vendrá definida como:

$$d_{ii'}^2 = \sum_{j=1}^{p} \frac{1}{k_{\cdot j}/k}\left(\frac{k_{ij}}{k_{i\cdot}} - \frac{k_{i'j}}{k_{i'\cdot}}\right)^2 = \sum_{j=1}^{p} \frac{1}{k_{\cdot j}/k}\left(\frac{k_{ij}/k}{k_{i\cdot}/k} - \frac{k_{i'j}/k}{k_{i'\cdot}/k}\right)^2 = \sum_{j=1}^{p} \frac{1}{f_{\cdot j}}\left(\frac{f_{ij}}{f_{i\cdot}} - \frac{f_{i'j}}{f_{i'\cdot}}\right)^2$$

De forma similar, en el análisis de correspondencias la distancia entre las variables (puntos columna) j y j' en R^n vendrá definida como:

$$d_{jj'}^2 = \sum_{i=1}^{n} \frac{1}{k_{i\cdot}/k}\left(\frac{k_{ij}}{k_{\cdot j}} - \frac{k_{ij'}}{k_{\cdot j'}}\right)^2 = \sum_{i=1}^{n} \frac{1}{k_{i\cdot}/k}\left(\frac{k_{ij}/k}{k_{\cdot j}/k} - \frac{k_{ij'}/k}{k_{\cdot j'}/k}\right)^2 = \sum_{i=1}^{n} \frac{1}{f_{i\cdot}}\left(\frac{f_{ij}}{f_{\cdot j}} - \frac{f_{ij'}}{f_{\cdot j'}}\right)^2$$

Realmente la única diferencia entre esta distancia y la euclídea es la ponderación, lo que evita que pequeñas diferencias entre las componentes de las líneas influyan mucho en la distancia. El uso de la distancia ji-cuadrado estabiliza los datos, hasta el punto de que, por el principio de la equivalencia distribucional, dos líneas (filas o columnas) con el mismo perfil pueden ser sustituidas por una sola afectada por una masa igual a la suma de las masas, sin que se alteren las distancias entre los demás pares de puntos en R^p o R^n.

6.6.2 Ejes factoriales: Análisis en R^p

Como el análisis es simétrico para filas y columnas, en el análisis factorial de correspondencias suele elegirse para columnas la dimensión más pequeña ($p<n$).

En Rp el objetivo es obtener una representación simplificada de los puntos fila cuyas coordenadas son $f_{ij}/f_{i\cdot}$, $j=1,\ldots,p$. Estos puntos están afectados de un peso o masa $f_{i\cdot}$ y la distancia entre ellos se mide a través de la distancia ji-cuadrado. Vamos a ver que este análisis de correspondencias es equivalente a un análisis en componentes principales de una tabla deducida de la inicial. Tenemos que la distancia entre los individuos (puntos fila) i e i' en R^p puede transformase como sigue:

$$d_{ii'}^2 = \sum_{j=1}^{p} \frac{1}{f_{\cdot j}}\left(\frac{f_{ij}}{f_{i\cdot}} - \frac{f_{i'j}}{f_{i'\cdot}}\right)^2 = \sum_{j=1}^{p}\left(\frac{f_{ij}}{f_{i\cdot}\sqrt{f_{\cdot j}}} - \frac{f_{i'j}}{f_{i'\cdot}\sqrt{f_{\cdot j}}}\right)^2$$

expresión que representa la distancia euclídea entre los puntos de coordenadas $\dfrac{f_{ij}}{f_{i\cdot}\sqrt{f_{\cdot j}}}$ y $\dfrac{f_{i'j}}{f_{i'\cdot}\sqrt{f_{\cdot j}}}$.

Por lo tanto, realizar un análisis con la distancia ji-cuadrado en la tabla $f_{ij}/f_{i\cdot}$, es equivalente al realizar un análisis con la distancia euclídea en la tabla $\dfrac{f_{ij}}{f_{i\cdot}\sqrt{f_{\cdot j}}}$ con los pesos $f_{i\cdot}$.

Las coordenadas del centro de gravedad de la nube de puntos $\dfrac{f_{ij}}{f_{i\cdot}\sqrt{f_{\cdot j}}}$ con los pesos $f_{i\cdot}$. son:

$$g_j = \sum_{i=1}^{n} \frac{f_{ij}}{f_{i\cdot}\sqrt{f_{\cdot j}}}\, f_{i\cdot} = \sum_{i=1}^{n} \frac{f_{ij}}{\sqrt{f_{\cdot j}}} = \frac{f_{\cdot j}}{\sqrt{f_{\cdot j}}} = \sqrt{f_{\cdot j}}$$

Como el análisis en componentes principales es centrado, trasladaremos el origen al centro de gravedad, con lo que las coordenadas de la nube de puntos $\dfrac{f_{ij}}{f_{i\cdot}\sqrt{f_{\cdot j}}}$ pasarán a ser $\dfrac{f_{ij}}{f_{i\cdot}\sqrt{f_{\cdot j}}} - \sqrt{f_{\cdot j}}$

La inercia de la nube de puntos pasará a ser:

$$I = \sum_{i=1}^{n} f_{i\cdot}.d^2(i,G) = \sum_{i=1}^{n} f_{i\cdot}.\sum_{j=1}^{p}\left(\frac{f_{ij}}{f_{i\cdot}\sqrt{f_{\cdot j}}} - \sqrt{f_{\cdot j}}\right)^2 = \sum_{i,j}^{n,p}\frac{(f_{ij}-f_{i\cdot}f_{\cdot j})^2}{f_{i\cdot}f_{\cdot j}}$$

La proyección de un punto sobre un nuevo eje de vector unitario u_1 viene dada por el producto escalar del punto y el vector u_1, es decir:

$$F_1(i) = \sum_{j=1}^{p}\left(\frac{f_{ij}}{f_{i\cdot}\sqrt{f_{\cdot j}}} - \sqrt{f_{\cdot j}}\right)u_{1j}$$

Para hallar el primer factor, se trata de buscar u_1 que maximice la inercia de la nube proyectada, es decir, la suma de los cuadrados de las proyecciones cada una multiplicada por su peso ($\text{máx}\sum_{i=1}^{n} f_{i\cdot}.F_1^2(i)$). Pero sabemos que este problema es equivalente a diagonalizar (vectores propios) la matriz Z de término general:

$$z_{jj'} = \sum_{i=1}^{n} f_{i\cdot}.\left(\frac{f_{ij}}{f_{i\cdot}\sqrt{f_{\cdot j}}} - \sqrt{f_{\cdot j}}\right)\left(\frac{f_{ij'}}{f_{i\cdot}\sqrt{f_{\cdot j'}}} - \sqrt{f_{\cdot j'}}\right) = \sum_{i=1}^{n}\left(\frac{f_{ij}-f_{i\cdot}f_{\cdot j}}{\sqrt{f_{i\cdot}}\sqrt{f_{\cdot j}}}\right)\left(\frac{f_{ij'}-f_{i\cdot}f_{\cdot j'}}{\sqrt{f_{i\cdot}}\sqrt{f_{\cdot j'}}}\right)$$

Esta matriz se puede expresar como $Z=X'X$ siendo X la matriz de término general $x_{ij} = \dfrac{f_{ij} - f_{i\cdot}f_{\cdot j}}{\sqrt{f_{i\cdot}}\cdot\sqrt{f_{\cdot j}}}$. Por lo tanto, el análisis factorial de correspondencias relativo a la tabla inicial k_{ij}, es equivalente al análisis en componentes principales para la matriz de término general x_{ij}.

De todas formas, se pueden realizar algunas simplificaciones, basadas en el hecho de que el vector u_p director del eje p de coordenadas $(\sqrt{f_{\cdot 1}}, \sqrt{f_{\cdot 2}},...,\sqrt{f_{\cdot p}})$ es un vector propio de $Z=X'X$ asociado al valor propio 0, ya que partiendo de la expresión desarrollada de $Z\, u_p$ tenemos:

$$\sum_{j'=1}^{p}\sum_{i=1}^{n} f_{i\cdot}\left(\frac{f_{ij}}{f_{i\cdot}\sqrt{f_{\cdot j}}} - \sqrt{f_{\cdot j}}\right)\left(\frac{f_{ij'}}{f_{i\cdot}\sqrt{f_{\cdot j'}}} - \sqrt{f_{\cdot j'}}\right)\sqrt{f_{\cdot j'}} = \sum_{i=1}^{n} f_{i\cdot}\left(\frac{f_{ij}}{f_{i\cdot}\sqrt{f_{\cdot j}}} - \sqrt{f_{\cdot j}}\right)\left(\frac{\sum_{j'=1}^{p} f_{ij'}}{f_{i\cdot}} - \sum_{j'=1}^{p} f_{\cdot j'}\right)$$

$$= \sum_{i=1}^{n} f_{i\cdot}\left(\frac{f_{ij}}{f_{i\cdot}\sqrt{f_{\cdot j}}} - \sqrt{f_{\cdot j}}\right)\left(\frac{f_{i\cdot}}{f_{i\cdot}} - 1\right) = 0 \Rightarrow \forall j \sum_{j'=1}^{p} z_{jj'}\sqrt{f_{\cdot j'}} = 0 \Rightarrow Z\, u_p = 0\, u_p$$

Los restantes vectores propios de Z deben ser ortogonales a u_p, luego:

$$\sum_{j=1}^{p} u_{\alpha j}\sqrt{f_{\cdot j}} = 0$$

con lo que todos los vectores propios de $Z=X'X$, $\forall\alpha\neq p$ son también vectores propios de $S=X^{*'}X^{*}$ siendo $x_{ij}^{*}= \dfrac{f_{ij}}{\sqrt{f_{i\cdot}}\cdot\sqrt{f_{\cdot j}}}$ ya que $\sum_{j'=1}^{p} z_{jj'}u_{\alpha j'} = \sum_{j'=1}^{p} s_{jj'}u_{\alpha j'}$ $\forall\alpha\neq p$

El vector u_p es también vector propio de S, pero asociado al valor propio 1, por lo que el análisis puede realizarse sobre la tabla X^{*} no centrada. Esto conlleva que la proyección del punto i sobre el eje α toma la expresión:

$$F_{\alpha}(i) = \sum_{j=1}^{p}\left(\frac{f_{ij}}{f_{i\cdot}\sqrt{f_{\cdot j}}} - \sqrt{f_{\cdot j}}\right)u_{\alpha j} = \sum_{j=1}^{p}\left(\frac{f_{ij}}{f_{i\cdot}\sqrt{f_{\cdot j}}}\right)u_{\alpha j}$$

6.6.3 Ejes factoriales: Análisis en $\mathbf{R^n}$

Como el análisis es simétrico para filas y columnas, se pueden deducir rápidamente los resultados para el análisis en R^n. Así tendremos que las coordenadas de los puntos j serán $f_{ij}/f_{\cdot j}$, su peso será $f_{\cdot j}$, el centro de gravedad G tendrá de coordenadas $g_i = \sqrt{f_{i\cdot}}$, la proyección de un punto j sobre el eje α cuyo vector director

es v_α es $\quad G_\alpha(j) = \sum_{i=1}^{n} \left(\dfrac{f_{ij}}{f_{\cdot j}\sqrt{f_{i\cdot}}} - \sqrt{f_{i\cdot}} \right) v_{\alpha i}$, la matriz a diagonalizar es W donde

$$w_{ii'} = \sum_{j=1}^{p} f_{\cdot j} \left(\frac{f_{ij}}{f_{\cdot j}\sqrt{f_{i\cdot}}} - \sqrt{f_{i\cdot}} \right) \left(\frac{f_{i'j}}{f_{\cdot j}\sqrt{f_{i'\cdot}}} - \sqrt{f_{i'\cdot}} \right) = \sum_{j=1}^{p} \left(\frac{f_{ij} - f_{i\cdot}f_{\cdot j}}{\sqrt{f_{i\cdot}}\sqrt{f_{\cdot j}}} \right) \left(\frac{f_{i'j} - f_{i'\cdot}f_{\cdot j}}{\sqrt{f_{i'\cdot}}\sqrt{f_{\cdot j}}} \right)$$

Además, el vector v_p director del eje p de coordenadas $(\sqrt{f_{1\cdot}}, \sqrt{f_{2\cdot}}, ..., \sqrt{f_{n\cdot}})$ es un vector propio de $W=XX'$ asociado al valor propio 0, y todos los vectores propios v_α de $W=XX'$ $\forall \alpha \neq p$ son también vectores propios de $W^*=X^*X^{*'}$ siendo v_p el vector propio asociado al valor propio 1. Esto conlleva a que la proyección del punto j sobre el eje α toma la expresión:

$$G_\alpha(j) = \sum_{i=1}^{n} \left(\frac{f_{ij}}{f_{\cdot j}\sqrt{f_{i\cdot}}} - \sqrt{f_{i\cdot}} \right) v_{\alpha i} = \sum_{i=1}^{n} \left(\frac{f_{ij}}{f_{\cdot j}\sqrt{f_{i\cdot}}} \right) v_{\alpha i}$$

6.6.4 Relación entre los análisis en $\mathbf{R^p}$ y $\mathbf{R^n}$

Los valores propios λ_α no nulos de las matrices $X'X$ y XX' son los mismos. Además, los vectores propios u_α de $X'X$ y vectores propios v_α de XX' están relacionados mediante las expresiones $v_\alpha = \dfrac{1}{\sqrt{\lambda_\alpha}} X u_\alpha$ y $u_\alpha = \dfrac{1}{\sqrt{\lambda_\alpha}} X' v_\alpha$, y sustituyendo los términos de X por sus valores en función de las frecuencias en el análisis de correspondencias se tiene lo siguiente:

$$v_{\alpha i} = \frac{1}{\sqrt{\lambda_\alpha}} \sum_{j=1}^{p} \frac{f_{ij}}{\sqrt{f_{i\cdot}}\sqrt{f_{\cdot j}}} u_{\alpha j} = \frac{1}{\sqrt{\lambda_\alpha}} F_\alpha(i)\sqrt{f_{i\cdot}} \Rightarrow F_\alpha(i) = \frac{\sqrt{\lambda_\alpha} v_{\alpha i}}{\sqrt{f_{i\cdot}}}$$

$$u_{\alpha j} = \frac{1}{\sqrt{\lambda_\alpha}} \sum_{i=1}^{n} \frac{f_{ij}}{\sqrt{f_{i\cdot}}\sqrt{f_{\cdot j}}} v_{\alpha i} = \frac{1}{\sqrt{\lambda_\alpha}} G_\alpha(j)\sqrt{f_{\cdot j}} \Rightarrow G_\alpha(j) = \frac{\sqrt{\lambda_\alpha} u_{\alpha j}}{\sqrt{f_{\cdot j}}}$$

Estas relaciones entre los dos subespacios permiten representar simultáneamente los puntos línea y los puntos columna sobre los mismos gráficos, lo que favorece la interpretación de los resultados. Tenemos lo siguiente:

- La proyección de los puntos j sobre el eje α puede expresarse en función de la proyección de los puntos i (utilizando que $v_{\alpha i} = \dfrac{1}{\sqrt{\lambda_\alpha}} F_\alpha(i) \sqrt{f_i.}$) como sigue:

$$G_\alpha(j) = \sum_{i=1}^{n} \left(\frac{f_{ij}}{f._j \sqrt{f_i.}} \right) v_{\alpha i} = \frac{1}{\sqrt{\lambda_\alpha}} \sum_{i=1}^{n} \left(\frac{f_{ij}}{f._j \sqrt{f_i.}} \right) F_\alpha(i) \sqrt{f_i.} = \frac{1}{\sqrt{\lambda_\alpha}} \sum_{i=1}^{n} \left(\frac{f_{ij}}{f._j} \right) F_\alpha(i)$$

- La proyección de los puntos i sobre el eje α puede expresarse en función de la proyección de los puntos j (utilizando que $u_{\alpha j} = \dfrac{1}{\sqrt{\lambda_\alpha}} G_\alpha(j) \sqrt{f._j}$) como sigue:

$$F_\alpha(i) = \sum_{j=1}^{p} \left(\frac{f_{ij}}{f_i. \sqrt{f._j}} \right) u_{\alpha j} = \frac{1}{\sqrt{\lambda_\alpha}} \sum_{j=1}^{p} \left(\frac{f_{ij}}{f_i. \sqrt{f._j}} \right) G_\alpha(j) \sqrt{f._j} = \frac{1}{\sqrt{\lambda_\alpha}} \sum_{i=1}^{n} \left(\frac{f_{ij}}{f_i.} \right) G_\alpha(j)$$

Según las expresiones anteriores resultan las relaciones siguientes:

- La proyección de un punto i sobre el eje α, $F_\alpha(i)$, es el baricentro (salvo el coeficiente $1/\sqrt{\lambda_\alpha}$) de las proyecciones de los puntos j sobre el mismo eje, cada punto afectado del peso fij/fi. que es su importancia relativa en i.

- La proyección de un punto j sobre el eje α, $G_\alpha(j)$, es el baricentro (salvo el coeficiente $1/\sqrt{\lambda_\alpha}$) de las proyecciones de los puntos i sobre el mismo eje, cada punto afectado del peso fij/fj que es su importancia relativa en j.

Las relaciones anteriores, llamadas *relaciones baricéntricas, permiten pasar de un espacio a otro y representar simultáneamente sobre el mismo plano los puntos fila y columna, permitiendo así clarificar las relaciones entre filas y columnas.*

6.6.5 Reconstrucción de la tabla de frecuencias

En el análisis general habíamos visto que se reconstruía la tabla de frecuencias inicial a partir de los factores mediante $X = \sum_{\alpha=1}^{p} \sqrt{\lambda_\alpha} v_\alpha u_\alpha'$.

Si en la expresión anterior sustituimos $u_{\alpha j} = \dfrac{1}{\sqrt{\lambda_\alpha}} G_\alpha(j)\sqrt{f_{\cdot j}}$ y también

$v_{\alpha i} = \dfrac{1}{\sqrt{\lambda_\alpha}} F_\alpha(i)\sqrt{f_{i\cdot}}$, se tiene lo siguiente:

$$\frac{f_{ij}}{\sqrt{f_{\cdot j}}\,\sqrt{f_{i\cdot}}} = \sum_{\alpha=1}^{p} \sqrt{\lambda_\alpha}\,\frac{1}{\sqrt{\lambda_\alpha}} F_\alpha(i)\sqrt{f_{i\cdot}}\,\frac{1}{\sqrt{\lambda_\alpha}} G_\alpha(j)\sqrt{f_{\cdot j}} \Rightarrow \frac{f_{ij}}{f_{i\cdot}f_{\cdot j}} = \sum_{\alpha=1}^{p} \frac{1}{\sqrt{\lambda_\alpha}} F_\alpha(i)G_\alpha(j)$$

pero $\lambda_1{=}1$, $u_{1j}{=}\sqrt{f_{\cdot j}}$, $v_{1i}{=}\sqrt{f_{i\cdot}}$, $F_\alpha(i){=} v_i\sqrt{\lambda_\alpha}/\sqrt{f_{i\cdot}} \Rightarrow F_1(i){=} \sqrt{f_{i\cdot}}/\sqrt{f_{i\cdot}}{=}1$, $G_1(j){=} \sqrt{f_{\cdot j}}/\sqrt{f_{\cdot j}}{=}1$
, con lo que podemos reconstruir la tabla de frecuencias mediante:

$$f_{ij} = f_{i\cdot}f_{\cdot j}\left[1 + \sum_{\alpha=2}^{p} \frac{1}{\sqrt{\lambda_\alpha}} F_\alpha(i)G_\alpha(j)\right]$$

6.7 ANÁLISIS DE CORRESPONDENCIAS MÚLTIPLES

Hemos visto que el análisis factorial de correspondencias es de aplicación con dos caracteres o variables cualitativas (***análisis de correspondencias simple*** o sencillamente ***análisis factorial de correspondencias***), cada una de las cuales puede presentar varias modalidades o categorías. Pero el método es generalizable al caso de un número de variables o caracteres cualitativos mayor de dos (***análisis de correspondencias múltiple***).

Ya sabemos que el análisis factorial de correspondencias simple está particularmente adaptado para tratar tablas de contingencia, representando los efectivos existentes en las múltiples modalidades (categorías) combinadas de dos caracteres (variables cualitativas). Si cruzamos en una tabla de contingencia el carácter I con modalidades desde i=1 hasta i=n (en filas), con el carácter J con modalidades desde j=1 hasta j=p (en columnas), podemos representar el número de unidades estadísticas que pertenecen simultáneamente a la modalidad *i* del carácter I y a la modalidad *j* del carácter J mediante k_{ij}. En este caso, suele hablarse a veces de individuos u observaciones cuando nos referimos al conjunto de las modalidades del carácter I (filas), y de variables cuando nos referimos al conjunto de las modalidades del carácter J (columnas), pero sólo por simple similitud con el análisis en componentes principales, ya que los resultados hemos visto que son totalmente simétricos. Cuando el número de caracteres es mayor que dos (en vez de tener sólo los caracteres I, J tenemos los caracteres J_1, J_2, ..., J_Q) ya no se puede hablar de tabla de contingencia y la representación tabulada de los datos se complica. No obstante, el análisis en correspondencias múltiples permite estudiar las relaciones entre las modalidades de todas las características cualitativas consideradas.

En el análisis de correspondencias múltiples se ordenan los datos en una tabla Z denominada ***tabla disyuntiva completa*** que consta de un conjunto de individuos $I=1,...,i,...n$ (en filas), un conjunto de variables o caracteres cualitativos $J_1,...,J_k...J_Q$ (en columnas) y un conjunto de modalidades excluyentes $1,...,m_k$ para cada carácter cualitativo. El número total de modalidades será entonces $J=\sum_{k=1}^{Q} m_k$. La tabla disyuntiva completa Z de dimensión IxJ tiene el siguiente aspecto:

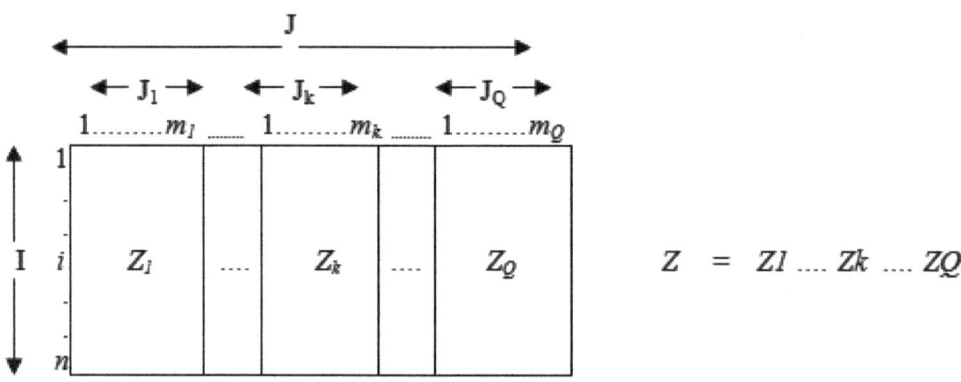

El elemento z_{ij} de la tabla toma el valor 0 o 1 según que el individuo i haya elegido (esté afectado por) la modalidad j o no. Por lo tanto, cada rectángulo de la tabla disyuntiva completa puede considerarse, aunque no lo sea, como una tabla de contingencia cuyos elementos son 0 o 1. La tabla disyuntiva completa Z consta entonces de Q subtablas yuxtapuestas, con la finalidad de obtener una representación simultánea de todas las modalidades (columnas) de todos los individuos (filas). Si las modalidades son excluyentes, cada subtabla tiene un único 1 en cada una de sus filas.

Si conservamos la notación que hemos manejado hasta ahora tenemos:

$z_{ij} = k_{ij} = 0$ ó 1.

$k_{i.} = \sum_{j} k_{ij} = Q =$ número de modalidades (cada subtabla tiene un único 1 en cada fila).

$k_{.j} = \sum_{i} k_{ij} =$ número de individuos que poseen la modalidad j.

$f_{ij}/f_{i.} = k_{ij}/k_{i.} = 1/Q =$ inverso del número de modalidades (0 si el individuo no elige j).

6.7.1 Obtención de los factores: Tabla de Burt

Para obtener los factores es necesario diagonalizar la matriz $V=D^{-1}B/Q$ donde $B=Z'Z$ es la tabla de Burtz, matriz simétrica formada por Q^2 bloques, de modo que sus bloques de la diagonal $Z'_k Z_k$ son tablas diagonales que cruzan una variable con ella misma, siendo los elementos de la diagonal los efectivos de cada modalidad $k_{\cdot j}$. Los bloques fuera de la diagonal son tablas de contingencia obtenidas cruzando las características de dos en dos $Z'_k Z_k$ cuyos elementos son las frecuencias de asociación de las dos modalidades correspondientes. La matriz D es una matriz diagonal cuyos elementos diagonales son los de la matriz de Burtz, siendo nulos el resto de los elementos. El aspecto de la tabla de Burt es el siguiente:

$$
\begin{array}{c|c|c|c|c}
 & J_1 & J_2 & \cdots & J_Q \\
\hline
J_1 & 0\cdots 0 & C_{12} & \cdots & C_{1Q} \\
\hline
J_2 & C_{21} & 0\cdots 0 & \cdots & C_{2Q} \\
\hline
\vdots & \vdots & \vdots & \ddots & \vdots \\
\hline
J_Q & C_{Q1} & C_{Q2} & \cdots & 0\cdots 0
\end{array}
$$

Las fórmulas de transición que ***permiten representar simultáneamente los puntos línea y los puntos columna sobre los mismos gráficos relacionando así los resultados en los dos subespacios*** tomarán ahora las siguientes expresiones:

$$F_\alpha(i) = \frac{1}{\sqrt{\lambda_\alpha}} \sum_{j=1}^{p} \left(\frac{f_{ij}}{f_{i\cdot}} \right) G_\alpha(j) = \frac{1}{\sqrt{\lambda_\alpha}} \frac{1}{Q} \sum_{j=1}^{p} k_{ij} G_\alpha(j)$$

$$G_\alpha(j) = \frac{1}{\sqrt{\lambda_\alpha}} \sum_{i=1}^{n} \left(\frac{f_{ij}}{f_{\cdot j}} \right) F_\alpha(i) = \frac{1}{\sqrt{\lambda_\alpha}} \frac{1}{k_{\cdot j}} \sum_{i=1}^{n} k_{ij} F_\alpha(i)$$

Si tenemos en cuenta que $k_{ij}=1$ cuando el individuo i posee la modalidad j y cero cuando no, la ***proyección de un punto individuo i sobre el eje*** α, $F_\alpha(1)$, es el baricentro (salvo un coeficiente de dilatación $1/\sqrt{\lambda_\alpha}$) de las proyecciones de los puntos modalidades sobre el eje, $G_\alpha(j)$. Todas las modalidades están afectadas del mismo peso $1/Q$. Análogamente, la ***proyección de un punto modalidad j sobre el eje*** α, $G_\alpha(j)$, es el baricentro (salvo un coeficiente de dilatación $1/\sqrt{\lambda_\alpha}$) de las proyecciones de los puntos individuos que poseen esa modalidad sobre el eje, $F_\alpha(1)$, todos ellos afectados del mismo peso $k_{\cdot j}$.

El *centro de gravedad de la nube de puntos variables* N(j) en Análisis Factorial de Correspondencias (ACM) es $\sqrt{f_i}$., que en este caso puede equipararse a una distribución uniforme $1/\sqrt{n}$, ya que $k_{i.} = \sum_j k_{ij} = Q \Rightarrow \sum_i k_{.j} = nQ \Rightarrow f_{i.}=1/n$.

El *centro de gravedad de las modalidades de cada variable*, cada una ponderada por su peso, es el mismo que el de la nube de modalidades N(J), es decir, $1/\sqrt{n}$, ya que el centro de gravedad de la subtabla $I \times J_k$ se obtiene a partir de su distribución marginal. Como sólo recoge una variable, la suma de cada línea es 1 y el total de la tabla es *n*, de dónde $f_i=1/n$.

Como el Análisis Factorial de Correspondencias es centrado y el centro de gravedad de las modalidades de una variable coincide con el del conjunto J, y con el origen, las modalidades de cada variable están centradas en torno al origen, no pudiendo tener todas el mismo signo.

Al igual que en cualquier Análisis Factorial de Correspondencias, se calculan las *ayudas a la interpretación para cada fila y columna*, definiendo la contribución de una variable J_k al factor α, como la suma de las contribuciones de las modalidades de la variable:

$$CTA_\alpha(J_k)= \sum_{j \in J_k} CTA_\alpha(j)$$

La parte de inercia debida a una modalidad *j* es mayor cuanto menor sea el efectivo de esa modalidad. Si G representa el centro de gravedad, la *inercia debida a la modalidad j* viene dada por:

$$I(j) = f_{.j}.d^2(G,j) = f_{.j} \sum_{i=1}^{n} \left(\frac{f_{ij}}{f_{.j}\sqrt{f_{i.}}} - \sqrt{f_{i.}} \right)^2 = \frac{k_{.j}}{nQ} \sum_{i=1}^{n} \left(\frac{k_{ij}/nQ}{k_{.j} \cdot 1/n} - 1/\sqrt{n} \right)^2 = \frac{1}{Q}\left(1 - \frac{k_{.j}}{n} \right)$$

Por lo tanto, es aconsejable eliminar las modalidades elegidas muy pocas veces, construyendo otra modalidad uniéndola a la más próxima.

La parte de *inercia debida a una variable* es función creciente del número de modalidades de respuesta que tiene, ya que la inercia de una variable es la suma de las inercias de sus modalidades:

$$I(J_k) = \sum_{j \in J_k}^{n} I(j) = \sum_{j \in J_k}^{n} \frac{1}{Q}\left(1 - \frac{k_{.j}}{n} \right) = \frac{1}{Q}(m_k - 1)$$

Si una variable tiene un número de modalidades demasiado grande, al igual que en el caso de que su efectivo sea muy pequeño, conviene reagrupar las modalidades en un número que sea razonable y mantener el sentido, para evitar así influencias extremas.

La *inercia total* es la suma de las inercias de todas las modalidades:

$$I = \sum_k I(J_k) = \sum_k \frac{1}{Q}\left(m_k - 1\right) = \frac{J}{Q} - 1$$

J/Q es el número medio de modalidades por variable cualitativa o carácter. En consecuencia, la inercia total sólo depende del número de modalidades y del de preguntas.

Si el número de variables es dos, y cada una tiene dos modalidades, los resultados se pueden analizar tanto por Análisis Factorial de Correspondencias (AFC) como por Análisis de Correspondencias Múltiples (ACM). En el primer caso obtendríamos un único factor que recoge el 100% de la inercia total. Esta inercia dependerá del grado de relación que exista entre las modalidades, de modo que, si están poco relacionadas, la inercia será próxima a cero, y si están muy relacionadas, la inercia tenderá a un valor alto.

Si la misma información la analizamos mediante análisis de correspondencias múltiples, obtendremos siempre la misma inercia ($J/Q-1=1$), pero obtendremos dos ejes. En el caso en que exista mucha relación entre las variables, el primer eje recogerá gran parte de la inercia (casi 1) y el segundo, muy poca, mientras que en el caso de total independencia entre las dos variables ambos factores recogerán la misma cantidad de inercia, es decir, 1/2 cada uno.

## Capítulo 7

ANÁLISIS DE CORRESPONDENCIAS SIMPLES Y MÚLTIPLES CON R

7.1 ANÁLISIS DE CORRESPONDENCIAS SIMPLES EN R

El comando CA de la librería **FactoMineR** realiza análisis factorial de correspondencias simples.

La sintaxis básica del comando CA es la siguiente:

```
CA(X, ncp = 5, graph = TRUE, axes = c(1,2))
```

- **X** es un dataframe con los datos de las variables de análisis o su tabla de contingencia
- **ncp** indica el número de dimensiones a considerar en el análisis (5 por defecto)
- **graph=TRUE** indica que se realicen los gráficos del análisis
- **axes=c(1,2)** indica las componentes a graficar (primera y segunda por defecto)

Como primer ejemplo consideramos datos conteniendo el número de doctorados concedidos en Estados Unidos desde 1973 a 1978. La tabla tiene seis filas, una por cada disciplina académica y seis columnas para cada uno de los años. Se trata de leer la tabla de datos y realizar un análisis de correspondencias que muestre la asociación entre las disciplinas y los años (variables cualitativas) incluyendo la descomposición de la inercia y coordenadas.

La tabla de datos o tabla de contingencia se muestra a continuación

	MATERIA	A1973	A1974	A1975	A1976	A1977	A1978
1	Ciencias de la vida	4489	4303	4402	4350	4266	4361
2	Ciencias físicas	4101	3800	3749	3572	3410	3234
3	Ciencias sociales	3354	3286	3344	3278	3137	3008
4	Ciencias comportamiento	2444	2587	2749	2878	2960	3049
5	Ingeniería	3338	3144	2959	2791	2641	2432
6	Matemáticas	1222	1196	1149	1003	959	959

Comenzamos instalando el paquere FactoMineR y leyéndolo.

```
> install.packages("FactoMineR")
> library(FactoMineR)
```

La siguiente tarea es cargar el archivo Excel con los datos y separar sus variables.

```
> library(readxl)
> DOCTORADOS <-
read_excel("E:/CURSOR2023/DATOS/DOCTORADOS.xlsx")
> View(DOCTORADOS)
> attach(DOCTORADOS)
```

Ahora vemos un exploratorio básico de las variables del archivo.

```
> summary(DOCTORADOS)
```

```
   MATERIA              A1973            A1974            A1975            A1976
 Length:6          Min.   :1222     Min.   :1196     Min.   :1149     Min.   :1003
 Class :character  1st Qu.:2668     1st Qu.:2726     1st Qu.:2802     1st Qu.:2813
 Mode  :character  Median :3346     Median :3215     Median :3152     Median :3078
                   Mean   :3158     Mean   :3053     Mean   :3059     Mean   :2979
                   3rd Qu.:3914     3rd Qu.:3672     3rd Qu.:3648     3rd Qu.:3498
                   Max.   :4489     Max.   :4303     Max.   :4402     Max.   :4350
     A1977            A1978
 Min.   : 959     Min.   : 959
 1st Qu.:2721     1st Qu.:2576
 Median :3048     Median :3028
 Mean   :2896     Mean   :2840
 3rd Qu.:3342     3rd Qu.:3188
 Max.   :4266     Max.   :4361
```

A continuación, formamos la tabla de contingencia (por columnas) relativa a las variables que se cruzan, que mostrará la distribución bidimensional de ambas.

```
> tabla=matrix(c(4489,4101,3354,2444,3338,1222,4303,3800,
3286, 2587,3144,1196,4402,3749,3344,2749,2959,1149,
4350,3572,3278,2878,2791,1003,4266,3410,3137,2960,2641,959,
4361,3234,3008,3049,2432,959),ncol=6)
```

```
> tabla
```

```
     [,1] [,2] [,3] [,4] [,5] [,6]
[1,] 4489 4303 4402 4350 4266 4361
[2,] 4101 3800 3749 3572 3410 3234
[3,] 3354 3286 3344 3278 3137 3008
[4,] 2444 2587 2749 2878 2960 3049
[5,] 3338 3144 2959 2791 2641 2432
[6,] 1222 1196 1149 1003  959  959
```

El siguiente paso es dotar de nombres a las filas y columnas de la tabla de contingencia.

```
> colnames(tabla)=c("Ciencias de la vida", "Ciencias
físicas", "Ciencias sociales","Ciencias del comportamiento",
"Ingeniería", "Matemáticas")
> rownames(tabla)=c("A1973","A1974","A1975","A1976","A1977",
"A1978")
> tabla
```

```
      Ciencias de la vida Ciencias físicas Ciencias sociales
A1973                4489             4303              4402
A1974                4101             3800              3749
A1975                3354             3286              3344
A1976                2444             2587              2749
A1977                3338             3144              2959
A1978                1222             1196              1149
      Ciencias del comportamiento Ingeniería Matemáticas
A1973                        4350       4266        4361
A1974                        3572       3410        3234
A1975                        3278       3137        3008
A1976                        2878       2960        3049
A1977                        2791       2641        2432
A1978                        1003        959         959   |
```

Ya tenemos la tabla de contingencia creada. Al utilizar el test de la chi-cuadrado de independencia para ver el grado de asociación entre las variables, observamos que el p-valor es muy pequeño, lo que indica una fuerte asociación entre las variables.

```
> chisq.test(tabla)

        Pearson's Chi-squared test

data:  tabla
X-squared = 383.86, df = 25, p-value < 2.2e-16          |
```

La siguiente tarea será realizar el análisis de correspondencias para las relaciones entre las categorías de las dos variables.

```
> windows()
> CORRESPONDENCIAS=CA(tabla,graph = TRUE, axes = c(1,2))
```

Obtenemos el mapa perceptual del análisis de correspondencias simples de la Figura 7-1.

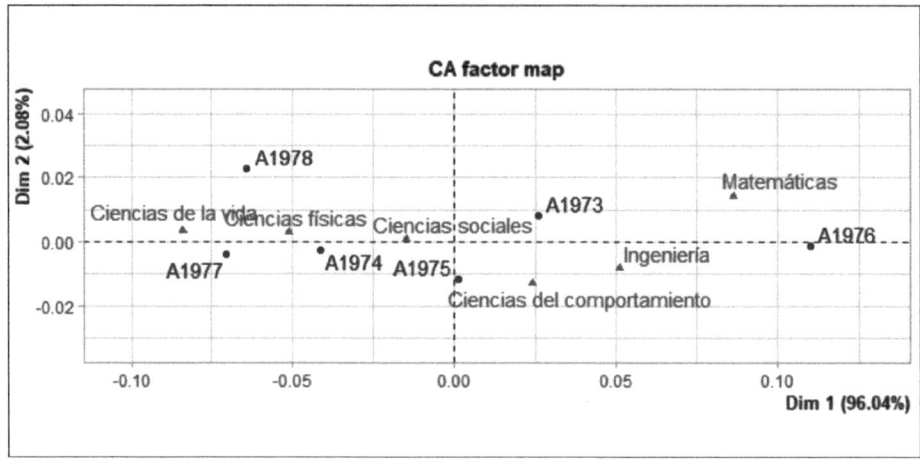

Figura 7-1

Vemos en el mapa que el 96 por ciento del total de la inercia es explicada por la primera dimensión indicando que la asociación entre categorías de filas y columnas es esencialmente unidimensional. La segunda dimensión explica solamente el 2 por ciento de la inercia total. El gráfico muestra que el número de doctorados en las diferentes áreas cambia con el tiempo. También muestra que el número de doctorados en ciencias del comportamiento (*behavioral sciences*) está asociado con años ulteriores, y el número de doctorados en matemáticas e ingeniería está asociado con años anteriores. El número de doctorados en ciencias del comportamiento es creciente y el número de doctorados en cualquier otra disciplina es decreciente, con el año 1973 están asociados los doctorados en Ciencias del comportamiento e Ingeniería. Con el año 1974 está asociado el doctorado en Ciencia Físicas, con el año 1975 está asociado el doctorado en Ciencias sociales, con el año 1976 está asociado el doctorado en Matemáticas y con los años 1977 y 1978 está asociado el doctorado en Ciencias de la vida.

Podemos ver el contenido de la salida de procedimiento de análisis de correspondencias. En primer lugar, nos da el p-valor del contraste de la chi-cuadrado de independencia, que al ser muy pequeño indica la posible asociación entre las variables. A continuación, nos indica todos los elementos del análisis y su naturaleza. Estos elementos los analizaremos a continuación.

```
> CORRESPONDENCIAS
```

```
**Results of the Correspondence Analysis (CA)**
The row variable has  6  categories; the column variable has 6 categories
The chi square of independence between the two variables is equal to 383.8563 (p-va
lue =  6.211686e-66 ).
*The results are available in the following objects:

   name                  description
1  "$eig"                "eigenvalues"
2  "$col"                "results for the columns"
3  "$col$coord"          "coord. for the columns"
4  "$col$cos2"           "cos2 for the columns"
5  "$col$contrib"        "contributions of the columns"
6  "$row"                "results for the rows"
7  "$row$coord"          "coord. for the rows"
8  "$row$cos2"           "cos2 for the rows"
9  "$row$contrib"        "contributions of the rows"
10 "$call"               "summary called parameters"
11 "$call$marge.col"     "weights of the columns"
12 "$call$marge.row"     "weights of the rows"
```

En primer lugar, vemos los autovalores y otras características de la reducción de la dimensión. No olvidemos que el análisis de correspondencias es un caso particular de reducción de la dimensión (componentes principales).

```
> CORRESPONDENCIAS$eig
```

```
      eigenvalue percentage of variance cumulative percentage of variance
dim 1 3.416491e-03            96.03933104                        96.03933
dim 2 7.409104e-05             2.08273730                        98.12207
dim 3 4.816302e-05             1.35388738                        99.47596
dim 4 1.716192e-05             0.48243038                        99.95839
dim 5 1.480367e-06             0.04161389                       100.00000
```

Vemos los autovalores, el porcentaje de variabilidad asociado a cada uno y porcentaje de variabilidad acumulado en la reducción de la dimensión. Observamos, como ya habíamos visto antes en el mapa de correspondencias, que el primer autovalor recoge el 96% de la variabilidad de los datos y el segundo el 2%. Entre los dos primeros autovalores explican más de 98% de la variabilidad de los datos. Por eso sería lógico interpretar los resultados del análisis de correspondencias con las dos primeras dimensiones, tal y como ya hemos hecho en el mapa perceptual, para asociar las categorías de las dos variables.

A continuación, vemos las coordenadas, las contribuciones, los cosenos directores e inercia para las 5 dimensiones. Todos estos resultados para columnas.

```
> CORRESPONDENCIAS$col
```

$coord

	Dim 1	Dim 2	Dim 3
Ciencias de la vida	-0.08402720	0.0032517799	-0.010816818
Ciencias físicas	-0.05089311	0.0029389722	0.009951913
Ciencias sociales	-0.01482287	0.0007927303	0.007083209
Ciencias del comportamiento	0.02424144	-0.0129256921	-0.002323323
Ingeniería	0.05124891	-0.0081901454	-0.001102286
Matemáticas	0.08641345	0.0142757871	-0.002736653

	Dim 4	Dim 5
Ciencias de la vida	6.268822e-05	-0.0002875628
Ciencias físicas	5.037489e-03	0.0008443098
Ciencias sociales	-7.078833e-03	-0.0011186758
Ciencias del comportamiento	-2.294347e-03	0.0018013048
Ingeniería	4.632005e-03	-0.0018297139
Matemáticas	-1.766687e-04	0.0005931469

$contrib

	Dim 1	Dim 2	Dim 3	Dim 4
Ciencias de la vida	36.289861	2.5061234	42.6590479	0.00402098
Ciencias físicas	12.868584	1.9788750	34.9053901	25.09894201
Ciencias sociales	1.093780	0.1442551	17.7170851	49.65962010
Ciencias del comportamiento	2.848867	37.3488780	1.8562697	5.08028263
Ingeniería	12.377311	14.5765528	0.4061743	20.12840914
Matemáticas	34.521597	43.4453157	2.4560328	0.02872513

	Dim 5
Ciencias de la vida	0.9808932
Ciencias físicas	8.1738609
Ciencias sociales	14.3775494
Ciencias del comportamiento	36.3028323
Ingeniería	36.4111305
Matemáticas	3.7537337

$cos2

	Dim 1	Dim 2	Dim 3	Dim 4
Ciencias de la vida	0.9822398	0.001471025	0.0162770917	5.467008e-07
Ciencias físicas	0.9508908	0.003171054	0.0363601609	9.316243e-03
Ciencias sociales	0.6826086	0.001952353	0.1558718164	1.556793e-01
Ciencias del comportamiento	0.7645412	0.217366052	0.0070226866	6.848606e-03
Ingeniería	0.9657675	0.024665306	0.0004467783	7.889351e-03
Matemáticas	0.9724350	0.026539823	0.0009752979	4.064595e-06

	Dim 5
Ciencias de la vida	1.150385e-05
Ciencias físicas	2.617076e-04
Ciencias sociales	3.887908e-03
Ciencias del comportamiento	4.221419e-03
Ingeniería	1.231033e-03
Matemáticas	4.581655e-05

$inertia
[1] 1.262258e-03 4.623602e-04 5.474423e-05 1.273068e-04 4.378587e-04
[6] 1.212860e-03

A continuación, vemos las coordenadas, las contribuciones, los cosenos directores e inercia para las 5 dimensiones. Todos estos resultados para filas.

```
> CORRESPONDENCIAS$row

$coord
              Dim 1         Dim 2          Dim 3         Dim 4          Dim 5
A1973   0.025812509   0.008097054  -0.0071392983  -0.001789650   0.0010870488
A1974  -0.041272687  -0.002420026  -0.0059017932  -0.001221201  -0.0019417981
A1975   0.001351685  -0.011412977   0.0059625064  -0.005346742   0.0007671573
A1976   0.110005522  -0.001299364   0.0042162970   0.004264123  -0.0008436028
A1977  -0.070379158  -0.003670965   0.0007528902   0.006985622   0.0010526622
A1978  -0.063941656   0.022762407   0.0180140319  -0.002258387  -0.0007758956

$contrib
              Dim 1        Dim 2       Dim 3       Dim 4       Dim 5
A1973    4.730019249  21.4620490  25.6672958   4.526400  19.360269
A1974   10.103619448   1.6017928  14.6550082   1.760922  51.614348
A1975    0.009618144  31.6193628  13.2759271  29.959427   7.150233
A1976   54.710233320   0.3519783   5.7012300  16.364908   7.425513
A1977   23.251013542   2.9169490   0.1887486  45.601426  12.004460
A1978    7.195496297  42.0478682  40.5117904   1.786916   2.445177

$cos2
              Dim 1         Dim 2         Dim 3         Dim 4         Dim 5
A1973  0.846397258  0.0832852111  0.0647477781  0.0040686452  1.501108e-03
A1974  0.973733842  0.0033477652  0.0199105274  0.0008524895  2.155375e-03
A1975  0.009283289  0.6618339788  0.1806378904  0.1452545061  2.990336e-03
A1976  0.996840094  0.0001390779  0.0014643973  0.0014978076  5.862361e-05
A1977  0.987253817  0.0026859698  0.0001129806  0.0097263721  2.208609e-04
A1978  0.828163433  0.1049505326  0.0657309862  0.0010331061  1.219424e-04

$inertia
[1] 1.909277e-04 3.545006e-04 3.539727e-05 1.875095e-03 8.046247e-04
[6] 2.968418e-04
```

Las coordenadas, las contribuciones y los cosenos directores anteriores pueden obtenerse por separado, tanto para filas como para columnas.

```
> CORRESPONDENCIAS$col$coord
> CORRESPONDENCIAS$col$contrib
> CORRESPONDENCIAS$col$cos2
> CORRESPONDENCIAS$row$coord
> CORRESPONDENCIAS$row$contrib
> CORRESPONDENCIAS$row$cos2
```

```
> CORRESPONDENCIAS$col$coord
                               Dim 1         Dim 2         Dim 3          Dim 4          Dim 5
Ciencias de la vida          -0.08402720   0.0032517799 -0.010816818    6.268822e-05 -0.0002875628
Ciencias físicas             -0.05089311   0.0029389722  0.009951913    5.037489e-03  0.0008443098
Ciencias sociales            -0.01482287   0.0007927303  0.007083209   -7.078833e-03 -0.0011186758
Ciencias del comportamiento   0.02424144  -0.0129256921 -0.002323323   -2.294347e-03  0.0018013048
Ingeniería                    0.05124891  -0.0081901454 -0.001102286    4.632005e-03 -0.0018297139
Matemáticas                   0.08641345   0.0142757871 -0.002736653   -1.766687e-04  0.0005931469
> CORRESPONDENCIAS$col$contrib
                               Dim 1      Dim 2        Dim 3        Dim 4        Dim 5
Ciencias de la vida          36.289861   2.5061234  42.6590479   0.00402098   0.9808932
Ciencias físicas             12.868584   1.9788750  34.9053901  25.09894201   8.1738609
Ciencias sociales             1.093780   0.1442551  17.7170851  49.65962010  14.3775494
Ciencias del comportamiento   2.848867  37.3488780   1.8562697   5.08028263  36.3028323
Ingeniería                   12.377311  14.5765528   0.4061743  20.12840914  36.4111305
Matemáticas                  34.521597  43.4453157   2.4560328   0.02872513   3.7537337
> CORRESPONDENCIAS$col$cos2
                               Dim 1     Dim 2       Dim 3        Dim 4        Dim 5
Ciencias de la vida          0.9822398 0.001471025 0.0162770917 5.467008e-07 1.150385e-05
Ciencias físicas             0.9508908 0.003171054 0.0363601609 9.316243e-03 2.617076e-04
Ciencias sociales            0.6826086 0.001952353 0.1558718164 1.556793e-01 3.887908e-03
Ciencias del comportamiento  0.7645412 0.217366052 0.0070226866 6.848606e-03 4.221419e-03
Ingeniería                   0.9657675 0.024665306 0.0004467783 7.889351e-03 1.231033e-03
Matemáticas                  0.9724350 0.026539823 0.0009752979 4.064595e-06 4.581655e-05
> CORRESPONDENCIAS$row$coord
             Dim 1         Dim 2          Dim 3         Dim 4          Dim 5
A1973   0.025812509   0.008097054  -0.0071392983  -0.001789650   0.0010870488
A1974  -0.041272687  -0.002420026  -0.0059017932  -0.001221201  -0.0019417981
A1975   0.001351685  -0.011412977   0.0059625064  -0.005346742   0.0007671573
A1976   0.110005522  -0.001299364   0.0042162970   0.004264123  -0.0008436028
A1977  -0.070379158  -0.003670965   0.0007528902   0.006985622   0.0010526622
A1978  -0.063941656   0.022762407   0.0180140319  -0.002258387  -0.0007758956
> CORRESPONDENCIAS$row$contrib
             Dim 1         Dim 2       Dim 3       Dim 4       Dim 5
A1973    4.730019249  21.4620490  25.6672958   4.526400  19.360269
A1974   10.103619448   1.6017928  14.6550082   1.760922  51.614348
A1975    0.009618144  31.6193628  13.2759271  29.959427   7.150233
A1976   54.710233320   0.3519783   5.7012300  16.364908   7.425513
A1977   23.251013542   2.9169490   0.1887486  45.601426  12.004460
A1978    7.195496297  42.0478682  40.5117904   1.786916   2.445177
> CORRESPONDENCIAS$row$cos2
             Dim 1        Dim 2        Dim 3        Dim 4        Dim 5
A1973 0.846397258 0.0832852111 0.0647477781 0.0040686452 1.501108e-03
A1974 0.973733842 0.0033477652 0.0199105274 0.0008524895 2.155375e-03
A1975 0.009283289 0.6618339788 0.1806378904 0.1452545061 2.990336e-03
A1976 0.996840094 0.0001390779 0.0014643973 0.0014978076 5.862361e-05
A1977 0.987253817 0.0026859698 0.0001129806 0.0097263721 2.208609e-04
A1978 0.828163433 0.1049505326 0.0657309862 0.0010331061 1.219424e-04
```

También podemos ver la tabla de contingencia y las distribuciones marginales por filas y columnas.

```
> CORRESPONDENCIAS$call
```

```
$X
       Ciencias de la vida Ciencias físicas Ciencias sociales
A1973                 4489             4303              4402
A1974                 4101             3800              3749
A1975                 3354             3286              3344
A1976                 2444             2587              2749
A1977                 3338             3144              2959
A1978                 1222             1196              1149
       Ciencias del comportamiento Ingeniería Matemáticas
A1973                         4350       4266        4361
A1974                         3572       3410        3234
A1975                         3278       3137        3008
A1976                         2878       2960        3049
A1977                         2791       2641        2432
A1978                         1003        959         959

$marge.col
        Ciencias de la vida              Ciencias físicas
               0.1756005                       0.1697435
        Ciencias sociales Ciencias del comportamiento
               0.1700771                       0.1656287
               Ingeniería                     Matemáticas
               0.1610042                       0.1579460

$marge.row
     A1973       A1974       A1975       A1976       A1977       A1978
0.24253966 0.20264309 0.17985431 0.15446137 0.16037404 0.06012752
```

Estas marginales podrían verse por separado para filas y columnas (pesos de las filas y pesos de las columnas).

```
> CORRESPONDENCIAS$call$marge.col
        Ciencias de la vida          Ciencias físicas          Ciencias sociales
               0.1756005                 0.1697435                 0.1700771
Ciencias del comportamiento              Ingeniería                Matemáticas
               0.1656287                 0.1610042                 0.1579460
> CORRESPONDENCIAS$call$marge.row
     A1973       A1974       A1975     A1976     A1977     A1978
0.24253966 0.20264309 0.17985431 0.15446137 0.16037404 0.06012752
```

No olvidemos que el análisis de correspondencias es un caso particular de componentes principales. En el proceso de reducción de la dimensión se consideran las dos primeras componentes, que explican más de 98% de la variabilidad de datos. El círculo de correlación de estas dos componentes constituye el mapa perceptual del análisis de correspondencias simples (Figura 7-1), que permite establecer las relaciones entre las categorías de las dos variables categóricas que se cruzan en la tabla de contingencia.

Se puede obtener un resumen de los resultados anteriores de la siguiente forma:

```
> summary(CORRESPONDENCIAS)
```

```
Call:
CA(X = tabla, graph = TRUE, axes = c(1, 2))
```

The chi square of independence between the two variables is equal to 383.8563 (p-value = 6.211686e-6
6).

Eigenvalues

	Dim.1	Dim.2	Dim.3	Dim.4	Dim.5
Variance	0.003	0.000	0.000	0.000	0.000
% of var.	96.039	2.083	1.354	0.482	0.042
Cumulative % of var.	96.039	98.122	99.476	99.958	100.000

Rows

	Iner*1000	Dim.1	ctr	cos2	Dim.2	ctr	cos2	Dim.3
A1973	0.191	0.026	4.730	0.846	0.008	21.462	0.083	-0.007
A1974	0.355	-0.041	10.104	0.974	-0.002	1.602	0.003	-0.006
A1975	0.035	0.001	0.010	0.009	-0.011	31.619	0.662	0.006
A1976	1.875	0.110	54.710	0.997	-0.001	0.352	0.000	0.004
A1977	0.805	-0.070	23.251	0.987	-0.004	2.917	0.003	0.001
A1978	0.297	-0.064	7.195	0.828	0.023	42.048	0.105	0.018

	ctr	cos2
A1973	25.667	0.065
A1974	14.655	0.020
A1975	13.276	0.181
A1976	5.701	0.001
A1977	0.189	0.000
A1978	40.512	0.066

Columns

	Iner*1000	Dim.1	ctr	cos2	Dim.2	ctr	cos2	Dim.3
Ciencias de la vida	1.262	-0.084	36.290	0.982	0.003	2.506	0.001	-0.011
Ciencias físicas	0.462	-0.051	12.869	0.951	0.003	1.979	0.003	0.010
Ciencias sociales	0.055	-0.015	1.094	0.683	0.001	0.144	0.002	0.007
Ciencias del comportamiento	0.127	0.024	2.849	0.765	-0.013	37.349	0.217	-0.002
Ingeniería	0.438	0.051	12.377	0.966	-0.008	14.577	0.025	-0.001
Matemáticas	1.213	0.086	34.522	0.972	0.014	43.445	0.027	-0.003

	ctr	cos2
Ciencias de la vida	42.659	0.016
Ciencias físicas	34.905	0.036
Ciencias sociales	17.717	0.156
Ciencias del comportamiento	1.856	0.007
Ingeniería	0.406	0.000
Matemáticas	2.456	0.001

Como segundo ejemplo, se realiza un análisis de correspondencias simple para analizar la relación entre las categorías de las variables origen y cilindros de los automóviles, características recogidas en el fichero de características comerciales de los automóviles *coches.sav*. La variable origen de los coches tiene tres categorías 1=Estados Unidos, 2=Europa, 3=Japón. La variable cilindros tiene las categorías 3, 4, 5, 6 y 8.

Comenzamos importando el fichero, liberando sus variables y realizando un exploratorio básico de sus variables.

```
> library(haven)
> coches <- read_sav("E:/CURSOR2023/DATOS/coches.sav")
> View(coches)
> attach(coches)
> summary(coches)
```

```
   consumo            motor               cv              peso              ace l            ano
Min.   : 5.00   Min.   :   66   Min.   : 46.00   Min.   : 244.0   Min.   : 8.00   Min.   : 0.00
1st Qu.: 8.00   1st Qu.:1708   1st Qu.: 75.21   1st Qu.: 741.2   1st Qu.:13.62   1st Qu.:73.00
Median :10.31   Median :2434   Median : 94.50   Median : 936.5   Median :15.50   Median :76.00
Mean   :11.27   Mean   :3180   Mean   :104.45   Mean   : 989.5   Mean   :15.50   Mean   :75.75
3rd Qu.:14.00   3rd Qu.:4806   3rd Qu.:128.00   3rd Qu.:1203.8   3rd Qu.:17.07   3rd Qu.:79.00
Max.   :26.00   Max.   :7456   Max.   :230.00   Max.   :1713.0   Max.   :24.80   Max.   :82.00
   origen           cilindr          derivada
Min.   :1.000   Min.   :3.000   Min.   :0.000
1st Qu.:1.000   1st Qu.:4.000   1st Qu.:0.000
Median :1.000   Median :4.000   Median :1.000
Mean   :1.569   Mean   :5.475   Mean   :0.734
3rd Qu.:2.000   3rd Qu.:8.000   3rd Qu.:1.000
Max.   :3.000   Max.   :8.000   Max.   :1.000
```

A continuación, construimos la tabla de contingencia de las dos variables.

```
> TABLA=table(origen,cilindr)
> TABLA


       cilindr
origen   3   4   5   6    8
     1   0  72   0  74  108
     2   0  66   3   4    0
     3   4  69   0   6    0
```

Ahora realizamos el análisis de correspondencias:

```
> rownames(TABLA)=c("EE.UU.","EUROPA","JAPON")
> CORRESPONDENCIAS=CA(TABLA,graph=TRUE,axes=c(1,2))

Call:
CA(X = TABLA, graph = TRUE, axes = c(1, 2))

The chi square of independence between the two variables is equal to 186.6048 (p-value = 4.215487e-3
6 ).

Eigenvalues
                       Dim.1   Dim.2
Variance               0.414   0.046
% of var.             89.996  10.004
Cumulative % of var.  89.996 100.000

Rows
          Iner*1000    Dim.1     ctr    cos2    Dim.2     ctr    cos2
EE.UU. |    154.833 | -0.497  37.431   1.000 | -0.002   0.007   0.000 |
EUROPA |    152.169 |  0.846  31.131   0.846 | -0.361  50.889   0.154 |
JAPON  |    152.616 |  0.817  31.437   0.852 |  0.341  49.104   0.148 |

Columns
          Iner*1000    Dim.1     ctr    cos2    Dim.2     ctr    cos2
3      |     40.781 |  1.271   3.848   0.390 |  1.589  54.071   0.610 |
4      |    168.150 |  0.574  40.638   1.000 | -0.011   0.123   0.000 |
5      |     33.707 |  1.316   3.093   0.380 | -1.682  45.481   0.620 |
6      |     57.793 | -0.528  13.943   0.998 |  0.024   0.260   0.002 |
8   .  |    159.187 | -0.774  38.478   1.000 | -0.011   0.065   0.000 |
```

Se observa que el p-valor del test de Chi cuadrado de independencia es muy pequeño, lo que indica la asociación entre las dos variables. Tenemos los dos primeros autovalores (*variance*) y el porcentaje de variabilidad explicada por ambos (un 100%). También vemos la inercia, las coordenadas de las dos primeras dimensiones, las contribuciones y los cosenos directores para filas y columnas. Finalmente se ve el mapa perceptual del análisis de correspondencias (Figura 7-2), cuya observación permitirá ver las relaciones entre las categoría de las dios variables.

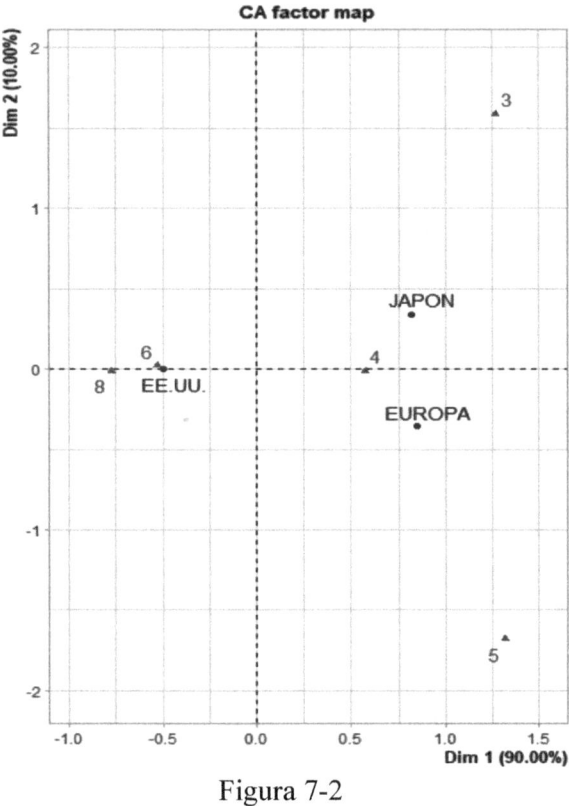

Figura 7-2

En primer lugar, se observa que los coches de Estados Unidos están asociados con las categorías más altas de cilindrada (6 y 8 cilindros).

En segundo lugar, se observa que los coches de Japón y Europa están asociados con las categorías más bajas de cilindradas (4 cilindros).

En tercer lugar, se observa que los coches de 3 y 6 cilindros no se asocian claramente con ningún origen, ya que son observaciones raras que afectan a muy pocos coches en la base de datos.

7.2 ANÁLISIS DE CORRESPONDENCIAS MÚLTILES CON R

El comando MCA de la librería FactoMineR realiza análisis de correspondencias múltiples. Su sintaxis simplificada es la siguiente:

```
MCA(X, ncp = n, graph = TRUE, axes = c(1,2)
    method="Indicator")
```

- *X* es el dataframe que contiene los datos de las variables categóricas del análisis
- *ncp= n* indica que se utilizarán n dimensiones en los resultados (si se ignora el argumento se obtienen 5 dimensiones por defecto.
- *graph=TRUE* indica que se obtendrá el mapa perceptual del análisis de correspondencias, herramienta fundamental para la interpretación de resultados,
- *axes=c(1,2)* indica que se graficarán dos componentes
- *method="Indicator"* indica que se obtendrá la tabla de Burt.

Como ejemplo, se realiza un análisis de correspondencias múltiple para analizar la relación entre las categorías de las variables *origen, cilindros* y *derivada* (indica si el automóvil ha derivado al taller en alguna ocasión) de los automóviles, características recogidas en el fichero de características comerciales de los automóviles *coches.sav*. La variable origen de los coches tiene tres categorías 1=Estados Unidos, 2=Europa, 3=Japón. La variable cilindros tiene las categorías 3, 4, 5, 6 y 8. La variable derivada tiene dos categorías: 0 si el coche no ha derivado nunca al taller por no tener averías y 1 si el coche ha derivado al taller alguna vez por haber tenido avería).

Comenzamos importando el fichero, liberando sus variables y realizando un exploratorio básico de sus variables.

```
> library(haven)
> coches <- read_sav("E:/CURSOR2023/DATOS/coches.sav")
> View(coches)
> attach(coches)
> summary(coches)
```

```
    consumo            motor              cv              peso            acel             ano
Min.   : 5.00    Min.   :  66    Min.   : 46.00    Min.   : 244.0    Min.   : 8.00    Min.   : 0.00
1st Qu.: 8.00    1st Qu.:1708    1st Qu.: 75.21    1st Qu.: 741.2    1st Qu.:13.62    1st Qu.:73.00
Median :10.31    Median :2434    Median : 94.50    Median : 936.5    Median :15.50    Median :76.00
Mean   :11.27    Mean   :3180    Mean   :104.45    Mean   : 989.5    Mean   :15.50    Mean   :75.75
3rd Qu.:14.00    3rd Qu.:4806    3rd Qu.:128.00    3rd Qu.:1203.8    3rd Qu.:17.07    3rd Qu.:79.00
Max.   :26.00    Max.   :7456    Max.   :230.00    Max.   :1713.0    Max.   :24.80    Max.   :82.00
    origen            cilindr            derivada
Min.   :1.000    Min.   :3.000    Min.   :0.000
1st Qu.:1.000    1st Qu.:4.000    1st Qu.:0.000
Median :1.000    Median :4.000    Median :1.000
Mean   :1.569    Mean   :5.475    Mean   :0.734
3rd Qu.:2.000    3rd Qu.:8.000    3rd Qu.:1.000
Max.   :3.000    Max.   :8.000    Max.   :1.000
```

A continuación, transformamos las variables a factores, ya que el análisis de correspondencias exige que las variables sean categóricas, y construimos un dataframe con ellas.

```
> origen1=factor(origen)
> cilindr1=factor(cilindr)
> derivada1=factor(derivada)
> datos=data.frame(origen1,cilindr1,derivada1)
```

La siguiente tarea es realizar el análisis de correspondencias múltiples para obtener el mapa perceptual optimizado que nos permita interpretar los resultados.

```
> CORRESPONDENCIASM=MCA(datos, graph = TRUE, axes = c(1,2), m
ethod="Indicator")
> plot(CORRESPONDENCIASM)
> plot(CORRESPONDENCIASM,invisible="ind")
```

Se obtiene el mapa de correspondencias de la Figura 7-3.

Observamos en el mapa que los coches de 8 cilindros se asocian con la ausencia de averías independientemente de su origen. Los coches de 5 cilindros no se relacionan ni con el origen ni con las averías. Ello es debido a que hay muy pocos automóviles en la base de datos con esos cilindros. Los coches de 6 cilindros también tienden a ser puntos aislados con poca relación con otras variables. Se relacionarían en todo caso con coches americanos que suelen derivar al taller con averías. Los coches de 4 cilindros se relacionan con coches europeos y japoneses que suelen derivar al taller. Lo mismo les ocurre a los coches de tres cilindros, aunque hay muy pocos en la base de datos para generalizar conclusiones.

Vemos que el mapa perceptual de correspondencias múltiples permite relacionar las categorías de las tres variables que se consideran.

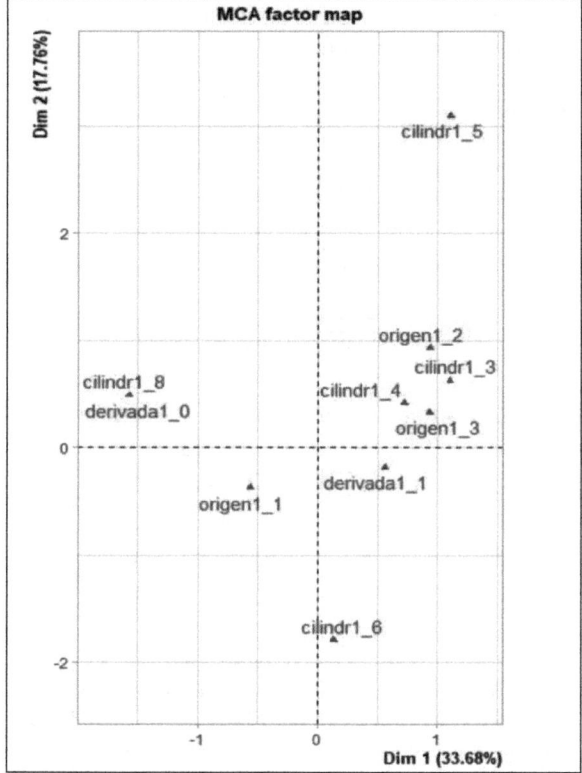

Figura 7-3

Para obtener la salida no gráfica del procedimiento podemos utilizar la siguiente sintaxis:

```
> CORRESPONDENCIASM
```

```
**Results of the Multiple Correspondence Analysis (MCA)**
The analysis was performed on 406 individuals, described by 3 variables
*The results are available in the following objects:

    name                    description
1   "$eig"                  "eigenvalues"
2   "$var"                  "results for the variables"
3   "$var$coord"            "coord. of the categories"
4   "$var$cos2"             "cos2 for the categories"
5   "$var$contrib"          "contributions of the categories"
6   "$var$v.test"           "v-test for the categories"
7   "$ind"                  "results for the individuals"
8   "$ind$coord"            "coord. for the individuals"
9   "$ind$cos2"             "cos2 for the individuals"
10  "$ind$contrib"          "contributions of the individuals"
11  "$call"                 "intermediate results"
12  "$call$marge.col"       "weights of columns"
13  "$call$marge.li"        "weights of rows"
```

Podemos ver los valores propios de la reducción de la dimensión y el porcentaje de variabilidad que explican.

```
> CORRESPONDENCIASM$eig
```

	eigenvalue	percentage of variance	cumulative percentage of variance
dim 1	7.858858e-01	3.368082e+01	33.68082
dim 2	4.144211e-01	1.776090e+01	51.44172
dim 3	4.042864e-01	1.732656e+01	68.76828
dim 4	3.333333e-01	1.428571e+01	83.05400
dim 5	2.618882e-01	1.122378e+01	94.27778
dim 6	1.335185e-01	5.722223e+00	100.00000
dim 7	3.970418e-30	1.701608e-28	100.00000

A continuación, vemos coordenadas de las dimensiones, contribuciones, cosenos directores al cuadrado, v.test e eta cuadrado (cuadrado del ratio de correlación). Todos estos resultados para las variables.

```
> CORRESPONDENCIASM$var
```

$coord

	Dim 1	Dim 2	Dim 3	Dim 4	Dim 5
origen1_1	-0.5600854	-0.3709350	-0.08642986	5.855742e-18	0.010725166
origen1_2	0.9393765	0.9321700	-1.14301824	-5.991011e-14	1.047602455
origen1_3	0.9327496	0.3312541	1.33409515	5.528313e-14	-1.002521155
cilindr1_3	1.1050554	0.6314397	6.08055091	6.276529e+00	4.662410532
cilindr1_4	0.7241538	0.4150350	0.04886379	-3.974867e-01	-0.031613298
cilindr1_5	1.1099366	3.1016692	-5.55678359	8.229048e+00	-4.902609201
cilindr1_6	0.1366220	-1.7938350	-0.35268221	3.867438e-01	0.042333426
cilindr1_8	-1.5659824	0.4901770	0.10980229	-4.332771e-16	-0.008832127
derivada1_0	-1.5659824	0.4901770	0.10980229	-4.332771e-16	-0.008832127
derivada1_1	0.5675373	-0.1776480	-0.03979412	4.316686e-16	0.003200905

$contrib

	Dim 1	Dim 2	Dim 3	Dim 4	Dim 5
origen1_1	8.3240661	6.9237306	0.38532304	2.145218e-33	9.159644e-03
origen1_2	6.7296965	12.5667794	19.36835645	6.453526e-26	2.511613e+01
origen1_3	7.1804301	1.7173565	28.55382496	5.946842e-26	2.489150e+01
cilindr1_3	0.5102951	0.3159619	30.03374152	3.881263e+01	2.725950e+01
cilindr1_4	11.3403161	7.0640014	0.10037101	8.055443e+00	6.485550e-02
cilindr1_5	0.3861098	5.7177227	18.81186316	5.003736e+01	2.260542e+01
cilindr1_6	0.1637999	53.5494653	2.12182702	3.094567e+00	4.719359e-02
cilindr1_8	27.6688287	5.1409158	0.26442964	4.993778e-30	2.641139e-03
derivada1_0	27.6688287	5.1409158	0.26442964	4.993778e-30	2.641139e-03
derivada1_1	10.0276292	1.8631507	0.09583356	1.367701e-29	9.571912e-04

```
$v.test
                  Dim 1        Dim 2        Dim 3          Dim 4        Dim 5
origen1_1    -14.570581    -9.649845    -2.248466   1.523367e-16    0.2790144
origen1_2      8.851289     8.783386   -10.770106  -5.645039e-13    9.8710496
origen1_3      9.226399     3.276638    13.196355   5.468394e-13   -9.9165528
cilindr1_3     2.218342     1.267583    12.206395   1.259981e+01    9.3595505
cilindr1_4    14.863358     8.518653     1.002936  -8.158470e+00   -0.6488674
cilindr1_5     1.927231     5.385563    -9.648484   1.428845e+01   -8.5126130
cilindr1_6     1.404300   -18.438335    -3.625123   3.975233e+00    0.4351336
cilindr1_8   -18.972220     5.938601     1.330279  -5.249247e-15   -0.1070031
derivada1_0  -18.972220     5.938601     1.330279  -5.249247e-15   -0.1070031
derivada1_1   18.972220    -5.938601    -1.330279   1.443026e-14    0.1070031

$eta2
              Dim 1        Dim 2          Dim 3        Dim 4         Dim 5
origen1    0.5242061  0.26366960  0.585901999  1.240037e-27  0.3929641329
cilindr1   0.9446980  0.89251462  0.622587688  1.000000e+00  0.3926720626
derivada1  0.8887534  0.08707898  0.004369485  1.867079e-31  0.0000282708
```

A continuación, vemos coordenadas de las dimensiones, contribuciones y cosenos directores al cuadrado para los individuos.

```
> CORRESPONDENCIASM$ind

$coord
          Dim 1         Dim 2         Dim 3          Dim 4          Dim 5
1   -1.38824661   0.31555411   0.06981616   1.788500e-15  -0.004519842
2   -1.38824661   0.31555411   0.06981616  -3.733399e-15  -0.004519842
3   -1.38824661   0.31555411   0.06981616  -3.894843e-15  -0.004519842
4   -1.38824661   0.31555411   0.06981616  -1.412637e-15  -0.004519842
5   -1.38824661   0.31555411   0.06981616   2.583108e-15  -0.004519842
6   -1.38824661   0.31555411   0.06981616  -1.654804e-15  -0.004519842
7   -1.38824661   0.31555411   0.06981616  -6.861381e-16  -0.004519842
8   -1.38824661   0.31555411   0.06981616  -6.861381e-16  -0.004519842
9   -1.38824661   0.31555411   0.06981616  -6.861381e-16  -0.004519842
10  -1.38824661   0.31555411   0.06981616  -6.861381e-16  -0.004519842
11   0.83890295   0.60559074  -0.59446671  -2.294890e-01   0.663859229
12  -1.38824661   0.31555411   0.06981616  -6.861381e-16  -0.004519842
```

A continuación, se obtiene la matriz de datos y las marginales por filas y columnas.

```
> CORRESPONDENCIASM$call

$marge.col
  origen1_1    origen1_2    origen1_3   cilindr1_3   cilindr1_4   cilindr1_5   cilindr1_6   cilindr1_8
0.208538588  0.059934319  0.064860427  0.003284072  0.169950739  0.002463054  0.068965517  0.088669951
derivada1_0 derivada1_1
0.088669951  0.244663383

$marge.row
          1            2            3            4            5            6            7            8
0.002463054  0.002463054  0.002463054  0.002463054  0.002463054  0.002463054  0.002463054  0.002463054
          9           10           11           12           13           14           15           16
0.002463054  0.002463054  0.002463054  0.002463054  0.002463054  0.002463054  0.002463054  0.002463054
         17           18           19           20           21           22           23           24
0.002463054  0.002463054  0.002463054  0.002463054  0.002463054  0.002463054  0.002463054  0.002463054
         25           26           27           28           29           30           31           32
0.002463054  0.002463054  0.002463054  0.002463054  0.002463054  0.002463054  0.002463054  0.002463054
         33           34           35           36           37           38           39           40
0.002463054  0.002463054  0.002463054  0.002463054  0.002463054  0.002463054  0.002463054  0.002463054
```

Un resumen de los resultados anteriores se puede obtener de la siguiente forma:

```
> summary(CORRESPONDENCIASM)
```

```
Call:
MCA(X = datos, graph = TRUE, axes = c(1, 2), method = "Indicator")
```

```
Eigenvalues
                      Dim.1   Dim.2   Dim.3   Dim.4   Dim.5    Dim.6    Dim.7
Variance              0.786   0.414   0.404   0.333   0.262    0.134    0.000
% of var.            33.681  17.761  17.327  14.286  11.224    5.722    0.000
Cumulative % of var. 33.681  51.442  68.768  83.054  94.278  100.000  100.000
```

```
Individuals (the 10 first)
                Dim.1    ctr    cos2      Dim.2    ctr    cos2      Dim.3    ctr    cos2
1          | -1.388  0.604   0.945 |   0.316  0.059   0.049 |   0.070  0.003   0.002 |
2          | -1.388  0.604   0.945 |   0.316  0.059   0.049 |   0.070  0.003   0.002 |
3          | -1.388  0.604   0.945 |   0.316  0.059   0.049 |   0.070  0.003   0.002 |
4          | -1.388  0.604   0.945 |   0.316  0.059   0.049 |   0.070  0.003   0.002 |
5          | -1.388  0.604   0.945 |   0.316  0.059   0.049 |   0.070  0.003   0.002 |
6          | -1.388  0.604   0.945 |   0.316  0.059   0.049 |   0.070  0.003   0.002 |
7          | -1.388  0.604   0.945 |   0.316  0.059   0.049 |   0.070  0.003   0.002 |
8          | -1.388  0.604   0.945 |   0.316  0.059   0.049 |   0.070  0.003   0.002 |
9          | -1.388  0.604   0.945 |   0.316  0.059   0.049 |   0.070  0.003   0.002 |
10         | -1.388  0.604   0.945 |   0.316  0.059   0.049 |   0.070  0.003   0.002 |
```

```
Categories
                Dim.1     ctr     cos2   v.test     Dim.2     ctr    cos2   v.test     Dim.3     ctr
origen1_1   |  -0.560   8.324   0.524 -14.571 |   -0.371   6.924   0.230  -9.650 |   -0.086   0.385
origen1_2   |   0.939   6.730   0.193   8.851 |    0.932  12.567   0.190   8.783 |   -1.143  19.368
origen1_3   |   0.933   7.180   0.210   9.226 |    0.331   1.717   0.027   3.277 |    1.334  28.554
cilindr1_3  |   1.105   0.510   0.012   2.218 |    0.631   0.316   0.004   1.268 |    6.081  30.034
cilindr1_4  |   0.724  11.340   0.545  14.863 |    0.415   7.064   0.179   8.519 |    0.049   0.100
cilindr1_5  |   1.110   0.386   0.009   1.927 |    3.102   5.718   0.072   5.386 |   -5.557  18.812
cilindr1_6  |   0.137   0.164   0.005   1.404 |   -1.794  53.549   0.839 -18.438 |   -0.353   2.122
cilindr1_8  |  -1.566  27.669   0.889 -18.972 |    0.490   5.141   0.087   5.939 |    0.110   0.264
derivada1_0 |  -1.566  27.669   0.889 -18.972 |    0.490   5.141   0.087   5.939 |    0.110   0.264
derivada1_1 |   0.568  10.028   0.889  18.972 |   -0.178   1.863   0.087  -5.939 |   -0.040   0.096
               cos2   v.test
origen1_1    0.012   -2.248 |
origen1_2    0.286  -10.770 |
origen1_3    0.430   13.196 |
cilindr1_3   0.368   12.206 |
cilindr1_4   0.002    1.003 |
cilindr1_5   0.230   -9.648 |
cilindr1_6   0.032   -3.625 |
cilindr1_8   0.004    1.330 |
derivada1_0  0.004    1.330 |
derivada1_1  0.004   -1.330 |
```

```
Categorical variables (eta2)
             Dim.1 Dim.2 Dim.3
origen1    | 0.524 0.264 0.586 |
cilindr1   | 0.945 0.893 0.623 |
derivada1  | 0.889 0.087 0.004 |
```

Como segundo ejemplo realizamos un análisis de correspondencias múltiple para buscar la relación entre la categoría laboral (*catlab*), la clasificación étnica (*minoría*) y el género (*sexo*) de los empleados de una empresa (fichero *empleados.sav*) con vistas a tomar medidas sobre reestructuración de plantilla y políticas de personal.

Comenzamos importando el fichero, liberando sus variables y realizando un exploratorio básico de sus variables.

```
> library(haven)
> EMPLEADOS <- read_sav("E:/CURSOR2023/DATOS/EMPLEADOS.sav")
> View(EMPLEADOS)
> attach(EMPLEADOS)
> summary(EMPLEADOS)
```

```
      ID               SEXO            FECHNAC              EDUC            CATLAB
Min.   :  1.0    Min.   :1.000   Min.   :1929-02-10   Min.   : 8.00   Min.   :1.000
1st Qu.:119.2    1st Qu.:1.000   1st Qu.:1948-01-03   1st Qu.:12.00   1st Qu.:1.000
Median :237.5    Median :1.000   Median :1962-01-23   Median :12.00   Median :1.000
Mean   :237.5    Mean   :1.456   Mean   :1956-10-08   Mean   :13.49   Mean   :1.411
3rd Qu.:355.8    3rd Qu.:2.000   3rd Qu.:1965-07-06   3rd Qu.:15.00   3rd Qu.:1.000
Max.   :474.0    Max.   :2.000   Max.   :1971-02-10   Max.   :21.00   Max.   :3.000
                                 NA's   :1
    SALARIO           SALINI          TIEMPEMP           EXPPREV          MINORÍA
Min.   : 15750   Min.   : 9000   Min.   :63.00    Min.   :  0.00   Min.   :1.000
1st Qu.: 24000   1st Qu.:12488   1st Qu.:72.00    1st Qu.: 19.25   1st Qu.:1.000
Median : 28875   Median :15000   Median :81.00    Median : 55.00   Median :1.000
Mean   : 34420   Mean   :17016   Mean   :81.11    Mean   : 95.86   Mean   :1.219
3rd Qu.: 36938   3rd Qu.:17490   3rd Qu.:90.00    3rd Qu.:138.75   3rd Qu.:1.000
Max.   :135000   Max.   :79980   Max.   :98.00    Max.   :476.00   Max.   :2.000
```

A continuación, transformamos las variables a factores, ya que el análisis de correspondencias exige que las variables sean categóricas, y construimos un dataframe con ellas.

```
> SEXO1=factor(SEXO)
> CATLAB1=factor(CATLAB)
> MINORIA1=factor(MINORÍA)
> DATOS=data.frame(SEXO1,CATLAB1,MINORIA1)
```

La siguiente tarea es realizar el análisis de correspondencias múltiples para obtener el mapa perceptual optimizado que nos permita interpretar los resultados.

```
> CORRESPONDENCIASM=MCA(DATOS, graph = TRUE, axes = c(1,2),
method="Indicator")
> plot(CORRESPONDENCIASM,invisible="ind")
```

Se obtiene el mapa de correspondencias de la Figura 7-4. Se observa que están relacionados la categoría laboral de administrativo con el sexo mujer y con no ser minoría étnica. La minoría étnica está relacionada de forma parecida con el sexo hombre y el sexo mujer. La categoría laboral directivo está relacionada con el sexo hombre. La categoría laboral directivo está mucho más relacionada con no ser minoría étnica que con serlo. La categoría laboral directivo está mucho más relacionada con ser hombre que con ser mujer. La categoría laboral seguridad está relacionada con ser minoría étnica. La categoría laboral seguridad está mucho más relacionada con ser hombre que con ser mujer.

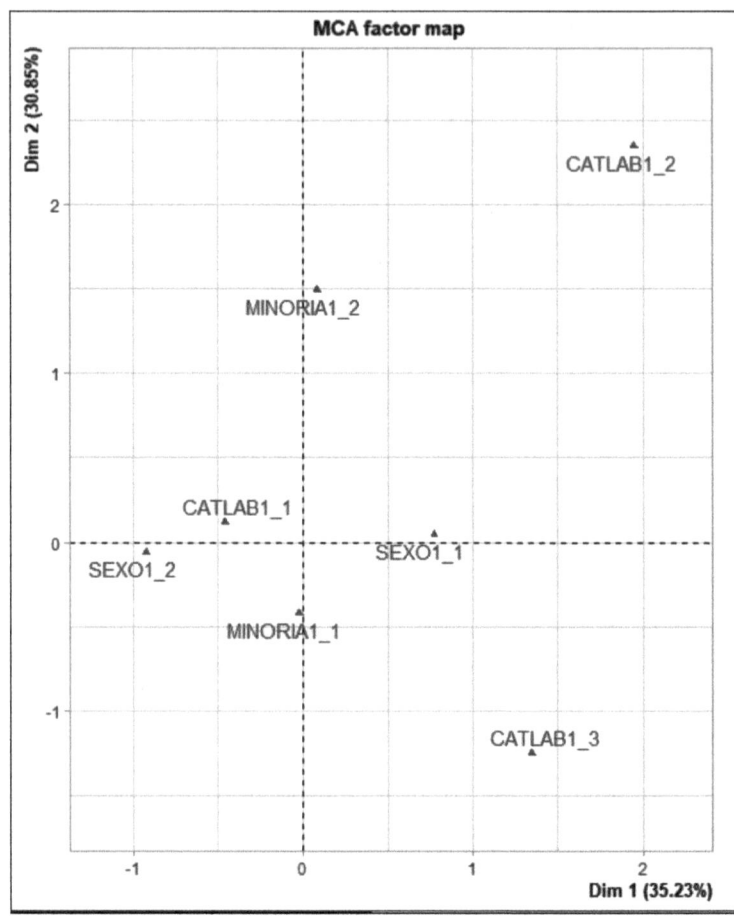

Figura 7-4

A continuación, vemos un resumen de los valores propios de la reducción de la dimensión, las coordenadas de las dimensiones, las contribuciones, los cosenos directores al cuadrado, v.test y eta cuadrado.

```
> summary(CORRESPONDENCIASM)
```

```
Eigenvalues
                         Dim.1    Dim.2    Dim.3    Dim.4
Variance                 0.470    0.411    0.265    0.187
% of var.               35.233   30.848   19.875   14.043
Cumulative % of var.    35.233   66.082   85.957  100.000
```

```
Individuals (the 10 first)
           Dim.1    ctr    cos2    Dim.2     ctr    cos2    Dim.3     ctr    cos2
1        |  1.018  0.466  0.540 | -0.845   0.367  0.372 | -0.266   0.056  0.037 |
2        |  0.141  0.009  0.042 | -0.133   0.009  0.037 |  0.043   0.001  0.004 |
3        | -0.681  0.208  0.781 | -0.188   0.018  0.060 |  0.283   0.064  0.135 |
4        | -0.681  0.208  0.781 | -0.188   0.018  0.060 |  0.283   0.064  0.135 |
5        |  0.141  0.009  0.042 | -0.133   0.009  0.037 |  0.043   0.001  0.004 |
6        |  0.141  0.009  0.042 | -0.133   0.009  0.037 |  0.043   0.001  0.004 |
7        |  0.141  0.009  0.042 | -0.133   0.009  0.037 |  0.043   0.001  0.004 |
8        | -0.681  0.208  0.781 | -0.188   0.018  0.060 |  0.283   0.064  0.135 |
9        | -0.681  0.208  0.781 | -0.188   0.018  0.060 |  0.283   0.064  0.135 |
10       | -0.681  0.208  0.781 | -0.188   0.018  0.060 |  0.283   0.064  0.135 |
```

```
Categories
             Dim.1     ctr    cos2   v.test     Dim.2     ctr    cos2   v.test     Dim.3     ctr
SEXO1_1    |  0.771  22.943  0.710  18.320 |   0.048   0.101  0.003   1.138 |  -0.169   1.959
SEXO1_2    | -0.921  27.404  0.710 -18.320 |  -0.057   0.121  0.003  -1.138 |   0.202   2.340
CATLAB1_1  | -0.457  11.334  0.682 -17.962 |   0.116   0.829  0.044   4.545 |  -0.066   0.425
CATLAB1_2  |  1.951  15.379  0.230  10.426 |   2.349  25.480  0.333  12.558 |   2.585  47.873
CATLAB1_3  |  1.347  22.803  0.391  13.592 |  -1.255  22.604  0.339 -12.663 |  -0.544   6.592
MINORIA1_1 | -0.023   0.030  0.002  -0.952 |  -0.420  11.160  0.628 -17.230 |   0.302   8.954
MINORIA1_2 |  0.083   0.106  0.002   0.952 |   1.494  39.705  0.628  17.230 |  -1.074  31.857
```

```
             cos2   v.test
SEXO1_1     0.034  -4.021 |
SEXO1_2     0.034   4.021 |
CATLAB1_1   0.014  -2.612 |
CATLAB1_2   0.404  13.816 |
CATLAB1_3   0.064  -5.489 |
MINORIA1_1  0.324  12.388 |
MINORIA1_2  0.324 -12.388 |
```

```
Categorical variables (eta2)
            Dim.1 Dim.2 Dim.3
SEXO1     | 0.710 0.003 0.034 |
CATLAB1   | 0.698 0.604 0.436 |
MINORIA1  | 0.002 0.628 0.324 |
```

Ejercicio 7-1. Para realizar un estudio de mercado partimos de los datos recogidos en una encuesta realizada a 105 personas. El cuestionario preguntaba por las características principales asociadas a una serie de productos de consumo muy habitual. La finalidad del estudio es identificar con qué características se asocian los distintos productos para posicionarlos en función de su aceptabilidad. También se busca encontrar asociaciones entre productos en virtud de la valoración de sus características por los encuestados. En el cuestionario se consideraron 12 productos ("LEVIS","LOIS","BENETTON","ZARA","OPEL","VOLKSWAGEN","SEAT ","AUDI","COCACOLA","KAS","PEPSICOLA","CASERA", "OTROS", y para cada uno de ellos se presentaron 12 características ("MODERNO","AMIGABLE", "SOLIDARIO","JUVENIL","EXPORTABLE","ELEGANTE","CONFIABLE", "CREATIVO","ECONOMICO","DIVERTIDO","CLASICO","DIFERENTE"), pidiendo al encuestado que reflejara para cada producto las características que consideraba adecuadas al mismo. Los resultados obtenidos se almacenan en el archivo CORRESPS.sav.

El archivo viene dado con ponderaciones de las variables. Los primeros registros se muestran a continuación (los productos se han numerado de 1 a 13 y la s características de 1 a 12 según el orden especificado en el enunciado).

	PRODUCTO	CARACTERÍSTICA	FRECUENCIA
1	1	1	56
2	2	1	31
3	3	1	35
4	4	1	52
5	5	1	12
6	6	1	27
7	7	1	18
8	8	1	35

Comenzamos importando el fichero, liberando sus variables y realizando un exploratorio básico de sus variables.

```
> library(haven)
> CORRESPS <- read_sav("E:/CURSOR2023/DATOS/CORRESPS.sav")
> View(CORRESPS)
> attach(CORRESPS)
> summary(CORRESPS)

    PRODUCTO   CARACTERÍSTICA    FRECUENCIA
 Min.   : 1   Min.   : 1.00   Min.   : 0.00
 1st Qu.: 4   1st Qu.: 3.75   1st Qu.:10.00
 Median : 7   Median : 6.50   Median :19.00
 Mean   : 7   Mean   : 6.50   Mean   :23.25
 3rd Qu.:10   3rd Qu.: 9.25   3rd Qu.:31.00
 Max.   :13   Max.   :12.00   Max.   :81.00
```

A continuación, se formará la tabla de contingencia equivalente con el co mando *calculate_tables* de la librería *eph*.

```
> library(eph)
> CORRESPS1=calculate_tabulates(CORRESPS,x='PRODUCTO',
y='CARACTERISTICA',weights = 'FRECUENCIA')
> CORRESPS1
```

PRODUCTO/CARACTERÍSTI...¹	`1`	`2`	`3`	`4`	`5`	`6`	`7`	`8`	`9`	`10`	`11`	`12`
<fct>	<dbl>	<dbl>	<dbl>	<dbl>	<dbl>	<dbl>	<dbl>	<dbl>	<dbl>	<dbl>	<dbl>	<dbl>
1	56	13	4	51	74	8	31	26	0	10	20	13
2	31	9	5	58	17	4	11	17	18	21	13	21
3	35	25	59	31	61	21	9	38	10	17	13	25
4	52	23	6	45	29	30	16	18	65	12	15	5
5	12	4	3	14	40	23	23	8	29	2	25	3
6	27	1	5	15	56	29	47	21	9	4	24	9
7	18	19	4	27	22	8	19	16	50	12	22	6
8	35	0	2	6	56	64	55	16	3	1	44	12
9	32	41	23	50	81	7	19	35	19	31	35	16
10	19	25	12	36	10	1	9	16	32	23	13	14
11	31	19	25	38	49	3	11	13	26	21	13	22
12	3	19	7	5	3	1	16	9	37	9	53	28
13	44	59	28	55	20	24	37	30	33	49	19	28

Ya hemos obtenido la tabla de contingencia. Dada su estructura, será nec esario convertirla en una matriz con las filas y columnas adecuadas.

```
> DATOS=as.matrix.noquote(CORRESPS1)
> DATOS
      PRODUCTO/CARACTERÍSTICA  1  2  3  4  5  6  7  8  9 10 11 12
 [1,] 1                       56 13  4 51 74  8 31 26  0 10 20 13
 [2,] 2                       31  9  5 58 17  4 11 17 18 21 13 21
 [3,] 3                       35 25 59 31 61 21  9 38 10 17 13 25
 [4,] 4                       52 23  6 45 29 30 16 18 65 12 15  5
 [5,] 5                       12  4  3 14 40 23 23  8 29  2 25  3
 [6,] 6                       27  1  5 15 56 29 47 21  9  4 24  9
 [7,] 7                       18 19  4 27 22  8 19 16 50 12 22  6
 [8,] 8                       35  0  2  6 56 64 55 16  3  1 44 12
 [9,] 9                       32 41 23 50 81  7 19 35 19 31 35 16
[10,] 10                      19 25 12 36 10  1  9 16 32 23 13 14
[11,] 11                      31 19 25 38 49  3 11 13 26 21 13 22
[12,] 12                       3 19  7  5  3  1 16  9 37  9 53 28
[13,] 13                      44 59 28 55 20 24 37 30 33 49 19 28
```

En esta matriz será necesario prescindir de la primera columna.

```
> DATOS1=DATOS[1:13,2:13]
> DATOS1
       1  2  3  4  5  6  7  8  9 10 11 12
 [1,] 56 13  4 51 74  8 31 26  0 10 20 13
 [2,] 31  9  5 58 17  4 11 17 18 21 13 21
 [3,] 35 25 59 31 61 21  9 38 10 17 13 25
 [4,] 52 23  6 45 29 30 16 18 65 12 15  5
 [5,] 12  4  3 14 40 23 23  8 29  2 25  3
 [6,] 27  1  5 15 56 29 47 21  9  4 24  9
 [7,] 18 19  4 27 22  8 19 16 50 12 22  6
 [8,] 35  0  2  6 56 64 55 16  3  1 44 12
 [9,] 32 41 23 50 81  7 19 35 19 31 35 16
[10,] 19 25 12 36 10  1  9 16 32 23 13 14
[11,] 31 19 25 38 49  3 11 13 26 21 13 22
[12,]  3 19  7  5  3  1 16  9 37  9 53 28
[13,] 44 59 28 55 20 24 37 30 33 49 19 28
```

Esta matriz será necesario transformarla a numérica.

```
> DATOS2=as.numeric(DATOS1)
> DATOS2
  [1] 56 31 35 52 12 27 18 35 32 19 31  3 44 13  9 25 23  4  1 19  0 41 25 19 19 59  4  5 59  6  3
 [32]  5  4  2 23 12 25  7 28 51 58 31 45 14 15 27  6 50 36 38  5 55 74 17 61 29 40 56 22 56 81 10
 [63] 49  3 20  8  4 21 30 23 29  8 64  7  1  3  1 24 31 11  9 16 23 47 19 55 19  9 11 16 37 26 17
 [94] 38 18  8 21 16 16 35 16 13  9 30  0 18 10 65 29  9 50  3 19 32 26 37 33 10 21 17 12  2  4 12
[125]  1 31 23 21  9 49 20 13 13 15 25 24 22 44 35 13 13 53 19 13 21 25  5  3  9  6 12 16 14 22 28
[156] 28
```

Con estos valores numéricos construimos una matriz de 13 filas y 12 columnas ya numérica.

```
> DATOS3=matrix(DATOS2,13,12)
> DATOS3
      [,1] [,2] [,3] [,4] [,5] [,6] [,7] [,8] [,9] [,10] [,11] [,12]
 [1,]   56   13    4   51   74    8   31   26    0    10    20    13
 [2,]   31    9    5   58   17    4   11   17   18    21    13    21
 [3,]   35   25   59   31   61   21    9   38   10    17    13    25
 [4,]   52   23    6   45   29   30   16   18   65    12    15     5
 [5,]   12    4    3   14   40   23   23    8   29     2    25     3
 [6,]   27    1    5   15   56   29   47   21    9     4    24     9
 [7,]   18   19    4   27   22    8   19   16   50    12    22     6
 [8,]   35    0    2    6   56   64   55   16    3     1    44    12
 [9,]   32   41   23   50   81    7   19   35   19    31    35    16
[10,]   19   25   12   36   10    1    9   16   32    23    13    14
[11,]   31   19   25   38   49    3   11   13   26    21    13    22
[12,]    3   19    7    5    3    1   16    9   37     9    53    28
[13,]   44   59   28   55   20   24   37   30   33    49    19    28
```

Si a esta matriz la dotamos de los nombres de susu filas y columnas según los datos del problema, tendremos ya la tabla de contingencia que nos permitirá brealizar el análisis de correspondencias.

```
> rownames(DATOS3)=c("LEVIS","LOIS","BENETTON","ZARA","OPEL",
"VOLKSWAGEN","SEAT","AUDI","COCACOLA","KAS","PEPSICOLA", "CAS
ERA", "OTROS")
> colnames(DATOS3)=c("MODERNO","AMIGABLE","SOLIDARIO", "JUVEN
IL","EXPORTABLE","ELEGANTE","CONFIABLE","CREATIVO", "ECONOMIC
O","DIVERTIDO","CLASICO","DIFERENTE")
```

```
> DATOS3
```

	MODERNO	AMIGABLE	SOLIDARIO	JUVENIL	EXPORTABLE	ELEGANTE	CONFIABLE	CREATIVO	ECONOMICO	DIVERTIDO	CLASICO	DIFERENTE
LEVIS	56	13	4	51	74	8	31	26	0	10	20	13
LOIS	31	9	5	58	17	4	11	17	18	21	13	21
BENETTON	35	25	59	31	61	21	9	38	10	17	13	25
ZARA	52	23	6	45	29	30	16	18	65	12	15	5
OPEL	12	4	3	14	40	23	23	8	29	2	25	3
VOLKSWAGEN	27	1	5	15	56	29	47	21	9	4	24	9
SEAT	18	19	4	27	22	8	19	16	50	12	22	6
AUDI	35	0	2	6	56	64	55	16	3	1	44	12
COCACOLA	32	41	23	50	81	7	19	35	19	31	35	16
KAS	19	25	12	36	10	1	9	16	32	23	13	14
PEPSICOLA	31	19	25	38	49	3	11	13	26	21	13	22
CASERA	3	19	7	5	3	1	16	9	37	9	53	28
OTROS	44	59	28	55	20	24	37	30	33	49	19	28

Ahora comprobamos el grado de asociación entre las dos variables mediante el test de la chivcuadrado de independencia.

```
> chisq.test(DATOS3)

        Pearson's Chi-squared test

data:  DATOS3
X-squared = 1363.9, df = 132, p-value < 2.2e-16
```

Vemos que el p-valor del contraste es muy pequeño, lo que indica una fuerte asociación entre las variables, que favorece el análisis de correspondencias.

A continuación, realizamos el análisis de correspondencias simples.

```
> windows()
> CORRESPONDENCIAS=CA(DATOS3,graph = TRUE, axes = c(1,2))
```

En primer lugar, observamos el mapa perceptual (Figura 7-5)

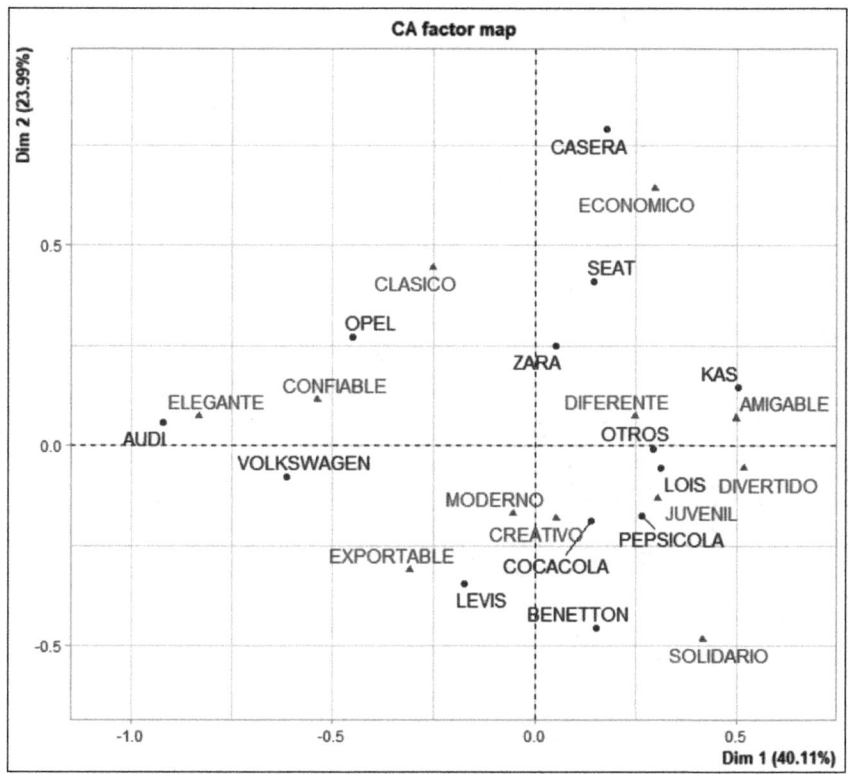

Figura 7-5

Si observamos la situación de las modalidades sobre el plano (Figura 7-5) vemos que los productos extranjeros de automóviles (*Audi, Volkswagen* y *Opel*) se asocian a las características de confortabilidad, elegancia y clásico. *Casera* y *Seat* se carcaterizan por ser productos clásicos y económicos. Las marcas de refrescos (*Kas, Pepsicola*) y *Lois* se identifican con los conceptos de diversión, amistad o juventud. Los productos de moda *Benetton* y *Levis* se asocian con carcterísticas como la creatividad, la solidaridad o el carácter internacional (exterior). El producto *Cocacola* se asocia con carcaterísticas propias de los dos grupos antes citados.

A continuación se muestran las características de la reducción de la dimensión subyacente al análisis de correspondencias simples: autovalores, variabilidad explicada, inercia, coordenadas de las dimensiones, contribuciones y cisenos directores al cuadrado por filas y columnas.

> summary(CORRESPONDENCIAS)

```
Eigenvalues
                       Dim.1   Dim.2   Dim.3   Dim.4   Dim.5   Dim.6   Dim.7   Dim.8   Dim.9  Dim.10  Dim.11
Variance               0.151   0.090   0.051   0.033   0.026   0.013   0.005   0.004   0.003   0.000   0.000
% of var.             40.111  23.994  13.668   8.677   6.858   3.540   1.255   1.067   0.780   0.047   0.004
Cumulative % of var.  40.111  64.104  77.772  86.449  93.307  96.847  98.103  99.170  99.949  99.996 100.000
```

```
Rows (the 10 first)
             Iner*1000    Dim.1     ctr    cos2    Dim.2     ctr    cos2    Dim.3     ctr    cos2
LEVIS      |   26.490 | -0.175   1.719   0.098 | -0.345  11.105   0.378 | -0.223   8.161   0.158 |
LOIS       |   20.662 |  0.310   3.963   0.289 | -0.056   0.219   0.010 | -0.265   8.500   0.211 |
BENETTON   |   41.812 |  0.151   1.425   0.051 | -0.456  21.850   0.471 |  0.346  22.038   0.271 |
ZARA       |   26.264 |  0.051   0.152   0.009 |  0.251   6.073   0.209 | -0.372  23.444   0.459 |
OPEL       |   18.653 | -0.450   6.875   0.556 |  0.272   4.205   0.203 | -0.049   0.236   0.006 |
VOLKSWAGEN |   28.604 | -0.615  17.072   0.900 | -0.079   0.472   0.015 |  0.000   0.000   0.000 |
SEAT       |   16.394 |  0.145   0.858   0.079 |  0.410  11.458   0.631 | -0.164   3.235   0.101 |
AUDI       |   74.028 | -0.921  45.612   0.929 |  0.058   0.302   0.004 |  0.097   1.491   0.010 |
COCACOLA   |   14.638 |  0.140   1.391   0.143 | -0.189   4.231   0.261 |  0.075   1.177   0.041 |
KAS        |   16.787 |  0.504   9.751   0.876 |  0.145   1.344   0.072 | -0.067   0.509   0.016 |
```

```
Columns (the 10 first)
             Iner*1000    Dim.1     ctr    cos2    Dim.2     ctr    cos2    Dim.3     ctr    cos2
MODERNO    |   13.809 | -0.054   0.210   0.023 | -0.170   3.471   0.227 | -0.253  13.595   0.506 |
AMIGABLE   |   25.692 |  0.499  11.674   0.685 |  0.068   0.367   0.013 |  0.101   1.396   0.028 |
SOLIDARIO  |   42.887 |  0.417   5.814   0.204 | -0.483  13.047   0.274 |  0.531  27.635   0.331 |
JUVENIL    |   27.731 |  0.305   7.318   0.398 | -0.131   2.276   0.074 | -0.307  21.749   0.403 |
EXPORTABLE |   38.615 | -0.309   9.051   0.354 | -0.312  15.370   0.359 | -0.009   0.022   0.000 |
ELEGANTE   |   56.900 | -0.831  28.148   0.746 |  0.072   0.352   0.006 | -0.022   0.060   0.001 |
CONFIABLE  |   31.115 | -0.538  16.004   0.776 |  0.113   1.175   0.034 | -0.006   0.006   0.000 |
CREATIVO   |    5.038 |  0.051   0.124   0.037 | -0.183   2.678   0.480 |  0.044   0.268   0.027 |
ECONOMICO  |   57.538 |  0.297   5.336   0.140 |  0.644  41.945   0.658 | -0.175   5.440   0.049 |
DIVERTIDO  |   21.725 |  0.520  10.462   0.726 | -0.057   0.212   0.009 | -0.006   0.004   0.000 |
```

Ejercicio 7-2. Consideramos la tabla que muestra la distribución hipotética de los asientos del parlamento europeo entre los partidos políticos de 5 naciones:

	Dem.crist	Socialista	Otros	TOTAL
Bélgica	8	9	7	24
Alemania	39	30	6	75
Italia	25	11	39	75
Luxemburgo	3	2	1	6
Holanda	13	10	2	25
TOTAL	88	62	55	205

Los totales marginales de fila muestran que los países más pequeños tienen menor representación en el parlamento europeo que los países más grandes. Los totales de columna indican que los demócratas cristianos se separan de los socialistas y ambos se separan de los otros. Pero ¿qué tienen de común los países en relación con la afiliación política? y ¿cuál es la relación entre país y partido político?

Comenzamos creando la tabla de contingencia con los datos.

```
> tabla=matrix(c(8,39,25,3,13,9,30,11,2,10,7,6,39,1,2), ncol=
3)
> tabla
     [,1] [,2] [,3]
[1,]    8    9    7
[2,]   39   30    6
[3,]   25   11   39
[4,]    3    2    1
[5,]   13   10    2

> colnames(tabla)=c("Dem.crist","Socialista", "Otros")
>rownames(tabla)=c("Belgica","Alemania","Italia","Luxemburgo",
"Holanda")
> tabla
           Dem.crist Socialista Otros
Belgica            8          9     7
Alemania          39         30     6
Italia            25         11    39
Luxemburgo         3          2     1|
Holanda           13         10     2
```

A continuación utilizamos el test de la Chi cuadrado para ver la asociación entre las dos variables.

```
> chisq.test(tabla)

        Pearson's Chi-squared test

data:  tabla
X-squared = 44.917, df = 8, p-value = 3.816e-07
```

Como el p-valor del test es muy pequeño, la asociación entre las variables partido político y país es alta.

A continuación realizamos el análisis de correspondencias.

```
> windows()
> CORRESPONDENCIAS=CA(tabla,graph = TRUE,axes = c(1,2))
```

El mapa perceptual lo vemos en la Figura 7-6.

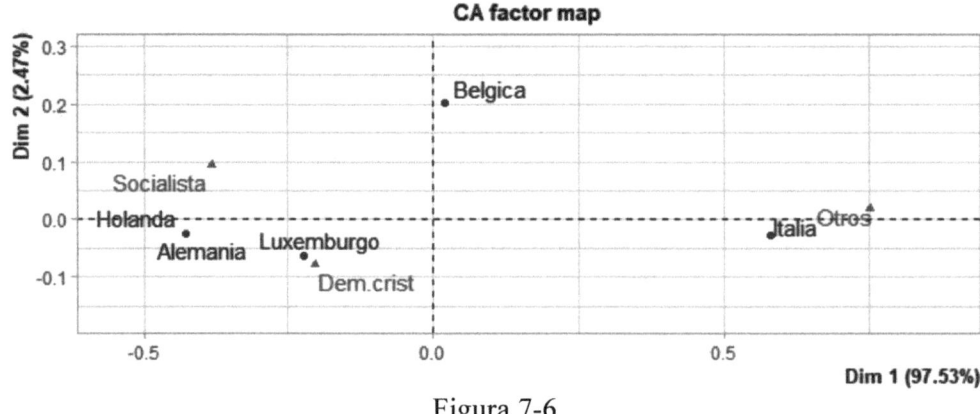

Figura 7-6

En el análisis de correspondencias se busca una solución que represente la relación entre las variables fila y columna en tan pocas dimensiones como sea posible. En nuestro caso tenemos dos dimensiones, mostrando la primera una cantidad mayor de inercia (el 97,53% de la inercia total). Los valores propios pueden interpretarse como la correlación entre las puntuaciones de filas y columnas. Para cada dimensión el cuadrado del valor propio es igual a la inercia y por tanto es otra medida de la importancia de esa dimensión.

El gráfico de puntos fila y columna de la Figura 7-6 muestra que Italia es el país más cercano a la categoría otros, Luxemburgo es el más cercano a Democristianos y Bélgica, Alemania y Holanda son los más cercanos a Socialistas. El gráfico también muestra que Alemania y Holanda son virtualmente idénticas en sus elecciones de partidos políticos y Luxemburgo está muy cerca de ellos, mientras que Italia y Bélgica se encuentran más alejados de los anteriores y también entre sí. En cuanto a partidos políticos, se ve que socialistas y democristianos están más cerca entre sí que del grupo otros.

A continuación calculamos valores propios, porcentajes de inercia, coordenadas de las dimensiones, contribuciones y cosenos cuadrados para filas y columnas.

```
> summary(CORRESPONDENCIAS)
```

```
Call:
CA(X = tabla, graph = TRUE, axes = c(1, 2))
```

```
The chi square of independence between the two variables is equal to 44.91704 (p-value = 3.815634e-07
).
```

Eigenvalues

	Dim.1	Dim.2
Variance	0.214	0.005
% of var.	97.529	2.471
Cumulative % of var.	97.529	100.000

Rows

	Iner*1000		Dim.1	ctr	cos2		Dim.2	ctr	cos2	
Belgica	|	4.787	|	0.020	0.022	0.010	|	0.201	87.565	0.990	|
Alemania	|	66.877	|	-0.427	31.198	0.997	|	-0.024	3.837	0.003	|
Italia	|	123.592	|	0.581	57.706	0.998	|	-0.028	5.116	0.002	|
Luxemburgo	|	1.560	|	-0.222	0.674	0.924	|	-0.064	2.202	0.076	|
Holanda	|	22.292	|	-0.427	10.399	0.997	|	-0.024	1.279	0.003	|

Columns

	Iner*1000		Dim.1	ctr	cos2		Dim.2	ctr	cos2	
Dem.crist	|	20.050	|	-0.201	8.143	0.868	|	-0.079	48.930	0.132	|
Socialista	|	46.835	|	-0.382	20.674	0.943	|	0.094	49.083	0.057	|
Otros	|	152.222	|	0.753	71.184	0.999	|	0.020	1.987	0.001	|

En el examen de las contribuciones a la inercia total de cada punto fila y columna, está claro que los puntos fila y columna que contribuyan sustancialmente a la inercia de una dimensión son importantes para esa dimensión. Los puntos dominantes de la solución pueden detectarse fácilmente. Por ejemplo, Bélgica es un punto dominante de la segunda dimensión ya que su contribución a la inercia de esa dimensión es 87,565 e Italia en la primera dimensión pues su contribución es 57,706. Por otra parte, demócratas-cristianos (48,930) y socialistas (49,083) contribuyen más que otros a la segunda dimensión. A la primera dimensión los que más contribuyen son otros (71,184).

Ejercicio 7-3. Se dispone de la tabla de contingencia que se muestra más abajo formada por dos variables cualitativas tomadas de un estudio sobre 100 madres de recién nacidos para analizar la relación entre su clase social y el control médico del embarazo que han llevado a cabo. Se trata dea nalizar las relaciones entre ambas variables y sus categorías.

Clase social	Control médico del embarazo				
	Excelente	Bueno	Malo	Nulo	Total
Alta	8	5	0	0	13
Media	12	26	13	0	51
Baja	0	9	21	6	36
Total	20	40	34	6	100

Como se trata de analizar la relación entre las categorías de dos variables cualitativas (clase social y control médico del embarazo), utilizaremos un análisis de correspondencias simples.

Comenzamos construyendo la tabla de contingencia en R.

```
> tabla=matrix(c(8,12,0,5,26,9,0,13,21,0,0,6),ncol=4)
> tabla
     [,1] [,2] [,3] [,4]
[1,]    8    5    0    0
[2,]   12   26   13    0
[3,]    0    9   21    6

> colnames(tabla)=c("Excelente", "Bueno", "Malo","Nulo")
> rownames(tabla)=c("Alta","Media","Baja")
> tabla
       Excelente Bueno Malo Nulo
Alta           8     5    0    0
Media         12    26   13    0
Baja           0     9   21    6
```

A continuación, realizamos el test de la Chi cuadrado de independencia para ver el grado de asociación entre las dos variables.

```
> chisq.test(tabla)

        Pearson's Chi-squared test

data:  tabla
X-squared = 44.745, df = 6, p-value = 5.258e-08
```

Se observa que el grado de asociación entre las dos variables es alto, ya que el p-valor del contraste es muy pequeño.

La siguiente tarea es realizar el análisis de correspondencias simples.

```
> CORRESPONDENCIAS=CA(tabla,graph = TRUE, axes = c(1,2))
```

En la Figura 7-7 observamos el mapa de correspondencias.

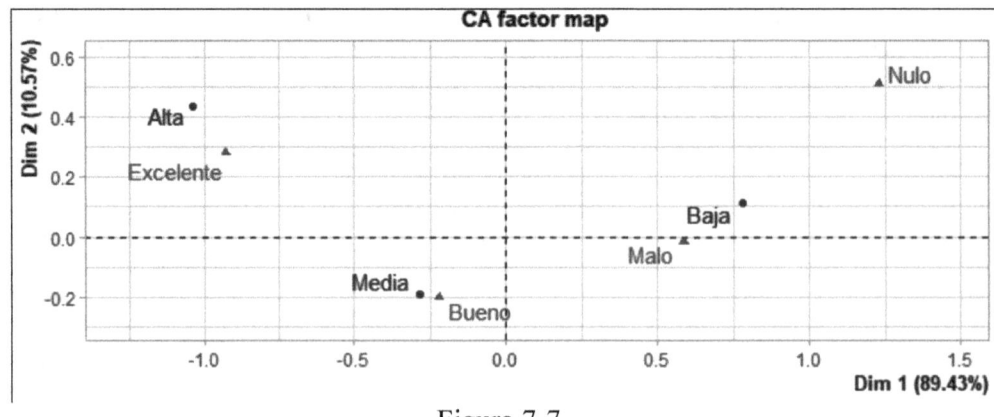

Figura 7-7

Observamos que la clase social alta está relacionada con un excelente control del embarazo, la clase media está relacionada con un buen control del embarazo, la clase baja está relacionada con un mal control del embarazo y el control nulo del embarazo no está relacionado con ninguna categoría de clase social, pero la clase social más cercana al mismo es la clase baja.

Vemos ahora las características de la reducción de la dimensión (valores propios, inercias, coordenadas de las dimensiones, contribuciones y cosenos directores al cuadrado).

```
> summary(CORRESPONDENCIAS)

Call:
CA(X = tabla, graph = TRUE, axes = c(1, 2))

The chi square of independence between the two variables is equal to 44.74531 (p-value =  5.258477e-08
).

Eigenvalues
                       Dim.1    Dim.2
Variance               0.400    0.047
% of var.             89.428   10.572
Cumulative % of var.  89.428  100.000

Rows
            Iner*1000     Dim.1     ctr     cos2     Dim.2     ctr    cos2
Alta      |   164.231 |  -1.036  34.881   0.850 |   0.435  52.119  0.150 |
Media     |    60.012 |  -0.286  10.439   0.696 |  -0.189  38.561  0.304 |
Baja      |   223.211 |   0.780  54.680   0.980 |   0.111   9.320  0.020 |

Columns
            Iner*1000     Dim.1     ctr     cos2     Dim.2     ctr    cos2
Excelente |   187.330 |  -0.927  42.919   0.917 |   0.279  32.955  0.083 |
Bueno     |    35.699 |  -0.222   4.906   0.550 |  -0.200  33.971  0.450 |
Malo      |   117.757 |   0.588  29.400   0.999 |  -0.018   0.238  0.001 |
Nulo      |   106.667 |   1.232  22.775   0.854 |   0.509  32.836  0.146 |
```

Observaremos los puntos dominantes que más contribuyen a la inercia de las dimensiones por filas y columnas. Para la primera dimensión, la clase baja es la que más contribuye a la inercia por filas (54,68%), seguida de la clase alta (34,881%). Para la segunda dimensión, la clase alta es la que más contribuye a la inercia por filas (52,119%) seguida de la clase media (38,561%).

En cuanto a las columnas, para la primera dimensión el excelente control del embarazo es el que más contribuye a la inercia por filas (42,919%), seguido del mal control (29,4%). Para la segunda dimensión, las contribuciones a la inercia de los controles bueno, excelente y nulo son muy parecidas (33,971%, 32,955% y 32,836% respectivamente).

Según los autovalores, la clase social explica el 89,428% de la inercia total. El efecto del control médico del embarazo (10,572% de la inercia) es mínimo. Las contribuciones relativas de los factores en las categorías también orientan sobre la mayor importancia del primer factor en la explicación de las mismas.

Ejercicio 7-4. Consideramos los datos del ejercicio anterior e introducimos como nueva variable cualitativa la edad con dos posibles valores (mujeres con edad superior a 30 años y mujeres con edad menor o igual a 30 años). En el ejercicio se muestran las tres tabals de contingencia que relacionan las tres variables dos a dos. Se trata de estuidiar ahora las relaciones entre las tres variables cualitativas y entre sus categorías.

La tabla del ejercicio anterior que cruzaba las variables clase social y control médico del embarazo era la siguiente:

Clase social	Control médico del embarazo				
	Excelente	Bueno	Malo	Nulo	Total
Alta	8	5	0	0	13
Media	12	26	13	0	51
Baja	0	9	21	6	36
Total	20	40	34	6	100

Pero ahora añadimos las tablas del cruce de la nueva variable edad con las dos variables anteriores.

Edad	Clase social			
	Alta	Media	Baja	Total
< 30	9	35	27	71
≥ 30	4	16	9	29
Total	13	51	36	100

Edad	Control médico del embarazo				
	Excelente	Bueno	Malo	Nulo	Total
< 30	11	29	26	5	71
≥ 30	9	11	8	1	29
Total	20	40	34	6	100

Estamos ahora ante un análisis de correspondencias múltiple para relacionar las categorías de tres variables cualitativas.

La tabla de Burt asociada a las tablas anteriores será la siguiente:

		Alta	Media	Baja	Excel.	Bueno	Malo	Nulo	<30	≥30
Clase s.	Alta	13	0	0	8	5	0	0	9	4
	Media		51	0	12	26	13	0	35	16
	Baja			36	0	9	21	6	27	9
Control m.	Excel.				20	0	0	0	11	9
	Bueno					40	0	0	29	11
	Malo						34	0	26	8
	Nulo							6	5	1
Edad	< 30								71	0
	≥ 30									29

La tabla de Burt es fundamental a la hora de formar el conjunto de datos. Las tre variables cuyas categorías queremos relacionar con el análisis de correspondencias múltiples se denominarán CLASESOC, CONTROLM y EDAD. Los tres valores de la variable CLASESOC se etiquetarán con los números 1, 2 y 3. Los cuatro valores de la variable CONTROLM se etiquetarán con los números 1, 2, 3 y 4. Los dos valores de la variable EDAD se etiquetarán con los números 1 y 2. De esta forma, el conjunto de datos derivado de la tabla de Burt tendrá el siguiente aspecto:

CLASESOC	CONTROLM	EDAD
1	1	1
1	1	1
1	1	1
1	1	1
1	1	1
1	1	1
1	1	1
1	1	1
1	2	1
1	2	2
1	2	2
1	2	2
1	2	2
2	1	1
2	1	1
2	1	1

Este conjunto de datos se almacenará como un fichero de nombre *correspondencias.sav*.

Comenzamos importando el fichero en R, liberando sus variables y explorándolas.

```
> library(haven)
> CORRESPONDENCIAS <- read_sav("E:/DATOS/CORRESPONDENCIAS.sav
")
> View(CORRESPONDENCIAS)
> attach(CORRESPONDENCIAS)
> summary(CORRESPONDENCIAS)
    CLASESOC          CONTROLM            EDAD
 Min.    :1.00    Min.    :1.00    Min.    :1.00
 1st Qu.:2.00    1st Qu.:2.00    1st Qu.:1.00
 Median :2.00    Median :2.00    Median :1.00
 Mean    :2.23    Mean    :2.26    Mean    :1.29
 3rd Qu.:3.00    3rd Qu.:3.00    3rd Qu.:2.00
 Max.    :3.00    Max.    :4.00    Max.    :2.00
```

A continuación, transformamos las variables a factores.

```
> CLASESOC1=factor(CLASESOC)
> CONTROLM1=factor(CONTROLM)
> EDAD1=factor(EDAD)
```

Ahora formamos un dataframe con los factores y realizamos el análisis de correspondencias múltiples.

```
> datos=data.frame(CLASESOC1,CONTROLM1,EDAD1)
```

Ya estamos en disposición de realizar el análisis de correspondencias múltiples mediante la siguiente sintaxis:

```
> CORRESPMULTIPLE=MCA(datos, graph=TRUE,axes=c(1,2), method="
Indicator")
```

A continuación, graficamos el mapa perceptual del análisis de correspondencias (Figura 7-8).

```
> plot(CORRESPMULTIPLE, invisible = "ind")
```

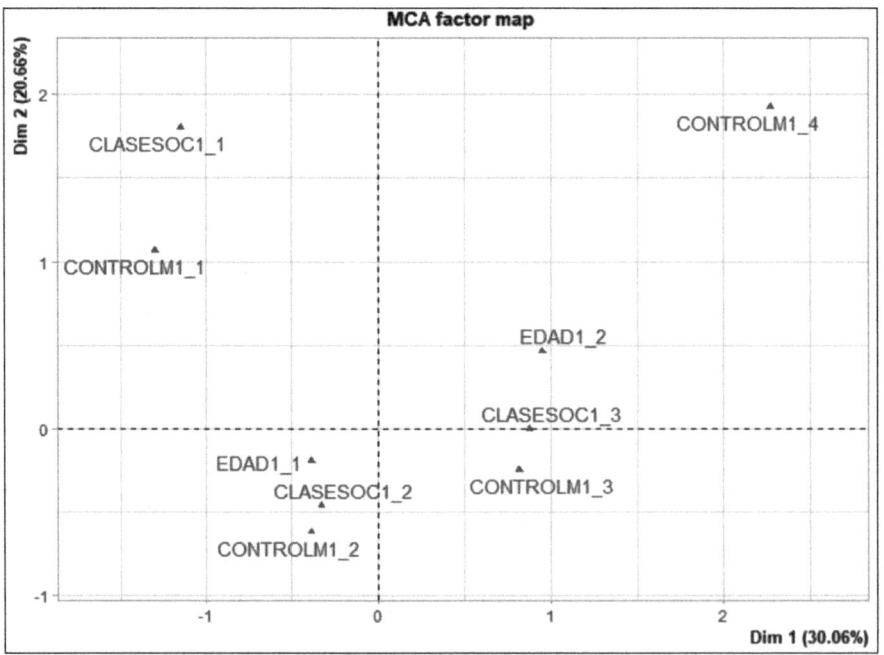

Figura 7-8

Observando el gráfico de correspondencias (Figura 7-50) vemos que existe una clara correspondencia entre la clase alta y el control excelente del embarazo independientemente de la edad. También existe una correspondencia muy alta entre la clase media y un buen control del embarazo en las mujeres jóvenes (mayor que en las mujeres que superan los 30 años). También hay buena correspondencia entre la clase baja y el mal control del embarazo especialmente para las mujeres que superan los 30 años. El control nulo del embarazo tiende a no relacionarse con ninguna clase social ni tipo de control del embarazo, aunque estaría más cercano a las mujeres mayores y clase social baja.

A continuación, vemos las características de la reducción de la dimensión (autovalores, inercias o porcentajes de variabilidad explicada, coordenadas de las categorías en el plano de los factores, contribuciones a la inercia, cosenos cuadrados y eta cuadrado).

```
> summary(CORRESPMULTIPLE)
```

```
Eigenvalues
                      Dim.1   Dim.2   Dim.3   Dim.4   Dim.5   Dim.6
Variance              0.601   0.413   0.366   0.323   0.252   0.045
% of var.            30.064  20.662  18.278  16.127  12.601   2.268
Cumulative % of var. 30.064  50.726  69.004  85.131  97.732 100.000
```

```
Individuals (the 10 first)
        Dim.1    ctr   cos2    Dim.2    ctr   cos2    Dim.3    ctr   cos2
1     | -1.218  2.467  0.401 |  1.389  4.669  0.521 | -0.419  0.481  0.047 |
2     | -1.218  2.467  0.401 |  1.389  4.669  0.521 | -0.419  0.481  0.047 |
3     | -1.218  2.467  0.401 |  1.389  4.669  0.521 | -0.419  0.481  0.047 |
4     | -1.218  2.467  0.401 |  1.389  4.669  0.521 | -0.419  0.481  0.047 |
5     | -1.218  2.467  0.401 |  1.389  4.669  0.521 | -0.419  0.481  0.047 |
6     | -1.218  2.467  0.401 |  1.389  4.669  0.521 | -0.419  0.481  0.047 |
7     | -1.218  2.467  0.401 |  1.389  4.669  0.521 | -0.419  0.481  0.047 |
8     | -1.218  2.467  0.401 |  1.389  4.669  0.521 | -0.419  0.481  0.047 |
9     | -0.827  1.138  0.239 |  0.515  0.642  0.093 |  0.038  0.004  0.000 |
10    | -0.254  0.107  0.018 |  0.855  1.768  0.206 |  0.775  1.643  0.169 |
```

```
Categories
             Dim.1    ctr   cos2 v.test    Dim.2    ctr   cos2 v.test    Dim.3    ctr   cos2 v.test
CLASESOC1_1 | -1.149  9.517  0.197 -4.420 |  1.800 33.990  0.484  6.925 | -0.027  0.009  0.000 -0.105 |
CLASESOC1_2 | -0.327  3.018  0.111 -3.316 | -0.457  8.592  0.217 -4.639 |  0.609 17.248  0.386  6.182 |
CLASESOC1_3 |  0.878 15.378  0.433  6.551 | -0.003  0.000  0.000 -0.020 | -0.853 23.879  0.409 -6.365 |
CONTROLM1_1 | -1.297 18.650  0.421 -6.452 |  1.068 18.407  0.285  5.314 | -0.345  2.171  0.030 -1.717 |
CONTROLM1_2 | -0.388  3.339  0.100 -3.152 | -0.617 12.285  0.254 -5.013 |  0.484  8.533  0.156  3.930 |
CONTROLM1_3 |  0.819 12.636  0.345  5.847 | -0.243  1.615  0.030 -1.733 | -0.542  9.121  0.152 -3.874 |
CONTROLM1_4 |  2.270 17.145  0.329  5.707 |  1.928 17.991  0.237  4.847 |  0.999  5.463  0.064  2.512 |
EDAD1_1     | -0.387  5.892  0.367 -6.024 | -0.190  2.065  0.088 -2.956 | -0.388  9.737  0.368 -6.038 |
EDAD1_2     |  0.947 14.426  0.367  6.024 |  0.465  5.056  0.088  2.956 |  0.949 23.839  0.368  6.038 |
```

```
Categorical variables (eta2)
            Dim.1 Dim.2 Dim.3
CLASESOC1 | 0.504 0.528 0.451 |
CONTROLM1 | 0.934 0.624 0.277 |
EDAD1     | 0.367 0.088 0.368 |
```

Observamos que los autovalores (varianzas) son 0,601, 0,413, 0,366, 0,323, 0,252 y 0,045 respectivamente. Los porcentajes de la variabilidad total (inercias) explicados por cada uno de ellos es 30,064, 20,662, 18,278, 16,127, 12, 601 y 2,268 respectivamente. Entre todos ellos explican el 100% de la variabilidad.

En cuanto a los puntos dominantes que más contribuyen a la inercia de las dimensiones por categorías observamos que el mayor valor para la primera dimensión corresponde al control excelente del embarazo (18,65%), para la segunda dimensión corresponde a la clase social alta (33,9%) y para la tercera dimensión corresponde a la clase social baja (23,879%) y la edad alta (23,839%).

Ejercicio 7-5. En el fichero GASTO.sav se almacena un conjunto de datos referentes al gasto medio por hogar en 1991 en las diferentes Comunidades Autónomas según los 9 conceptos de gasto que incluye la Encuesta de Presupuestos Familiares EPF (alimentación, vestido, vivindas, muebles, sanidad, transportes, esparcimiento, otros bienes y otros gastos). A partir de esta información se trata de elaborar una tipología de las Comunidades Autónomas según sus patrones de gasto. ¿Qué Comunidades Autónomas tienen pautas similares o diferenciadas de gasto? ¿Qué grupos de gasto tienen una distribución semejante en las Comunidades? ¿Qué gastos explican las similitudes o diferencias entre las Comunidades? ¿Qué Comunidades explican la similitud o diferencia en los patrones de gasto?

Como se trata de analizar el gasto cruzando grupos de gastos con las diferentes Comunidades Autónomas utilizaremos análisis de correspondencias simples, ya que tenemos dos variables de clasificación que son cualitativas.

El archivo viene dado con ponderaciones de las variables. Los primeros registros se muestran a continuación (los productos se han numerado de 1 a 13 y las características de 1 a 12 según el orden especificado en el enunciado).

GRUPO	CCAA	GASTO
1	1	604906
2	1	222072
3	1	183773
4	1	120660
5	1	50308
6	1	255114
7	1	114433

Comenzamos importando el fichero, liberando sus variables y realizando un exploratorio básico de sus variables.

```
> library(haven)
> GASTO <- read_sav("E:/CURSOESTADISTICA2023/DATOS/ GASTO.sav")
> View(GASTO)
> attach(GASTO)
> summary(GASTO)
      GRUPO            CCAA             GASTO          |
 Min.    :1      Min.    : 1.000   Min.    : 27191
 1st Qu.:3      1st Qu.: 5.000   1st Qu.:118654
 Median :5      Median : 9.500   Median :200235
 Mean    :5      Mean    : 9.506   Mean    :230529
 3rd Qu.:7      3rd Qu.:14.000   3rd Qu.:280893
 Max.    :9      Max.    :18.000   Max.    :685925
```

A continuación, se formará la tabla de contingencia equivalente con el co mando *calculate_tables* de la librería *eph*.

```
> library(eph)
> DATOS=calculate_tabulates(GASTO,x='GRUPO',
y='CCAA',weights = 'GASTO')
> DATOS
```

`GRUPO/CCAA`	`1`	`2`	`3`	`4`	`5`	`6`	`7`	`8`	`9`	`10`	`11`	`12`
<fct>	<dbl>	<dbl>	<dbl>	<dbl>	<dbl>	<dbl>	<dbl>	<dbl>	<dbl>	<dbl>	<dbl>	<dbl>
1	604906	547436	586561	549567	572256	587826	546618	543406	685925	541577	469635	615209
2	222072	255127	280510	227004	185538	288598	217780	220646	262378	217826	211088	247874
3	183773	201639	232693	205880	179574	261429	191246	210043	282701	177228	137556	198830
4	120660	125630	130525	143722	134070	118398	119423	125781	162944	132318	100379	131660
5	50308	50268	57682	87284	74322	63395	41204	53318	92869	61803	43829	51307
6	255114	246867	336226	357122	305326	302423	251981	243869	360872	280136	207527	291052
7	114433	110719	150503	151111	159185	116816	109661	96367	227525	122874	86593	128064
8	281153	262864	310705	333944	279855	276978	259545	252823	362571	281020	222698	255713
9	83027	81832	120725	131271	98012	105707	107719	101476	107370	99310	71039	104412

Vemos las 10 primeras filas de la tabla de contingencia. Dada su estructu ra, será necesario convertirla en una matriz con las filas y columnas adecuadas.

```
> DATOS1=as.matrix.noquote(CORRESPS1)
> DATOS1
```

	GRUPO/CCAA 1	2	3	4	5	6	7	8	9	10	11
[1,] 1	604906	547436	586561	549567	572256	587826	546618	543406	685925	541577	469635
[2,] 2	222072	255127	280510	227004	185538	288598	217780	220646	262378	217826	211088
[3,] 3	183773	201639	232693	205880	179574	261429	191246	210043	282701	177228	137556
[4,] 4	120660	125630	130525	143722	134070	118398	119423	125781	162944	132318	100379
[5,] 5	50308	50268	57682	87284	74322	63395	41204	53318	92869	61803	43829
[6,] 6	255114	246867	336226	357122	305326	302423	251981	243869	360872	280136	207527
[7,] 7	114433	110719	150503	151111	159185	116816	109661	96367	227525	122874	86593
[8,] 8	281153	262864	310705	333944	279855	276978	259545	252823	362571	281020	222698
[9,] 9	83027	81832	120725	131271	98012	105707	107719	101476	107370	99310	71039

	12	13	14	15	16	17	18
[1,]	615209	673620	603683	643258	636443	602255	683373
[2,]	247874	253666	210393	324500	267178	209670	193283
[3,]	198830	252591	189394	251319	232181	196262	133987
[4,]	131660	145747	127725	220787	157854	127146	81436
[5,]	51307	86853	46726	80939	64959	54824	27191
[6,]	291052	369559	318856	406681	342386	262629	141950
[7,]	128064	215523	103650	185658	174320	126054	84439
[8,]	255713	432997	310354	408892	394733	313107	234961
[9,]	104412	0	243540	154978	121880	127721	64365

En esta matriz será necesario prescindir de la primera columna.

```
> DATOS2=DATOS1[1:9,2:19]
> DATOS2
       1      2      3      4      5      6      7      8      9     10     11     12     13
[1,] 604906 547436 586561 549567 572256 587826 546618 543406 685925 541577 469635 615209 673620
[2,] 222072 255127 280510 227004 185538 288598 217780 220646 262378 217826 211088 247874 253666
[3,] 183773 201639 232693 205880 179574 261429 191246 210043 282701 177228 137556 198830 252591
[4,] 120660 125630 130525 143722 134070 118398 119423 125781 162944 132318 100379 131660 145747
[5,]  50308  50268  57682  87284  74322  63395  41204  53318  92869  61803  43829  51307  86853
[6,] 255114 246867 336226 357122 305326 302423 251981 243869 360872 280136 207527 291052 369559
[7,] 114433 110719 150503 151111 159185 116816 109661  96367 227525 122874  86593 128064 215523
[8,] 281153 262864 310705 333944 279855 276978 259545 252823 362571 281020 222698 255713 432997
[9,]  83027  81832 120725 131271  98012 105707 107719 101476 107370  99310  71039 104412      0
       14     15     16     17     18
[1,] 603683 643258 636443 602255 683373
[2,] 210393 324500 267178 209670 193283
[3,] 189394 251319 232181 196262 133987
[4,] 127725 220787 157854 127146  81436
[5,]  46726  80939  64959  54824  27191
[6,] 318856 406681 342386 262629 141950
[7,] 103650 185658 174320 126054  84439
[8,] 310354 408892 394733 313107 234961
[9,] 243540 154978 121880 127721  64365
```

Esta matriz será necesario transformarla a numérica.

```
> DATOS2=as.numeric(DATOS1)
> DATOS2

  [1] 604906 222072 183773 120660  50308 255114 114433 281153  83027 547436 255127 201639 125630
 [14]  50268 246867 110719 262864  81832 586561 280510 232693 130525  57682 336226 150503 310705
 [27] 120725 549567 227004 205880 143722  87284 357122 151111 333944 131271 572256 185538 179574
 [40] 134070  74322 305326 159185 279855  98012 587826 288598 261429 118398  63395 302423 116816
 [53] 276978 105707 546618 217780 191246 119423  41204 251981 109661 259545 107719 543406 220646
 [66] 210043 125781  53318 243869  96367 252823 101476 685925 262378 282701 162944  92869 360872
 [79] 227525 362571 107370 541577 217826 177228 132318  61803 280136 122874 281020  99310 469635
 [92] 211088 137556 100379  43829 207527  86593 222698  71039 615209 247874 198830 131660  51307
[105] 291052 128064 215523 104412 673620 253666 252591 145747  86853 369559 215523 432997      0
[118] 603683 210393 189394 127725  46726 318856 103650 310354 243540 643258 324500 251319 220787
[131]  80939 406681 185658 408892 154978 636443 267178 232181 157854  64959 342386 174320 394733
[144] 121880 602255 209670 196262 127146  54824 262629 126054 313107 127721 683373 193283 133987
```

Con estos valores numéricos construimos una matriz de 9 filas y 18 columnas ya numérica.

```
> DATOS4=matrix(DATOS3,9,18)
> DATOS4
```

```
       [,1]   [,2]   [,3]   [,4]   [,5]   [,6]   [,7]   [,8]   [,9]  [,10]  [,11]  [,12]  [,13]
[1,] 604906 547436 586561 549567 572256 587826 546618 543406 685925 541577 469635 615209 673620
[2,] 222072 255127 280510 227004 185538 288598 217780 220646 262378 217826 211088 247874 253666
[3,] 183773 201639 232693 205880 179574 261429 191246 210043 282701 177228 137556 198830 252591
[4,] 120660 125630 130525 143722 134070 118398 119423 125781 162944 132318 100379 131660 145747
[5,]  50308  50268  57682  87284  74322  63395  41204  53318  92869  61803  43829  51307  86853
[6,] 255114 246867 336226 357122 305326 302423 251981 243869 360872 280136 207527 291052 369559
[7,] 114433 110719 150503 151111 159185 116816 109661  96367 227525 122874  86593 128064 215523
[8,] 281153 262864 310705 333944 279855 276978 259545 252823 362571 281020 222698 255713 432997
[9,]  83027  81832 120725 131271  98012 105707 107719 101476 107370  99310  71039 104412      0
      [,14]  [,15]  [,16]  [,17]  [,18]
[1,] 603683 643258 636443 602255 683373
[2,] 210393 324500 267178 209670 193283
[3,] 189394 251319 232181 196262 133987
[4,] 127725 220787 157854 127146  81436
[5,]  46726  80939  64959  54824  27191
[6,] 318856 406681 342386 262629 141950
[7,] 103650 185658 174320 126054  84439
[8,] 310354 408892 394733 313107 234961
[9,] 243540 154978 121880 127721  64365
```

Si a esta matriz la dotamos de los nombres de susu filas y columnas según los datos del problema, tendremos ya la tabla de contingencia que nos permitirá brealizar el análisis de correspondencias.

```
> rownames(DATOS4)=c("Alimentos","Vestido","Vivienda", "Muebl
es","Sanidad", "Transporte","Esparcimiento","Otros bienes","O
tros servicios")

> colnames(DATOS4)=c("Andalucia","Aragon","Asturias", "Balear
es", "Canarias","Cantabria","Castilla_Mancha", "Castilla_Leon
", "Cataluña","C_Valenciana","Extremadura", "Galicia", "Madri
d","Murcia","Navarra","Pais_Vasco","Rioja", "Ceuta_Melilla")

> DATOS4
               Andalucia Aragon Asturias Baleares Canarias Cantabria Castilla_Mancha Castilla_Leon
Alimentos         604906 547436   586561   549567   572256    587826          546618        543406
Vestido           222072 255127   280510   227004   185538    288598          217780        220646
Vivienda          183773 201639   232693   205880   179574    261429          191246        210043
Muebles           120660 125630   130525   143722   134070    118398          119423        125781
Sanidad            50308  50268    57682    87284    74322     63395           41204         53318
Transporte        255114 246867   336226   357122   305326    302423          251981        243869
Esparcimiento     114433 110719   150503   151111   159185    116816          109661         96367
Otros bienes      281153 262864   310705   333944   279855    276978          259545        252823
Otros servicios    83027  81832   120725   131271    98012    105707          107719        101476
               Cataluña C_Valenciana Extremadura Galicia Madrid Murcia Navarra Pais_Vasco  Rioja
Alimentos        685925       541577      469635  615209 673620 603683  643258     636443 602255
Vestido          262378       217826      211088  247874 253666 210393  324500     267178 209670
Vivienda         282701       177228      137556  198830 252591 189394  251319     232181 196262
Muebles          162944       132318      100379  131660 145747 127725  220787     157854 127146
Sanidad           92869        61803       43829   51307  86853  46726   80939      64959  54824
Transporte       360872       280136      207527  291052 369559 318856  406681     342386 262629
Esparcimiento    227525       122874       86593  128064 215523 103650  185658     174320 126054
Otros bienes     362571       281020      222698  255713 432997 310354  408892     394733 313107
Otros servicios  107370        99310       71039  104412      0 243540  154978     121880 127721
               Ceuta_Melilla
Alimentos             683373
Vestido               193283
Vivienda              133987
Muebles                81436
Sanidad                27191
Transporte            141950
Esparcimiento          84439
Otros bienes          234961
Otros servicios        64365
```

Ahora comprobamos el grado de asociación entre las dos variables mediante el test de la chivcuadrado de independencia.

```
> chisq.test(DATOS4)

        Pearson's Chi-squared test
data:  DATOS4
X-squared = 790518, df = 136, p-value < 2.2e-16
```

Vemos que el p-valor del contraste es muy pequeño, lo que indica una fuerte asociación entre las variables, que favorece el análisis de correspondencias.

A continuación, realizamos el análisis de correspondencias simples.

```
> windows()
> CORRESPONDENCIAS=CA(DATOS3,graph = TRUE, axes = c(1,2))
```

En primer lugar observamos el mapa de correspondencias (Figura 7-9)

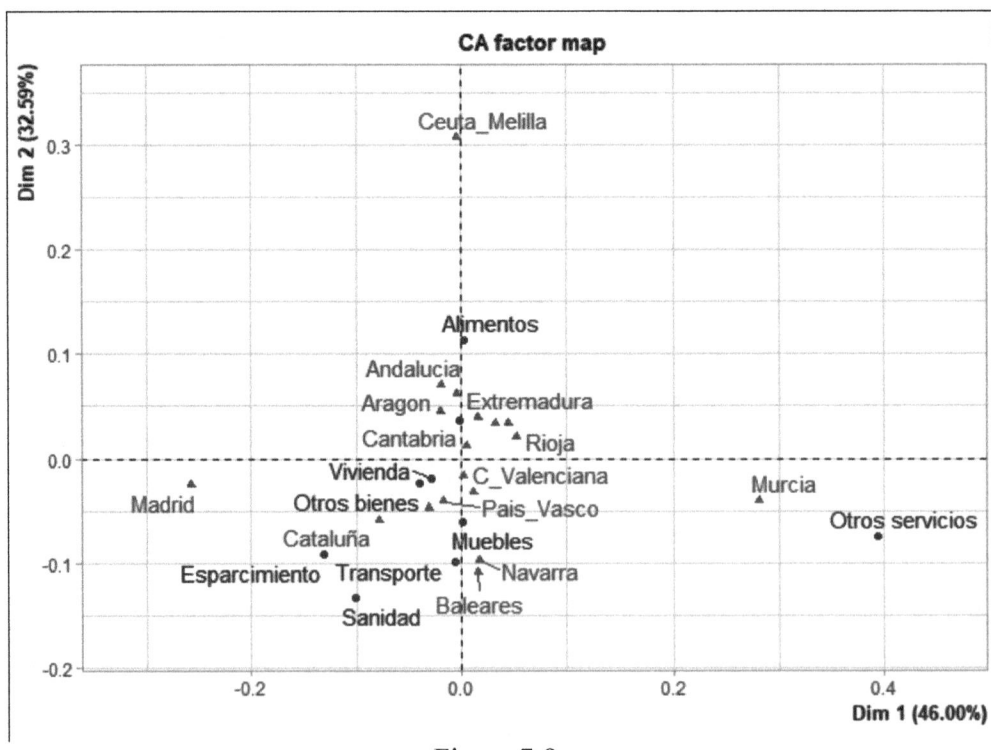

Figura 7-9

En el mapa de correspondencias observamos que la Comunidad de Madrid se relaciona con los grupos Vivienda, Otros bienes, Esparcimiento y Sanidad. Cataluña se relaciona con los mismos grupos que Madrid y más intensamente. Comunidad valenciana y País Vasco se relacionan con Vivienda, Otros bienes y Muebles. Navarra y Baleares se relacionan con Muebles y Transporte. Ceuta_Melilla, Andalucía, Aragón y Extremadura se relacionan con Alimentos. Cantabria y Rioja se relacionan con Vivienda. Murcia se relaciona con Otros servicios.

A continuación, vemos las características de la reducción de la dimensión (autovalores, inercias o porcentajes de variabilidad explicada, coordenadas de las categorías en el plano de los factores, contribuciones a la inercia, cosenos cuadrados y eta cuadrado).

```
Eigenvalues
                         Dim.1   Dim.2   Dim.3   Dim.4   Dim.5   Dim.6   Dim.7   Dim.8
Variance                 0.010   0.007   0.002   0.001   0.001   0.000   0.000   0.000
% of var.                45.996  32.595  10.619   4.222   2.767   1.850   1.340   0.613
Cumulative % of var.     45.996  78.591  89.209  93.431  96.198  98.047  99.387 100.000
```

```
Rows
                 Iner*1000 |  Dim.1    ctr    cos2 |  Dim.2    ctr    cos2 |  Dim.3    ctr    cos2
Alimentos        |   3.949 |  0.003  0.025  0.001 |  0.114 53.633 0.937 | -0.026  8.578  0.049 |
Vestido          |   1.352 | -0.002  0.005  0.000 |  0.036  2.131 0.109 |  0.097 47.677 0.793 |
Vivienda         |   0.978 | -0.029  0.839  0.083 | -0.019  0.504 0.036 |  0.067 19.830 0.456 |
Muebles          |   0.697 |  0.001  0.001  0.000 | -0.060  3.318 0.329 |  0.013  0.462 0.015 |
Sanidad          |   1.117 | -0.100  3.016  0.263 | -0.132  7.396 0.457 | -0.024  0.733 0.015 |
Transporte       |   1.557 | -0.006  0.048  0.003 | -0.098 19.714 0.873 |  0.005  0.175 0.003 |
Esparcimiento    |   2.160 | -0.131 11.590  0.522 | -0.092  8.008 0.256 | -0.060 10.507 0.109 |
Otros bienes     |   1.005 | -0.039  2.323  0.225 | -0.023  1.101 0.076 | -0.040 10.203 0.228 |
Otros servicios  |   8.352 |  0.394 82.152  0.958 | -0.075  4.195 0.035 | -0.028  1.836 0.005 |
```

```
Columns (the 10 first)
                 Iner*1000 |  Dim.1    ctr    cos2 |  Dim.2    ctr    cos2 |  Dim.3    ctr    cos2
Andalucia        |   0.300 | -0.019  0.194  0.063 |  0.071  3.755 0.863 | -0.007  0.100 0.007 |
Aragon           |   0.388 | -0.019  0.193  0.048 |  0.045  1.458 0.259 |  0.070 11.094 0.642 |
Asturias         |   0.307 |  0.012  0.085  0.027 | -0.032  0.894 0.201 |  0.046  5.474 0.401 |
Baleares         |   0.870 |  0.016  0.153  0.017 | -0.108  9.947 0.789 | -0.028  2.045 0.053 |
Canarias         |   0.628 | -0.031  0.529  0.082 | -0.047  1.687 0.185 | -0.072 12.135 0.434 |
Cantabria        |   0.827 |  0.006  0.018  0.002 |  0.013  0.132 0.011 |  0.107 28.874 0.785 |
Castilla_Mancha  |   0.205 |  0.045  1.012  0.480 |  0.033  0.778 0.261 |  0.019  0.757 0.083 |
Castilla_Leon    |   0.345 |  0.033  0.543  0.153 |  0.033  0.788 0.157 |  0.048  5.131 0.334 |
Cataluña         |   1.059 | -0.078  4.234  0.389 | -0.059  3.421 0.223 | -0.023  1.616 0.034 |
C_Valenciana     |   0.074 |  0.002  0.003  0.003 | -0.016  0.196 0.183 | -0.008  0.159 0.048 |
```

CLASIFICACIÓN Y SEGMENTACIÓN MEDIANTE ANÁLISIS CLÚSTER

8.1 ANÁLISIS CLÚSTER

El análisis clúster es un método estadístico multivariante de clasificación automática de datos. A partir de una tabla de casos-variables, trata de situar los casos (individuos) en grupos homogéneos, conglomerados o clústeres, no conocidos de antemano, pero sugeridos por la propia esencia de los datos, de manera que individuos que puedan ser considerados similares sean asignados a un mismo clúster, mientras que individuos diferentes (disimilares) se localicen en clústeres distintos. La diferencia esencial con el Análisis Discriminante estriba en que en este último es necesario especificar previamente los grupos por un camino objetivo, ajeno a la medida de las variables en los casos de la muestra. El análisis clúster define grupos tan distintos como sea posible en función de los propios datos.

Existen dos grandes tipos de análisis de clústeres: aquéllos que asignan los casos a grupos diferenciados que el propio análisis configura, sin que unos dependan de otros, se conocen como *no jerárquicos* (por ejemplo, algoritmos de las H-medias y de las K-medias), y aquéllos que configuran grupos con estructura arborescente, de forma que clústeres de niveles más bajos van siendo englobados en otros de niveles superiores, se denominan *jerárquicos* (por ejemplo, Lance-Williams). Los métodos no jerárquicos pueden, a su vez, producir *clústeres disjuntos* (cada caso pertenece a un y sólo un clúster), o bien **solapados** (un caso puede pertenecer a más de un grupo). Estos últimos, de difícil interpretación, son poco usados.

8.2 PRINCIPIOS DEL ANÁLISIS CLÚSTER

Podríamos resumir los ***principios básicos del análisis clúster*** (o de conglomerados) como sigue:

- El análisis clúster es un método estadístico multivariante de clasificación automática de datos.

- Su finalidad esencial es revelar concentraciones en los datos (casos o variables) para su agrupamiento eficiente en clústeres (o conglomerados) según su homogeneidad.

- El agrupamiento puede realizarse tanto para casos como variables, pudiendo utilizarse variables cualitativas o cuantitativas.

- Los grupos de casos o variables se realizan basándose en la proximidad o lejanía de unos con otras, por lo tanto, es esencial el uso adecuado del concepto de distancia.

- Es fundamental que los elementos dentro de un clúster sean homogéneos y lo más diferentes posibles de los contenidas en otros clústeres.

- El análisis clúster es por tanto una técnica de clasificación, conociéndose también con el nombre de *taxonomía numérica*. Otros nombres asignados al mismo concepto son análisis de *conglomerados, análisis tipológico, clasificación automática* y otros.

- El número de clústeres no es conocido de antemano y los grupos se crean en función de la naturaleza de los datos. Se trata por tanto de una técnica de clasificación *post hoc*.

Podíamos definir el análisis clúster como un método estadístico multivariante de clasificación automática que a partir de una tabla de datos (casos-variables), trata de situarlos en grupos homogéneos, conglomerados o clústeres, no conocidos de antemano, pero sugeridos por la propia esencia de los datos, de manera que los individuos que puedan ser considerados similares sean asignados a un mismo clúster, mientras que individuos diferentes (disimilares) se localicen en clústeres distintos. La diferencia esencial con el análisis discriminante estriba en que en este último es necesario especificar previamente los grupos por un camino objetivo (técnica de clasificación ad hoc), ajeno a la medida de las variables en los casos de la muestra. El análisis clúster define grupos tan distintos como sea posible en función de los propios datos sin especificación previa de los citados grupos (técnica de clasificación post hoc).

Para trabajar en análisis clúster es necesario tener presentes determinadas condiciones entre las que destacan las siguientes:

- Si las variables de aglomeración están en escalas muy diferentes será necesario estandarizar previamente las variables, o por lo menos trabajar con desviaciones respecto de la media.

- Es necesario observar también los valores atípicos y desaparecidos porque los métodos jerárquicos no tienen solución con valores perdidos y los valores atípicos deforman las distancias y producen clústeres unitarios.

- También es nocivo para el análisis clúster la presencia de variables correlacionadas, de ahí la importancia del análisis previo de multicolinealidad.

- Si es necesario se realiza un análisis factorial previo y posteriormente se aglomeran las puntuaciones factoriales.

- La solución del análisis clúster no tiene por qué ser única, pero no deben encontrase soluciones contradictorias por distintos métodos.

- El número de observaciones en cada clúster debe ser relevante, ya que en caso contrario puede haber valores atípicos que difuminen la construcción de los clústeres.

- Los conglomerados deben de tener sentido conceptual y no variar mucho al variar la muestra o el método de aglomeración.

- Los grupos finales serán tan distintos como permitan los datos. Con estos grupos se podrán realizar otros análisis: descriptivos, discriminante, regresión logística, diferencias…

8.3 EL PROBLEMA MATEMÁTICO

De forma más general, podemos representar la tabla de datos (casos-variables) mediante la matriz siguiente:

$$
A = \left(a_{ij}\right) = \begin{bmatrix}
a_{11} & a_{12} & a_{13} & \cdots & a_{1m} \\
a_{21} & a_{22} & a_{23} & \cdots & a_{2m} \\
a_{31} & a_{32} & a_{33} & \cdots & a_{3m} \\
\cdots & \cdots & \cdots & \cdots & \cdots \\
a_{n1} & a_{n2} & a_{n3} & \cdots & a_{nm}
\end{bmatrix}
$$

Los individuos que forman parte del estudio, y que se intentan clasificar, vendrán caracterizados o definidos por diferentes valores obtenidos al medir determinadas variables sobre ellos, es decir, cada individuo poseerá un determinado valor para cada una de las variables que se traten en el estudio. De esta manera, si se consideran n individuos que se denotan por $P_1, \cdots, P_n$, y se consideran m variables, llamadas $x_1, \cdots, x_m$, los datos que definen a toda la muestra se pueden representar en la matriz de datos $A = \left(a_{ij}\right)$, de modo que cada individuo aparece en cada una de las filas, y los valores que cada variable toma para individuo aparece en cada una de las columnas. Es decir, las puntuaciones que definen al individuo P_i serán los valores $a_{i1}, a_{i2}, \cdots, a_{im}$. Por tanto, los individuos se corresponden con las filas de la matriz y las variables con sus columnas.

Por otro lado, tendremos presente que un espacio métrico es un espacio en el que se ha definido una distancia (métrica o forma de medir). Si en un espacio métrico consideramos como sistema de ejes de coordenadas el definido por las variables objeto del estudio, se está en un espacio de tantas dimensiones como número de variables se considera, es decir, m dimensiones. Entonces, cada uno de los n individuos puede ser tomado como un punto en dicho espacio métrico dando lugar a una nube de n puntos. De este modo, cada uno de los valores a_{ij} (que representa la proporción de la variable x_j que entra a formar parte del individuo P_i), que definen a cada uno de los individuos se considerarán como las coordenadas del mismo. Simétricamente, también puede considerarse un espacio métrico con el sistema de ejes coordenados definido por los n individuos y considerar cada una de las m variables como un punto de dicho espacio métrico dando lugar a una nube de m puntos. El objetivo del análisis clúster consiste en separar de alguna forma los puntos de estas nubes, de modo que se obtengan grupos de individuos o variables relativamente parecidos. Debido a este objetivo de separar los puntos es por lo que se recurre a un espacio métrico donde se tenga definida una forma de medir (métrica) a través de una ***distancia*** para comprender la separación.

8.3.1 El concepto de distancia

Hay varias formas de considerar la distancia que separa a dos objetos y no sólo la distancia que usamos habitualmente basada en que la distancia más corta entre dos puntos es la línea recta. En Matemáticas se consideran distancias sólo las funciones definidas adecuadamente que cumplen determinadas propiedades.

Formalmente, una distancia d definida en un conjunto E es una aplicación entre el producto cartesiano $E \times E$ y los números reales no negativos $R^{+} \cup \{0\} = [0, \infty)$, de modo que a cada par de elementos $(a, b) \in E \times E$ se le asigna un número real no negativo r que define la distancia entre los puntos a y b de E.

$$d : E \times E \to R^{+} \cup \{0\} = [0, \infty)$$
$$(a, b) \to r \Leftrightarrow d(a, b) = r$$

La distancia d verifica las siguientes condiciones:

- $d(a, b) \geq 0$ y $d(a, a) = 0$. Toda distancia es *definida positiva*, es decir, la distancia entre dos elementos cualesquiera es mayor o igual que cero, y sólo es cero si $b = a$.

- $d(a, b) = d(b, a)$. Se trata de la *propiedad de simetría*, lo que equivale a decir que la distancia de a a b es la misma que la de b a a.

- $d(a, b) \leq d(a, c) + d(c, b)$. Se trata de la *desigualdad triangular*, es decir, la distancia entre dos puntos cualesquiera, a y b, es menor o igual que la suma de la distancia de a a un tercer punto c, más la distancia de c a b.

- Si $i \neq j$, entonces $d(i, j) > 0$.

8.3.2 Clasificaciones jerárquicas y disimilitudes

La finalidad básica del análisis de conglomerados es elaborar clasificaciones de los individuos objeto del estudio con una estructura jerarquizada persiguiendo el objetivo de poder decidir cuál de los diferentes niveles de la jerarquía es el más apropiado para establecer la clasificación. El planteamiento matemático dado a la clasificación numérica parte de los conceptos de *jerarquía indexada* y *distancia ultramétrica*. El primero de ellos es el que nos conduce al establecimiento de una jerarquía en la clasificación estructurada en niveles, mientras que el segundo es el que nos señala cómo determinar una distancia entre los individuos.

Consideremos el conjunto finito $F = \{1,2,\cdots,n\}$, y el conjunto de las partes de dicho conjunto, $P(F)$, es decir, el conjunto que tiene como elementos a todos los posibles subconjuntos de F:

$$P(F) = \{\varnothing, \{1\}, \{2\}, \cdots, \{n\}, \{1,2\}, \cdots, \{1,n\}, \{2,3\}, \cdots, \{n-1,n\}, \{1,2,3\}, \cdots, F\}$$

Diremos que un subconjunto H del conjunto de las partes de F, $H \subset P(F)$, es una *jerarquía* de F, o una jerarquía del conjunto de las partes de F si verifica los siguientes axiomas:

- *Axioma de la intersección*: Dados dos elementos, h y h' de H, o son disjuntos (esto es, no tienen elementos comunes) o uno de ellos está contenido en el otro, es decir, $\forall h, h' \in H$, $h \cap h' \in \{h, h', \varnothing\}$.

- *Axioma de la reunión*: todo elemento de H es el resultado de la unión de los elementos de H que contiene, o bien no contiene ningún elemento de H, es decir, $\forall h, \in II$, $\cup \{h' : h' \in H, h' \subset h\} \in \{h, \varnothing\}$.

Si además de verificar las dos condiciones anteriores, H contiene al conjunto F completo y a todas las partes formadas por un solo elemento, es decir, si se cumple que $F \in H$, $\{i\} \in H$, $\forall i \in F$, se dice entonces que H es una *jerarquía total*. Los elementos de H (que no olvidemos son subconjuntos de F, por ser H un elemento de las partes de F) se llaman ***conglomerados, clústeres*** o ***clases***. Si $h_1, \cdots, h_p$ son elementos de la jerarquía H y verifican que F es la unión de todos ellos, es decir, si $F = h_1 \cup \cdots \cup h_p$, se dice que el conjunto formado por dichos elementos de H, $\{h_1, \cdots, h_p\}$ es una ***partición*** de F.

De la definición anterior de conglomerado, clúster, clase o partición, como elemento de una jerarquía, se deduce que dos clases de un mismo nivel (es decir, dos clases o dos elementos de H de modo que una no está incluida en la otra) son disjuntas (axioma de la intersección) y que una clase es la reunión de las clases comparables de nivel inferior (axioma de la reunión). Por ejemplo, si el conjunto finito estuviera formado por los cinco elementos siguientes, $F = \{1,2,3,4,5\}$, una jerarquía de F podría ser el conjunto $H = \{\{1\}, \{2\}, \{3\}, \{4\}, \{5\}, \{2,3\}, \{4,5\}, \{1,2,3\}, F\}$. Una jerarquía diferente a la anterior, pero también una jerarquía del mismo conjunto podría ser la definida por el conjunto $H' = \{\{1\}, \{2\}, \{3\}, \{4\}, \{5\}, \{1,4\}, \{2,3\}, \{1,3,4\}, F\}$..

Para definir una *jerarquía indexada* se considera en primer lugar un número real no negativo $D(h)$, llamado *índice de jerarquía*, que permite cuantificar las diferencias entre las clases o grupos de una jerarquía H que se consideren de un mismo nivel. De este modo, se define el *índice de la jerarquía* en H a través de una función D definida como:

$$D: H \rightarrow R^+ \cup \{0\} = [0, \infty)$$
$$h \rightarrow D(h)$$

que hace corresponder a cada clase h de la jerarquía un número real no negativo $D(h)$ que es su índice de jerarquía y que verifica las siguientes propiedades:

- El índice de jerarquía de las clases formadas por un único individuo es cero, es decir, $D(\{i\}) = 0, \quad \forall i \in F$.

- Si una clase contiene a otra, el índice de jerarquía de la menor es más pequeño que el de la mayor, esto es, $h \subset h' \Rightarrow D(h) < D(h')$

Si una jerarquía está dotada de un índice de jerarquía se dice que es una *jerarquía indexada*. En el ejemplo anterior en el que considerábamos la jerarquía $H = \{\{1\}, \{2\}, \{3\}, \{4\}, \{5\}, \{2,3\}, \{4,5\}, \{1,2,3\}, F\}$, un posible índice asociado a esta jerarquía puede ser $D(\{1\}) = D(\{2\}) = D(\{3\}) = D(\{4\}) = D(\{5\}) = 0$, $D(\{2,3\}) = 0,3$, $D(\{4,5\}) = 0,5$, $D(\{1,2,3\}) = 0,8$ y $D(F) = 1$. De las expresiones anteriores, podemos afirmar que los individuos 2 y 3 son más similares que 4 y 5, puesto que su índice de jerarquía es más pequeño $D(\{2,3\}) = 0,3 < D(\{4,5\}) = 0,5$. Además, al aumentar el nivel de una clase, aumenta el índice de jerarquía, es decir, disminuye la similitud entre los individuos de su clase $D(\{2,3\}) = 0,3 < D(\{1,2,3\}) = 0,8$

El análisis de conglomerados construye clasificaciones jerárquicas, en general, a partir de las similitudes determinadas entre los individuos. Sin embargo, las descripciones teóricas de los algoritmos que permiten reagrupar a los individuos y a los grupos, ya formados o por formar, se basan en el *concepto de disimilitud* (contrario al de similitud). Definamos, entonces el concepto de disimilitud y a partir de él su relación con el de similitud. Es claro que a medida que aumenta el nivel de una clase, aumenta el índice de jerarquía y, por tanto, disminuye la similitud entre los elementos de la clase. La noción de índice de jerarquía D que acabamos de definir se utiliza para cuantificar las diferencias entre las clases de un mismo nivel. Este índice no es exactamente una disimilitud, pero a partir de él, podemos definir una disimilitud entre individuos u objetos d en el conjunto finito F sin más que considerar que la disimilitud entre dos individuos i y j es el índice de jerarquía asociado a la menor de las clases que los contiene, es decir, $d(i, j) = D(h)$, siendo h la menor clase que contiene a los individuos i y j. De este modo, la ***disimilitud de dos elementos de una misma clase*** es el índice de jerarquía de la menor clase a la que pertenecen.

Por otro lado, la ***similitud s entre dos individuos*** *i* y *j* se puede definir a partir de una disimilitud *d* como el complemento al valor máximo de dicha disimilitud, es decir: $s(i, j) = Max_d - d(i, j)$, siendo Max_d el mayor valor de *d* sobre cualquier par de individuos. A partir de la definición de *s* se puede definir un ***índice de similitud*** sobre una jerarquía *H*, como la aplicación:

$$S : H \to [0, Max_d]$$
$$h \to S(h)$$

que hace corresponder a cada clase *h* de *H* un número real $S(h)$ comprendido entre 0 y Max_d, de modo que se verifiquen las condiciones siguientes:

- El índice de similitud de las clases formadas por un único individuo es máxima, es decir, $S(\{i\}) = Max_d \quad \forall i \in \Gamma$.

- Si una clase contiene a otra, el índice de similitud de la menor es más grande que el de la mayor, esto es, $h \subset h' \Rightarrow S(h) > S(h')$.

De forma análoga a como se indicó con la disimilitud *d*, la similitud *s*, permite cuantificar las similitudes o parecidos entre dos individuos u objetos, sin más que considerar que la similitud entre dos individuos es el índice de similitud de la menor clase que los contiene $s(i, j) = S(h)$, siendo *h* la menor clase que contiene a los individuos *i* y *j*. Por otra parte, una disimilitud permite definir una relación sobre el conjunto *F* de modo que, dado un número real $x \geq 0$, se define la relación binaria *Rx* de modo que dos individuos, *i* y *j* están relacionados por la relación *Rx* si y sólo si su disimilitud es menor o igual que *x*, es decir, $iR_x j \Leftrightarrow d(i, j) \leq x$. Esta relación es de equivalencia cumpliendo las propiedades reflexiva, simétrica y transitiva. A partir de esta relación de equivalencia, se define la ***partición o clúster de nivel x*** como la partición de *F* definida por la relación *Rx*. Los elementos de esta partición son las clases, conglomerados o clústeres. La relación de equivalencia que se acaba de definir también podría definirse a partir del concepto de similitud, sin más que considerar como nueva definición de *Rx* la siguiente: $iR_x j \Leftrightarrow s(i, j) \geq x$.

8.3.3 Distancia ultramétrica y algoritmos de clasificación

Consideramos el conjunto finito $F = \{1,2,\cdots,n\}$. Una distancia ultramétrica sobre F es una función u que asigna a cada par de elementos (i,j) del conjunto F un número real no negativo como sigue:

$$u : F \times F \to R^+ \cup \{0\} = [0,\infty)$$
$$u(i,j) = r$$

verificando las siguientes propiedades:

- $u(i,j) \geq 0 \quad u(i,i) = 0$. Es definida positiva, es decir, la distancia entre dos elementos cualesquiera es mayor o igual que cero $u(i,j) \geq 0$, y sólo es cero si $j = 1$.

- $u(i,j) = u(j,i)$. Es simétrica, lo que equivale a decir que la distancia de i a j es la misma que la de j a i:

- $u(i,j) \leq \sup\{u(i,k),u(j,k)\}$. Cumple el axioma ultramétrico, es decir, la distancia entre dos puntos cualesquiera i y j es menor o igual que el supremo de las distancias de i a un tercer punto k, y la distancia de j a k.

- Si $i \neq j$, entonces $d(i,j) > 0$.

Se observa que la diferencia entre una distancia métrica definida anteriormente y una distancia ultramétrica se establece en el diferente enunciado de la tercera propiedad. Para las distancias métricas se debe cumplir la desigualdad triangular, mientras que para las ultramétricas debe cumplirse el axioma ultramétrico. Por otra parte, la distinción entre distancias y *pseudo-distancias* que se establece, para el caso de las métricas, si no se verifica la condición 4, puede extenderse al caso de las ultramétricas. Es obvio que la propiedad ultamétrica es más fuerte que la desigualdad triangular y geométricamente es equivalente a que todos los triángulos definidos por tres puntos, $\{i,j,k\}$, de la geometría ultramética definida sobre F sean isósceles, siendo la base el lado de longitud menor.

Ya sabemos que una jerarquía indexada está formada por una sucesión de particiones (o clústeres) $C_0, C_1, \cdots, C_n$ de niveles cada vez respectivamente mayores. Si sobre un conjunto finito F hay definida una distancia ultramétrica u se pueden construir dichas particiones según el llamado *algoritmo fundamental de clasificación*, que consta de los siguientes pasos:

- La partición inicial está formada por cada uno de los individuos del conjunto $F = \{1, 2, \cdots, n\}$, es decir, $C_0 : \{1\}, \{2\}, \cdots, \{n\}$

- A continuación, en un segundo paso se unen los dos individuos más próximos según la ultramétrica u, es decir, si i y j son tales que $u(i, j)$ es mínimo, se toma como segunda partición al conjunto $C_1 : \{1\}, \{2\}, \cdots, \{i, j\}, \cdots, \{n\}$ con $(n-1)$ elementos

- La partición en el paso r-ésimo es $C_{r-1} : h_1, h_2, \cdots, h_p$ y si u es una distancia ultramétrica sobre las clases de C_{r-1}, se agrupan las clases más próximas, es decir, las clases h_i y h_j tales que $u(h_i, h_j) = mínimo$.

- La partición $(r + 1)$-ésima es $C_r : h_1, h_2, \cdots, h_i \cup h_j, \cdots, h_p$ y se forma por la unión, en una misma clase, de las dos clases más próximas consideradas en el punto anterior, h_i y h_j. A continuación, se define sobre las clases de Cr una ultramétrica u' de forma análoga a como se indicó anteriormente, es decir, $u'(h_k, h_m) = u(h_k, h_m)$ y $u'(h_k, h_i \cup h_j) = u(h_i, h_k) = u(h_j, h_k)$ $\forall h_k \neq h_i, h_j$.

- Se repiten los dos pasos anteriores las veces precisas hasta llegar a la partición $C_m = F$

Por construcción, el resultado de este algoritmo es una jerarquía indexada H de índice D, definido por $D(h_i \cup h_j) = u(h_i, h_j)$ si h_i y h_j son las clases más próximas en la partición C_{r-1}.

Por lo tanto, un algoritmo de clasificación consiste en transformar la disimilitud inicial para convertirla en una distancia ultramétrica y a continuación construir la jerarquía indexada. El problema es que, en general, la disimilitud no verifica las propiedades de ser una distancia ultramétrica. Así pues, el algoritmo de clasificación, en el caso de que la disimilitud no sea ultramétrica, deberá ser modificado en el sentido de que se forma la partición $(r + 1)$ $C_r : h_1, h_2, \cdots, h_i \cup h_j, \cdots, h_p$ sin poder definir una ultramétrica d' sobre las clases de C_r, tal y como se hizo anteriormente porque, en general, no será cierto que $d(h_j, h_k) = d(h_i, h_k)$.

Ahora definiremos la distancia de $h_i \cup h_j$ a h_k como una función de $d(h_i, h_k)$ y de $d(h_j, h_k)$, de modo que $d'(h_k, h_m)$ no varíe para las restantes clases cumpliendo:

$d'\left(h_k, h_i \cup h_j\right) = f\left(d\left(h_i, h_k\right), d\left(h_j, h_k\right)\right)$. Algunos algoritmos hacen depender d' también de $d\left(h_i, h_j\right)$. S para algún h_k se verificara que $d\left(h_i, h_k\right) = d\left(h_k, h_j\right)$, la función f verifica $f\left(d\left(h_i, h_k\right), d\left(h_j, h_k\right)\right) = d\left(h_i, h_k\right) = d\left(h_k, h_j\right)$.

Los distintos algoritmos de clasificación diferirán según sea la definición de d' al pasar de C_{r-1} a C_r. Veremos posteriormente algunos de los más utilizados, que darán lugar a los diferentes métodos de análisis de conglomerados. Para algunos de ellos se podrán utilizar diferentes medidas de disimilitud o de similitud entre los individuos.

8.3.4 Medidas de similitud

Según la clasificación de Sneath y Sokal existen cuatro grandes tipos de medidas de similitud.

- *Distancias*: se trata de las distintas medidas entre los puntos del espacio definido por los individuos. Se trata de las medidas inversas de las similitudes, es decir, disimilitudes. El ejemplo más clásico es la *distancia euclídea*.

- *Coeficientes de asociación*: se utilizan cuando trabajamos con datos cualitativos, aunque también se pueden aplicar a datos cuantitativos si se está dispuesto a sacrificar alguna información proporcionada por los individuos o las variables. Estas medidas son, básicamente, una forma de medir la concordancia o conformidad entre los estados de dos columnas de datos.

- *Coeficientes angulares*: se utilizan para medir la proporcionalidad e independencia entre los vectores que definen los individuos. El más común es el coeficiente de correlación aplicado a variables continuas.

- *Coeficientes de similitud probabilística*: miden la homogeneidad del sistema por particiones o subparticiones del conjunto de los individuos e incluyen información estadística. La idea de utilizar estos coeficientes se basa en relacionarlos con diferentes clasificaciones utilizando para ellas criterios de bondad o buenos ajustes estadísticos. Las principales propiedades de estos coeficientes es que son aditivos, se distribuyen como la *Chi cuadrado* y son probabilísticas. Esta última propiedad permite, en aquellos casos en que es posible, establecer una hipótesis nula y contrastarla por los métodos estadísticos tradicionales.

A continuación, se presentan los ejemplos más característicos de cada uno de estos tipos de medidas de similitud.

$$Distancias \begin{cases} Distancia\,euclídea\,al\,cuadrado\ d(i,j)^2 = \sum_k (x_{ik} - x_{jk})^2 \\[2mm] Distancia\,euclídea\ d(i,j) = \sqrt{\sum_k (x_{ik} - x_{jk})^2} \\[2mm] Distancia\,de\,Minkoswki\ d_q(i,j) = \left(\sum_k |x_{ik} - x_{jk}|^q \right)^{1/q} \\[2mm] Distancia\,City\text{-}Block\,o\,de\,Manjatan\ d_1(i,j) = \sum_k |x_{ik} - x_{jk}| \\[2mm] Distancia\,de\,Tchebichev\ d_\infty(i,j) = Max_k \left(|x_{ik} - x_{jk}| \right) \\[2mm] Distancia\,de\,Camberra\ d_{CANB}(i,j) = \sum_k \dfrac{|x_{ik} - x_{jk}|}{(x_{ik} + x_{jk})} \end{cases}$$

Se observa que la distancia euclídea al cuadrado entre dos individuos se define como la suma de los cuadrados de las diferencias de todas las coordenadas de los dos puntos. La distancia euclídea se define como la raíz cuadrada positiva de la distancia anterior. La distancia de Minkowski es una distancia genérica que da lugar a otras distancias en casos particulares y se define como la raíz q-ésima de la suma de las potencias q-ésimas de las diferencias, en valor absoluto, de las coordenadas de los dos puntos considerados. La distancia City-Block o distancia de Manjatan, es un caso particular de la distancia o medida de Minkowski cuando $q = 1$ y resulta ser la suma de las diferencias, en valor absoluto, de todas las coordenadas de los dos individuos cuya distancia se calcula. El valor de esta medida es cero para la similitud perfecta y aumenta a medida que los objetos son más disimilares. La distancia de Chebychev se define como el caso límite de la medida de Minkowski para q tendiendo a infinito, es decir, es el máximo de las diferencias absolutas de los valores de todas las coordenadas. La distancia Canberra es una modificación de la distancia Maniatan que es sensible a proporciones y no sólo a valores absolutos.

Los coeficientes de asociación suelen utilizarse para el caso de variables cualitativas, y en general para el caso de datos binarios (o dicotómicos), que son aquéllos que sólo pueden presentar dos opciones (blanco – negro, sí – no, hombre – mujer, verdadero – falso, etc.). En este caso existen diferentes medidas de proximidad o similitud, que se verán a continuación, partiendo de una tabla de frecuencias 2x2 en la que se representa el número de elementos de la población en los que se constata la presencia o ausencia del carácter (variable cualitativa) en estudio.

$Variable\ 1 \rightarrow$		
$Variable\ 2$	$Presencia$	$Ausencia$
$\downarrow$		
$Presencia$	a	b
$Ausencia$	c	d

$$\textit{Coeficientes de asociación}\begin{cases} Jaccard\text{-}Sneath\ \ S_J = \dfrac{a}{(a+u)} = \dfrac{a}{(a+b+c)} \\[4pt] \textit{Coeficiente de emparejamiento simple} \\[4pt] S_{SM} = \dfrac{m}{(m+u)} = \dfrac{m}{n} = \dfrac{(a+d)}{(a+b+c+d)} \\[4pt] \textit{Coeficiente de Yule}\ S_Y = \dfrac{(ad-bc)}{(ad+bc)} \end{cases}$$

El *coeficiente de Jaccard - Sneath* es uno de los coeficientes más sencillos, que no tiene en cuenta los emparejamientos negativos, y se define como el número de emparejamientos positivos entre la suma de los emparejamientos positivos y los desacuerdos. A partir de su expresión se deduce que S_J tiende a cero cuando a/u tiende a cero, esto es, S_J es cero cuando el número de emparejamientos positivos coincide con el de desacuerdos. también S_J tiende a uno cuando u tiende a cero, es decir, S_J vale uno cuando no hay desacuerdos. El coeficiente de Yule varía entre +1 y -1. El *coeficiente de emparejamiento simple* se define como el cociente entre el número de emparejamientos y el número total de casos considerados. De su expresión se deduce:

$$S_{SM} \rightarrow 0 \quad si \quad \frac{m}{u} \rightarrow 0 \ \ y\ S_J \rightarrow 1 \quad si \quad \frac{u}{m} \rightarrow 1.$$

En el caso de los *coeficientes angulares* su campo de variación está entre -1 y +1. Los valores cercanos a 0 indican disimilitud entre los individuos y los valores que se acercan a +1 o a -1 indican similitud positiva o negativa respectivamente. El cálculo de este coeficiente entre los individuos i y j se realiza en función de X_i y X_j que son las medias correspondientes a los individuos i y j.

$$\textit{Coeficientes angulares}\begin{cases} \textit{Coeficiente de correlación}\ \ r_{ij} = \dfrac{\sum_k (x_{ij} - X_i)(x_{jk} - X_j)}{\left(\sum_k (x_{ik} - X_i)^2 \sum_k (x_{jk} - X_j)^2\right)^{1/2}} \\[14pt] \textit{Distancia del coseno}\ \ \cos\alpha_{ij} = \dfrac{\left(\sum_k x_{ik} x_{jk}\right)}{\left(\sum_k (x_{ik})^2 \sum_k (x_{jk})^2\right)^{1/2}} \end{cases}$$

Los *coeficientes de similitud probabilística* calculan la probabilidad acumulada de que un par de individuos *i* y *j*, sean tan similares, o más, que lo que empíricamente se puede afirmar sobre la base de la distribución observada.

Para el caso de variables cualitativas y en general para el caso de datos binarios o dicotómicos existen varias medidas de similaridad adicionales que se muestran en la tabla siguiente:

Russel y Rao	$RR_{xy} = \dfrac{a}{a+b+c}$	Sokal y Sneath	$SS_{xy} = \dfrac{2(a+d)}{2(a+d)+b+c}$
Parejas simples	$PS_{xy} = \dfrac{a+d}{a+b+c+d}$	Rogers y Tanimoto	$RT_{xy} = \dfrac{a+d}{a+d+2(b+c)}$
Jaccard	$J_{xy} = \dfrac{a}{a+b+c}$	Sokal y Sneath(2)	$SS2_{xy} = \dfrac{a}{a+2(b+c)}$
Dice y Sorensen	$D_{xy} = \dfrac{2a}{2a+b+c}$	Kulczynski	$K_{xy} = \dfrac{a}{b+c}$

Hay otro grupo de medidas denominadas medidas de similaridad para probabilidades condicionales, entre las que destacan las siguientes:

Kulczynski (*medida 2*)	$K2_{xy} = \dfrac{a/(a+b)+a/(a+c)}{2}$
Sokal y Sneath (*medida 4*)	$SS4_{xy} = \dfrac{a/(a+b)+a/(a+c)+d/(b+d)+d/(c+d)}{4}$
Hamann	$H_{xy} = \dfrac{(a+d)-(b+c)}{a+b+c+d}$

También suele considerarse un subgrupo de medidas denominadas de predicción entre las que se encuentran la D_{xy} de Anderberg, la Y_{xy} de Yule y la Q_{xy} de Yule, que se definen como sigue:

$$D_{xy} = \frac{max(a,b)+max(c,d)+max(a,c)+max(b,d)-max(a+c,b+d)-max(a+b,c+d)}{2(a+b+c+d)}$$

$$Y_{xy} = \frac{\sqrt{ad}-\sqrt{bc}}{\sqrt{ad}+\sqrt{bc}} \qquad Q_{xy} = \frac{ad-bc}{ad+bc}$$

Por último, se usan otras medidas binarias, entre las que destacan las siguientes:

Ochiai	$O_{xy} = \sqrt{\dfrac{a}{a+b} \cdot \dfrac{a}{a+c}}$	Sokal y Sneath (5)	$SSS_{xy} = \dfrac{ad}{\sqrt{(a+b)(a+c)(b+d)(c+d)}}$
Sokal y Sneath (3)	$SS3_{xy} = \dfrac{a+d}{b+c}$	Correlación phi	$\phi_{xy} = \dfrac{ad-bc}{(a+b)(a+c)(b+c)(c+d)}$
Euclídea binaria	$EB_{xy} = \sqrt{b+c}$	Diferencia de forma	$DF_{xy} = \dfrac{(a+b+c+d)(b+c) - (b-c)^2}{(a+b+c+d)^2}$
Euclidea binaria^2	$EB_{xy}^2 = b+c$	Varianza disimilar	$V_{xy} = \dfrac{b+c}{4(a+b+c+d)}$
Dispersión	$D_{xy} = \dfrac{ad-bc}{(a+b+c+d)^2}$	Diferencia de tamaño	$T_{xy} = \dfrac{(b-c)^2}{(a+b+c+d)^2}$
Lance y Wiliams	$LW_{xy} = \dfrac{b+c}{2a+b+c}$	Diferencia de patrón	$P_{xy} = \dfrac{bc}{(a+b+c+d)^2}$

8.4 PROCEDIMIENTOS Y TÉCNICAS EN EL ANÁLISIS DE CONGLOMERADOS

Ya sabemos que el análisis de conglomerados o análisis clúster es un conjunto de métodos y técnicas estadísticas que permiten describir y reconocer diferentes agrupaciones que subyacen en un conjunto de datos, es decir, permiten clasificar, o dividir en grupos más o menos homogéneos, un conjunto de individuos que están definidos por diferentes variables. El objetivo principal del análisis de conglomerados consiste, por tanto, en conseguir una o más particiones de un conjunto de individuos en base a determinadas características de los mismos. Estas características estarán definidas por las puntuaciones que cada uno de ellos tiene con relación a diferentes variables. Así, se podrá decir que dos individuos son similares si pertenecen a la misma clase, grupo, conglomerado o clúster. Si se consigue este objetivo, se tendrá que todos los individuos que están contenidos en el mismo conglomerado se parecerán entre sí, y serán diferentes de los individuos que pertenecen a otro conglomerado. Por tanto, los miembros de un conglomerado gozarán de unas características comunes que los diferencian de los miembros de otros conglomerados. Estas características deberán, por la definición del objetivo a conseguir, ser genéricas, y es claro que difícilmente una única característica podrá definir un conglomerado.

El método para ejecutar un análisis de conglomerados comienza con la selección de los individuos objeto del estudio, incluyendo en algunos casos su codificación a partir de las variables o caracteres que los definen y su transformación adecuada para someterlos al análisis si es necesario (tipificación de variables, desviaciones respecto de la media, etc.). A continuación, se determina la matriz de disimilitudes definiendo las distancias, similitudes o disimilitudes de los individuos. Una vez determinadas las disimilitudes de los individuos, se procede a ejecutar el algoritmo que formará las diferentes agrupaciones o conglomerados de individuos. Determinada ya la clasificación, el paso siguiente consiste en obtener una representación gráfica de los conglomerados obtenidos, de modo que se puedan visualizar los resultados alcanzados. Este proceso se lleva a cabo mediante un dendrograma. Conseguido el propósito de la clasificación, la última fase a llevar a cabo es la interpretación de los resultados obtenidos.

Los diferentes métodos de análisis de conglomerados surgen de las diferentes formas de llevar a cabo la agrupación de los individuos, es decir, dependiendo del algoritmo que se utilice para llevar a cabo la agrupación de individuos o grupos de individuos, se obtienen diferentes métodos de análisis de conglomerados. Una clasificación de los métodos de análisis de conglomerados basada en los algoritmos de agrupación de individuos podría ser la siguiente:

- *Métodos Aglomerativos-Divisivos*: un método es aglomerativo si considera tantos grupos como individuos y sucesivamente va fusionando los dos grupos más similares, hasta llegar a una clasificación determinada; mientras que un método es divisivo si parte de un solo grupo formado por todos los individuos, de modo que en cada etapa va separando individuos de los grupos establecidos anteriormente, formándose así nuevos grupos.

- *Métodos Jerárquicos-No jerárquicos*: un método es jerárquico si consiste en una secuencia de $g+1$ clústeres: $G_0, ..., G_g$ en la que G_0 es la partición disjunta de todos los individuos y G_g es el conjunto partición. El número de partes de cada una de las particiones disminuye progresivamente, lo que hace que éstas sean cada vez más amplias y menos homogéneas. Por el contrario, un método se dice no jerárquico cuando se forman grupos homogéneos sin establecer relaciones de orden o jerárquicas entre dichos grupos.

- *Métodos Solapados-Exclusivos*: un método es solapado si admite que un individuo pueda pertenecer a dos grupos simultáneamente en alguna de las etapas de clasificación, mientras que se dice exclusivo si ningún individuo puede pertenecer simultáneamente a dos grupos en la misma etapa.

- Método *Secuenciales-Simultáneos*: un método es secuencial si a cada grupo se le aplica el mismo algoritmo en forma recursiva, mientras que los métodos simultáneos son aquellos en los que la clasificación se logra por una simple y no reiterada operación sobre los individuos.

- *Métodos Monotéticos-Politéticos*: un método se dice monotético si está basado en una característica única de los objetos a clasificar; mientras que es politético si se basa en varias características de los mismos, sin exigir que todos los objetos las posean, aunque sí las suficientes como para poder justificar la analogía entre los miembros de una misma clase.

- *Métodos Directos-Iterativos*: un método es directo si utiliza algoritmos en los que una vez asignado un individuo a un grupo ya no se saca del mismo, mientras que los métodos iterativos corrigen las asignaciones previas volviendo a comprobar en posteriores iteraciones si la asignación de un individuo a un conglomerado es óptima, llevando a cabo un nuevo reagrupamiento de los individuos si es necesario.

- *Métodos Ponderados-No ponderados*: los métodos no ponderados son aquellos que establecen el mismo peso a todas las características de los individuos a clasificar; mientras que los ponderados hacen recaer mayor peso en determinadas características.

- *Métodos Adaptativos-No adaptativos*: Los métodos no adaptativos son aquellos para los que el algoritmo utilizado se dirige hacia una solución en la que el método de formación de conglomerados es fijo y está predeterminado, mientras que los adaptativos (menos utilizados) son aquellos que de alguna manera aprenden durante el proceso de formación de los grupos y modifican el criterio de optimización o la medida de similitud a utilizar.

8.5 CONGLOMERADOS JERÁRQUICOS, SECUENCIALES, AGLOMERATIVOS Y EXCLUSIVOS (S.A.H.N.)

Los **métodos de análisis de conglomerados** que más se usan son los que son a la vez secuenciales, aglomerativos, jerárquicos y exclusivos, y que reciben el acrónimo, en lengua inglesa, de S.A.H.N. (*Sequential, Agglomerative, Hierarchic* y *Nonoverlaping*). En todos los **métodos de tipo S.A.H.N.** se siguen dos pasos fundamentales en el proceso de elaboración de los conglomerados. El primero de ellos es que los coeficientes de similitud o disimilitud entre los nuevos conglomerados establecidos y los candidatos potenciales a ser admitidos se recalcula en cada etapa, y el otro es el criterio de admisión de nuevos miembros a un conglomerado ya establecido. En los párrafos siguientes se estudian los diferentes métodos de análisis de conglomerados de tipo S.A.H.N.

8.5.1 Método de unión simple (Single Linkage Clustering), entorno o vecino más cercano (Nearest Neighbour) o método del mínimo (Minimum Method)

Este método relaciona un elemento con un grupo si tiene la mayor similitud con cualquiera de los elementos individuales de ese grupo. Este tipo de unión permite que se pueda realizar con sólo inspeccionar la matriz de similitudes. Los dos primeros casos que se combinan son aquellos cuya distancia es la menor o cuya similitud es máxima. La distancia entre el nuevo conglomerado y un caso individual se calcula como la mínima distancia entre el caso individual y un caso del conglomerado. La distancia entre dos casos que no han sido unidos no cambia. En cada caso, la distancia entre dos conglomerados se toma como la distancia entre dos puntos más cercanos. Este método utiliza la distancia:

$$d'(h_k, h_i \cup h_j) = Min(d(h_i, h_k), d(h_j, h_k))$$

8.5.2 Método de la distancia máxima o método del máximo (Complete Linkage Clustering, Furthest Neighbour o Maximum Method)

En este método la similitud de un elemento con un grupo se calcula como la similitud de dicho elemento con el individuo más alejado de ese grupo. La distancia entre dos clústeres se calcula como la distancia entre sus dos puntos más alejados. Este método se define mediante la distancia siguiente:

$$d'(h_k, h_i \cup h_j) = Max(d(h_i, h_k), d(h_j, h_k))$$

8.5.3 Método de la media o de la distancia promedio no ponderado (Weighted Pair Groups Method Using Arithmetic Averages WPGMW)

Este método pondera los nuevos miembros admitidos en un conglomerado con el mismo peso que los existentes hasta entonces. El método combina conglomerados de modo que la distancia media entre todos los casos en el conglomerado resultante sea la menor posible. Así, la distancia entre dos conglomerados se toma como la media de las distancias entre todos los posibles pares de casos en el conglomerado resultante. Este método usa la distancia:

$$d'(h_k, h_i \cup h_j) = \left(\frac{1}{2}\right)d(h_i, h_k) + \left(\frac{1}{2}\right)d(h_j, h_k)$$

8.5.4 Método de la media ponderada o de la distancia Promedio Ponderado (Group Average o Unweighted Pair Groups Method Using Arithmetic Averages UPGMA)

En este método, similar al de la media, la distancia entre dos conglomerados se define como la media de las distancias entre todos los pares de casos en los que un miembro del par es de cada uno de los conglomerados. La distancia se define ponderando respecto a n_i y n_j; es decir, ponderando con respecto al número de individuos de h_i y de h_j de la siguiente forma:

$$d'\left(h_k, h_i \cup h_j\right) = \left(\frac{n_i}{\left(n_i + n_j\right)}\right) d\left(h_i, h_k\right) + \left(\frac{n_j}{\left(n_i + n_j\right)}\right) d\left(h_j, h_k\right)$$

8.5.5 Método de la mediana o de la distancia mediana (Weighted Pair Group Centroid Method WPGMC)

En este método los dos conglomerados que están siendo combinados pesan lo mismo en el cálculo del centroide y es indiferente el número de casos de cada uno. Esto permite que conglomerados pequeños tengan igual efecto en la caracterización que los conglomerados grandes con los que están siendo mezclados. Este método utiliza sólo la distancia euclídea al cuadrado definiéndose su distancia como sigue.

$$d'\left(h_k, h_i \cup h_j\right) = \left(\frac{1}{2}\right) d\left(h_i, h_k\right) + \left(\frac{1}{2}\right) d\left(h_j, h_k\right) - \left(\frac{1}{4}\right) d\left(h_i, h_j\right)$$

8.5.6 Método del Centroide o de la Distancia Prototipo (Unweighted Pair Group Centroid Method UPGMC)

Este método calcula la distancia entre dos conglomerados como la distancia entre sus medias para todas las variables.

Una desventaja del método es que la distancia con la que los conglomerados se combinan disminuye de un paso al siguiente. Es una propiedad no deseable pues los conglomerados mezclados en etapas posteriores son menos similares que los mezclados en etapas anteriores. El centroide de un conglomerado mezclado es una combinación ponderada de los centroides de los dos conglomerados individuales, donde los pesos son proporcionales a los tamaños de los conglomerados. Este método es similar al anterior, pero en él se hace intervenir el número de individuos de h_i y de h_j, que son n_i y n_j respectivamente. La distancia que se define es la siguiente:

$$d'\left(h_k, h_i \cup h_j\right) = \left(\frac{n_i}{\left(n_i + n_j\right)}\right) d\left(h_i, h_k\right) + \left(\frac{n_j}{\left(n_i + n_j\right)}\right) d\left(h_j, h_k\right) - \left(\frac{n_i n_j}{\left(n_i + n_j\right)^2}\right) d\left(h_i, h_j\right)$$

8.5.7 Método de Ward o de mínima varianza

Para este método se considera la distancia euclídea al cuadrado como medida de disimilitud.

Llamando $d\left(x_i, x_j\right)^2 = \left\|x_i - x_j\right\|^2$ a la distancia entre los puntos x_i y x_j, la varianza total (o inercia) del conjunto de puntos es la cantidad dada por la expresión

$I = \sum_i m_i \|x_i - G\|^2$, siendo G el centro de gravedad de los puntos dados, con masas respectiva m_i. Si existe una partición del conjunto de individuos en q conglomerados, el q-ésimo conglomerado tiene como centro de gravedad a G_q y masa m_q. Entonces la inercia se puede descomponer como la suma de la varianza que existe dentro de los conglomerados y la que hay entre unos conglomerados y otros, de la forma $I = \sum_q m_q \|G_q - G\|^2 + \sum_q \sum_{i \in q} m_i \|x_i - G_q\|^2$. Si x_i y x_j son dos elementos de masas m_i y m_j respectivamente, que se unen en un elemento x de masa $m = m_i + m_j$, con $x = (m_i x_i + m_j x_j)/(m_i + m)$, podemos descomponer la varianza I_{ij} de x_i y x_j con respecto a G por la ecuación $I_{ij} = m_i \|x_i - x\|^2 + m_j \|x_j - x\|^2 + m\|x - G\|^2$. El último término es el único que permanece constante si se cambian x_i y x_j por su centro de gravedad x. La reducción en la varianza es $\Delta I_{ij} = m_i \|x_i - x\|^2 + m_j \|x_j - x\|^2$. Reemplazando x por su valor como función de x_i y x_j, tenemos:

$$\Delta I_{ij} = \left(\frac{(m_i m_j)}{(m_i + m_j)} \right) \|x_i - x\|^2 = \left(\frac{(m_i m_j)}{(m_i + m_j)} \right) d(x_j - x_j)^2$$

El método que se sigue para hacer conglomerados con este método consiste en encontrar los individuos x_i y x_j con la condición de que hagan mínima ΔI_{ij}, en lugar de ser los individuos más cercanos. Por tanto, puede considerarse a ΔI_{ij} como un nuevo índice de disimilitud.

Por medio de este método, los individuos con menor peso son los que más pronto se unen. El cuadrado de la distancia de un punto z a un centro de conglomerados x, se puede escribir en función de las distancias a los puntos x_i y x_j:

$$d(x - z)^2 = \left(\frac{1}{(m_i + m_j)(m_i d(x_i, z)^2)} \right) + m_j d(x_j, z)^2 - \left(\frac{(m_i m_j)}{(m_i + m_j)} \right) d(x_i, x_j)^2$$

8.5.8 Fórmula de Lance y Williams para la distancia entre grupos

Matemáticamente, Lance y Williams desarrollaron una fórmula general que puede ser utilizada para describir los distintos tipos de enlaces de los métodos jerárquicos aglomerativos. La *fórmula de Lance y Williams para la distancia entre grupos* es la siguiente:

$$D_{k(i,j)} = \alpha_i D_{ki} + \alpha_j D_{kj} + \beta D_{ij} + \gamma |D_{ki} - D_{kj}|$$

donde D_{ij} es la distancia entre los grupos i y j, y α, β y γ son los tres parámetros del modelo. Se observa lo siguiente:

$\alpha_i = \alpha_j = 1/2$, $\beta = 0$ y $\gamma = -1/2$ $\Rightarrow$ enlace simple

$\alpha_i = \alpha_j = 1/2$, $\beta = 0$ y $\gamma = 1/2$ $\Rightarrow$ enlace completo

$\alpha_i = \alpha_j = 1/2$, $\beta = -1/4$ y $\gamma = 0$ $\Rightarrow$ método de la mediana

$$\alpha_i = \frac{n_i}{n_i + n_j}, \quad \alpha_j = \frac{n_j}{n_i + n_j}, \quad \beta = -\alpha_i\alpha_j \text{ y } \gamma = 0 \Rightarrow \text{enlace centroide}$$

$$\alpha_i = \frac{n_i}{n_i + n_j}, \quad \alpha_j = \frac{n_j}{n_i + n_j}, \quad \beta = \gamma = 0 \Rightarrow \text{enlace promedio}$$

$$\alpha_i = \frac{n_k + n_i}{n_k + n_i + n_j}, \quad \alpha_j = \frac{n_k + n_j}{n_k + n_i + n_j}, \quad \beta = \frac{-n_k}{n_k + n_i + n_j} \text{ y } \gamma = 0 \Rightarrow \text{Ward}$$

$\alpha_i + \alpha_j + \beta = 1$, $\alpha_i = \alpha_j$, $\beta < 1$ y $\gamma = 0$ $\Rightarrow$ método flexible (cuádruple restricción)

El último método (***cuádruple restricción***) consiste en utilizar la forma de Lance y Williams variando los coeficientes según las necesidades del clasificador, pero respetando las cuatro restricciones impuestas.

Los métodos de clústeres jerárquicos, por la laboriosidad de los cálculos, no resultan prácticos para procesar grandes ficheros de datos. En estos casos, puede ser aconsejable realizar un análisis previo no jerárquico, que proporcione un número preliminar razonable de clústeres (en lugar de individuos) que servirán luego de partida para su posterior clasificación jerárquica.

Como resumen, los métodos jerárquicos producen resultados más ricos que los no jerárquicos. Con un solo análisis se obtiene una configuración de grupos en cada nivel de clasificación. Los mismos indicadores que en clasificación no jerárquica valoraban la adecuación del número de clústeres (Criterio cúbico de clústeres, Pseudo F, etc.) permiten detectar aquí el nivel jerárquico en que la separación de los grupos formados es más ostensible.

8.6 REPRESENTACIÓN GRÁFICA: DENDOGRAMA

Es habitual en la investigación la necesidad de clasificar los datos en grupos con estructura arborescente de dependencia, de acuerdo con diferentes niveles de jerarquía. Partiendo de tantos grupos iniciales como individuos se estudian, se trata de conseguir agrupaciones sucesivas entre ellos de forma que progresivamente se vayan integrando en clústeres los cuales, a su vez, se unirán entre sí en un nivel superior formando grupos mayores que más tarde se juntarán hasta llegar al clúster final que contiene todos los casos analizados. La representación gráfica de estas etapas de formación de grupos, a modo de árbol invertido, se denomina *dendograma* y se representa a continuación:

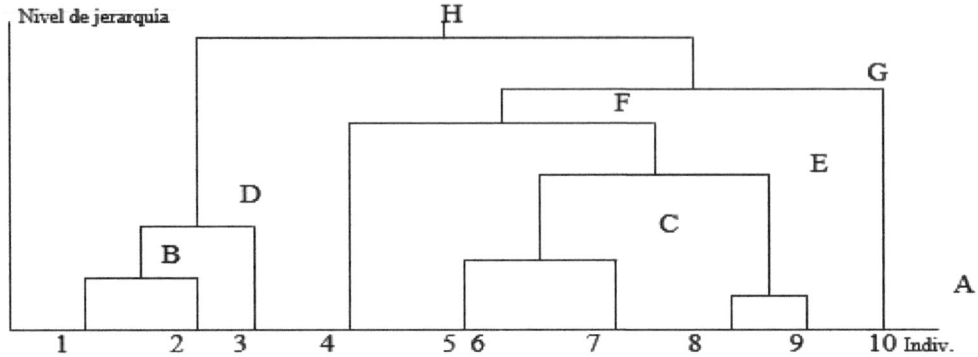

La figura, que corresponde a un estudio de los individuos, muestra cómo el 8 y el 9 se agrupan en un primer clúster (A). En un nivel inmediatamente superior, se unen los individuos 1 y 2 (clúster B); y enseguida los 5, 6, y 7 (C). Un paso siguiente engloba el clúster B con el individuo 3 (D); y así sucesivamente hasta que todos ellos quedan estructurados al conseguir, en el nivel más alto, el clúster total (H) que reúne los 10 casos.

8.7 CONGLOMERADOS NO JERÁRQUICOS

La clasificación de todos los casos de una tabla de datos en grupos separados que configura el propio análisis proporciona clústeres no jerárquicos. Esta denominación alude a la no existencia de una estructura vertical de dependencia entre los grupos formados y, por consiguiente, éstos no se presentan en distintos niveles de jerarquía. El análisis precisa que el investigador fije de antemano el número de clústeres en que quiere agrupar sus datos.

Como puede no existir un número definido de grupos o, si existe, generalmente no se conoce, la prueba debe ser repetida con diferente número a fin de tantear la clasificación que mejor se ajuste al objetivo del problema, o la de más clara interpretación.

Los métodos no jerárquicos, también se conocen como *métodos partitivos* o de optimización, dado que, como hemos visto, tienen por objetivo realizar una sola partición de los individuos en K grupos. Esto implica que el investigador debe especificar a priori los grupos que deben ser formados. Ésta es, posiblemente, la principal diferencia respecto de los métodos jerárquicos. La asignación de individuos a los grupos se hace mediante algún proceso que optimice el criterio de selección. Otra diferencia está en que estos métodos trabajan con la matriz de datos original y no requieren su conversión en una matriz de proximidades. Pedret agrupa los métodos no jerárquicos en las cuatro familias siguientes: *reasignación, búsqueda de la densidad, directos y reducción de dimensiones.*

Los *métodos de reasignación* permiten que un individuo asignado a un grupo en un determinado paso del proceso sea reasignado a otro grupo en un paso posterior si esto optimiza el criterio de selección. El proceso termina cuando no quedan individuos cuya reasignación permita optimizar el resultado que se ha conseguido. Algunos de los algoritmos más conocidos dentro de estos métodos son el *método K-means (o K-medias)* de McQueen (1967), el *Quick Cluster Analysis* y el *método de Forgy*, los cuales se suelen agrupar bajo el nombre de *métodos centroides o centros de gravedad*. Por otra parte está el *método de las nubes dinámicas*, debido a Diday.

Los *métodos de búsqueda de la densidad* presentan una aproximación tipológica y una aproximación probabilística. En la primera aproximación, los grupos se forman buscando las zonas en las cuales se da una mayor concentración de individuos. Entre los algoritmos más conocidos dentro de estos métodos están el *análisis modal de Wishart*, el *método de Taxmap de Carmichael y Sneath*, y el *método de Fortin*. En la segunda aproximación, se parte del postulado de que las variables siguen una ley de probabilidad según la cual los parámetros varían de un grupo a otro. Se trata de encontrar los individuos que pertenecen a la misma distribución. Destaca en esta aproximación el *método de las combinaciones de Wolf*.

Los *métodos directos* permiten clasificar simultáneamente a los individuos y a las variables. Las entidades agrupadas, ya no son los individuos o las variables, sino que son las observaciones, es decir, los cruces que configuran la matriz de datos.

Los *métodos de reducción de dimensiones*, como el análisis factorial de tipo Q, guardan relación con el análisis clúster. Este método consiste en buscar factores en el espacio de los individuos, correspondiendo cada factor a un grupo. La interpretación de los grupos puede ser compleja dado que cada individuo puede corresponder a varios factores diferentes.

Resulta muy intuitivo suponer que una clasificación correcta debe ser aquélla en que la dispersión dentro de cada grupo formado sea la menor posible. Esta condición se denomina *criterio de varianza,* y lleva a seleccionar una configuración cuando la suma de las varianzas dentro de cada grupo (varianza residual) sea mínima.

Se han propuesto diversos algoritmos de clasificación no jerárquica, basados en minimizar progresivamente esta varianza, que difieren en la elección de los clústeres provisionales que necesita el arranque del proceso y en el método de asignación de individuos a los grupos. Aquí se describen los dos más utilizados.

El **algoritmo de las H-medias** parte de una primera configuración arbitraria de grupos con su correspondiente media, eligiendo un primer individuo de arranque de cada grupo y asignando posteriormente cada caso al grupo cuya media es más cercana. Una vez que todos los casos han sido ubicados, calcula de nuevo las medias o centroides y las toma en lugar de los primeros individuos como una mejor aproximación de los mismos, repitiendo el proceso mientras la varianza residual vaya disminuyendo. La partición de arranque define el número de clústeres que, lógicamente, puede disminuir si ningún caso es asignado a alguno de ellos.

El *algoritmo de las K-medias*, el más importante desde los puntos de vista conceptual y práctico, parte también de unas medias arbitrarias y, mediante pruebas sucesivas, contrasta el efecto que sobre la varianza residual tiene la asignación de cada uno de los casos a cada uno de los grupos. El valor mínimo de varianza determina una configuración de nuevos grupos con sus respectivas medias. Se asignan otra vez todos los casos a estos nuevos centroides en un proceso que se repite hasta que ninguna transferencia puede ya disminuir la varianza residual; o se alcance otro criterio de parada: un número limitado de pasos de iteración o, simplemente, que la diferencia obtenida entre los centroides de dos pasos consecutivos sea menor que un valor prefijado. El procedimiento configura los grupos maximizando, a su vez, la distancia entre sus centros de gravedad. Como la varianza total es fija, minimizar la residual hace máxima la factorial o intergrupos. Y puesto que minimizar la varianza residual equivale a conseguir que sea mínima la suma de distancias al cuadrado desde los casos a la media del clúster al que van a ser asignados, es esta distancia euclídea al cuadrado la usada por el método.

Como se comprueban los casos secuencialmente para ver su influencia individual, el cálculo puede verse afectado por el orden de los mismos en la tabla; pese a lo cual es el algoritmo que mejores resultados produce. Otras variantes propuestas a este método llevan a clasificaciones muy similares.

Como cualquier otro método de clasificación no jerárquica, proporciona una solución final única para el número de clústeres elegido, a la que se llegará con menor número de iteraciones cuanto más cerca estén las "medias" de arranque de las que van a ser finalmente obtenidas. Los programas automáticos seleccionan generalmente estos primeros valores, tantos como grupos se pretenda formar, entre los puntos más separados de la nube.

Los clústeres no jerárquicos están indicados para grandes tablas de datos, y son también útiles para la detección de casos atípicos: Si se elige previamente un número elevado de grupos, superior al deseado, aquéllos que contengan muy escaso número de individuos servirían para detectar casos extremos que podrían distorsionar la configuración. Es aconsejable realizar el análisis definitivo sin ellos, ya con el número deseado de grupos para después, opcionalmente, asignar los atípicos al clúster adecuado que habrá sido formado sin su influencia distorsionante. Un problema importante que tiene el investigador para clasificar sus datos en grupos es, como se ha dicho, la elección de un número adecuado de clústeres. Puesto que siempre será conveniente efectuar varios tanteos, la selección del más apropiado al fenómeno que se estudia ha de basarse en criterios tanto matemáticos como de interpretabilidad. Entre los primeros, se han definido numerosos indicadores de adecuación como el Criterio cúbico de clústeres y la Pseudo F que se describen en el ejemplo de aplicación práctica. El uso inteligente de estos criterios, combinado con la interpretabilidad práctica de los grupos, constituye el arte de la decisión en la clasificación multivariante de datos.

Matemáticamente, un método de clasificación no jerarquizado consiste en formar un número prefijado K de clases homogéneas excluyentes, pero con máxima divergencia entre las clases. Las K clases o clústeres forman una única partición (*clustering*) y no están organizadas jerárquicamente ni relacionadas entre sí. La clasificación no jerárquica o de reagrupamiento tiene una estructura matemática menos precisa que la clasificación jerárquica. El número de métodos existentes ha crecido excesivamente en los últimos años y algunos problemas derivados de su utilización todavía no han sido resueltos.

Supongamos que N es el número de sujetos a clasificar formando K grupos, respecto a n variables $X_1,...,X_n$. Sean W, B y T las matrices de dispersión dentro grupos, entre grupos y total respectivamente. Como $T = B + W$ y T no depende de la forma en que han sido agrupados los sujetos, un criterio razonable de clasificación consiste en construir K grupos de forma que B sea máxima o W sea mínima, siguiendo algún criterio apropiado. Algunos de estos criterios son:

a) Minimizar *Traza(W)*
b) Minimizar *Determinate(W)*
c) Minimizar *Det(W)/Det(T)*
d) Maximizar *Traza(W⁻¹B)*

e) Minimizar $\displaystyle\sum_{i=1}^{K}\sum_{h=1}^{N_i}(X_{ih} - \overline{X}_i)'S_i^{-1}(X_{ih} - \overline{X}_i)$

Los criterios a) y b) se justifican porque tratan de minimizar la magnitud de la matriz W. El criterio e) es llamado *criterio de Wilks* y es equivalente a b) porque $det(T)$ es constante. El caso d) es el llamado *criterio de Hottelling* y el criterio e) representa la suma de las distancias de Mahalanobis de cada sujeto al centroide del grupo al que es asignado.

Como el número de formas de agrupar N sujetos en K grupos es del orden de $k^N*k!$, una vez elegido el criterio de optimización, es necesario seguir algún algoritmo adecuado de clasificación para evitar un número tan elevado de agrupamientos.

El método ISODATA, introducido por Ball y Hall (1967), es uno de los más conocidos. Esencialmente consiste en partir de K clases (construidas por ejemplo aleatoriamente) y reasignar un sujeto de una clase i a una clase j si se mejora el criterio elegido de optimización. Para un seguimiento matemático de estos métodos véase Gnanadesikan (1977) y Escudero (1977).

8.8 ANÁLISIS CLUSTER EN DOS FASES

El *Análisis de conglomerados en dos fases* permite la selección automática del número más apropiado de conglomerados y medidas para la selección de los distintos modelos de conglomerados. Además, y como valor añadido fundamental respecto de otras técnicas de análisis de conglomerados, admite la posibilidad de crear modelos de conglomerados basados al mismo tiempo en variables categóricas y continuas.

El *Análisis de conglomerados en dos fases* puede analizar archivos de datos grandes y además, su implementación en el software suele ofrecer la posibilidad de guardar el modelo de conglomerados en un archivo XML externo y, a continuación, leer el archivo y actualizar el modelo de conglomerados con datos más recientes. El algoritmo que emplea este procedimiento incluye varias funciones atractivas que lo hacen diferente de las técnicas de conglomeración tradicionales. Por ejemplo:

- *Tratamiento de variables categóricas y continuas:* Al suponer que las variables son independientes, es posible aplicar una distribución normal multinomial conjunta en las variables continuas y categóricas.

- *Selección automática del número de conglomerados:* Mediante la comparación de los valores de un criterio de selección del modelo para diferentes soluciones de conglomeración, el procedimiento puede determinar automáticamente el número óptimo de conglomerados.

- *Escalabilidad:* Mediante la construcción de un árbol de características de conglomerados (CF) que resume los registros, el algoritmo en dos fases puede analizar archivos de datos de gran tamaño.

8.9 ESQUEMA GENERAL DEL ANÁLISIS CLÚSTER

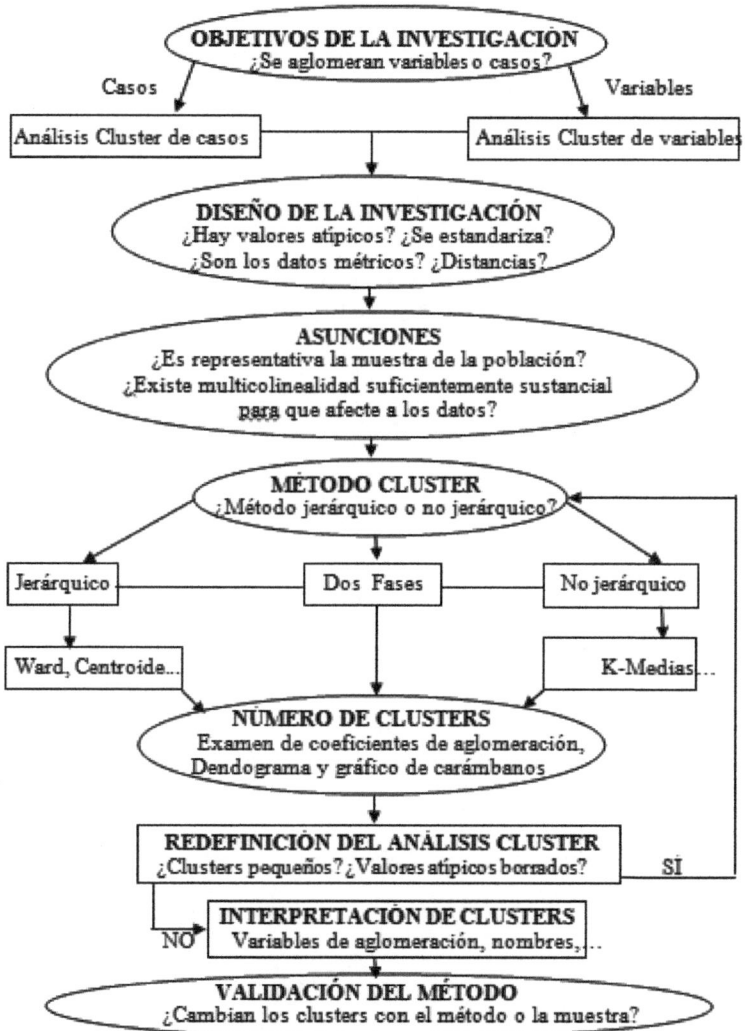

## Capítulo 9

ANÁLISIS CLÚSTER A TRAVÉS DE R

9.1 ANÁLISIS CLÚSTER JERÁRQUICO A TRAVÉS DE R

Como ejemplo, usando R comander *(> library(Rcmdr)*), queremos clasificar los barrios de Madrid por nivel de desarrollo en función de las variables del archivo zonasmad.sav. Los datos ya son conocidos de capítulos anteriores (Figura 9-1).

		b	pt	p14	p65	p10	anal	nes	ocu	ocuin	ocuser	tec	pd	tm
1	Centro	166.5	23.3	38.1	152.8	4.2	21.4	54.1	7.6		41.7	8.8	0.8	10.3
2	Arganzuela	121.1	23.5	18.4	106.1	2.0	16.5	69.4	7.6		28.6	7.2	0.6	8.4
3	Retiro	126.0	27.2	16.8	109.2	1.2	28.1	39.9	6.3		30.1	10.4	1.9	4.7
4	Salamanca	180.0	30.5	33.4	162.1	1.0	45.3	57.5	7.6		45.1	16.1	2.6	5.4
5	Chamartín	180.0	30.5	16.1	130.3	1.3	39.3	48.1	7.2		35.8	14.5	2.8	4.8
6	Tetuán	164.2	31.3	23.5	145.1	4.2	24.2	52.3	9.6		37.9	9.6	1.1	12.2
7	Chamberi	182.7	29.4	35.0	165.4	1.8	47.2	59.4	7.5		46.4	17.1	2.4	6.1
8	Fuencarral	176.2	51.3	15.6	142.2	3.6	21.6	95.6	10.3		38.7	11.1	1.6	14.3
9	Moncloa	108.4	23.4	13.4	94.2	1.5	32.5	34.6	5.3		26.0	8.7	1.4	5.5
10	Latina	289.5	79.5	23.1	239.7	6.0	22.7	86.6	17.7		59.8	10.4	1.3	26.4
11	Carabanchel	255.9	60.5	24.1	218.3	7.3	16.6	77.4	19.4		50.1	7.5	1.0	28.2
12	Villaverde	195.0	48.5	16.1	166.1	8.3	9.0	56.6	19.3		30.7	3.7	0.5	26.3
13	Mediodía	171.7	49.3	11.1	139.9	9.8	5.5	48.5	13.3		28.1	2.9	0.3	22.9
14	Vallecas	186.2	42.2	20.3	159.8	10.3	7.2	53.7	13.6		32.5	3.1	0.3	23.8
15	Moratalaz	145.9	40.8	10.9	121.4	3.9	10.1	73.7	16.5		49.0	11.6	2.1	19.7
16	Ciudad Lineal	135.1	55.3	21.9	201.5	4.3	28.2	73.7	16.5		49.0	11.6	2.1	19.7
17	San Blas	137.7	32.1	10.3	118.5	6.0	6.3	41.4	12.2		24.1	2.9	0.2	18.2
18	Hortaleza	167.9	51.4	10.1	132.6	4.0	15.5	51.6	12.3		33.7	7.9	1.4	15.8

Figura 9-1

Cuando las variables de clasificación están correladas, es conveniente realizar una reducción de la dimensión y hacer la clasificación con las variables reducidas, que ya sabemos que son incorreladas. Por lo tanto, comenzaremos realizando un análisis factorial de las variables del archivo *zonasmad.sav*.

Para realizar el análisis factorial utilizamos la subopción *Factor analysis* de la opción *Dimensional analysis* del menú *Statistics* de R comander (Figura 9-2). En la pantalla *Data* (Figura 9-3) se seleccionan las variables a reducir (en nuestro caso todas) y en la pantalla *Options* (Figura 9-4) se elige el método de rotación y el método para el cálculo de las puntuaciones de los factores. Cuando nos pregunten por el número de factores (Figura 9-5) utilizamos 3 (los datos son los mismos que en el caso de componentes principales ya visto anteriormente en otro capítulo).

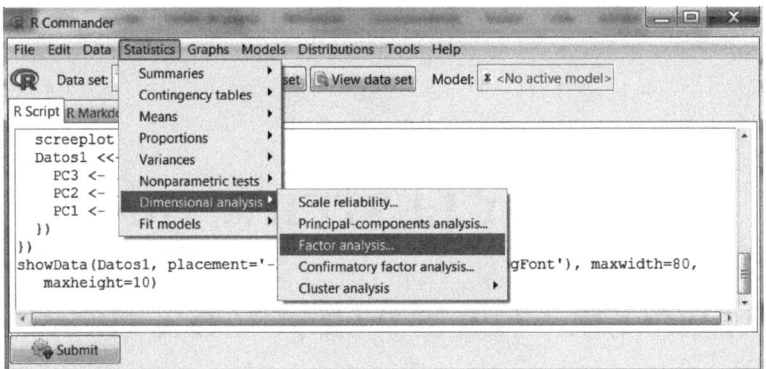

Figura 9-2

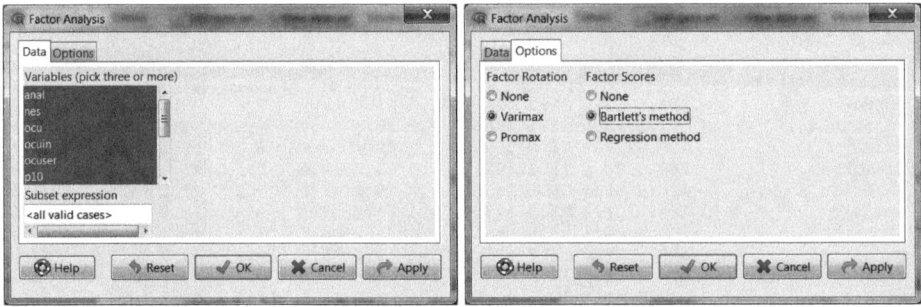

Figura 9-3   Figura 9-4

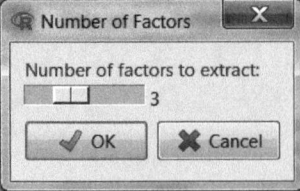

Figura 9-5

Al pulsar OK se obtiene la salida siguiente:

```
Rcmdr>   local({|
Rcmdr+     .FA <- factanal(~anal+nes+ocu+ocuin+ocuser+p10+p14+
p65+pd+pt+tec+tm,
Rcmdr+     factors=3, rotation="varimax", scores="Bartlett", d
ata=Datos1)
Rcmdr+     print(.FA)
Rcmdr+     Datos1 <<- within(Datos1, {
Rcmdr+        F3 <- .FA$scores[,3]
Rcmdr+        F2 <- .FA$scores[,2]
Rcmdr+        F1 <- .FA$scores[,1]
Rcmdr+     })
Rcmdr+   })
```

```
Call:
factanal(x = ~anal + nes + ocu + ocuin + ocuser + p10 + p14 +
p65 + pd + pt + tec + tm, factors = 3, data = Datos1, scores
= "Bartlett",     rotation = "varimax")
```

Uniquenesses:

anal	nes	ocu	ocuin	ocuser	p10	p14	p65	pd	pt	tec
0.116	0.115	0.482	0.043	0.084	0.086	0.194	0.108	0.050	0.316	0.005

tm
0.005

Loadings:

	Factor1	Factor2	Factor3
anal	0.433	-0.832	
nes	-0.126	0.843	0.397
ocu	0.704	0.146	
ocuin	0.836	-0.430	-0.269
ocuser	0.809	0.420	0.293
p10	0.875		0.380
p14	0.855	-0.216	-0.170
p65	0.150	0.287	0.887
pd	0.104	0.968	
pt	0.764	-0.112	0.295
tec	0.105	0.966	0.227
tm	0.734	-0.647	-0.199

	Factor1	Factor2	Factor3
SS loadings	4.717	4.219	1.462
Proportion Var	0.393	0.352	0.122
Cumulative Var	0.393	0.745	0.866

Test of the hypothesis that 3 factors are sufficient.
The chi square statistic is 68.58 on 33 degrees of freedom.
The p-value is 0.000271
RcmdrMsg: [7] NOTE: The dataset Datos1 has 18 rows and 19 col
umns.

En la salida se observa la matriz factorial, los valores propios asociados a cada factor (SS loadings), la proporción de varianza explicada por cada factor y la proporción acumulada (entre los tres factores explica el 86,6% de la variabilidad de los datos). La reducción es bastante buena. Las puntuaciones de los factores se sitúan como variables adicionales en la parte derecha del conjunto de datos (F1, F2, F3)

Para realizar el análisis clúster utilizamos la subopción *Factor analysis* de la opción *Dimensional analysis* del menú *Statistics* (Figura 9-6) de R comander. En la pantalla *Data* (Figura 9-7) se seleccionan las variables para la clasificación. En nuestro caso queremos clasificar los barrios de Madrid por nivel de desarrollo y utilizaremos como variables de clasificación los tres factores hallados en el capítulo anterior. Utilizar reducción de la dimensión antes de la clasificación es una práctica habitual, ya que las variables iniciales de clasificación suelen estar correladas, lo que introduce ruido en la clasificación. Como los factores son incorelados e involucran a todas las variables iniciales, son buenas variables de clasificación. En la pantalla *Options* (Figura 9-8) se elige el método clúster y la distancia a utilizar. Al pulsar OK se obtiene el dendograma (Figura 9-9).

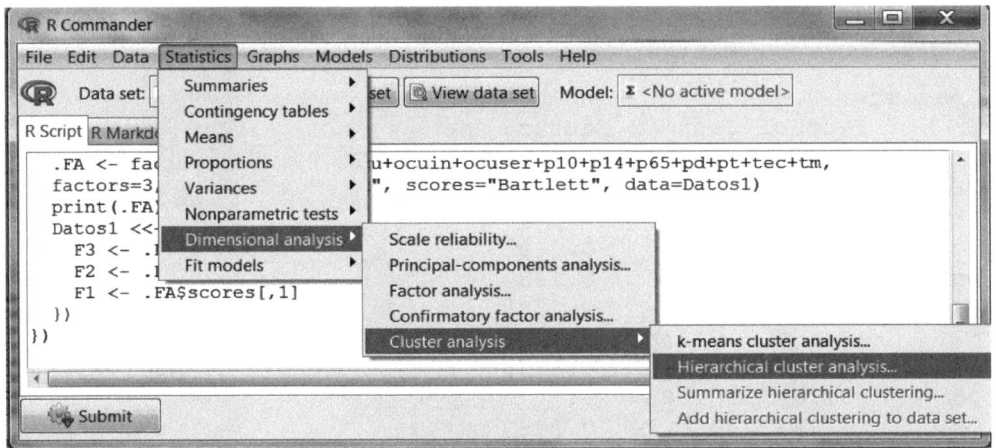

Figura 9-6

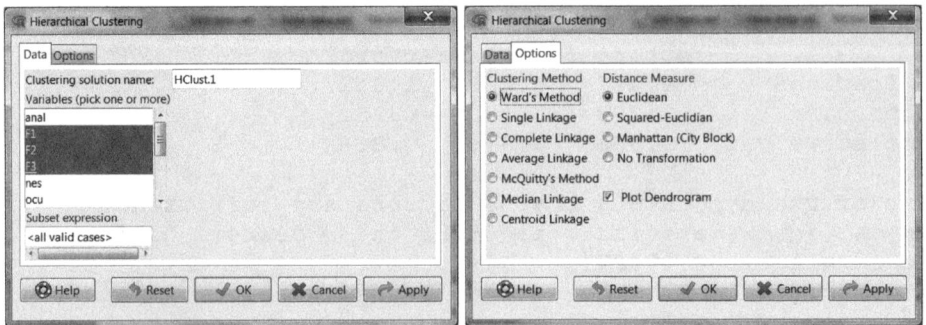

Figura 9-7   Figura 9-8

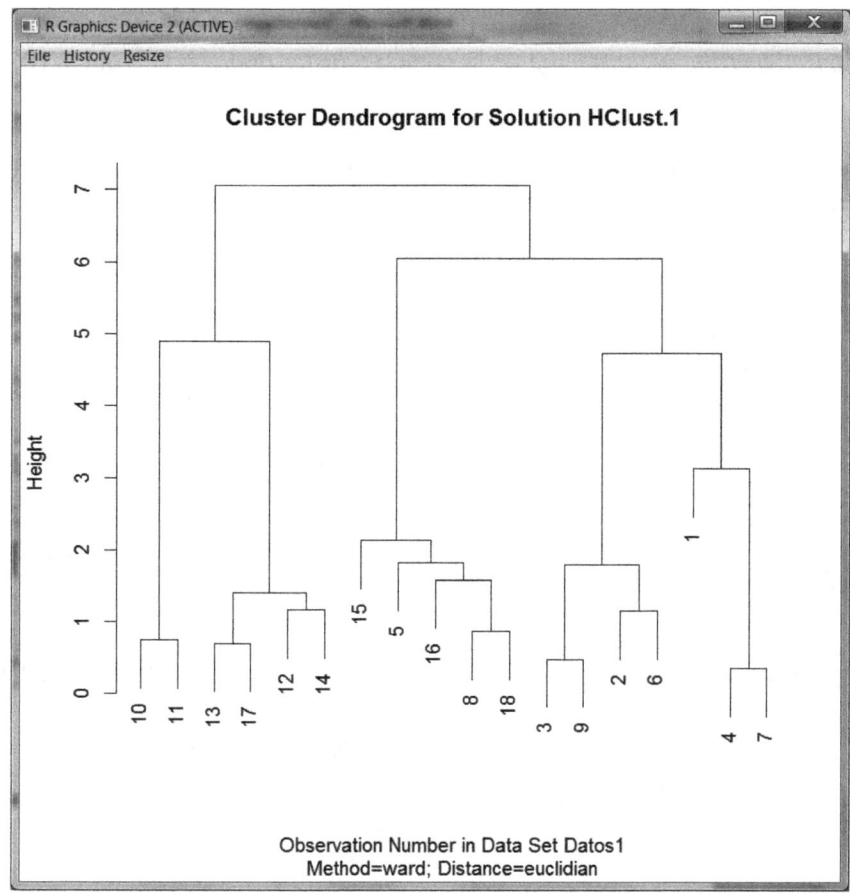

Figura 9-9

Los barrios aparecen sin etiquetar, pero ya veremos cómo se etiquetan en el ejemplo siguiente.

Los clústeres de nivel más fino obtenidos son:

{Carabanchel, Latina}, {Medidodía, San Blas}, {Villaverde, Vallecas}, {Moratalaz, Chamartín, Ciudad Lineal, Fuencarral, Hortaleza},   {Retiro, Moncloa}, {Arganzuela, Tetuán}, {Centro, Salamanca, Chamberí}.

Un segundo nivel menos fino de clasificación sería:

{Carabanchel, Latina}, {Medidodía, San Blas, Villaverde, Vallecas}, {Moratalaz, Chamartín, Ciudad Lineal, Fuencarral, Hortaleza}, {Retiro, Moncloa, Arganzuela, Tetuán}, {Centro, Salamanca, Chamberí}.

Una gran ventaja del análisis clúster jerárquico es poder realizar la clasificación por distintos niveles de finura.

Para obtener un resumen del clúster jerárquico utilizamos la subopción *Summarize hierrchical clústering* de la opción *Clúster analysis* (Figura 9-10).

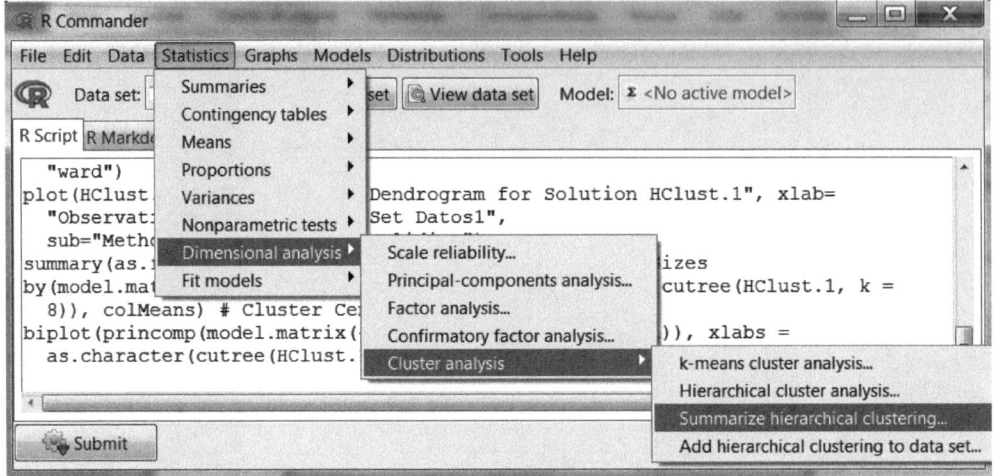

Figura 9-10

A continuación elegimos el número de clústeres que queremos (Figura 9-11).

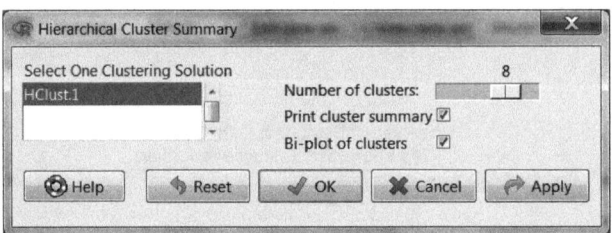

Figura 9-11

Al pulsar OK se obtiene la salida siguiente:

```
Rcmdr>   summary(as.factor(cutree(HClust.1, k = 8))) # Clúster
Sizes
1 2 3 4 5 6 7 8
1 4 2 1 3 2 4 1

Rcmdr>   by(model.matrix(~-1 + F1 + F2 + F3, Datos2), as.facto
r(cutree(HClust.1, k =
Rcmdr+     8)), colMeans) # Clúster Centroids
INDICES: 1
        F1              F2              F3
-0.6490111  -0.5726294   2.3761608
```

```
-----------------------------------------------------------
INDICES: 2
          F1             F2            F3
-1.13569530  0.07928450  0.01562548
-----------------------------------------------------------
INDICES: 3
          F1            F2            F3
0.06328761 1.46683688  1.26588063
-----------------------------------------------------------
INDICES: 4
          F1            F2            F3
-0.5186780   1.5354705 -0.7084447
-----------------------------------------------------------
INDICES: 5
          F1            F2            F3
 0.3943539   0.3733664 -0.6823315
-----------------------------------------------------------
INDICES: 6
          F1            F2            F3
 1.8542369 -0.3730532  0.6068786
-----------------------------------------------------------
INDICES: 7
          F1            F2            F3
-0.06646374 -1.38006584 -0.33179303
-----------------------------------------------------------
INDICES: 8
          F1            F2            F3
 0.9582145   0.9326177 -2.1015699
```

9.2 ANÁLISIS CLÚSTER JERÁRQUICIO A TRAVÉS DE COMANDOS

El comando *hclust* permite realizar análisis clúster jerárquico mediante la siguiente sintaxis sencilla:

hclust(dist(model.matrix(~ -1+v1+v2+…+vn, labels = variable con etiquetas, data= Conjunto de datos, method=METODO)))

Las variables *v1, v2, …, vn* son las variables de clasificación y *data= Conjunto de datos* permite declarar el conjunto de datos que contiene las variables. Los métodos que se pueden utilizar son los especificados en la Figura 9-8 (Ward, Enlace sencillo, Enlace completo, Enlace medio, Enlace Mediano, Enlace Centroide y McQuity).

En nuestro ejemplo anterior la sintaxis vía comandos sería la siguiente:

```
>   HClust.1 <- hclust(dist(model.matrix(~-1 + F1+F2+F3, Datos
2)) , method= "ward")

RcmdrMsg: [8] NOTE: The "ward" method has been renamed to "wa
rd.D"; note new
RcmdrMsg+ "ward.D2"
```

Para pintar el dendograma la sintaxis sería la siguiente:

```
> plot(HClust.1, main= "Clúster Dendrogram for Solution HClu
st.1", xlab= "Observation Number in Data Set Datos2",    sub=
"Method=ward; Distance=euclidian")
```

Los métodos y las distancias posibles a utilizar son los especificados en la figura 9-8. Las distancias pueden ser Euclidea, Euclidea al cuadrado y Manhatan.

Si queremos etiquetar los elementos del dendograma utilizaremos la siguiente sintaxis:

```
> w=cbind("b")
> w
     [,1]
[1,] "b"
> attach(Datos2)
> b
 [1] "Centro        " "Arganzuela   " "Retiro       "
 [4] "Salamanca     " "Chamartín    " "Tetuán       "
 [7] "Chamberi      " "Fuencarral   " "Moncloa      "
[10] "Latina        " "Carabanchel  " "Villaverde   "
[13] "Mediodía      " "Vallecas     " "Moratalaz    "
[16] "Ciudad Lineal " "San Blas     " "Hortaleza    "
> w=cbind(b)
> w
         b
 [1,] "Centro        "
 [2,] "Arganzuela    "
 [3,] "Retiro        "
 [4,] "Salamanca     "
 [5,] "Chamartín     "
 [6,] "Tetuán        "
 [7,] "Chamberi      "
 [8,] "Fuencarral    "
 [9,] "Moncloa       "
[10,] "Latina        "
[11,] "Carabanchel   "
[12,] "Villaverde    "
[13,] "Mediodía      "
[14,] "Vallecas      "
[15,] "Moratalaz     "
[16,] "Ciudad Lineal "
[17,] "San Blas      "
[18,] "Hortaleza     "
```

```
> plot(HClust.1, labels=w, main= "Clúster Dendrogram for Solu
tion HClust.1", xlab= "Observation Number in Data Set Datos1"
, sub="Method=ward; Distance=euclidian")
```

La Figura 9-12 muestra el dendograma etiquetado.

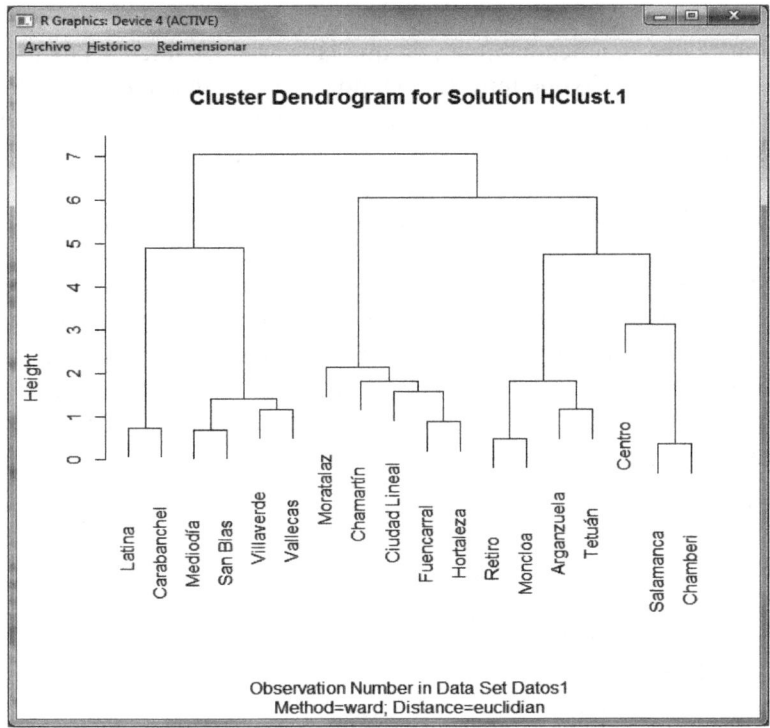

Figura 9-12

Los clústeres de nivel más fino obtenidos son:

{Carabanchel, Latina}, {Medidodía, San Blas}, {Villaverde, Vallecas}, {Moratalaz, Chamartín, Ciudad Lineal, Fuencarral, Hortaleza}, {Retiro, Moncloa}, {Arganzuela, Tetuán}, {Centro, Salamanca, Chamberí}.

Un segundo nivel menos fino de clasificación sería:

{Carabanchel, Latina}, {Medidodía, San Blas, Villaverde, Vallecas}, {Moratalaz, Chamartín, Ciudad Lineal, Fuencarral, Hortaleza}, {Retiro, Moncloa, Arganzuela, Tetuán}, {Centro, Salamanca, Chamberí}.

9.3 ANÁLISIS CLÚSTER NO JERÁRQUICO A TRAVÉS DE MENÚS EN R (MÉTODO K-MEANS)

En nuestro caso queremos clasificar los barrios de Madrid por nivel de desarrollo y utilizaremos como variables de clasificación las tres primeras componentes principales. Utilizar reducción de la dimensión antes de la clasificación es una práctica habitual, ya que las variables iniciales de clasificación suelen estar correladas, lo que introduce ruido en la clasificación. Como los factores son incorelados e involucran a todas las variables iniciales, son buenas variables de clasificación.

Para realizar el análisis en componentes principales utilizamos la subopción *Principal components analysis* de la opción *Dimensional analysis* del menú *Statistics* (Figura 9-13). En la pantalla *Data* (Figura 9-14) se seleccionan las variables a reducir (en nuestro caso todas las cuantitativas) y en la pantalla *Options* (Figura 9-15) se elige el gráfico de sedimentación y añadir las puntuaciones de las componentes como variables adicionales al archivo. Cuando nos pregunten por el número de componentes las dejamos todas para obtener una salida rica en información

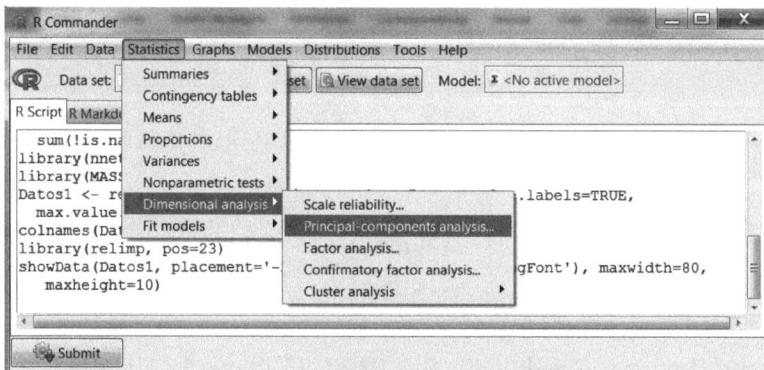

Figura 9-13

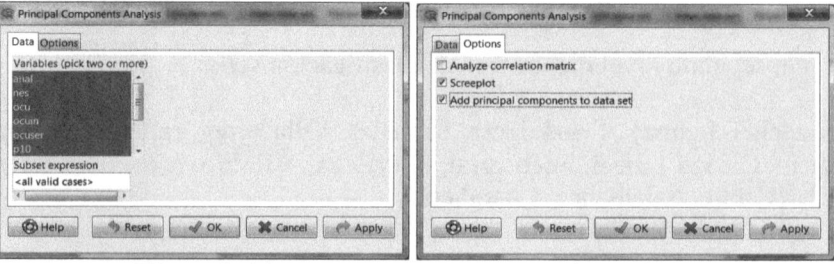

Figura 9-14   Figura 9-15

La salida, considerando todas las componentes es la siguiente:

```
Rcmdr>  local({
Rcmdr+    .PC <-
princomp(~anal+nes+ocu+ocuin+ocuser+p10+p14+p65+pd+pt+tec+tm,
Rcmdr+      cor=TRUE, data=Datos1)
Rcmdr+      cat("\nComponent loadings:\n")
Rcmdr+      print(unclass(loadings(.PC)))
Rcmdr+      cat("\nComponent variances:\n")
Rcmdr+      print(.PC$sd^2)
Rcmdr+      cat("\n")
Rcmdr+      print(summary(.PC))
Rcmdr+    })
```

```
Component loadings:
            Comp.1       Comp.2       Comp.3       Comp.4       Comp.5       Comp.6
anal     0.36132939   0.17534429   0.23628833  -0.13176183   0.12749884   0.05485120
nes     -0.28540796  -0.32820364   0.09703971  -0.28944474  -0.11113457  -0.41446910
ocu      0.20927928  -0.28583487  -0.29973566   0.73951979  -0.26818978  -0.11095715
ocuin    0.38986887  -0.04602526  -0.18112190  -0.10152847   0.47254174   0.05435351
ocuser   0.13787456  -0.44191228  -0.03535675   0.12830762   0.28485670   0.31547990
p10      0.28372312  -0.32707386   0.23077680  -0.14991710   0.07017480  -0.45379998
p14      0.35853098  -0.16834399  -0.26197238  -0.20903285  -0.27207686  -0.40232095
p65     -0.07566879  -0.31189537   0.69694229   0.27665804   0.20801953  -0.02862781
pd      -0.22567914  -0.34375241  -0.36230083  -0.30243018   0.24137662   0.14405080
pt       0.28253132  -0.26746403   0.21213014  -0.29551274  -0.60024926   0.53995004
tec     -0.23257631  -0.39817625  -0.15910925  -0.03176147   0.08063181   0.16982363
tm       0.41660848   0.03984481  -0.04076219  -0.05186551   0.21850077   0.02569982
            Comp.7       Comp.8       Comp.9      Comp.10      Comp.11      Comp.12
anal     0.73382579   0.32309548   0.15882562  -0.005977797  -0.08814635   0.26517055
nes      0.15987954  -0.23727872   0.54111136   0.174874669   0.32542657   0.14948716
ocu      0.31292510  -0.18558007   0.03978427  -0.099303404   0.08368619   0.05218196
ocuin   -0.10790079  -0.57586218  -0.07161260   0.257324667  -0.07762493   0.39483030
ocuser  -0.35561695   0.48240645   0.37071840  -0.112502510   0.16636495   0.22444295
p10     -0.11331381  -0.06882934  -0.04782204  -0.586652654  -0.38803624  -0.10646122
p14     -0.13096947   0.40856035  -0.32608865   0.442635518   0.07066255   0.05979831
p65      0.04400419  -0.01739724  -0.39861737   0.301573902   0.18652725  -0.06133131
pd       0.35397219   0.01502541  -0.44358687  -0.305366066   0.33019658  -0.06778193
pt      -0.01898488  -0.24523874  -0.03494604  -0.035517778   0.03499011   0.01604175
tec      0.19989627   0.04349334   0.11246593   0.377028499  -0.67979322  -0.25870784
tm       0.04863613  -0.07945910   0.24428249   0.113817220   0.28790766  -0.77967736
```

```
Component variances:
      Comp.1        Comp.2        Comp.3        Comp.4        Comp.5        Comp.6
5.5974741915  4.1270302140  1.0440274082  0.5211206527  0.3205494633  0.1546885170
      Comp.7        Comp.8        Comp.9       Comp.10       Comp.11       Comp.12
0.1119490553  0.0794364531  0.0243412119  0.0129085233  0.0055786045  0.0008957051
```

```
Importance of components:
                          Comp.1    Comp.2     Comp.3     Comp.4     Comp.5
Standard deviation      2.3658982 2.0315093 1.02177659 0.72188687 0.56617088
Proportion of Variance  0.4664562 0.3439192 0.08700228 0.04342672 0.02671246
Cumulative Proportion   0.4664562 0.8103754 0.89737765 0.94080437 0.96751683
                          Comp.6     Comp.7     Comp.8     Comp.9
Standard deviation      0.39330461 0.334587889 0.281844732 0.156016704
Proportion of Variance  0.01289071 0.009329088 0.006619704 0.002028434
Cumulative Proportion   0.98040754 0.989736625 0.996356330 0.998384764
                          Comp.10    Comp.11      Comp.12
Standard deviation      0.11361568 0.0746900564 2.992833e-02
Proportion of Variance  0.00107571 0.0004648837 7.464209e-05
Cumulative Proportion   0.99946047 0.9999253579 1.000000e+00
```

Se observa que las tres primeras componentes son las que tienen autovalor (*component variances*) mayor que la unidad. Esto nos lleva a repetir el procedimiento con 3 componentes (Figura 9-16). Al hacer clic en OK, se obtiene el gráfico de sedimentación (Figura 9-17) y se añaden las puntuaciones de las tres componentes al archivo de datos con nombres PC1, PC2 y PC3 (Figura 9-18).

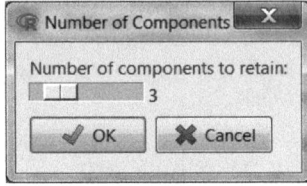

Figura 9-16

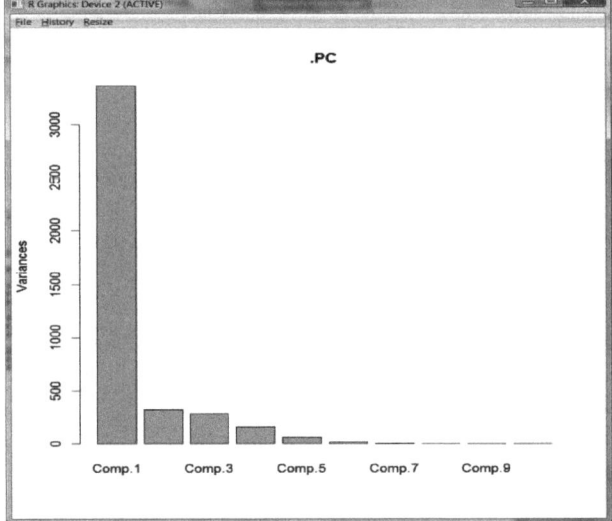

Figura 9-17

	p10	anal	nes	ocu	ocuin	ocuser	tec	pd	tm	PC1	PC2	PC3
1	52.8	4.2	21.4	54.1	7.6	41.7	8.8	0.8	10.3	-6.045231	-12.7518733	-11.29368591
2	06.1	2.0	16.5	69.4	7.6	28.6	7.2	0.6	8.4	-67.678492	-0.5837739	9.65636087
3	09.2	1.2	28.1	39.9	6.3	30.1	10.4	1.9	4.7	-66.808729	-1.9416947	-8.81786470
4	62.1	1.0	45.3	57.5	7.6	45.1	16.1	2.6	5.4	11.142613	-24.2527251	-23.21362285
5	30.3	1.3	39.3	48.1	7.2	35.8	14.5	2.8	4.8	-12.127227	4.2284950	-29.64541668
6	45.1	4.2	24.2	52.3	9.6	37.9	9.6	1.1	12.2	-12.006752	-4.0020855	-7.36067586
7	65.4	1.8	47.2	59.4	7.5	46.4	17.1	2.4	6.1	15.526105	-26.8657828	-24.32067474
8	42.2	3.6	21.6	95.6	10.3	38.7	11.1	1.6	14.3	6.355801	3.4925167	14.61892432
9	94.2	1.5	32.5	34.6	5.3	26.0	8.7	1.4	5.5	-91.101748	-1.9043373	-9.15932624
10	39.7	6.0	22.7	86.6	17.7	59.8	10.4	1.3	26.4	156.887279	6.4494133	-2.68230347
11	18.3	7.3	16.6	77.4	19.4	50.1	7.5	1.0	28.2	113.067117	6.3550676	0.06113972
12	66.1	8.3	9.0	56.6	19.3	30.7	3.7	0.5	26.3	28.031900	17.5569647	6.71693394
13	39.9	9.8	5.5	48.5	13.3	28.1	2.9	0.3	22.9	-7.233853	24.7746023	8.67455931
14	59.8	10.3	7.2	53.7	13.6	32.5	3.1	0.3	23.8	15.963537	14.7793083	4.15457067
15	21.4	3.9	10.1	73.7	16.5	49.0	11.6	2.1	19.7	-32.301576	7.6851593	19.47787485
16	01.5	4.3	28.2	73.7	16.5	49.0	11.6	2.1	19.7	12.797539	-48.9295465	42.24242423
17	18.5	6.0	6.3	41.4	12.2	24.1	2.9	0.2	18.2	-50.815816	17.9204111	7.62928639
18	32.6	4.0	15.5	51.6	12.3	33.7	7.9	1.4	15.8	-13.652468	17.9898808	3.26149615

Figura 9-18

Para realizar el análisis clúster no jerárquico por el método *k-means* utilizando las componentes como variables de clasificación, usamos la subopción *k-means clúster analysis* de la opción *Clúster analysis* del menú *Statistics* (Figura 9-19). En la pantalla *Data* (Figura 9-20) se seleccionan las variables para la clasificación. En la pantalla *Options* (Figura 9-21) se elige el número de clúster y otras características. Al pulsar OK se obtiene la salida del análisis.

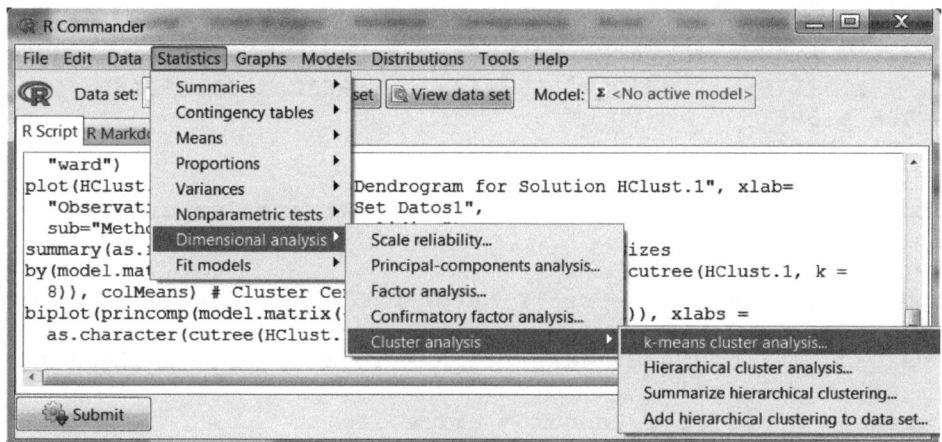

Figura 9-19

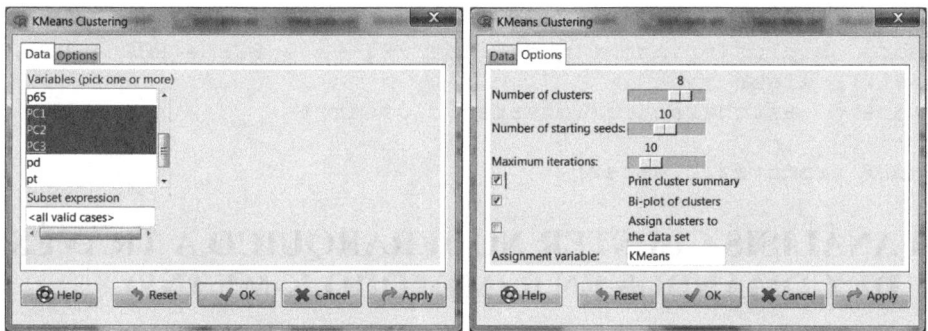

Figura 9-20   Figura 9-21

Se obtiene la salida siguiente:

```
Rcmdr>  .clúster <-  KMeans(model.matrix(~-1 + PC1 + PC2 + PC
3, Datos1), centers = 8, iter.max = 10, num.seeds = 10)

Rcmdr>  .clúster$size # Clúster Sizes
[1] 3 3 2 2 2 1 3 2

Rcmdr>  .clúster$centers # Clúster Centroids
  new.x.PC1  new.x.PC2  new.x.PC3
```

```
1  -10.05974   -4.175155  -16.099926
2  -75.19632   -1.476602   -2.773610
3   13.33436  -25.559254  -23.767149
4  -41.55870   12.802785   13.553581
5  -10.44316   21.382242    5.968028
6   12.79754  -48.929547   42.242424
7   16.78375   11.942930    8.496810
8  134.97720    6.402240   -1.310582
```

```
Rcmdr>   .clúster$withinss # Within Clúster Sum of Squares
[1] 451.34778 612.86303   13.63432 293.96326   58.26616    0.000
00 406.41096
[8] 963.87100
```

```
Rcmdr>   .clúster$tot.withinss # Total Within Sum of Squares
[1] 2800.357
```

```
Rcmdr>   .clúster$betweenss # Between Clúster Sum of Squares
[1] 68626.71
RcmdrMsg: [9] WARNING: Warning in arrows(0, 0, y[, 1L] * 0.8,
y[, 2L] * 0.8, col
RcmdrMsg+ = col[2L], length = arrow.len) :
RcmdrMsg+ zero-length arrow is of indeterminate angle and so
skipped
```

```
Rcmdr>   biplot(princomp(model.matrix(~-1 + PC1 + PC2 + PC3, D
atos1)), xlabs =
Rcmdr+     as.character(.clúster$clúster))
```

```
Rcmdr>   remove(.clúster)
```

9.4 ANÁLISIS CLÚSTER NO JERÁRQUICO A TRAVÉS DE COMANDOS EN R (MÉTODO K-MEANS)

La sintaxis básica para realizar el análisis clúster no jerárquico en R media nte el método k-means es la siguiente:

kmeans(model.matrix(~ -1+v1+v2+...+vn, centers=n, data=Conjunto de datos)

Las variables *v1, v2, ..., vn* son las variables de clasificación y *data= Conjunto de datos* permite declarar el conjunto de datos que contiene las variables. El número de clú sters se delimita por la opción (*centers=n*). Existen opciones adicionales, como iteraciones máximas (*iter.max = n*), ´número de semillas de inicio (*num.seeds=n*), etc.

Realizaremos y completaremos el ejemplo anterior mediante comandos. C omenzamos importando el archivo *zonasmad.sav*, liberando sus variables y mostránd olas mediante un exploratorio básico.

```
> library(haven)
> zonasmad <- read_sav("E:/CURSOR2023/DATOS/zonasmad.sav")
> View(zonasmad)
> attach(zonasmad)
> summary(zonasmad)
       b                  pt              p14              p65              p10              anal
 Length:18         Min.   :108.4   Min.   :23.30   Min.   :10.10   Min.   : 94.2   Min.   : 1.000
 Class :character  1st Qu.:139.8   1st Qu.:29.68   1st Qu.:13.95   1st Qu.:123.6   1st Qu.: 1.850
 Mode  :character  Median :169.8   Median :36.45   Median :17.60   Median :143.7   Median : 4.100
                   Mean   :171.7   Mean   :40.56   Mean   :19.90   Mean   :150.3   Mean   : 4.483
                   3rd Qu.:182.0   3rd Qu.:50.80   3rd Qu.:23.40   3rd Qu.:164.6   3rd Qu.: 6.000
                   Max.   :289.5   Max.   :79.50   Max.   :38.10   Max.   :239.7   Max.   :10.300
      nes              ocu             ocuin           ocuser            tec               pd
 Min.   : 5.50   Min.   :34.60   Min.   : 5.30   Min.   :24.10   Min.   : 2.900   Min.   :0.200
 1st Qu.:11.45   1st Qu.:49.27   1st Qu.: 7.60   1st Qu.:30.25   1st Qu.: 7.275   1st Qu.:0.650
 Median :21.50   Median :55.35   Median :11.25   Median :36.85   Median : 9.200   Median :1.350
 Mean   :22.07   Mean   :59.67   Mean   :11.66   Mean   :38.18   Mean   : 9.172   Mean   :1.356
 3rd Qu.:28.18   3rd Qu.:72.62   3rd Qu.:15.78   3rd Qu.:46.08   3rd Qu.:11.475   3rd Qu.:2.050
 Max.   :47.20   Max.   :95.60   Max.   :19.40   Max.   :59.80   Max.   :17.100   Max.   :2.800
      tm
 Min.   : 4.700
 1st Qu.: 6.675
 Median :15.050
 Mean   :15.150
 3rd Qu.:22.100
 Max.   :28.200
```

A continuación, realizamos un análisis de componentes principales y calcu
lamos las puntuaciones de las componentes.

```
> componentes=princomp( ~anal+nes+ocu+ocuin+ ocuser+p10+p14+
p65+pd+pt+tec+tm, cor=TRUE, scores=TRUE, data=zonasmad)
> componentes$scores
       Comp.1      Comp.2       Comp.3      Comp.4       Comp.5       Comp.6        Comp.7       Comp.8
1  -1.0583249 -0.2517475  2.33732497 -1.02607277  0.30778512  0.295810697 -0.273230422  0.28460511
2  -1.6275133  1.7205507 -0.12963914 -1.70726329 -0.48831649 -0.162726086 -0.246001294 -0.31404592
3  -3.0462773  0.9173994 -0.35585201  0.47702246 -0.04117624 -0.042739880 -0.250387819  0.12119159
4  -2.7111251 -2.8531152  0.71525494  0.26654232  0.12816107  0.014387564  0.143454692 -0.13073527
5  -2.9050916 -1.0896091 -0.75788036  1.19984495 -0.44374407  0.388387352  0.323125843 -0.19885567
6  -0.8074149  0.2052439  0.72419066 -0.09892785  0.07254999  0.108574846 -0.121586522  0.08026943
7  -2.5801503 -3.0454383  0.99602206  0.13986287  0.15015737  0.019671017  0.336452333 -0.07541446
8   0.3024332 -0.9018130 -1.45279736 -1.35182621 -1.05475948 -0.248976194  0.581791715  0.01457186
9  -3.3322879  1.9024023 -0.25377244  0.55351576 -0.16573086 -0.372542743 -0.275725625  0.05148293
10  4.2262072 -3.5484776 -0.05781097  0.34707850 -0.90022151  0.006380601 -0.554112377  0.28277147
11  3.9144767 -1.7361601  0.49995579  0.12089343 -0.04545549  0.181306318 -0.171751287 -0.39030101
12  2.9101257  1.6140726  0.28684215  0.45261259  0.31992669 -0.066180050  0.128455522 -0.74574578
13  2.1631845  2.8179789  0.21335306  0.52644559 -0.18212091 -0.079367703  0.458475436  0.44965895
14  2.3700093  1.9640946  1.22166406  0.07666055  0.12341654  0.094840319  0.601510808  0.25715270
15  0.5443036 -0.2972883 -2.15305487 -0.64309854  1.13432236  0.997767158 -0.020510233  0.14051123
16  0.9616979 -1.9537882 -0.86868609 -0.12590641  1.30353426 -1.120873931  0.009238537  0.12895639
17  0.4181049  3.5213894  0.10008249  0.12732263  0.09200860 -0.007209674 -0.323121511 -0.16488599
18  0.2576423  1.1043055 -1.06518835  0.66529340 -0.31033695 -0.006509610 -0.346077796  0.20881243
       Comp.9      Comp.10      Comp.11      Comp.12
1  -0.20936686  0.016693221 -0.04954580  0.002261065
2   0.04268136  0.065133629  0.04169829  0.047260661
3  -0.25193360  0.068990397 -0.01326749  0.005391873
4  -0.11614703 -0.054866755 -0.06414854 -0.010477964
5  -0.03055060  0.250001215  0.04259783  0.023568108
6   0.18392380 -0.002292946  0.13932098  0.018150859
7   0.16603698 -0.195997918  0.09892113 -0.023148243
8  -0.06802199 -0.042224264 -0.03115285 -0.035994541
9   0.33533566 -0.075688347 -0.18356461  0.003254183
10  0.10574047  0.002767937  0.01557107  0.026417335
11  0.05503707  0.110756125 -0.08265677 -0.035455634
12 -0.13208724 -0.166941607 -0.01325030  0.039761861
13  0.03682383 -0.079736755  0.03905199  0.029827960
14  0.02184608  0.129477712 -0.06696736 -0.005153316
15  0.09873543 -0.047525961 -0.03100537  0.006751593
16 -0.03396946  0.111674209  0.02913066  0.005977207
17  0.08624009  0.076470271  0.10224167 -0.077867503
18 -0.29032397 -0.166690163  0.02702545 -0.020525505
```

A continuación, definimos las puntuaciones de las tres primeras componen
tes que resumirán a nuestras variables iniciales y que se utilizarán como variables de c
lasificación en el análisis clúster.

```
> COMP1= componentes$scores[ ,1]
> COMP2= componentes$scores[ ,2]
> COMP3= componentes$scores[, 3]
```

Finalmente realizamos el análisis clúster.

```
> cluster=kmeans(model.matrix(~-1+COMP1+COMP2+COMP3, zonasmad
),centers=6)

> cluster|
K-means clustering with 6 clusters of sizes 3, 2, 4, 5, 3, 1

Cluster means:
         COMP1        COMP2        COMP3
1 -2.7321224  -2.3293875   0.3177989
2  4.0703420  -2.6423189   0.2210681
3  0.5165193  -0.5346460  -1.3849317
4 -1.9743637   0.8987698   0.4644504
5  2.4811065   2.1320487   0.5739531
6  0.4181049   3.5213894   0.1000825

Clustering vector:
  1  2  3  4  5  6  7  8  9 10 11 12 13 14 15 16 17 18
  4  4  4  1  1  4  1  3  4  2  2  5  5  5  3  3  6  3

within cluster sum of squares by cluster:
[1]  4.152568  1.846392  5.879536 13.918582  1.696477  0.0000
00
 (between_SS / total_SS =  85.8 %)

Available components:

[1] "cluster"      "centers"      "totss"      "withinss"
"tot.withinss" "betweenss"
[7] "size"         "iter"         "ifault"
```

Según los resultados de *Clustering vector* podemos formar ya los clústeres.
El clúster número 1 estará formado por los distritos 4, 5 y 7, es decir {Salamanca, Ch
amartín y Chamberí}. El clúster número 2 estará formado por los distritos 10 y 11, es
decir *{Latina, Carabanchel}*. El clúster número 3 estará formado por los distritos 8, 1
5, 16 y 18, es decir *{Fuencarral, Moratalaz, Ciudad Lineal, Hortaleza}*. El clúster nú
mero 4 está formado por los distritos 1, 2 , 3 y 9, es decir *{Centro, Arganzuela, Retiro
, Moncloa}*. El clúster número 5 está formado por los distritos 12, 13 y 14, es decir *{V
illaverde, Mediodía, Vallecas}*. Finalmente, el clúster número 6 estará formado por el
distrito 17, es decir *{San Blas}*.

> **Ejercicio 9-1.** *Consideramos el archivo zonasmad.sav con variables de desarrollo sobre los distritos de Madrid. Se trata de segmentar estos distritos mediante un análisis clúster sin realizar reducción de la dimensión.*

El contenido del archivo se presenta en la Figura 9-22.

		b	pt	p14	p65	p10	anal	nes	ocu	ocuin	ocuser	tec	pd	tm
1	Centro	166.5	23.3	38.1	152.8	4.2	21.4	54.1	7.6	41.7	8.8	0.8	10.3
2	Arganzuela	121.1	23.5	18.4	106.1	2.0	16.5	69.4	7.6	28.6	7.2	0.6	8.4
3	Retiro	126.0	27.2	16.8	109.2	1.2	28.1	39.9	6.3	30.1	10.4	1.9	4.7
4	Salamanca	180.0	30.5	33.4	162.1	1.0	45.3	57.5	7.6	45.1	16.1	2.6	5.4
5	Chamartín	180.0	30.5	16.1	130.3	1.3	39.3	48.1	7.2	35.8	14.5	2.8	4.8
6	Tetuán	164.2	31.3	23.5	145.1	4.2	24.2	52.3	9.6	37.9	9.6	1.1	12.2
7	Chamberi	182.7	29.4	35.0	165.4	1.8	47.2	59.4	7.5	46.4	17.1	2.4	6.1
8	Fuencarral	176.2	51.3	15.6	142.2	3.6	21.6	95.6	10.3	38.7	11.1	1.6	14.3
9	Moncloa	108.4	23.4	13.4	94.2	1.5	32.5	34.6	5.3	26.0	8.7	1.4	5.5
10	Latina	289.5	79.5	23.1	239.7	6.0	22.7	86.6	17.7	59.8	10.4	1.3	26.4
11	Carabanchel	255.9	60.5	24.1	218.3	7.3	16.6	77.4	19.4	50.1	7.5	1.0	28.2
12	Villaverde	195.0	48.5	16.1	166.1	8.3	9.0	56.6	19.3	30.7	3.7	0.5	26.3
13	Mediodía	171.7	49.3	11.1	139.9	9.8	5.5	48.5	13.3	28.1	2.9	0.3	22.9
14	Vallecas	186.2	42.2	20.3	159.8	10.3	7.2	53.7	13.6	32.5	3.1	0.3	23.8
15	Moratalaz	145.9	40.8	10.9	121.4	3.9	10.1	73.7	16.5	49.0	11.6	2.1	19.7
16	Ciudad Lineal	135.1	55.3	21.9	201.5	4.3	28.2	73.7	16.5	49.0	11.6	2.1	19.7
17	San Blas	137.7	32.1	10.3	118.5	6.0	6.3	41.4	12.2	24.1	2.9	0.2	18.2
18	Hortaleza	167.9	51.4	10.1	132.6	4.0	15.5	51.6	12.3	33.7	7.9	1.4	15.8

Figura 9-22

Comenzamos importando el archivo *zonasmad.sav* y separando sus variables.

```
> library(haven)
> zonasmad <- read_sav("E:/CURSOR2023/DATOS/zonasmad.sav")
> view(zonasmad)
> attach(zonasmad)
```

Ahora realizamos el análisis clúster no jerátquico por el método k-means.

```
> cluster=kmeans(model.matrix(~-1+anal+nes+ocu+ ocuin+ocuser+
p10+p14+p65+pd+pt+tec+tm, zonasmad),centers=6)

> cluster
```

```
K-means clustering with 6 clusters of sizes 4, 1, 4, 2, 2, 5

Cluster means:
    anal    nes     ocu  ocuin ocuser    p10    p14    p65    pd     pt    tec     tm
1  8.100   9.30  52.600 14.625  31.25 149.60  47.85 14.400 0.625 180.20   4.40  22.20
2  4.300  28.20  73.700 16.500  49.00 201.50  55.30 21.900 2.100 135.10  11.60  19.70
3  2.675  20.85  46.325  7.850  27.20 107.00  26.55 14.725 1.025 123.30   7.30   9.20
4  3.750  15.85  84.650 13.400  43.85 131.80  46.05 13.250 1.850 161.05  11.35  17.00
5  6.650  19.65  82.000 18.550  54.95 229.00  70.00 23.600 1.150 272.70   8.95  27.30
6  2.500  35.48  54.280  7.900  41.38 151.14  29.00 29.220 1.940 174.68  13.22   7.76

Clustering vector:
 1  2  3  4  5  6  7  8  9 10 11 12 13 14 15 16 17 18
 6  3  3  6  6  6  6  4  3  5  5  1  1  1  4  2  3  1

Within cluster sum of squares by cluster:
[1] 1595.255    0.000 2199.880 1134.605 1090.590 2324.644
 (between_SS / total_SS =  89.0 %)

Available components:

[1] "cluster"      "centers"      "totss"        "withinss"     "tot.withinss" "betweenss"
[7] "size"         "iter"         "ifault"
```

Se observa que el clúster número 1 está formado por los distritos 12, 13, 14 , y 18, es decir *{Villaverde, Mediodía, Vallecas, Hortaleza}*. El clúster número 2 está formado por el distrito 16, es decir *{Ciudad Lineal}*. El clúster número 3 está formad o por los distritos 2, 3, 9 y 17, es decir *{Arganzuela, Moncloa, Retiro, San Blas}*. El clúster numero 4 está formado por los distritos 8 y 15, es decir *{Fuencarral, Moratala z}*. El clúster número 5 está formado por los distritos 10 y 11, es decir *{Latina, Carab anchel}*. El clúster numero 6 está formado por los distritos 4, 5, 6 y 7, es decir *{Salam anca, Chamberí, Tetuán, Chamartín}*.

Observamos que esta clasificación no tiene tanta calidad como la realizada anteriormente con reducción de la dimensión adicional, ya que, por ejemplo, incluye a San Blas en el mismo nivel de desarrollo que Retiro y Moncloa. También incluye a H ortaleza con el mismo nivel de desarrollo que Vallecas y Villaverde. Adicionalmente, se incluye a Tetuán con el mismo nivel de desarrollo que el barrio Salamanca y Cham berí, lo que a todas luces es incorrecto. La correlación entre las variables de clasificac ión introduce ruido en el análisis clúster y nos lleva a conclusiones incorrectas. Por es o es necesario reducir la dimensión antes de aplicar análisis clúster y utilizar las varia bles reducidas para clasificar.

Ahora vamos a resolver este ejercicio mediante análisis clúster jerárquico mediante el método de Ward.

```
> windows()
> cluster=hclust(dist(model.matrix(~-1+anal+nes+ocu+ocuin+ocuser
+p10+p14+p65+pd+pt+tec+tm, method="ward", data=zonasmad)))
> w=cbind(b); plot(cluster, label=w)
```

La Figura 9-23 muestra el dendograma de la clasificación.

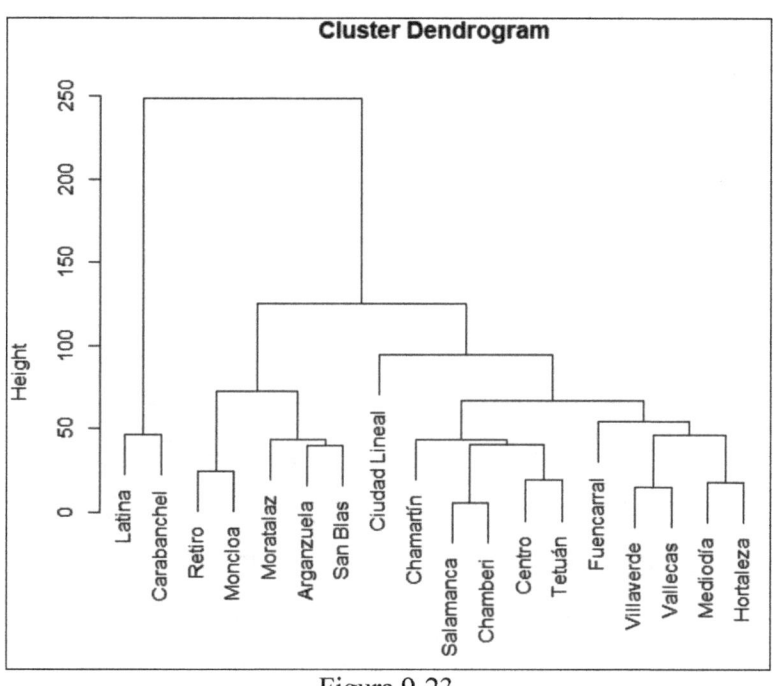

Figura 9-23

Se observa que los clústeres son *{Latina, Carabanchel}, {Retiro, Moncloa}
, {Moratalaz, Arganzuela, San Blas}, {Ciudad Lineal}, {Chamartin}, {Salamanca, Ca
rabanchel}, {Centro, Tetuán}, {Fuencarral}, {Villaverde, Vallecas} {Mediodía, Hort
aleza}.*

Esta clasificación es mejor que la obtenida por el método k-means. Solo se
podría discutir la clasificación de San Blas en el mismo grupo que Moratalaz y Argan
zuela, aunque este barrio se ha desarrollado mucho en los últimos años.

---

*Ejercicio 9-2. El archivo mundo.sav contiene información sobre variables
demográficas y de desarrollo de varios países del mundo altamente correladas. Se
trata de reducir el número inicial de variables correladas a un número menor de
variables incorreladas con la mínima pérdida de información. Con las variables
reducidas realizar una segmentación clúster de los países del mundo según su nivel
de desarrollo.*

Comenzamos importando el archivo mundo.sav, liberando sus variables y
explorándolas de modo básico

```
> library(haven)
> MUNDO <- read_sav("E:/CURSOR2023/DATOS/MUNDO.sav")
> View(MUNDO)
> attach(MUNDO)
> summary(MUNDO)
```

```
     pais                relig              poblac            densidad            urbana
Length:109          Length:109         Min.   :    256   Min.   :   2.3   Min.   :  5.00
Class :character    Class :character   1st Qu.:   5100   1st Qu.:  29.0   1st Qu.: 41.00
Mode  :character    Mode  :character   Median :  10400   Median :  64.0   Median : 60.00
                                       Mean   :  47724   Mean   : 203.4   Mean   : 56.67
                                       3rd Qu.:  35600   3rd Qu.: 126.0   3rd Qu.: 75.00
                                       Max.   :1205200   Max.   :5494.0   Max.   :100.00
    espvidaf            espvidam           alfabet            inc_pob            mortinf            pib_cap
Min.   :43.00       Min.   :41.00      Min.   : 18.00    Min.   :-0.300   Min.   :  4.00   Min.   :  122
1st Qu.:67.00       1st Qu.:61.00      1st Qu.: 62.00    1st Qu.: 0.520   1st Qu.:  9.30   1st Qu.: 1000
Median :74.00       Median :67.00      Median : 88.00    Median : 1.800   Median : 27.70   Median : 2995
Mean   :70.16       Mean   :64.92      Mean   : 78.38    Mean   : 1.682   Mean   : 42.31   Mean   : 5860
3rd Qu.:78.00       3rd Qu.:72.00      3rd Qu.: 98.00    3rd Qu.: 2.680   3rd Qu.: 63.00   3rd Qu.: 7467
Max.   :82.00       Max.   :76.00      Max.   :100.00    Max.   : 5.240   Max.   :168.00   Max.   :23474
    región             calorías            sida              tasa_nat           tasa_mor           tasasida
Min.   :1.00        Min.   :1667       Min.   :-32775    Min.   :10.00    Min.   : 2.000   Min.   :-32.3823
1st Qu.:2.00        1st Qu.:2359       1st Qu.:    41    1st Qu.:14.00    1st Qu.: 7.000   1st Qu.:  0.2697
Median :4.00        Median :2808       Median :   381    Median :25.00    Median : 9.000   Median :  5.1667
Mean   :3.55        Mean   :2824       Mean   :  7399    Mean   :25.92    Mean   : 9.534   Mean   : 23.5567
3rd Qu.:5.00        3rd Qu.:3256       3rd Qu.:  3072    3rd Qu.:35.00    3rd Qu.:11.000   3rd Qu.: 19.9924
Max.   :6.00        Max.   :3825       Max.   :411907    Max.   :53.00    Max.   :24.000   Max.   :326.7473
    log_pib            logtsida           nac_def            fertilid           log_pob            cregrano
   log_pib            logtsida           nac_def            fertilid           log_pob            cregrano
Min.   :2.086       Min.   :0.0000     Min.   : 0.9231   Min.   :1.300    Min.   :2.408    Min.   : 0.00
1st Qu.:3.000       1st Qu.:0.7841     1st Qu.: 1.5556   1st Qu.:1.880    1st Qu.:3.708    1st Qu.: 6.00
Median :3.476       Median :1.3607     Median : 2.6667   Median :2.900    Median :4.017    Median :14.00
Mean   :3.422       Mean   :1.3715     Mean   : 3.2010   Mean   :3.532    Mean   :4.114    Mean   :18.27
3rd Qu.:3.873       3rd Qu.:1.8204     3rd Qu.: 4.1667   3rd Qu.:4.900    3rd Qu.:4.551    3rd Qu.:27.00
Max.   :4.371       Max.   :3.1830     Max.   :14.0000   Max.   :8.190    Max.   :6.081    Max.   :77.00
    alfabmas           alfabfem           clima
Min.   : 28.00      Min.   :  9.00     Min.   :1.000
1st Qu.: 70.00      1st Qu.: 49.00     1st Qu.:5.000
Median : 90.00      Median : 85.00     Median :5.000
Mean   : 82.19      Mean   : 72.74     Mean   :5.708
3rd Qu.: 97.35      3rd Qu.: 96.83     3rd Qu.:8.000
Max.   :103.64      Max.   :103.25     Max.   :9.000
```

A continuación, realizamos la reducción de la dimensión considerando las 5 primeras componentes principales.

```
> componentes=princomp(~poblac+densidad+urbana+espvidaf +espv
idam+alfabet+inc_pob+mortinf+pib_cap+calorías+sida +tasa_nat+
tasa_mor+tasasida+log_pib+logtsida+nac_def+fertilid+log_pob+c
regrano+alfabmas+alfabfem,cor=TRUE, scores=TRUE, data=MUNDO)

> componentes$scores
> COMP1= componentes$scores[ ,1]
> COMP2= componentes$scores[ ,2]
> COMP3= componentes$scores[ ,3]
> COMP4= componentes$scores[ ,4]
> COMP5= componentes$scores[ ,5]
```

Ahora utilizaremos las 5 componentes obtenidas como variables de clasific ación ene el análisis clúster COMP1, COMP2, COMP3, COMP4 y COMP5 y las etiq uetas *v* de los países. La sintaxis de R para clúster jerárquico sería la siguiente:

```
> CLUSTER <- hclust(dist(model.matrix(~-1 + COMP1+COMP2+COMP3
+COMP4+COMP5, MUNDO)) , method= "ward.D")
```

Ahora se representa el dendograma (Figura 9-24) mediante la siguiente si ntaxis:

```
> v=cbind(país); windows()
> plot(CLUSTER, labels=v, main= "Dendogram", xlab= "MUNDO",
sub="Méthod=Ward")
```

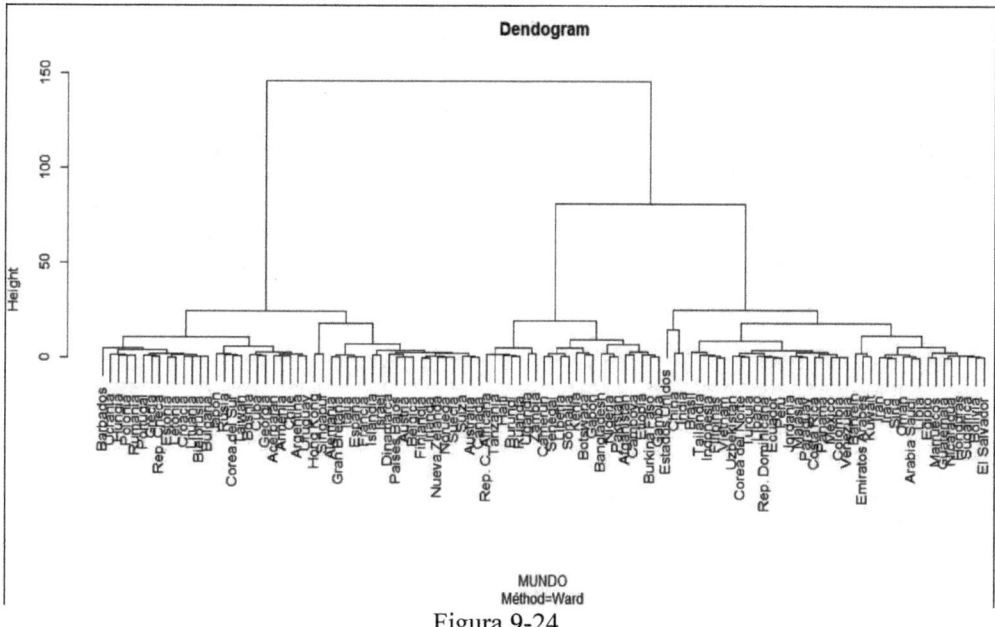

Figura 9-24

Al tener tantos países, el dendograma resulta difuso. En estos casos con tganats filas en el fichero, puede ser recomendable utilizar análisis clúster no jerárquico por el método k-means.

Tendríamos la sintaxis siguiente para el caso de 20 clústeres (que más o menos es el número que deja intuir el dendograma anterior):

```
> cluster=kmeans(model.matrix(~-1+COMP1+COMP2+COMP3+COMP4+COM
P5, MUNDO),centers=20)
> cluster
```

K-means clustering with 20 clusters of sizes 9, 2, 3, 1, 8, 8, 10, 2, 5, 6, 6, 4, 1, 13, 2, 4, 3, 5, 10, 7

Cluster means:

	COMP1	COMP2	COMP3	COMP4	COMP5
1	5.2778852	-0.253739188	0.9323820	-0.52928951	0.84071611
2	1.8180086	0.331847093	6.3402904	3.00239491	1.06052400
3	1.9526714	-1.435142936	0.7747651	0.37992028	0.70498667
4	-3.5441234	5.032814474	-1.8039387	8.57719540	1.13933044
5	-3.4021751	0.242251028	-1.3176824	0.05857114	0.19982948
6	-1.5543618	-0.759168498	0.7156429	-0.32149193	-0.56755943
7	-2.6023028	0.817928247	0.7073181	-1.33220993	-0.33589499
8	5.7771671	4.492658682	-2.4239101	1.03052797	-1.03252233
9	0.4095222	0.005974174	1.7347352	0.48404216	-0.62660413
10	1.6780794	-2.699513462	-0.7924303	0.58725686	0.06820977
11	1.7478083	-1.064840446	-0.2844956	0.06408682	-0.55696546
12	-2.3892811	1.103889081	1.8033178	-0.68546006	-0.40046656
13	-2.2831762	2.795339258	-1.3767351	-1.64918995	-1.45175414
14	-0.4270903	-1.310639974	-0.1764584	0.38818089	-0.92815579
15	-3.6892559	-0.854667842	-1.3875851	-1.04262813	5.97849647
16	3.2333404	0.550676319	-1.3665142	0.09153208	-0.26482950
17	-0.1497729	-4.146361108	-2.2614834	0.99902943	0.32683155
18	-2.8525213	0.349516642	-0.2942971	-0.52895791	-0.04975681
19	-3.8346978	1.443011717	-0.1252919	0.14452036	0.34642749
20	6.1376719	2.287857540	-1.0008622	-0.66509995	0.21651296

Clustering vector:
```
  1   2   3   4   5   6   7   8   9  10  11  12  13  14  15  16  17  18  19  20  21  22  23  24  25  26
  6   1  19  10   6   6   5  19  17   1  13  19   7  11   6  16   9   7  20  20   1  16   5  14   6   6
 27  28  29  30  31  32  33  34  35  36  37  38  39  40  41  42  43  44  45  46  47  48  49  50  51  52
 14   7   6  14   2  19  14   3  11  17  19   4   7   1   9  18  19  16  20   7  19  18  11  20  11  15
 53  54  55  56  57  58  59  60  61  62  63  64  65  66  67  68  69  70  71  72  73  74  75  76  77  78
  7   2   9   3  10  18   5   5  19  19  10  16  17   7  14   1  10   7  14   3  14  11   1   5   5  10
 79  80  81  82  83  84  85  86  87  88  89  90  91  92  93  94  95  96  97  98  99 100 101 102 103 104
 19   1  14  14  14  12   7  20   7  14  20  12  12   1  15  10   1  11   5   5   9  18  20   6  12   8
105 106 107 108 109
 18  14  14   9   8
```

Within cluster sum of squares by cluster:
```
 [1] 30.252190  5.357433  2.019002  0.000000  7.869867 10.253270  4.874837  3.762046  8.959302  5.509844
[11]  5.954904  3.322320  0.000000 16.420093  1.875237  8.795153  6.352653  3.766746 10.358228 14.814724
 (between_SS / total_SS =  92.4 %)
```

Available components:

```
[1] "cluster"      "centers"      "totss"        "withinss"     "tot.withinss" "betweenss"
[7] "size"         "iter"         "ifault"
```

La salida de *Clustering vector* nos permite asignar los 106 países a 20 clústeres.

Ejercicio 9-3. Consideremos los datos relativos a la cantidad de proteínas consumidas en cada uno de 25 estados europeos en nueve grupos de comidas (archivo proteínas.sav).

Estado	Carne roja	Carne blanca	Huevos	Leche	Pescado	Cereal	Fécula	Secos	Fruta
Albania	10.1	1.4	0.5	8.9	0.2	42.3	0.6	5.5	1.7
Austria	8.9	14.0	4.3	19.9	2.1	28.0	3.6	1.3	4.3
Belgica	13.5	9.3	4.1	17.5	4.5	26.6	5.7	2.1	4.0
Bulgaria	7.8	6.0	1.6	8.3	1.2	56.7	1.1	3.7	4.2
Checoslovaquia	9.7	11.4	2.8	13.5	2.0	34.3	5.0	1.1	4.0
Dinamarca	10.6	10.8	3.7	25.0	9.9	21.9	4.8	0.7	2.4
Alemania	8.4	11.6	3.7	11.1	5.4	24.6	6.5	0.8	3.6
Finlandia	9.5	4.9	2.7	33.7	5.8	26.3	5.1	1.0	1.4
Francia	18.0	9.9	3.3	19.5	5.7	28.1	4.8	2.4	6.5
Grecia	10.2	3.0	2.8	17.6	5.9	41.7	2.2	7.8	6.5
Hungria	5.3	13.4	2.9	9.7	0.3	40.1	4.0	5.4	4.2
Irlanda	13.9	10.0	4.7	25.8	2.2	24.0	6.2	1.6	2.9
Italia	9.0	5.1	2.9	13.7	3.4	36.8	2.1	4.3	6.7
Holanda	9.5	13.6	3.6	23.4	2.5	22.4	4.2	1.8	3.7
Noruega	9.4	4.7	2.7	23.3	9.7	23.0	4.6	1.6	2.7
Polonia	6.9	10.2	2.7	19.3	3.0	36.1	5.9	2.0	6.6
Portugal	6.2	3.7	1.1	4.9	14.2	27.0	5.9	4.7	7.9
Rumania	6.2	6.3	1.5	11.1	1.0	49.6	3.1	5.3	2.8
Spana	7.1	3.4	3.1	8.6	7.0	29.2	5.7	5.9	7.2
Suecia	9.9	7.8	3.5	4.7	7.5	19.5	3.7	1.4	2.0
Suiza	13.1	10.1	3.1	23.8	2.3	25.6	2.8	2.4	4.9
UK	17.4	5.7	4.7	20.6	4.3	24.3	4.7	3.4	3.3
USSR	9.3	4.6	2.1	16.6	3.0	43.6	6.4	3.4	2.9
Luxemburgo	11.4	13.5	4.1	18.8	3.4	18.6	5.2	1.5	3.8
Yugoslavia	4.4	5.0	1.2	9.5	0.6	55.9	3.0	5.7	3.2

Clasificar los países europeos en grupos similares de acuerdo a las proteínas consumidas en las distintas comidas.

Comenzamos importando el archivo *proteínas.sav,* separando sus variables y realizando un exploratorio básico de las mismas.

```
> library(haven)
> proteinas <- read_sav("E:/CURSOR2023/DATOS/proteinas.sav")
> View(proteinas)
> attach(proteinas)
> summary(proteinas)
```

Estado	CarneR	CarneB	Huevos	Leche	Pescado
Length:25	Min. : 4.400	Min. : 1.400	Min. :0.500	Min. : 4.70	Min. : 0.200
Class :character	1st Qu.: 7.625	1st Qu.: 4.975	1st Qu.:2.550	1st Qu.: 9.70	1st Qu.: 2.075
Mode :character	Median : 9.450	Median : 8.550	Median :3.000	Median : 17.50	Median : 3.200
	Mean : 9.812	Mean : 8.183	Mean :2.942	Mean : 22.69	Mean : 4.217
	3rd Qu.:10.800	3rd Qu.:10.950	3rd Qu.:3.700	3rd Qu.: 23.30	3rd Qu.: 5.725
	Max. :18.000	Max. :14.000	Max. :4.700	Max. :176.00	Max. :14.200
	NA's :1	NA's :1	NA's :1		NA's :1

Cereal	Fecula	Secos	Fruta
Min. :18.60	Min. :0.600	Min. : 0.700	Min. :1.400
1st Qu.:24.23	1st Qu.:3.475	1st Qu.: 1.500	1st Qu.:2.900
Median :27.50	Median :4.750	Median : 2.400	Median :3.700
Mean :31.85	Mean :4.362	Mean : 3.168	Mean :3.996
3rd Qu.:37.62	3rd Qu.:5.700	3rd Qu.: 4.700	3rd Qu.:4.300
Max. :56.70	Max. :6.500	Max. :10.200	Max. :7.900
NA's :1	NA's :1		

Ahora realizamos un análisis clúster jerárquico por el método de Ward.

```
> CLUSTER <- hclust(dist(model.matrix(~-1 + CarneR+CarneB +
Huevos+Leche+Pescado+Cereal+Fecula+Secos+Fruta,proteinas)),
method= "ward.D")
```

A continuación, representamos el dendograma (Figura 9-25.

```
> windows()
> w=cbind(Estado)
> plot(CLUSTER,labels = w)
```

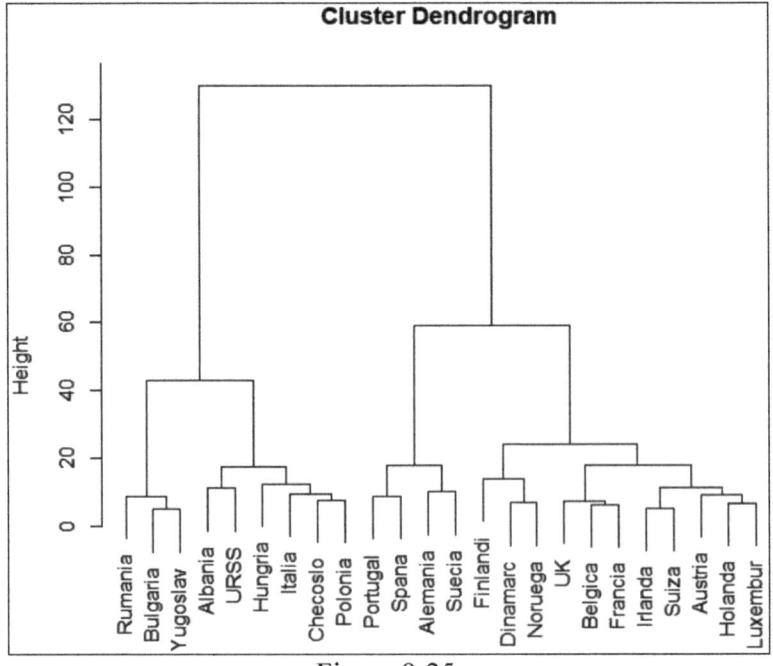

Figura 9-25

Los clústeres son los siguientes:

{Rumania, Bulgaria, Yugoslavia}, {Albania, URSS}, {Hungría, Italia, Chequia, Polonia}, {Portugal, España}, {Alemania, Suecia},{Finlandia, Dinamarca, Noruega}, {UK, Bélgica, Francia}, {Irlanda, Suiza}, {Austria, Holanda, Luxemburgo}

Se observa un criterio de cercanía geográfica en los países que componen los clústeres al estudiar el contenido de proteínas en su alimentación.

Ahora realizamos el análisis clúster no jerárquico mediante el método k-means (10 clústeres).

```
> cluster=kmeans(model.matrix(~-1+CarneR+CarneB+Huevos+Leche
+Pescado+Cereal+Fecula+Secos+Fruta, proteinas), centers=10)
> cluster
```

```
K-means clustering with 9 clusters of sizes 3, 1, 5, 3, 1, 3, 4, 2, 2

Cluster means:
      CarneR    CarneB    Huevos     Leche    Pescado   Cereal    Fecula    Secos     Fruta
1   6.133333  5.766667  1.433333  9.633333  0.9333333 54.06667 2.400000 4.900000 3.400000
2   9.900000  7.800000  3.500000  4.700000  7.5000000 19.50000 3.700000 1.400000 2.000000
3  15.180000  9.000000  3.980000 21.440000  3.8000000 25.72000 4.840000 2.380000 4.320000
4   9.933333 13.700000  4.000000 20.700000  2.6666667 23.00000 4.333333 1.533333 3.933333
5   8.400000 11.600000  3.700000 11.100000  5.4000000 24.60000 6.500000 0.800000 3.600000
6   9.833333  6.800000  3.033333 27.333333  8.4666667 23.73333 4.833333 1.100000 2.166667
7   7.725000 10.025000  2.825000 14.050000  2.1750000 36.82500 4.250000 3.200000 5.375000
8   9.700000  3.000000  1.300000 12.750000  1.6000000 42.95000 3.500000 4.450000 2.300000
9   6.650000  3.550000  2.100000  6.750000 10.6000000 28.10000 5.800000 5.300000 7.550000

Clustering vector:
 1  2  3  4  5  6  7  8  9 10 11 12 13 14 15 16 17 18 19 20 21 22 23 24
 8  4  3  1  7  6  5  6  3  7  3  7  4  6  7  9  1  9  2  3  3  8  4  1

Within cluster sum of squares by cluster:
[1]  47.00000   0.00000 119.86400  62.59333   0.00000 110.46667 146.34500  60.87500  38.62000
 (between_SS / total_SS =  88.7 %)

Available components:

[1] "cluster"     "centers"     "totss"       "withinss"    "tot.withinss" "betweenss"
[7] "size"        "iter"        "ifault"
```

La salida de *Clustering vector* indica la formación de los clústeres. El clúster 1 está formado por los países 17 y 24, es decir, *{Rumanía, Yugoslavia}*. El clúster 2 está formado por el mpaís 19, es decir, *{Suecia}*, El clúster 3 está formado por los países 3, 9, 11, 20 y 21, es decir *{Bélgica, Francia, Irlanda, Suiza, UK}*. El clúster 4 está formado por los países 2, 13 y 23, es decir *{Austria, Holanda, Luxemburgo}*. El clúster 5 está formado por el país 7, es decir, *{Alemania}*. El clúster 6 está formado por los países 6, 8 y 14, es decir *{Dinamarca, Finlandia, Noruega}*. El clúster 7 está formado por los países 5, 10, 12 y 15, es decir *{Chequia, Hungría, Italia y Polonia}*. El clúster 8 está formado por los países 1 y 22, es decir *{Albania, URSS}*. El clúster 9 está formado por los países 16 y 18, es decir *{Portugal, España}*.

Se observa que los clústeres por ambos métodos prácticamente coinciden.

Ejercicio 9-4. Se trata de clasificar la calidad de 20 inversiones basándose en variables tales como el beneficio en los últimos 5 años (Five_Yr), el riesgo (Risk), el porcentaje anual de beneficio para cada uno de los últimos 5 años (Perf94 a Perf90), el coste (Expense) y la tasa impositiva (Tax). Los datos son (archivo Inversiones.sav):

FUND (Inversión)	Five_Yr	Risk	Perf94	Perf93	Perf92	Perf91	Perf90	Expense	Tax
F. Chip	16476	2	10	25	6	55	4	1,22	89
F. Contra	15476	2	-1	21	16	55	4	1,03	90
F. Destiny	14757	3	4	26	15	39	-3	0,7	69
Vista A	15145	4	-1	20	13	71	-6	1,49	96
Berger 100	15596	5	-7	21	9	89	-6	1,7	95
Gab. Assett	13640	1	0	22	15	18	-6	1,33	85
Neub. Focus	14081	3	1	16	21	25	-6	0,85	75
F. Magellan	13827	3	-2	25	7	41	-5	0,96	73
Janus	13187	2	-1	11	7	43	-1	0,91	85
L. Mason Value	13029	4	1	12	11	35	-17	1,82	92
Gabelli Growth	12301	3	-3	11	4	34	-2	1,41	80
Franklin Growth	11793	2	3	7	3	27	2	0,77	90
Janus 20	12441	4	-7	3	2	69	1	1,02	95
AARP Capital	11728	4	-10	16	5	41	-16	0,97	68
Kemper Growth A	11386	4	-6	2	-2	67	4	1,09	86
20th Cent. Growth	11258	4	-8	15	-4	32	0	1	60
F. OTC	13129	4	-3	8	15	49	-50,88	75	0
Columbia Growth	13399	3	-1	13	12	34	-3	0,83	71
T. R. P. Capital	13449	1	4	16	9	22	-1	1,1	76
Neub. Partners	13336	2	-2	16	18	22	-5	0,81	70

Agrupar las inversiones en distintos clústeres según su calidad, realizando la tabla de clasificación y presentando el dendograma correspondiente.

Comenzamos importando el archivo *inversiones.sav,* separando sus variables y realizando un exploratorio básico de las mismas.

```
> library(haven)
> INVERSIONES <- read_sav("E:/CURSOR2023/DATOS/INVERSIONES.sav")
> View(INVERSIONES)
> attach(INVERSIONES)
> summary(INVERSIONES)
```

```
     FUND              Five_Yr           Risk         Perf94          Perf93          Perf92
Length:20         Min.   :11258    Min.   :1     Min.   :-10.00   Min.   : 2.0    Min.   :-4.00
Class :character  1st Qu.:12406    1st Qu.:2     1st Qu.: -3.75   1st Qu.:11.0    1st Qu.: 4.75
Mode  :character  Median :13368    Median :3     Median : -1.00   Median :16.0    Median : 9.00
                  Mean   :13472    Mean   :3     Mean   : -1.45   Mean   :15.3    Mean   : 9.10
                  3rd Qu.:14250    3rd Qu.:4     3rd Qu.:  1.00   3rd Qu.:21.0    3rd Qu.:15.00
                  Max.   :16476    Max.   :5     Max.   : 10.00   Max.   :26.0    Max.   :21.00
     Perf91           Perf90            Expense          Tax
Min.   :18.00     Min.   :-50.880   Min.   : 0.700   Min.   : 0.00
1st Qu.:30.75     1st Qu.: -6.000   1st Qu.: 0.895   1st Qu.:70.75
Median :40.00     Median : -3.000   Median : 1.025   Median :82.50
Mean   :43.40     Mean   : -5.644   Mean   : 4.801   Mean   :77.25
3rd Qu.:55.00     3rd Qu.:  0.250   3rd Qu.: 1.350   3rd Qu.:90.00
Max.   :89.00     Max.   :  4.000   Max.   :75.000   Max.   :96.00
```

Ahora realizamos un análisis clúster jerárquico por el método del centroide.

```
> CLUSTER <- hclust(dist(model.matrix(~-1 + Five_Yr+Risk+Perf
94+Perf93+Perf92+Perf91+Perf90+Expense+Tax,INVERSIONES)), met
hod= "centroid")
```

A continuación, representamos el dendograma (Figura 9-26).

```
> windows()
> w=cbind(FUND)
> plot(CLUSTER,labels = w)
```

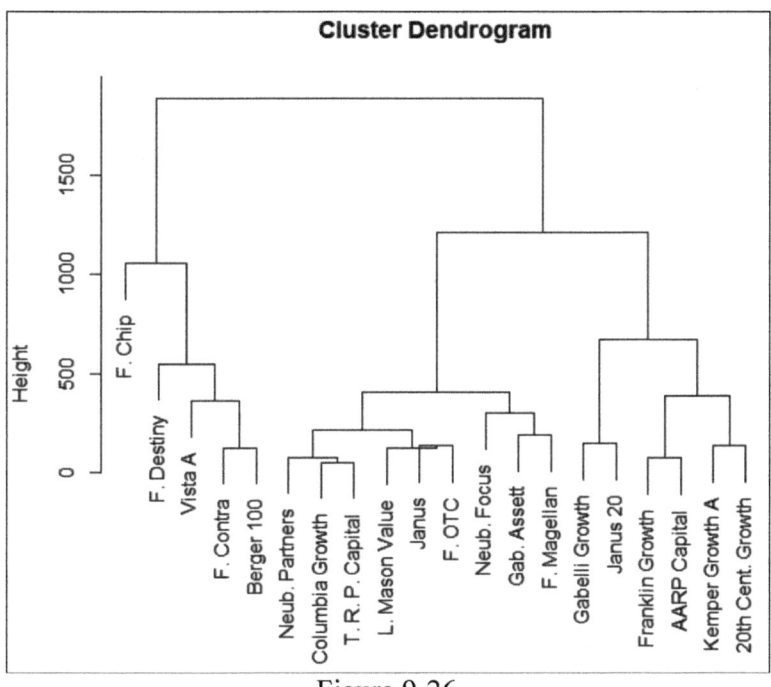

Figura 9-26

Tenemos ya las distintas inversiones clasificadas en clústeres según su beneficio, riesgo, coste y tasa impositiva.

## Capítulo 10

CLASIFICACIÓN Y SEGMENTACIÓN MEDIANTE ESCALAMIENTO MULTIDIMENSIONAL. TRATAMIENTO CON R

10.1 ESCALAMIENTO MULTIDIMENSIONAL

Podríamos definir el *escalamiento multidimensional* como un conjunto de técnicas que identifican dimensiones subyacentes a las evaluaciones de objetos hechas por los encuestados cuyo propósito es transformar sus juicios en posiciones espaciales. El escalamiento multidimensional trata de encontrar la estructura de un conjunto de medidas de distancia entre objetos o casos. Esto se logra asignando las observaciones a posiciones específicas en un espacio conceptual (normalmente de dos o tres dimensiones) de modo que las distancias entre los puntos en el espacio concuerden al máximo con las disimilaridades o preferencias dadas. El objetivo del escalamiento multidimensional es transformar los juicios de similitud o preferencias llevados a cabo por una serie de individuos en distancias susceptibles de ser representadas en un espacio multidimensional.

El escalamiento multidimensional se clasifica dentro de los métodos de interdependencia y es un procedimiento que permite al investigador determinar la imagen relativa percibida de un conjunto de objetos (empresas, productos, ideas u otros objetos sobre los que los individuos desarrollan percepciones). Es decir, el aspecto característico de este procedimiento es que proporciona una representación gráfica en un espacio geométrico de pocas dimensiones (*mapa perceptual*) que permite comprender cómo los individuos perciben objetos y qué esquemas, generalmente ocultos, están detrás de esa percepción (en este sentido también se puede considerar el escalamiento multidimensional como una técnica de reducción de la dimensión).

En estos espacios, los objetos adoptan la forma de puntos y la proximidad entre ellos refleja la analogía existente entre los mismos. La interpretación de las dimensiones depende del conocimiento que se tenga acerca de esos estímulos y se realiza de forma similar a como se haría con un análisis factorial clásico o un análisis de correspondencias.

Respecto a la elección del tipo de datos, el investigador debe optar entre la obtención de datos de similitud o de preferencias. Los mapas perceptuales basados en similitudes representan el parecido entre los atributos de los objetos. Los mapas perceptuales basados en datos de preferencias reflejan qué objetos son preferidos. En lo referente a la elección del método de análisis, se pueden utilizar métodos no métricos y métricos. Los métodos no métricos, llamados así por el carácter no métrico de los datos de entrada (comúnmente generados mediante la ordenación de pares de objetos), resultan más flexibles al no asumir ningún tipo específico de relación entre la distancia calculada y la medida de similitud. Sin embargo, es más probable que resulten en soluciones degeneradas o no óptimas. Los métodos métricos se distinguen por el carácter métrico tanto de los datos de entrada como de los resultados. La métrica nos permite reforzar la relación entre la dimensionalidad de la solución final y los datos iniciales.

Podrían considerarse varios pasos para determinar la posición de cada objeto en el espacio perceptual de modo que los juicios de similitud expresados por los individuos entrevistados se reflejen lo más fielmente posible. Un primer paso sería la selección de una configuración inicial de los estímulos según la dimensionalidad inicial deseada. Un segundo paso sería el cálculo de las distancias entre los puntos representativos de los estímulos y comparación de las relaciones (observadas versus derivadas) mediante una medida de ajuste o *Stress* (que indica la proporción de varianza de los datos originales no recogida por el modelo de escalamiento multidimensional). Si el indicador de ajuste no alcanza un valor mínimo previamente fijado por el investigador, un tercer paso sería encontrar una nueva configuración para la que el indicador de ajuste sea mejor. En un cuarto paso, el programa realizará una evaluación de la nueva configuración y la ajustará hasta que se logre obtener un nivel satisfactorio de ajuste. Un quinto y último paso sería la reducción de la dimensionalidad de la configuración actual y repetición del proceso hasta lograr obtener aquella configuración que, con la menor dimensionalidad posible, presente un nivel de ajuste aceptable (queda reforzada la idea de considerar el escalamiento multidimensional como una técnica de reducción de la dimensión). El analista debe preocuparse de obtener varias soluciones con diferente número de dimensiones y elegir entre ellas sobre la base de tres criterios fundamentales: su nivel de ajuste a los datos, su interpretabilidad y su replicabilidad.

10.2 TIPOS DE ESCALAMIENTO MULTIDIMENSIONAL

Ya sabemos que el escalamiento multidimensional es una técnica de análisis multivariante que permite representar las proximidades entre un conjunto de objetos o estímulos como distancias en un espacio de baja dimensionalidad (generalmente de 2 ó 3 dimensiones). De modo más formal y general, nos centraremos en el hecho de que el escalamiento multidimensional toma como entrada habitual una matriz cuadrada de proximidades, a la que llamaremos Δ (delta), de dimensiones (n,n), donde n es el número de estímulos. Cada elemento ∂_{ij} de Δ representa la proximidad entre los estímulos i y j. Para $n = 4$, la matriz Δ tendría los siguientes elementos:

$$\Delta = \begin{bmatrix} \partial_{11} & \partial_{12} & \partial_{13} & \partial_{14} \\ \partial_{21} & \partial_{22} & \partial_{23} & \partial_{24} \\ \partial_{31} & \partial_{32} & \partial_{33} & \partial_{34} \\ \partial_{41} & \partial_{42} & \partial_{43} & \partial_{44} \end{bmatrix}$$

A partir de esa matriz de proximidades, el análisis MDS nos proporciona como solución una matriz rectangular X, de tamaño $n \times m$, donde n es, al igual que antes, el número de estímulos, y m es el número de dimensiones.

Cada valor x_{ij} de la matriz X corresponde a la coordenada del estímulo i en la dimensión j. En escalamiento multidimensional la dimensionalidad utilizada siempre es la menor posible (2 ó 3 dimensiones en la mayoría de los casos, siendo muy raras las soluciones de dimensionalidad superior a 4). La matriz X correspondiente a una solución en 2 dimensiones para los 4 estímulos anteriores tendría los siguientes elementos:

$$X = \begin{bmatrix} x_{11} & x_{12} \\ x_{21} & x_{22} \\ x_{31} & x_{32} \\ x_{41} & x_{42} \end{bmatrix}$$

Cada fila de esta matriz $[X_{i1}, X_{i2}]$ contiene las coordenadas del estímulo i en los ejes de coordenadas X e Y que delimitan el espacio bidimensional. A partir de la matriz X es posible situar los n estímulos en el espacio asignándoles los valores de coordenadas correspondientes. También es posible utilizar la matriz X para calcular las distancias entre dos estímulos i y j cualesquiera aplicando la fórmula general de la distancia de Minkowski:

$$d_{ij} = \left(\sum_{a=1}^{m} \left(x_{ia} - x_{ja} \right)^p \right)^{\frac{1}{p}} \quad \left(1 \leq p \leq \infty \right)$$

Cuando $p = 2$, la distancia anterior es la métrica euclídea.

La estimación de las distancias correspondientes a todos los estímulos nos proporciona una nueva matriz, que llamaremos D. En el caso de nuestro ejemplo, los elementos de la matriz serían los siguientes

$$D = \begin{bmatrix} d_{11} & d_{12} & d_{13} & d_{14} \\ d_{21} & d_{22} & d_{23} & d_{24} \\ d_{31} & d_{32} & d_{33} & d_{34} \\ d_{41} & d_{42} & d_{43} & d_{44} \end{bmatrix}$$

La solución del escalamiento multidimensional debe proporcionar la máxima correspondencia entre las proximidades entre estímulos proporcionadas en la matriz Δ y las distancias entre estímulos obtenidas en la matriz D.

10.3 MODELO DE ESCALAMIENTO MÉTRICO

La relación asumida entre los datos de entrada (las proximidades) y las distancias entre estímulos obtenidos como solución determinan la tipología de los modelos de escalamiento multidimensional. Las distancias son función de las proximidades mediante $d_{ij} = f\left(\partial_{ij} \right)$. Se denominan modelos de escalamiento métrico aquéllos en que la función f es una función lineal con pendiente positiva. Tendremos entonces que:

$$\partial_{ij} \rightarrow a + b\partial_{ij} = d_{ij} \quad b > 0$$

En el procedimiento de escalamiento multidimensional métrico, a partir de una matriz $D(n \times n)$ de distancias entre n estímulos se puede derivar una matriz $B(n \times n)$ de productos escalares entre vectores. A su vez, es posible descomponer la matriz B de productos escalares en el producto XX', donde $X(n \times m)$ es la matriz de coordenadas de los n estímulos en m dimensiones. Adicionalmente, se puede llevar a cabo una transformación de la matriz de proximidades $\Delta(n \times m)$ en una matriz de distancias $D(n \times n)$ que respete los axiomas de la función de distancia euclídea ($d_{ij} = d_{ii} = 0$, $d_{ij} = d_{ji}$ y $d_{ij} \leq d_{ik} + d_{kj}$).

Los dos primeros axiomas son fáciles de cumplir, pero para que se cumpla el tercero hay que buscar un valor c que, sumado a las proximidades originales $\left(\partial_{ij}\right)$ nos proporcione las distancias $\left(d_{ij} = \partial_{ij} + c\right)$. El valor mínimo de c que satisface la desigualdad triangular $\left(d_{ij} \leq d_{ik} + d_{kj}\right)$ para toda terna de estímulos (i, j, k) se define como:

$$c_{\min} = \underset{(i,j,k)}{máx}\left(\partial_{ij} - \partial_{ik} - \partial_{kj}\right)$$

Calculada la matriz $D(n \times n)$, es necesario transformarla en una matriz $B(n \times n)$ de productos escalares entre vectores, de modo que los elementos b_{ij} de esta nueva matriz se crean a partir de los elementos d_{ij} de D mediante la siguiente transformación:

$$b_{ij} = -\frac{1}{2}\left(d_{ij}^2 - d_{i.}^2 - d_{.j}^2 + d_{..}^2\right) \quad \text{con} \quad d_{i.}^2 = \frac{1}{n}\sum_{j}^{n}d_{ij}^2, \quad d_{.j}^2 = \frac{1}{n}\sum_{i}^{n}d_{ij}^2 \quad y$$

$$d_{..}^2 = \frac{1}{n^2}\sum_{i}^{n}\sum_{j}^{n}d_{ij}^2$$

A continuación, se calcula la matriz de coordenadas X tal que $B=XX'$. En ocasiones resulta interesante, una vez obtenida la matriz X, rotar la solución para mejorar la interpretabilidad del resultado. La rotación de los ejes no altera las distancias entre los estímulos, por lo que es posible multiplicar la matriz X por una matriz de transformación ortogonal $T(r \times r)$, tal que $TT' = I$, donde I es la matriz identidad.

La matriz $X^* = XT$ contiene las coordenadas de los estímulos en la nueva solución rotada. Esta matriz es equivalente a la matriz X, ya que si $B = XX'$, $B = X^*X^{*'}$. Esto es así porque $X^*X^{*'} = XT \times T'X' = XIX' = XX'$.

El procedimiento expuesto fue ideado por Torgerson y posteriormente derivó en procedimientos iterativos.

10.3.1 Ejemplo de modelo de escalamiento métrico con R

Consideramos la matriz de distancias en kilómetros entre las capitales de provincia de la Comunidad Autónoma de Castilla y León:

	Ávila	Burgos	León	Palencia	Salam.	Segovia	Soria	Vall.	Zamora
Ávila	0								
Burgos	243	0							
León	255	201	0						
Palencia	167	86	130	0					
Salamanca	97	237	197	161	0				
Segovia	67	197	245	157	164	0			
Soria	261	144	345	205	325	194	0		
Valladolid	121	122	134	46	115	111	210	0	
Zamora	159	218	135	142	62	180	306	96	0

A partir de estas distancias (archivo *ciudadesCASTILLAL.sav*), realizar un escalamiento métrico que sitúe estas ciudades sobre un mapa perceptual que emule la Comunidad Autónoma de Castilla y León.

Comenzamos importando los datos en R y separando las variables.

```
> library(haven)
> CIUDADESCASTILLAL <- read_sav("E:/CURSOR2023/DATOS/CIUDADES
CASTILLAL.sav")
> View(CIUDADESCASTILLAL)
> attach(CIUDADESCASTILLAL)
```

A continuación, formamos un dataframe con las variables cuantitativas del archivo y realizamos el escalamiento nultidimensional métrico para una matriz simétrica.

```
> datos=data.frame(Ávila,Burgos,León,Palencia,Salamanca,
Segovia,Soria,Valladolid,Zamora)
> modelo=cmdscale(datos)
```

La salida textual ofrece las coordenadas de las dos primeras dimensiones relativas a la reducción de la dimensión subyacente al escalamiento multidimensional y que sirven para representar el mapa perceptual

```
> modelo
           [,1]        [,2]
[1,]  -27.959936  121.233684
[2,]   91.919266  -87.945648
[3,] -103.243970 -123.003644
[4,]   11.518589  -52.264472
[5,] -108.096884   56.899501
[6,]   33.209105   88.366702
[7,]  210.486755   10.583641
[8,]   -8.465103  -11.150723
[9,]  -99.367821   -2.719042
```

A continuación, obtenemos el mapa perceptual (Figura 10-1).

```
> windows()
> plot(modelo)
> text(modelo, labels = ciudades)
```

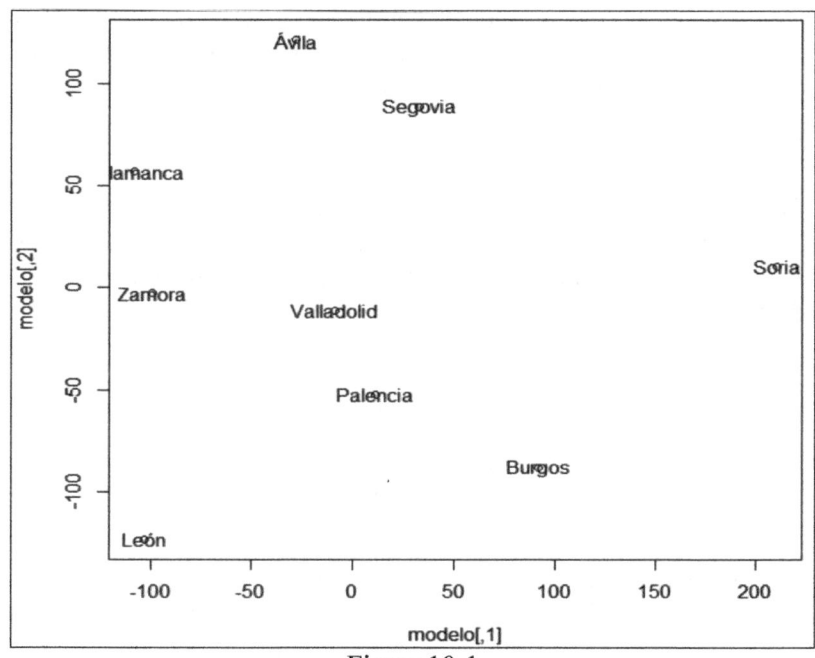

Figura 10-1

En el mapa vemos las capitales de Castilla León situadas adecuadamente, salvo un giro adecuado.

10.4 MODELOS DE ESCALAMIENTO NO MÉTRICO

En los modelos de escalamiento no métrico se asume la relación entre los datos de entrada (las proximidades) y las distancias entre estímulos obtenidos como solución $d_{ij} = f(\partial_{ij})$ cumple que f es una función monótona creciente. En este caso la relación entre proximidades y distancia es:

$$\partial_{ij} < \partial_{kl} \Rightarrow d_{ij} \leq d_{kl} \ .$$

En el MDS no métrico se comienza convirtiendo las proximidades en rangos, de 1 a $\dfrac{(n(n-1))}{2}$.

A continuación, se crea una matriz de coordenadas aleatorias $X(n \times n)$. Es decir, se sitúan los estímulos al azar en un espacio de r dimensiones (donde r es especificado por el usuario). A partir de esta matriz X inicial se calculan las distancias entre estímulos. Estas distancias se comparan luego con los rangos de las proximidades, transformándolas si es necesario para que sus rangos coincidan con éstos. A las distancias obtenidas tras estas transformaciones se las denomina pseudodistancias o disparidades $\left(\hat{d}_{ij} \right)$.

En el paso siguiente se determina una función de bondad de ajuste para evaluar cuánto se aproximan las distancias obtenidas a partir de X a las disparidades obtenidas de la transformación de esas distancias. Esta función se conoce con el nombre de Stress y su expresión es:

$$S = \sqrt{\frac{\sum_i \sum_j \left(d_{ij} - \hat{d}_{ij} \right)^2}{\sum_i \sum_j \hat{d}_{ij}^2}}$$

Para mayores valores de Stress, mejor será el ajuste encontrado entre distancias y disparidades. Es decir, el Stress no es propiamente un índice de bondad de ajuste, sino de "maldad" de ajuste. Su valor mínimo se encontrará, por tanto, en 0, cuando no exista diferencia entre distancias y disparidades. Su valor máximo no es estable, pero se conoce que su límite superior, para un número n de estímulos es:

$$\sqrt{1 - \left(\frac{2}{n} \right)}$$

Como partimos de una matriz de coordenadas aleatoria, es de suponer que el ajuste nunca es muy bueno al principio. Por ello, se hace necesario llevar a cabo un proceso iterativo que vaya minimizando el valor del Stress. Esto se consigue alterando los valores de las coordenadas de la matriz X de modo que la diferencia entre las distancias y disparidades derivadas a partir de ellos sea más pequeña ahora que en el paso anterior. La forma de llevar esto a cabo es sumar a la matriz X inicial una matriz de valores añadidos. Cada elemento de esta matriz contiene un valor que se sumará a la coordenada del estímulo i en la dimensión a. Este valor se determina mediante la expresión:

$$-\alpha \left(\frac{\partial S}{\partial x_{ia}} \right)$$

α = constante que representa el tamaño del paso

$\left(\dfrac{\partial S}{\partial x_{ia}} \right)$ = derivada del Stress con respecto a la coordenada a-ésima del estímulo i

En el algoritmo de convergencia del proceso iterativo se utiliza otra función de Stress, conocida como S-Stress, cuya expresión es:

$$S - Stress = \sqrt{\frac{\sum_i \sum_j \left(d_{ij}^2 - \hat{d}_{ij} \right)}{\sum_i \sum_j \hat{d}_{ij}^2}}$$

El valor de Stress es más alto cuanto mayor sea el número de estímulos, debido a que cuando tenemos pocos estímulos, el número de proximidades a ajustar en la solución será también pequeño, pero a medida que aumenta el número de estímulos, el número de proximidades a ajustar se incrementa rápidamente. El valor de Stress es siempre más alto para soluciones de menor dimensionalidad, e irá bajando a medida que la solución contenga un mayor número de dimensiones. Cuando el número de dimensiones es igual al número de estímulos menos 2(n-2), el ajuste será siempre perfecto. El objetivo en este caso será buscar un valor suficientemente bajo de Stress (buen ajuste) unido a una dimensionalidad también baja (representación parsimoniosa de los datos).

Alternativamente a Stress existe el índice RSQ para el ajuste del modelo a nuestros datos. Este índice es una correlación cuadrática entre las disparidades derivadas a partir de los datos originales, y las distancias derivadas por el modelo de escalamiento, de modo que puede ser interpretado como la proporción de varianza en las disparidades que es explicada por las distancias. Su expresión es:

$$RSQ = \frac{\left[\sum_i \sum_j (d_{ij} - d_{..})^2 (\hat{d}_{ij} - \hat{d}_{..}) \right]^2}{\left[\sum_i \sum_j (d_{ij} - d_{..})^2 \right] \left[\sum_i \sum_j (\hat{d}_{ij} - \hat{d}_{..})^2 \right]}$$

Dado que su interpretación es mucho más sencilla y directa que la del Stress, y que sus límites son fijos (mínimo de cero y máximo de uno), Takane, Young y De Leew recomiendan apoyarse en este índice para la interpretación del ajuste de las soluciones proporcionadas.

10.4.1 Ejemplo de modelo de escalamiento no métrico con R

Consideramos la matriz del ejemplo del escalamiento métrico, pero en lugar de las distancias en kilómetros entre las capitales de provincia de la Comunidad Autónoma de Castilla y León consideramos la matriz de rangos relativos a estas distancias, es decir, le asignaremos el rango 1 a la menor de las distancias, el rango 2 a la segunda menor distancia y así sucesivamente hasta completar las 36 distancias. Se obtienen los siguientes datos:

	Ávila	Burgos	León	Palencia	Salam.	Seg.	Soria	Vall.	Zamora
Ávila	0	.	.	.	.	.	.	.	.
Burgos	30	0	.	.	.	.	.	.	.
León	32	25	0	.	.	.	.	.	.
Palencia	20	4	11	0	.	.	.	.	.
Salamanca	6	29	23	18	0	.	.	.	.
Segovia	3	24	31	16	19	0	.	.	.
Soria	33	15	36	26	35	22	0	.	.
Valladolid	9	10	12	1	8	7	27	0	.
Zamora	17	28	13	14	2	21	34	5	0

A partir de esta matriz de rangos (archivo *ciudadesCL.sav*) equivalente a la matriz de proximidades del ejemplo anterior, se trata de realizar un escalamiento no métrico que sitúe estas ciudades sobre un mapa perceptual que emule la Comunidad de Castilla y León.

A partir de estas distancias (archivo *ciudadesCL.sav*), realizar un escalamiento métrico que sitúe estas ciudades sobre un mapa perceptual que emule la Comunidad Autónoma de Castilla y León.

Comenzamos importando los datos en R y separando las variables.

```
> library(haven)
> CIUDADESCL=read_sav("E:/CURSOR2023/DATOS/CIUDADESCL.sav")
> View(CIUDADESCL)
> attach(CIUDADESCL)
```

A continuación, formamos un dataframe con las variables cuantitativas del archivo y realizamos el escalamiento nultidimensional no métrico para una matriz simétrica.

```
> datos=data.frame(Ávila,Burgos,León,Palencia,Salamanca,Segov
ia,Soria,Valladolid,Zamora)
> modelo=cmdscale(datos)
```

La salida textual ofrece las coordenadas de las dos primeras dimensiones relativas a la reducción de la dimensión subyacente al escalamiento multidimensional y que sirven para representar el mapa perceptual

```
> modelo
          [,1]        [,2]
[1,]   -8.348034   14.096496
[2,]   14.906430   -6.511180
[3,]   -6.205765  -17.850280
[4,]    1.560125   -6.354494
[5,]  -12.465420    4.159025
[6,]    2.219822   12.578267
[7,]   22.533286    4.311793
[8,]   -2.700919   -1.170570
[9,]  -11.499525   -3.259058
```

A continuación, obtenemos el mapa perceptual (Figura 10-2).

```
> windows()
> plot(modelo)
> text(modelo, labels = ciudades)
```

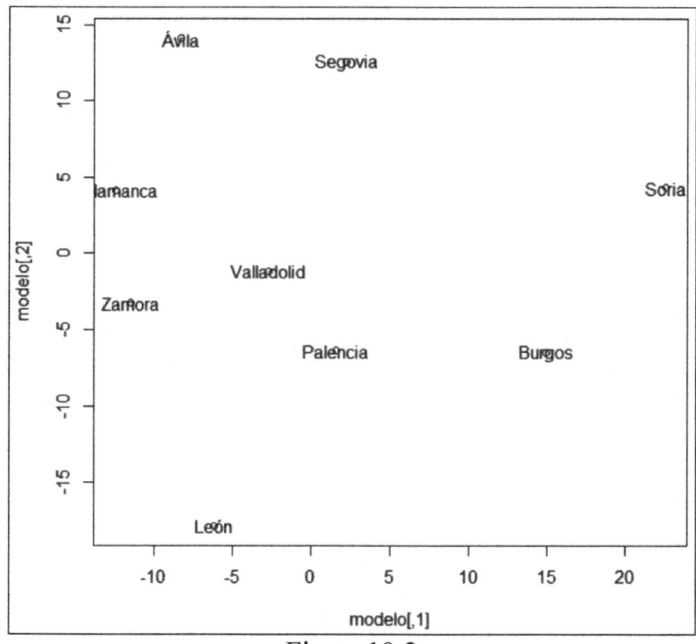

Figura 10-2

En el mapa vemos las capitales de Castilla León situadas adecuadamente, salvo un giro adecuado.

10.4.2 Tipos de MDS

Una vez precisado el concepto de escalamiento multidimensional (MDS), podemos hacer una clasificación de los tipos de la familia de procedimientos de MDS.

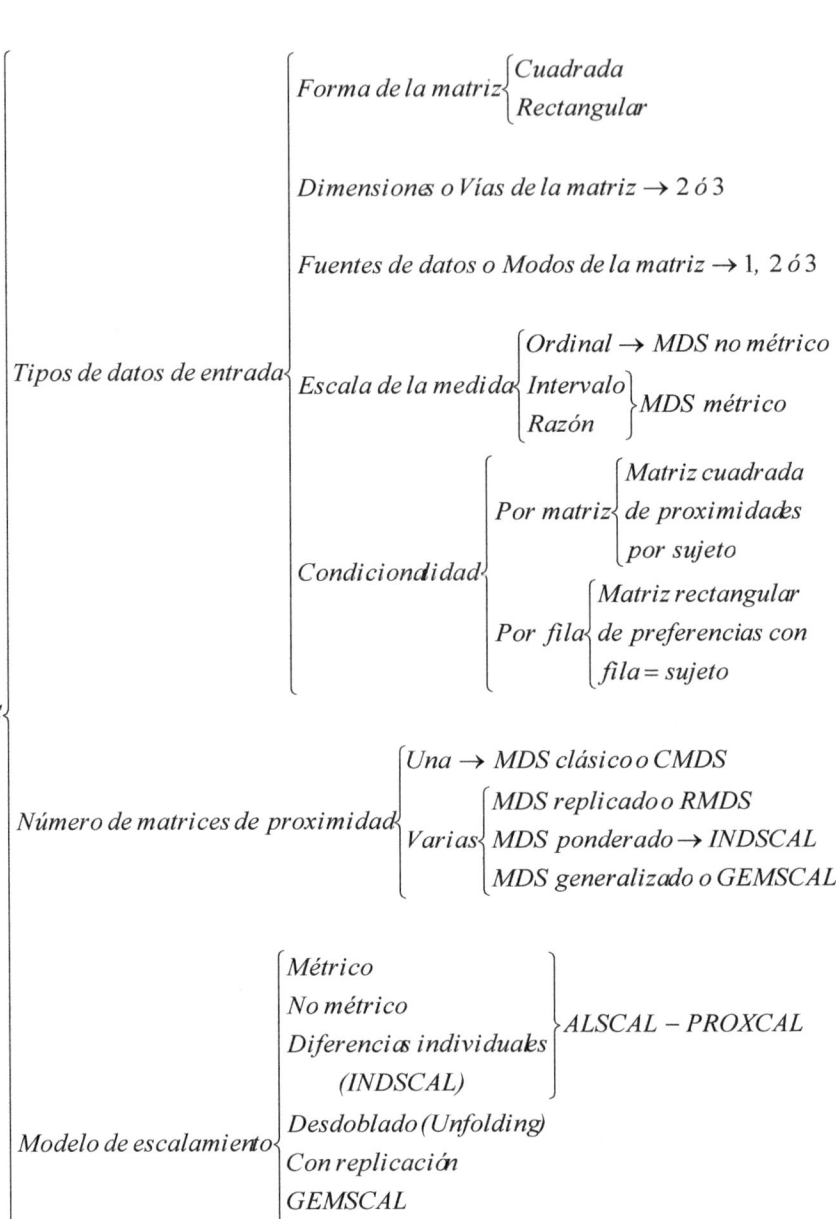

10.5 MODELO DE ESCALAMIENTO DE DIFERENCIAS INDIVIDUALES (INDSCAL)

INDSCAL supone una generalización del modelo euclídeo, de tal modo que obtiene una representación a partir de varias matrices de proximidades asumiendo que éstas difieren entre sí de forma sistemática y no aleatoria, tal y como supone un modelo replicado.

Es decir, en lugar de considerar las diferencias entre matrices como sesgos en las respuestas de los sujetos, INDSCAL las contempla como diferencias porcentuales y cognitivas en el proceso de generación de las respuestas. Este modelo utiliza como entrada varias matrices de proximidades, por lo general, una por sujeto.

Cada proximidad $\partial_{ij,k}$ nos indicará la proximidad entre los estímulos i y j estimada por el sujeto k. Existen otras posibilidades, en las que las proximidades de cada matriz corresponden a una ocasión diferente, o a proximidades estimadas en diferentes condiciones o en base a atributos diferentes de los estímulos. El modelo considera que la relación entre proximidades y distancias es lineal:

$$d_{ij,k} = \sqrt{\sum_{a=1}^{m} w_{ka}\left(x_{ia} - x_{ja}\right)^2} \quad w_{ka} = \text{peso del sujeto } k\text{-ésimo en la dimensión } a\text{-ésima.}$$

El modelo INDSCAL puede considerarse como aquel en el que las diferencias individuales entre los sujetos surgen de las diferencias en los pesos otorgados a cada una de las distintas dimensiones que componen la solución común. En la fórmula de la distancia anterior, si todos los pesos w_{ka} son iguales, la configuración de distancias entre estímulos para cada sujeto será la del grupo total, es decir, la solución común a todos los sujetos. A la configuración de distancias común a todos los sujetos se la conoce como el "espacio del grupo", y suele diferir de la configuración propia de cada sujeto. Cuando representamos las distancias entre estímulos en función del peso que cada una de las dimensiones tiene para un individuo concreto, la configuración de estímulos se verá "encogida" en aquellas dimensiones que tienen menor peso para el individuo. A esta configuración de distancias propia de este individuo se la conoce como "espacio del sujeto". Así pues, podemos resumir el modelo INDSCAL diciendo que representa las diferencias entre los juicios emitidos por los sujetos en términos de la importancia que cada uno de ellos otorga a cada una de las dimensiones que componen la solución, pero todas las dimensiones son comunes a todos los sujetos.

El procedimiento subyacente en el modelo no métrico parte, al igual que el modelo métrico, de las proximidades, que se convierten en distancias absolutas $(d_{ij,k})$ mediante una constante aditiva.

Las distancias calculadas para cada sujeto se convierten luego en productos escalares $b_{ij,k}$, tales que:

$$b_{ij,k} = \sum_{a=1}^{r} y_{ia,k} y_{ja,k} \quad \text{con} \quad y_{ia,k} = \sqrt{w_{ka}} x_{ia} \Rightarrow b_{ij,k} = \sum_{a=1}^{r} w_{ka} x_{ia} x_{ja}$$

Esta ecuación puede considerarse como un caso particular del modelo CANDECOMP (CANonical DECOMPosotion) para la descomposición de tablas de N-vías (3 en el caso del modelo INDSCAL). El modelo descompone una tabla de 3 vías y 3 modelos en un conjunto de parámetros para cada vía, que se combinan de forma multiplicativa para cada dimensión a, y de forma aditiva para el total de dimensiones. En el caso de INDSCAL, la segunda y tercera vías (representadas por los parámetros x_{ia} y x_{ja}) han de ser idénticas, pues se refieren al mismo conjunto de estímulos.

El uso del modelo CANDECOMP permite la estimación de los valores de los productos escalares $b_{ij,k}$ mediante regresión lineal, utilizando un algoritmo especial, el algoritmo de mínimos cuadrados alternantes (ALS, *Alternating Least Squares*). El algoritmo procede a estimar los valores de los parámetros w_{ka}, x_{ia} y x_{ja} por mínimos cuadrados, manteniendo uno de ellos fijo y los otros dos libres, de forma alternante. Cuando, transcurridas una serie de iteraciones, el ajuste entre los datos y la solución es satisfactorio, se fija el mismo valor para la segunda y tercera vías y se estima el valor de la primera vía (representada por el parámetro w_{ka}).

La salida ofrecida por el modelo presenta una primera matriz de coordenadas $X(n \times r)$, semejante a las de los modelos métrico y no métrico. Esta matriz representa el espacio de los estímulos para el total de los sujetos (espacio del grupo). La salida también ofrece una segunda matriz de pesos $W(m \times r)$, que contiene los pesos otorgados por cada uno de los m sujetos a cada una de las r dimensiones. Esta matriz representa el espacio de los sujetos. La denominación de espacio de estímulos y espacio de sujetos debe tomarse en el sentido de que son dos espacios distintos, por lo que no es posible representar ambos en un único gráfico. El espacio de sujetos tiene una serie de propiedades interesantes para la interpretación de la solución proporcionada por INDSCAL. Por ejemplo, se cumple que, si elevamos al cuadrado el peso otorgado por un sujeto a una dimensión determinada, el valor obtenido se corresponde con la proporción de varianza en los datos del sujeto que es explicada por esa dimensión. También se cumple que, si sumamos todos los pesos al cuadrado para un mismo sujeto, el valor obtenido es la proporción de varianza en los datos del sujeto que es explicada por la solución proporcionada por INDSCAL, es decir, este valor coincide con el del estadístico RSQ para ese sujeto.

Por otra parte, dado que sólo se permiten pesos positivos, la presencia de valores negativos en la matriz W puede indicar un mal ajuste del modelo a los datos. No obstante, si los valores son muy pequeños pueden tomarse simplemente como aproximaciones a un valor cero en el peso. En este último caso, no existe ningún problema de ajuste. Adicionalmente, A partir de las dos matrices anteriores (X y W) es posible recuperar el espacio de estímulos individual para cada uno de los sujetos (espacio del sujeto). Esto se consigue simplemente multiplicando cada coordenada del espacio de estímulos total por la raíz cuadrada del peso asignado por el sujeto a esa dimensión (ver la penúltima fórmula mostrada). Las nuevas coordenadas, $y_{ia,k}$, muestran el espacio del grupo "encogido" en aquellas dimensiones que resultan ser menos relevantes para el individuo.

10.5.1 Ejemplo de modelo de escalamiento en diferencias individuales INDSCAL con R

Consideramos la ordenación hecha por tres periódicos distintos relativa a las calificaciones de doce tipos de programas de espectáculos diferentes de acuerdo a sus preferencias, resultando los siguientes datos:

Preferencias	Periódico1	Periódico2	Periódico3
Concursos	7	12	12
Documentales	5	3	3
Cine	1	4	7
Humor	6	11	8.
Telediarios	3	1	6
Magazines	8	6	5
Salud	9	5	4
Deportes	12	2	1
Música	2	10	9
Series	11	8	10
Debates	4	7	2
Reality-shows	10	9	11

A partir de estas preferencias (archivo *preferencias.sav*) se trata de realizar un escalamiento no métrico que permita representar estos programas para poder analizarlos, clasificarlos y relacionarlos.

Comenzamos importando los datos en R y separando las variables.

```
> library(haven)|
> PREFERENCIAS<-read_sav("E:/CURSOR2023/DATOS/PREFERENCIAS.sav")
> View(PREFERENCIAS)
> attach(PREFERENCIAS)
```

A continuación, formamos un dataframe con las variables cuantitativas del archivo y realizamos el escalamiento multidimensional métrico para una matriz no simétrica.

```
> datos=data.frame(Periódico1,Periódico2,Periódico3)
```

Como ahora la matriz no es una matriz simétrica de distancias, debemos definir las distancias adecuadas, considerando en este caso la distancia euclídea.

```
> datos_distancia=dist(datos,method="euclidea")
```

Ya tenemos elaborada la matriz simétrica de distancias.

```
> datos_distancia
```

```
            1          2          3          4          5          6          7          8          9         10         11
2  12.884099
3  11.180340   5.744563
4   4.242641   9.486833   8.660254
5  13.152946   4.123106   3.741657  10.630146
6   9.273618   4.690416   7.549834   6.164414   7.141428
7  10.816654   4.582576   8.602325   7.810250   7.483315   1.732051
8  15.684387   7.348469  12.688578  12.884099  10.344080   6.928203   5.196152
9   6.164414   9.695360   6.403124   4.242641   9.539392   8.246211   9.949874  15.099669
10  6.000000  10.488088  11.180340   6.164414  11.357817   6.164414   7.000000  10.862780   9.273618
11 11.575837   4.242641   6.557439   7.483315   7.280110   5.099020   5.744563   9.486833   7.874008  10.677078
12  4.358899  11.180340  11.045361   5.385165  11.747340   7.000000   8.124038  12.369317   8.306624   1.732051  11.000000
```

A continuación, ya podemos realizar el escalamiento.

```
> modelo=cmdscale(datos_distancia)
> modelo
            [,1]        [,2]
[1,]    7.793198   0.1252696
[2,]   -5.016013  -1.2579339
[3,]   -1.679620  -5.5458575
[4,]    4.216900  -0.5715708
[5,]   -4.410918  -3.5032224
[6,]   -1.339565   1.6067760
[7,]   -2.704167   2.6715845
[8,]   -6.797973   5.8660103
[9,]    4.022881  -4.6463639
[10,]   3.745279   4.2296661
[11,]  -2.939885  -2.1392154
[12,]   5.109881   3.1648575
```

La salida textual ofrece las coordenadas de las dos primeras dimensiones relativas a la reducción de la dimensión subyacente al escalamiento multidimensional y que sirven para representar el mapa perceptual

A continuación, obtenemos el mapa perceptual (Figura 10-3).

```
> windows()
> plot(modelo)
> text(modelo, labels = Preferencias)
```

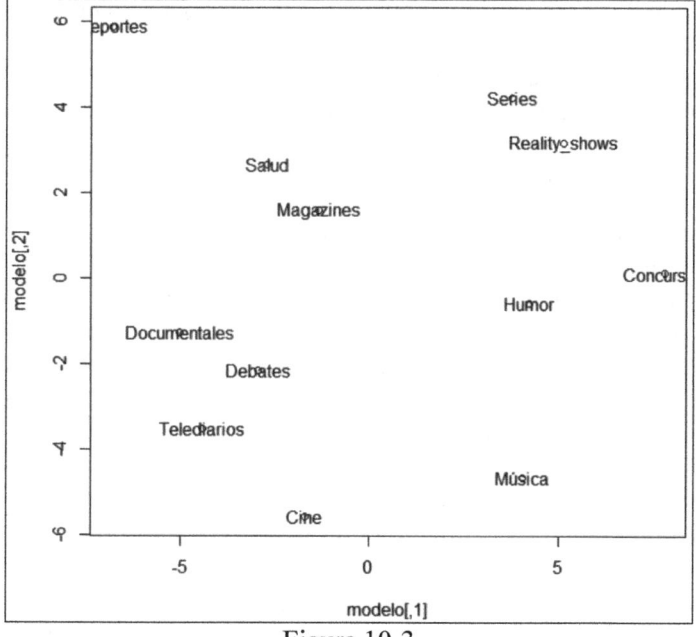

Figura 10-3

La Figura 10-3 (mapa perceptual) representa en el espacio de las preferencias las dos dimensiones de la matriz de coordenadas de las preferencias. Se observa que la primera dimensión distingue a los programas más informativos, situados a la izquierda (deportes, salud, magazines, documentales, debates, telediarios y cine), de los programas no informativos, situados a la derecha (series, concursos, programas de humor y música). Por otra parte, la segunda dimensión distingue entre los programas culturales, situados abajo (cine, música, telediarios, debates, documentales) de los programas de entretenimiento, situados arriba (deporte, series, salud, magazines, concursos). Así, mientras los periódicos 2 y 3 clasifican los programas fundamentalmente en función de su grado de información, el periódico 1 los clasifica prácticamente en función de su contenido cultural.

10.6 MODELO DE ESCALAMIENTO DESDOBLADO (UNFOLDING)

Existen también modelos de MDS para matrices de datos que no son cuadradas. Todos los modelos de escalamiento que hemos visto hasta ahora trabajaban con matrices cuadradas, con el mismo número de estímulos en filas y columnas. También hemos utilizado matrices cuadradas al aplicar el modelo INDSCAL, aunque las tratamos como una única matriz en tres vías y dos modos. Las matrices cuadradas (especialmente si son simétricas) constituyen el tipo de datos de entrada más común en MDS. Alternativamente, la característica fundamental de una matriz rectangular es que las entidades representadas en las filas y las columnas (generalmente sujetos y estímulos) son diferentes. Por tanto, un análisis MDS con una matriz rectangular deberá representar conjuntamente ambas entidades. Esto representa una propiedad sumamente interesante de este tipo de modelos. Recordemos que INDSCAL representa un espacio para los sujetos y otro para los estímulos, pero no ambos conjuntamente.

En los modelos de escalamiento con matriz rectangular los datos de entrada suelen ser puntuaciones de preferencia otorgados por un grupo de sujetos para un conjunto de estímulos, aunque también es posible utilizar otro tipo de puntuaciones. Suelen utilizarse dos tipos de modelos para matrices rectangulares de preferencia: el modelo vectorial y el modelo del "punto ideal" (que aquí denominamos "desdoblado" o *unfolding*). En el primero, una de las entidades (generalmente los estímulos) se representa como puntos en un espacio, mientras que la otra (generalmente los sujetos) se representa como vectores en ese mismo espacio. De este modo, la proyección de las posiciones de los estímulos sobre el vector de un sujeto (cuyo extremo indica la máxima preferencia) deberá reflejar las preferencias de ese sujeto. En el modelo desdoblado, tanto los sujetos como los estímulos se representan como puntos. Los puntos que representan a los sujetos en el espacio de la solución indican la zona donde reencontraría la máxima preferencia de cada sujeto, de tal modo que a medida que nos alejamos de uno de esos puntos en cualquier dirección, la preferencia va disminuyendo. Si alguno de los estímulos está próximo a un punto, ese estímulo es el ideal para el sujeto representado por el punto. Por esta razón se conoce a este modelo como el modelo del "punto ideal".

La matriz de entrada en el MDS desdoblado es una matriz rectangular de preferencias en dos vías y dos modos (generalmente *sujetos × estímulos*), donde cada entrada p_{ij} de la matriz corresponde a la preferencia expresada por el sujeto i por el estímulo j. Dado que cada fila de la matriz contiene las puntuaciones de preferencia de una fuente de datos distinta (generalmente un sujeto), es habitual suponer aquí que los datos de cada fila son condicionales. En el MDS desdoblado, la matriz rectangular es un trozo de la diagonal de una matriz de proximidades incompleta, lo que implica que el análisis da por perdida gran cantidad de la información contenida en la matriz de proximidades completa.

Luego el modelo desdoblado es el modelo más propenso a no converger o proporcionarnos soluciones degeneradas. El modelo asume que la proximidad del estímulo j al punto ideal del sujeto i (π_{ij}) es una fundición de la preferencia del sujeto i-ésimo por el estímulo j-ésimo (p_{ij}). Tenemos:

$$\pi_{ij} = f(p_{ij}) = d_{ij}^2 \quad \text{con} \quad d_{ij}^2 = \sum_{a=1}^{r} (y_{ia} - x_{ja})^2$$

y_{ia} = coordenada del sujeto i-ésimo en la dimensión a-ésima.

x_{ja} = coordenada del estímulo j-ésimo en la dimensión a-ésima.

f puede ser lineal (caso métrico) o monotónica (caso no-métrico).

10.6.1 Ejemplo de modelo de escalamiento desdoblado (Unfolding) con R

Consideramos la matriz de preferencias sobre 9 materias de la actividad educativa (docencia, centros, educación, tecnología, multicultura, estadística, evaluación, escalas, e inspección) relativa a 18 profesores. Se trata de realizar una segmentación de las preferencias de los profesores. Los datos se presentan en la Figura 10-4.

DOCENCIA	CENTROS	EDUCACIÓN	TECNOLOGÍA	MULTICULTURA	ESTADÍSTICA	EVALUACIÓN	ESCALAS	INSPECCIÓN
1	2	7	6	9	8	3	4	5
2	3	9	7	8	4	1	5	6
2	1	9	5	8	4	3	6	7
5	6	8	1	9	4	7	2	3
3	2	8	7	9	6	1	4	5
1	6	7	4	9	8	2	5	3
3	2	9	5	4	6	1	7	8
4	2	9	7	8	3	1	5	6
4	3	7	9	1	8	2	6	5
1	2	5	6	4	9	3	8	7
7	6	9	2	8	1	5	3	4
6	7	8	4	9	1	5	2	3
2	1	7	8	4	9	3	5	6
4	6	9	8	7	3	6	1	2
8	6	5	1	9	2	7	3	4
2	1	78	7	9	6	3	5	4
1	3	8	7	9	4	2	5	6
3	2	8	4	9	6	1	5	7

Figura 10-4

Comenzaremos trasponiendo los datos para que sean susceptibles de aplicación del escalamiento multidimensional. La Figura 10-5 presenta los datos traspuestos y preparados ya para aplicar el escalamiento que se almacenan en el archivo *undfoldingt.sav*.

MATERIA	PROFESOR1	PROFESOR2	PROFESOR3	PROFESOR4	PROFESOR5	PROFESOR6	PROFESOR7	PROFESOR8	PROFESOR9	PROFESOR10	PR(
DOCENCIA	1,00	2,00	2,00	5,00	3,00	1,00	3,00	4,00	4,00	1,00	
CENTROS	2,00	3,00	1,00	6,00	2,00	6,00	2,00	2,00	3,00	2,00	
EDUCACIÓN	7,00	9,00	9,00	8,00	8,00	7,00	9,00	9,00	7,00	5,00	
TECNOLOGÍA	6,00	7,00	5,00	1,00	7,00	4,00	5,00	7,00	9,00	6,00	
MULTICULTURA	9,00	8,00	8,00	9,00	9,00	9,00	4,00	8,00	1,00	4,00	
ESTADÍSTICA	8,00	4,00	4,00	4,00	6,00	8,00	6,00	3,00	8,00	9,00	
EVALUACIÓN	3,00	1,00	3,00	7,00	1,00	2,00	1,00	1,00	2,00	3,00	
ESCALAS	4,00	5,00	6,00	2,00	4,00	5,00	7,00	5,00	6,00	8,00	
INSPECCIÓN	5,00	6,00	7,00	3,00	5,00	3,00	8,00	6,00	5,00	7,00	

Figura 10-5

A partir de estas preferencias se trata de realizar un escalamiento desdoblado que permita representar estas materias para poder analizarlas, clasificarlas y relacionarlas.

Comenzamos importando el archivo y separando sus variables

```
> library(haven)
> UNDFOLDINGT=read_sav("E:/CURSOR2023/DATOS/UNDFOLDINGT.sav")
> View(UNDFOLDINGT)
> attach(UNDFOLDINGT)
```

. A continuación, formamos un dataframe con las variables cuantitativas del archivo y realizamos el escalamiento nultidimensional métrico para una matriz no simétrica.

```
> datos=data.frame(PROFESOR1,PROFESOR2,PROFESOR3,PROFESOR4,
PROFESOR5,PROFESOR6,PROFESOR7,PROFESOR8,PROFESOR9,PROFESOR10,
PROFESOR11,PROFESOR12,PROFESOR13,PROFESOR14,PROFESOR15,
PROFESOR16,PROFESOR17,PROFESOR18)
```

Como la matriz de datos no es una matriz simétrica de distancias, debemos definir las distancias adecuadas, considerando en este caso la distancia euclídea.

```
> datos_distancia=dist(datos,method="euclidea")
```

Ya tenemos elaborada la matriz simétrica de distancias.

```
> datos_distancia
```

```
           1          2          3          4          5          6          7          8
2   7.348469
3  78.784516 79.592713
4  18.841444 18.627936 72.429276
5  21.447611 20.346990 69.778220 18.894444
6  19.672316 18.788294 74.161985 10.862780 20.420578
7   7.280110  6.855655 78.179281 18.973666 21.610183 18.601075
8  15.297059 15.684387 74.906609 10.816654 19.544820  8.774964 15.779734
9  15.297059 16.431677 75.279479 10.723805 17.262677 10.535654 16.401219  4.898979
```

A continuación, ya podemos realizar el escalamiento.

```
> modelo=cmdscale(datos_distancia)
> modelo
             [,1]         [,2]
[1,] -12.024392  -8.3301712
[2,] -12.870895  -8.0128194
[3,]  66.370741  -1.7182376
[4,]  -5.147705   7.2968870
[5,]  -1.654292  -0.3404872
[6,]  -6.829882   8.6088126
[7,] -11.389497  -8.5707614
[8,]  -8.073545   5.4343305
[9,]  -8.380534   5.6324469
```

La salida textual ofrece las coordenadas de las dos primeras dimensiones relativas a la reducción de la dimensión subyacente al escalamiento multidimensional y que sirven para representar el mapa perceptual

A continuación, obtenemos el mapa perceptual (Figura 10-6).

```
> windows()
> plot(modelo)
> text(modelo, labels = MATERIA)
```

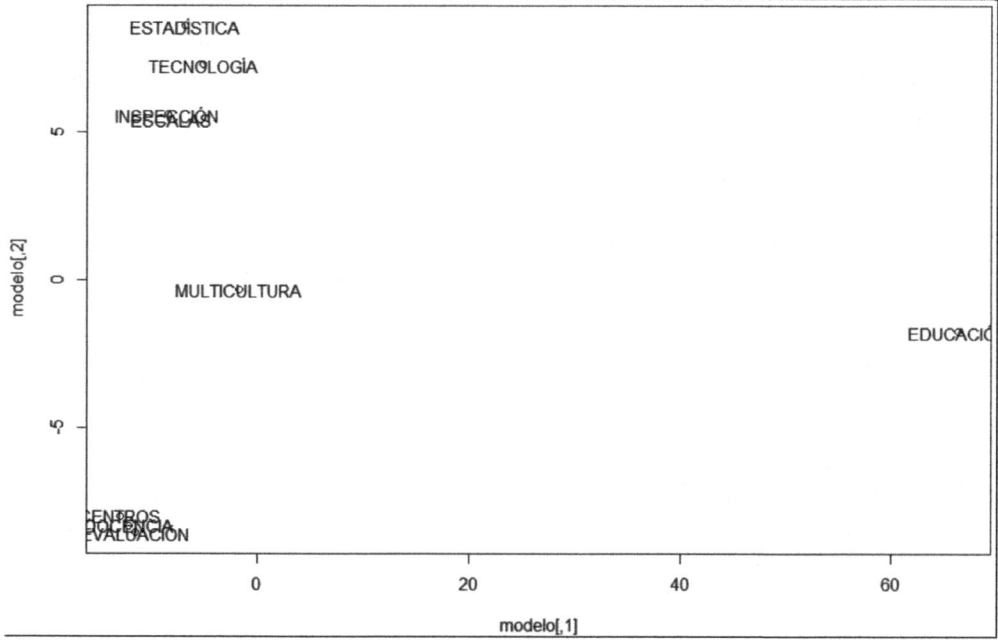

Figura 10-6

Observamos que ESTADÍSTICA, TECNOLOGÍA, INSPECCIÓN Y ESCALAS son materias que constituyen un segmento en cuanto a las preferencias de los profesores. CENTROS, DOCENCIA Y EVALUACIÓN constituyen otro segmento en cuanto a preferencias. EDUCACIÓN forma un segmento aislado y lo mismo ocurre con MULTICULTURA.

10.7 MODELO DE ESCALAMIENTO CON REPLICACIÓN

En el modelo de escalamiento con replicación se trata la matriz de entrada, que es una matriz en tres vías, como varias replicaciones de una misma matriz en dos vías. El ajuste del modelo a las *m* matrices se calcula mediante una variante de *S*-Stress basada en la media de la razón entre las sumas de cuadrados del error y las sumas de cuadrados totales para cada matriz. Tenemos:

$$S - Stress = \sqrt{\frac{1}{m}\sum_{m}\frac{\sum_{i}\sum_{j}\left(d_{ij}^2 - \hat{d}_{ij}\right)^2}{\sum_{i}\sum_{j}\hat{d}_{ij}^2}}$$

Para mostrar el ajuste final del modelo a los datos se utilizará Stress y la medida RSQ promedio para las *m* matrices de datos. Adicionalmente se mostrarán también los valores de ajuste para cada matriz individual.

10.8 MODELOS GEMSCAL E IDIOSCAL

El modelo GEMSCAL (*Generalizad Euclidean Model SCALing*) propuesto por Young puede ser asimilado al más conocido modelo IDIOSCAL (*Individual Differences in Orientation SCALing*) propuesto por Carrol y Chang. El modelo expresa la existencia de diferencias entre las fuentes de datos (generalmente sujetos) permitiendo que cada fuente lleve a cabo una rotación diferente de las dimensiones del espacio de estímulos común.

Esta es la principal diferencia entre el modelo GEMSCAL y el modelo INDSCAL, donde la orientación del espacio de estímulos es única. Podemos considerar, pues, a INDSCAL como un caso particular del modelo GEMSCAL.

El modelo utiliza como entrada generalmente varias matrices de proximidades, aunque en versiones más complejas del mismo también pueden utilizarse matrices rectangulares y matrices asimétricas. La familia GEMSCAL contiene en realidad 40 modelos diferentes, 20 de los cuales son para matrices cuadradas (4 para matrices simétricas y 16 para matrices asimétricas) y otros 20 son para matrices rectangulares.

Dada esta complejidad nos centraremos en el caso de varias matrices de proximidades simétricas como entrada, que es de hecho el modelo IDIOSCAL.

En el modelo IDIOSCAL, la distancia entre dos estímulos i y j para la matriz k (la k-ésima fuente de datos) viene dada por la siguiente expresión:

$$d_{ij,k} = \sqrt{\sum_{a=1}^{m}\sum_{a'=1}^{m'}\left(x_{ia} - x_{ja}\right)w_{kad}\left(x_{ia'} - x_{ja'}\right)}$$

Los subíndices a y a' representan las m dimensiones correspondientes, respectivamente, al espacio común de estímulos y al espacio de cada sujeto (o fuente de datos). La matriz $W_{kaa'}$ es una matriz de dimensiones $m \times m$ positiva definida o semidefinida, que contiene los pesos asociados con cada una de las k matrices correspondientes a las distintas fuentes de datos. A efectos prácticos, lo que proporciona esta matriz de pesos es una rotación ortogonal del espacio de estímulos a un nuevo sistema de coordenadas específico de cada fuente de datos. Si consideramos el caso especial donde la matriz $W_{kaa'}$ es una matriz diagonal con pesos no negativos, entonces el modelo GEMSCAL pasa a simplificarse y convertirse en el modelo INDSCAL. En efecto, si $w_{kaa'} = w_{ka'}$ entonces $a = a'$, por lo que el producto $\left(x_{ia} - x_{ja}\right)\left(x_{ia'} - x_{ja'}\right)$ se convierte en $\left(x_{ia} - x_{ja}\right)^2$, y la fórmula de la distancia pasa a ser la ya conocida del modelo INSCAL:

$$d_{ij,k} = \sqrt{\sum_{a=1}^{m} w_{ka}\left(x_{ia} - x_{ja}\right)^2}$$

La representación final es un espacio conjunto para estímulos y sujetos, donde los estímulos aparecen representados como puntos, y los sujetos como vectores. Las direcciones a las que apuntan los vectores de un sujeto en el espacio corresponden a las direcciones más importantes para ese sujeto, mientras que la longitud de los vectores corresponderá a la importancia que ese sujeto otorga cada dirección. La proyección de los estímulos sobre los vectores de un sujeto proporcionará el espacio de estímulos propio de ese sujeto, donde cada dimensión se verá "encogida" en función de la longitud del vector correspondiente.

10.9 MODELOS PARA MATRICES ASIMÉTRICAS

Es habitual en el MDS que la matriz cuadrada de proximidades sea simétrica $\left(\partial_{ij} = \partial_{ji}\right)$. Pero en la práctica nos podemos encontrar con la posibilidad de que existan asimetrías en las proximidades (por ejemplo, una situación de interacciones sociales donde el sujeto A puede dirigirse al B más a menudo de lo que el sujeto B se dirige al A). En ese tipo de situaciones es posible analizar por separado cada mitad triangular de la matriz de proximidades (obtendríamos una solución para las interacciones en un sentido y otra solución para las interacciones en sentido inverso) o promediar los resultados para ambas matrices triangulares y utilizar la matriz promedio como entrada para un análisis MDS (la proximidad entre los sujetos A y B será ahora el promedio de interacciones en ambos sentidos) o incluso utilizar ambas matrices triangulares como entrada y tratarlas como replicaciones (la solución mostrará una solución común a ambas, así como el grado de acuerdo entre las presentaciones derivadas de ambas matrices). No obstante, existen modelos de MDS apropiados para trabajar con datos asimétricos. Los más importantes y utilizados son: el modelo ASCAL (*Asymmetric SCALing*) para datos en dos vías y un modo, y el modelo AINDS (*Asymmetric Individual Differences Scaling*), para datos en tres vías y dos modos.

10.9.1 Modelo ASCAL

Este modelo toma como entrada una matriz de proximidades asimétrica en dos vías y un modo. La distancia entre los estímulos i y j viene dada por:

$$d_{ij} = \sqrt{\sum_{a=1}^{m} v_{ia}\left(x_{ia} - x_{ja}\right)^2} \qquad v_{ia} = \text{matriz de pesos de dimensiones } n \times m$$

Las celdillas de v_{ia} indican el peso de cada uno de los n estímulos en cada una de las m dimensiones. La salida del modelo ASCAL contendrá una matriz X de coordenadas de los n estímulos en las m dimensiones y una matriz V de pesos de los n estímulos en las m dimensiones.

10.9.2 Modelo AINDS

Este modelo toma como entrada una matriz de proximidades asimétrica en tres vías y dos modos. Se asume que las distancia entre los estímulos i y j para la matriz k (k-ésima fuente de datos) viene dada por la siguiente expresión:

$$d_{ij,k} = \sqrt{\sum_{a=1}^{m} v_{ia} w_{ka}\left(x_{ia} - x_{ja}\right)^2}$$

v_{ia} es una matriz de pesos, de dimensiones $n \times m$ cuyas celdas indican el peso de cada uno de los n estímulos en cada una de las m dimensiones.

w_{ka} es una matriz de dimensiones $r \times m$ cuyas celdas indican el peso otorgado por cada sujeto (o fuente de datos) a cada dimensión. Esta matriz tiene una interpretación similar a la matriz correspondiente del modelo INDSCAL.

La salida del procedimiento AINDS presenta una matriz X de coordenadas de los n estímulos en las m dimensiones, una matriz V de pesos de los n estímulos en las m dimensiones y una matriz W de pesos de los r sujetos en las m dimensiones.

10.9.3 Ejemplo de modelo PROXCAL con R

En SPSS también es posible ejecutar escalamiento multidimensional a través del procedimiento PROXSCAL. Para ello abra el fichero de datos *proxcal.sav* que contiene 10 datos sobre 5 puntos de ventas de una empresa para el estudio de su similaridad (Figura 10-7). Se trata de segmentar por afinidad los puntos de venta.

punto1	punto2	punto3	punto4	punto5
,00	2,50	3,50	3,00	4,00
2,50	,00	2,80	2,70	4,50
3,50	2,80	,00	1,50	1,00
3,00	2,70	1,50	,00	2,00
4,00	4,50	1,00	2,00	,00
,00	2,50	3,50	3,00	4,00
,00	2,50	3,50	3,00	4,00
2,50	,00	2,80	2,70	4,50
3,50	2,80	,00	1,50	1,00
4,00	4,50	1,00	2,00	,00

Figura 10-7

Comenzaremos trasponiendo los datos para que sean susceptibles de aplicación del escalamiento multidimensional. La Figura 10-8 presenta los datos traspuestos y preparados ya para aplicar el escalamiento que se almacenan en el archivo *proxcalt.sav*.

PUNTOS	DATO1	DATO2	DATO3	DATO4	DATO5	DATO6	DATO7	DATO8	DATO9	DATO10
punto1	,00	2,50	3,50	3,00	4,00	,00	,00	2,50	3,50	4,00
punto2	2,50	,00	2,80	2,70	4,50	2,50	2,50	,00	2,80	4,50
punto3	3,50	2,80	,00	1,50	1,00	3,50	3,50	2,80	,00	1,00
punto4	3,00	2,70	1,50	,00	2,00	3,00	3,00	2,70	1,50	2,00
punto5	4,00	4,50	1,00	2,00	,00	4,00	4,00	4,50	1,00	,00

Figura 10-8

Para realizar el escalamiento comenzamos importando el archivo y separando sus variables

```
> library(haven)
> PROXCALT <- read_sav("E:/CURSOR2023/DATOS/PROXCALT.sav")
> View(PROXCALT)
> attach(PROXCALT)
```

A continuación, formamos un dataframe con las variables cuantitativas del archivo y realizamos el escalamiento multidimensional métrico para una matriz no simétrica.

```
datos=data.frame(DATO1,DATO2,DATO3,DATO4,DATO5,DATO6,DATO7,
DATO8,DATO9,DATO10)
```

Como la matriz de datos no es una matriz simétrica de distancias, debemos definir las distancias adecuadas, considerando en este caso la distancia euclídea.

```
> datos_distancia=dist(datos,method="euclidea")
```

Ya tenemos elaborada la matriz simétrica de distancias.

```
> datos_distancia

          1          2          3          4
2   5.728874
3   9.037699   7.765307
4   7.216647   6.204837   3.085450
5  10.074721   9.732420   3.283291   4.688283
```

A continuación, ya podemos realizar el escalamiento.

```
> modelo=cmdscale(datos_distancia)
> modelo
           [,1]       [,2]
[1,]  -5.062408   2.7879111
[2,]  -4.097502  -2.7974367
[3,]   3.201122  -0.7371547
[4,]   1.173146  -0.3979015
[5,]   4.785643   1.1445818
```

La salida textual ofrece las coordenadas de las dos primeras dimensiones relativas a la reducción de la dimensión subyacente al escalamiento multidimensional y que sirven para representar el mapa perceptual

A continuación, obtenemos el mapa perceptual (Figura 10-9).

```
> windows()
> plot(modelo)
> text(modelo, labels = PUNTOS)
```

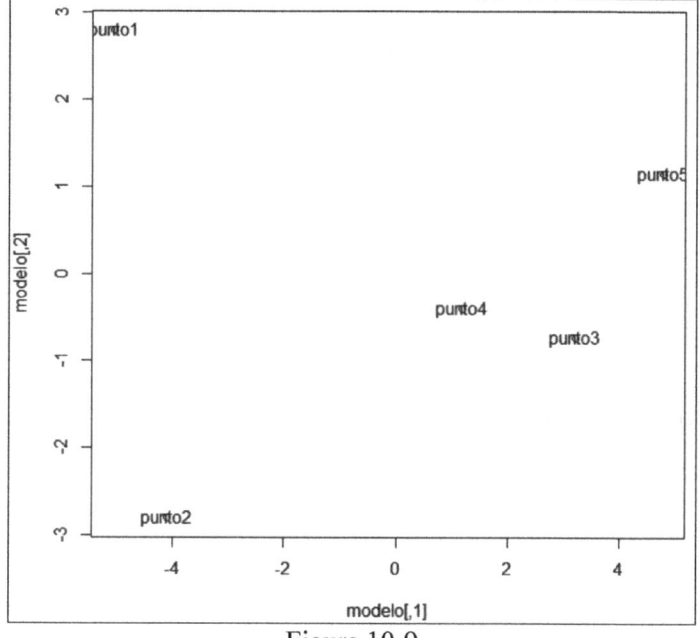

Figura 10-9

El mapa perceptual muestra bastante disimilaridad entre los distintos puntos de venta (todos ellos están muy dispersos en el gráfico). Quizá los puntos de venta 2 y 3 presenten algo de similitud.

Ejercicio 10-1. El archivo zonasmad.sav contiene datos relativos a variables económicas y de población de los barrios de Madrid. Las variables son población total (pt), población menor de 14 (p14), población mayor de 10 años (p10), jubilados (p65), analfabetos (anal), nivel de educación superior (nes), ocupados (ocu), ocupados en la industria (ocuin), ocupador en servicios (ocuser), técnicos (tec), personal directivo (pd) y trabajadores manuales (tm). Con esta información se trata de realizar una segmentación de los barrios de Madrid por nivel de desarrollo económico utilizando escalamiento multidimensional.

Para realizar el escalamiento comenzamos importando el archivo y separando sus variables

```
> library(haven)
> zonasmad <- read_sav("E:/CURSOR2023/DATOS/zonasmad.sav")
> View(zonasmad)
> attach(zonasmad)
```

A continuación, formamos un dataframe con las variables cuantitativas del archivo y realizamos el escalamiento multidimensional métrico para una matriz no simétrica.

```
datos=data.frame(pt,p14,p65,p10,anal,nes,ocu,ocuin,ocuser,tec
,pd,tm)
```

Como la matriz de datos no es una matriz simétrica de distancias, debemos definir las distancias adecuadas, considerando en este caso la distancia euclídea.

```
> datos_distancia=dist(datos,method="euclidea")
```

Ya tenemos elaborada la matriz simétrica de distancias.

A continuación, ya podemos realizar el escalamiento.

```
> modelo=cmdscale(datos_distancia)
> modelo
              [,1]         [,2]
 [1,]    -6.045231   12.7518733
 [2,]   -67.678492    0.5837739
 [3,]   -66.808729    1.9416947
 [4,]    11.142613   24.2527251
 [5,]   -12.127227   -4.2284950
 [6,]   -12.006752    4.0020855
 [7,]    15.526105   26.8657828
 [8,]     6.355801   -3.4925167
 [9,]   -91.101748    1.9043373
[10,]   156.887279   -6.4494133
[11,]   113.067117   -6.3550676
[12,]    28.031900  -17.5569647
[13,]    -7.233853  -24.7746023
[14,]    15.963537  -14.7793083
[15,]   -32.301576   -7.6851593
[16,]    12.797539   48.9295465
[17,]   -50.815816  -17.9204111
[18,]   -13.652468  -17.9898808
```

La salida textual ofrece las coordenadas de las dos primeras dimensiones relativas a la reducción de la dimensión subyacente al escalamiento multidimensional y que sirven para representar el mapa perceptual

A continuación, obtenemos el mapa perceptual (Figura 10-10).

```
> windows()
> plot(modelo)
> text(modelo, labels = b)
```

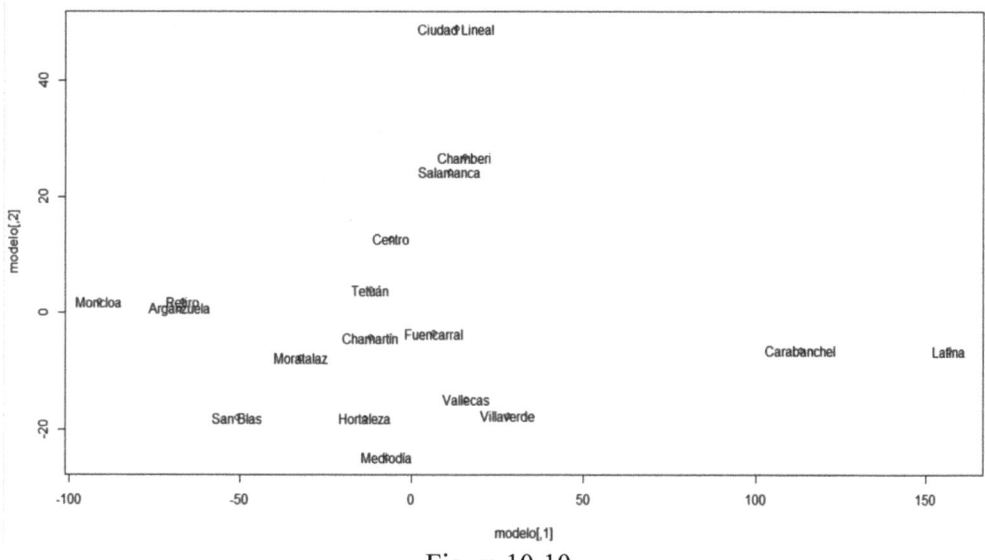

Figura 10-10

En el mapa perceptual observamos que Ciudad Lineal constituye un segmento aislado, Chamberí y Salamanca forman otro segmento. Centro y Tetuán podrían formar otro segmento. Lo mismo ocurre con Fuencarral, Chamartín y Moratalaz. Moncloa, Arganzuela y Retiro forman otro segmento. Carabanchel y Latina también forman otro segmento. San Blas forma un segmento aislado. Hortaleza y Mediodía forman otro segmento y finalmente, Vallecas y Villaverde forman el último segmento. Se supone que los distritos que están en el mismo segmento tienen un nivel de desarrollo similar.

Ejercicio 10-2. El archivo deltos.sav contiene las frecuencias simultáneas de ocurrencia de distintos delitos. A partir de estos datos se trata de realizar un escalamiento multidimensional que segmente los distintos delitos por similitud entre sí. La matriz de datos es la siguiente:

Delito	Homic	Atraco	Robo	Violación	Agresi	Desfal	Chant	Secues	Contra	Terr
Homic	0	.	.	.	.	.	.	.	.	.
Atraco	21	0	.	.	.	.	.	.	.	.
Robo	11	2	0	.	.	.	.	.	.	.
Violaci	3	7	9	0	.	.	.	.	.	.
Agresi	6	4	12	5	0	.	.	.	.	.
Desfalc	45	26	13	40	36	0	.	.	.	.
Chantaj	29	28	25	20	22	37	0	.	.	.
Secues	18	23	16	15	14	41	10	0	.	.
Contrab	34	31	24	30	27	43	42	38	0	.
Terroris	8	35	33	32	17	44	19	1	39	0

Comenzamos completando la parte superior de la matriz simétrica de datos en el archivo *DELITOSSIMETRICO.sav* e importando los datos en R y separando las variables.

```
> library(haven)
> delitos=read_sav("E:/CURSOR2023/DATOS/DELITOSSIMETRICO.sav")
> View(DELITOSSIMETRICO)
> attach(DELITOSSIMETRICO)
```

A continuación, formamos un dataframe con las variables del archivo y realizamos el escalamiento multidimensional para una matriz simétrica.

```
> datos=data.frame(homicidio,atraco,robo,violación,agrsión,
desfalco,chantaje,secuestro, contrabando, terrorismo)

> modelo=cmdscale(datos)
```

La salida textual ofrece las coordenadas de las dos primeras dimensiones relativas a la reducción de la dimensión subyacente al escalamiento multidimensional y que sirven para representar el mapa perceptual

```
> modelo
              [,1]         [,2]
 [1,]    11.509452   -6.5326113
 [2,]    -9.304266   -1.3398811
 [3,]   -11.324939   -0.3012114
 [4,]     2.808782   -5.6755793
 [5,]     3.683286   -4.1745224
 [6,]   -26.993145   15.2050072
 [7,]     8.231257   13.9877310
 [8,]    12.120274    6.3409933
 [9,]    -9.173083  -22.5276693
[10,]    18.120520    5.6520438
```

A continuación, obtenemos el mapa perceptual (Figura 10-11).

```
> windows()
> plot(modelo)
> text(modelo, labels = delito)
```

Se observa que tanto el desfalco como el contrabando no se relacionan con ningún otro delito al formar segmentos unitarios. El secuestro y el terrorismo están muy relacionados y no están lejos del chantaje, así que estos tres tipos de delitos podrían formar otro segmento. Lo mismo ocurre con la agresión, la violación y el homicidio, que forman otro segmento. Finalmente, también están muy relacionados el robo y el atraco, que forman también un segmento.

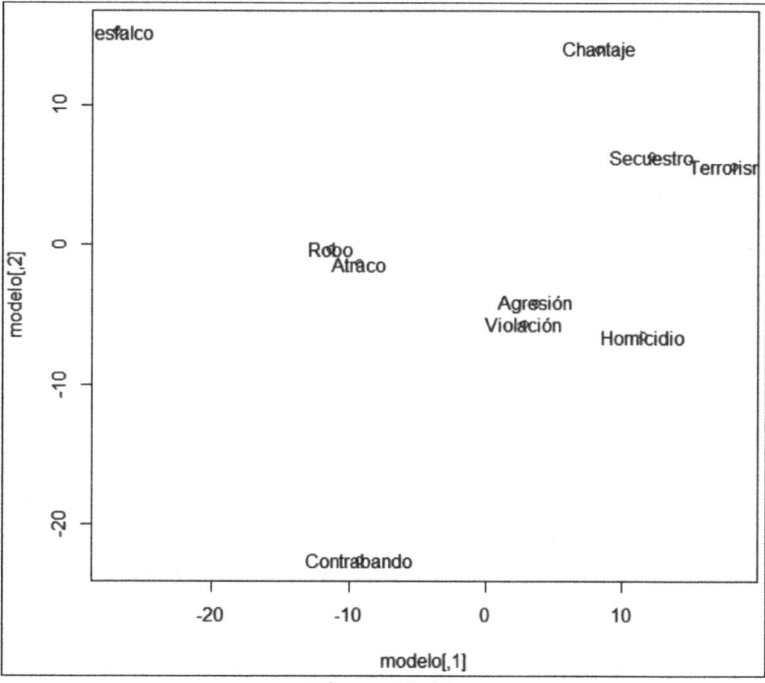

Figura 10-11

Ejercicio 10-3. El archivo CIUDADESEUROPEAS.sav contiene las distancias en kilómetros entre las distintas capitales europeas y presenta el siguiente aspecto.

ciudades	atenas	berlín	estoco...	londres	madrid	moscú	parís	roma	varso...	viena
Atenas	,00	.	.	.	.	.	.	.	.	.
Berlín	1774,00	,00	.	.	.	.	.	.	.	.
Estoco	2371,00	806,00	,00	.	.	.	.	.	.	.
Londre	2355,00	919,00	1387,00	,00	.	.	.	.	.	.
Madrid	2387,00	1855,00	2548,00	1258,00	,00	.	.	.	.	.
Moscú	2177,00	1565,00	1210,00	2419,00	3371,00	,00	.	.	.	.
París	2065,00	871,00	1516,00	339,00	1048,00	2419,00	,00	.	.	.
Roma	1048,00	1177,00	1952,00	1419,00	1371,00	2323,00	1097,00	,00	.	.
Varsov	1581,00	484,00	790,00	1403,00	2258,00	1129,00	1323,00	1290,00	,00	.
Viena	1274,00	516,00	1226,00	1210,00	1806,00	1613,00	1016,00	758,00	548,00	,00

Se trata de construir un mapa porcentual que sitúe las ciudades en la mapa real europeo utilizando escalamiento multidimensional.

Comenzamos completando la parte superior de la matriz simétrica de datos para formar el archivo *DELITOSSIMETRICO.sav*.

A continuación, importamos los datos en R y separamos las variables.

```
> library(haven)
> CIUDADESSIMETRICO <- read_sav("E:/CURSOR2023/DATOS/CIUDADES
SIMETRICO.sav")
> View(CIUDADESSIMETRICO)
> attach(CIUDADESSIMETRICO)
```

A continuación, formamos un dataframe con las variables del archivo y realizamos el escalamiento multidimensional para una matriz simétrica.

```
> datos=data.frame(atenas,berlín,estocolm,londres,madrid,
moscú,parís,roma,varsovia,viena)

> modelo=cmdscale(datos)
```

La salida textual ofrece las coordenadas de las dos primeras dimensiones relativas a la reducción de la dimensión subyacente al escalamiento multidimensional y que sirven para representar el mapa perceptual

```
> modelo
             [,1]        [,2]
 [1,]   -116.62636 1483.28653
 [2,]   -138.07334 -288.61048
 [3,]   -739.71691 -807.84737
 [4,]    640.95339 -747.80932
 [5,]   1688.48313  -76.34751
 [6,]  -1697.56891  -39.96767
 [7,]    694.18083 -391.47117
 [8,]    519.74612  659.24929
 [9,]   -571.17643  -44.50697
[10,]    -98.38871  207.08419
```

A continuación, obtenemos el mapa perceptual (Figura 10-12).

```
> windows()
> plot(modelo)
> text(modelo, labels = ciudades)
```

Se observa que el mapa sitúa las ciudades europeas en el lugar que les corresponde, salvo un giro de 180 grados.

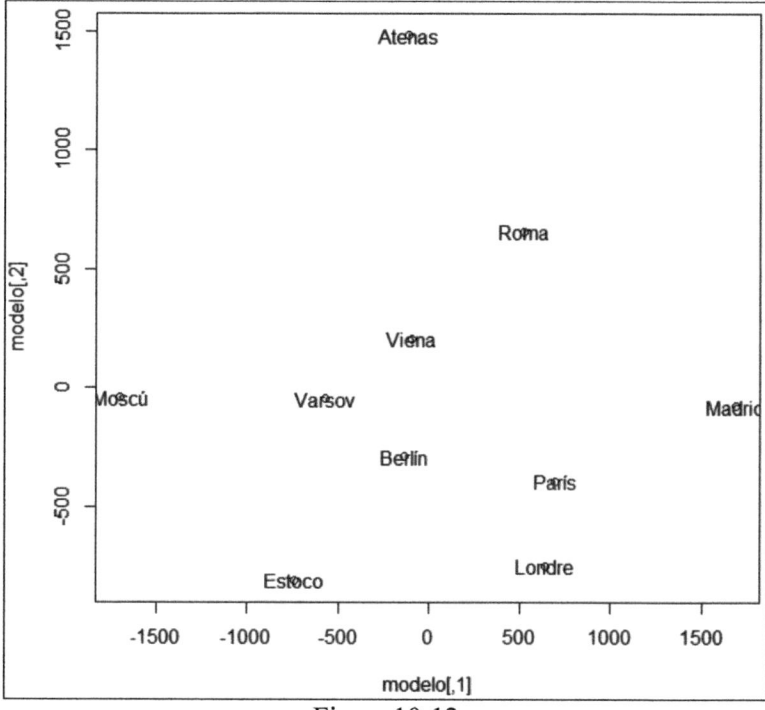

Figura 10-12

## Capítulo 11

CLASIFICACIÓN Y SEGMENTACIÓN MEDIANTE ANÁLISIS DISCRIMINANTE

11.1 ANÁLISIS DISCRIMINANTE

El análisis discriminante es una herramienta que permite asignar o clasificar nuevos individuos dentro de grupos previamente reconocidos o definidos. En un ejemplo de aplicación médica, supóngase que se dispone de una muestra de pacientes y que, en todos ellos, se ha medido un conjunto de variables. Supóngase también que, por consideraciones del propio experimento, o por comprobación posterior, el investigador ha podido dividir la muestra en dos (o más) grupos diagnósticos. Más tarde, llega un nuevo enfermo en el que son medidas las mismas variables; por los valores que éstas presenten. El análisis discriminante va a permitir asignar dicho paciente al grupo de máxima probabilidad, cuantificando a la vez el valor de ella. El interés de esta prueba es evidente y se extiende a los más diversos campos de las ciencias de la vida en que la clasificación de individuos, a través de un perfil observado, constituye un frecuente problema de investigación.

El análisis parte de una tabla de datos de n individuos en que se han medido p variables cuantitativas independientes o «explicativas», como perfil de cada uno de ellos. Una variable cualitativa adicional (dependiente o «clasificativa»), con dos (o más) categorías, ha definido por otros medios el grupo a que cada individuo pertenece. Se trata, pues, de una tabla $n_x(p + 1)$ en que cada caso figura con un perfil y una asignación de grupo.

A partir de ella se obtendrá un modelo matemático discriminante contra el cual será contrastado el perfil de un nuevo individuo cuyo grupo se desconoce para, en función de un resultado numérico, ser asignado al grupo más probable. Cuanto mejor sea la información de partida más fiable será el resultado de asignaciones posteriores.

Puesto que el modelo discriminante también puede ser contrastado contra sí mismo, al igual que ocurría en la regresión lineal múltiple, mediante su aplicación a los propios individuos de la tabla ignorando momentáneamente la clasificación que en ella figura, puede decirse que la finalidad de un análisis discriminante es doble: por un lado, *explicar* la pertenencia de cada caso del fichero patrón a uno u otro grupo, en función de las variables de su perfil, para comprobar su pertenencia o no al grupo preestablecido; a la vez que cuantificar el peso de cada una de ellas en la discriminación. Y, por otro lado, *predecir* a qué grupo más probable habrá de pertenecer un nuevo individuo del que únicamente se conoce su perfil de variables. Tanto lo que explica como lo que predice es, pues, la variable categórica «grupo».

Existen dos enfoques para alcanzar este objetivo de clasificación: Uno, basado en la obtención de funciones discriminantes de cálculo similar a las ecuaciones de regresión lineal múltiple; y otro, que emplea técnicas de correlación canónica y de componentes principales, denominado análisis discriminante canónico. El primero es el más común y su fundamento matemático está en conseguir, a partir de las variables explicativas, unas funciones lineales de éstas con capacidad para clasificar otros individuos. A cada nuevo caso se aplican dichas ecuaciones; y la función de mayor valor define el grupo a que pertenece.

11.2 CLASIFICACIÓN CON DOS GRUPOS

Se trata de estudiar la aplicación del análisis discriminante a la clasificación de individuos en el caso de que dichos individuos se puedan asignar solamente a dos grupos a partir de k variables clasificadoras. Este problema lo resolvió Fisher analíticamente mediante su función discriminante.

La *función discriminante de Fisher* D se obtiene como función lineal de k variables explicativas como:

$$D = u_1 X_1 + u_2 X_2 + \cdots + u_k X_k$$

Se trata de obtener los coeficientes de ponderación u_j. Si consideramos que existen n observaciones, podemos expresar la función discriminante para ellas:

$$D_i = u_1 X_{1i} + u_2 X_{2i} + \cdots + u_k X_{ki} \quad i = 1, 2, \ldots, n$$

Di es la puntuación discriminante correspondiente a la observación i-ésima. Expresando las variables explicativas en desviaciones respecto a la media, *Di* también lo estará y la relación anterior se puede expresar en forma matricial como sigue:

$$\begin{bmatrix} D_1 \\ D_2 \\ \vdots \\ D_n \end{bmatrix} = \begin{bmatrix} X_{11} & X_{21} & \cdots & X_{k1} \\ X_{12} & X_{22} & \cdots & X_{k2} \\ \vdots & \vdots & & \vdots \\ X_{1n} & X_{2n} & \cdots & X_{kn} \end{bmatrix} \begin{bmatrix} u_1 \\ u_2 \\ \vdots \\ u_k \end{bmatrix}$$

En notación compacta podemos escribir:

$$d = Xu$$

La variabilidad de la función discriminante (suma de cuadrados de las variables discriminantes en desviaciones respecto a su media) se expresa como:

$$d'd = u'X'Xu$$

La matriz $X'X$ es una matriz simétrica expresada en desviaciones respecto a la media, por lo que puede considerarse como la matriz T de suma de cuadrados (SCPC) total de las variables (explicativas) de la matriz X. Según la teoría del análisis multivariante de la varianza, $X'X$ se puede descomponer en la suma de la matriz entre grupos F y la matriz intragrupos V (o residual). Se tiene:

$$X'X = T = F + V$$

Por lo tanto:

$$d'd = u'X'Xu = u'Tu = u'Fu + u'Wu$$

En la igualdad anterior T, F y W son calculables con los datos muestrales mientras que los coeficientes u_i están por determinar. Fisher obtuvo los u_i maximizando la razón de la variabilidad entre grupos respecto de la variabilidad intragrupos. La razón de ser de este criterio es la obtención del eje discriminante de forma que las distribuciones proyectadas sobre el mismo estén lo más separadas posible entre sí (mayor variabilidad entre grupos) y, al mismo tiempo, que cada una de las distribuciones esté lo menos dispersa (menor variabilidad dentro de los grupos). Analíticamente, el criterio de Fisher nos lleva a la maximización de λ, donde:

$$\lambda = \frac{u'Fu}{u'Wu}$$

La solución a este problema se obtiene derivando λ respecto de u e igualando a cero, es decir:

$$\frac{\partial \lambda}{\partial u} = \frac{2Fu(u'Wu) - 2Wu(u'Fu)}{(u'Wu)^2} = 0 \Rightarrow 2Fu(u'Wu) - 2Wu(u'Fu) = 0$$

De donde:

$$\frac{2Fu}{2Wu} = \frac{u'Fu}{u'Wu} = \lambda \Rightarrow Fu = Wu\lambda \Rightarrow W^{-1}Fu = \lambda u$$

Por lo tanto, la ecuación para la obtención del primer eje discriminante $W^{-1}Fu = \lambda u$ se traduce en la obtención de un vector propio u asociado a la matriz no simétrica $W^{-1}F$.

De los valores propios λ que se obtienen al resolver la ecuación $W^{-1}Fu = \lambda u$ se retiene el mayor, ya que precisamente λ es la ratio que queremos maximizar y u es el vector característico asociado al mayor valor propio de la matriz $W^{-1}F$.

Dado que λ es la ratio a maximizar, nos medirá, una vez calculado, el poder discriminante del primer eje discriminante. En nuestro caso no necesitamos más ejes discriminantes, pues estamos haciendo análisis discriminante con dos grupos.

En un caso general de análisis discriminante con G grupos ($G > 2$), el número máximo de ejes discriminantes que se pueden obtener viene dado por *min(G–1,k)*. Por lo tanto, pueden obtenerse hasta G-1 ejes discriminantes, si el número de variables explicativas k es mayor o igual que G-1, hecho que suele ser siempre cierto, ya que en las aplicaciones prácticas el número de variables explicativas suele ser grande.

El resto de los ejes discriminantes vendrán dados por los vectores propios asociados a los valores propios de la matriz $W^{-1}F$ ordenados de mayor a menor. Así, el segundo eje discriminante tendrá menos poder discriminatorio que el primero, pero más que cualquiera de los restantes.

Como la matriz $W^{-1}F$ no es simétrica, los ejes discriminantes no serán en general ortogonales (perpendiculares entre sí).

En el caso de análisis discriminante con dos grupos, los coeficientes u_1, $u_2,...,u_k$ normalizados correspondientes a las coordenadas del vector propio unitario asociado al mayor valor propio de la matriz $W^{-1}F$ obtenidos en el proceso de maximización, pueden contemplarse como un conjunto de cosenos directores que definen la situación del eje discriminante.

Las **puntuaciones discriminantes** son pues los valores que se obtienen al dar valores a $X_1, X_2,...,X_k$ en la ecuación:

$$D = u_1 X_1 + u_2 X_2 + \cdots + u_k X_k$$

Las puntuaciones discriminantes se corresponden con los valores obtenidos al proyectar cada punto del espacio k-dimensional de las variables originales sobre el eje discriminante.

Los **centros de gravedad o centroides** (vector de medias) son los estadísticos básicos que resumen la información sobre los grupos. Los centroides de los grupos *I* y *II* serán los siguientes:

$$\bar{x}_I = \begin{bmatrix} \overline{X}_{1,I} \\ \overline{X}_{2,I} \\ \vdots \\ \overline{X}_{k,I} \end{bmatrix} \qquad \bar{x}_{II} = \begin{bmatrix} \overline{X}_{1,II} \\ \overline{X}_{2,II} \\ \vdots \\ \overline{X}_{k,II} \end{bmatrix}$$

Con lo que, para los grupos I y II se obtiene:

$$\overline{D}_I = u_1 \overline{X}_{1,I} + u_2 \overline{X}_{2,I} + \cdots + u_k \overline{X}_{k,I}$$

$$\overline{D}_{II} = u_1 \overline{X}_{1,II} + u_2 \overline{X}_{2,II} + \cdots + u_k \overline{X}_{k,II}$$

El **punto de corte discriminante** C se calcula mediante el promedio:

$$C = \frac{\overline{D}_I + \overline{D}_{II}}{2}$$

El criterio para clasificar el individuo *i* es el siguiente:

Si $D_i < C$, se clasifica al individuo *i* en el grupo *I*
Si $D_i > C$, se clasifica al individuo *i* en el grupo *II*

En general, cuando se aplica el análisis discriminante se le resta el valor de C a la función discriminante, que vendrá dada por:

$$D - C = u_1 X_1 + u_2 X_2 + \cdots + u_k X_k - C$$

En este último caso, se clasifica a un individuo en el grupo I si $D - C > 0$, y en el grupo II en otro caso.

A veces suelen construirse funciones discriminantes para cada grupo, F_I y F_{II}, con la siguiente estructura:

$$F_I = a_{I,1} X_1 + a_{I,2} X_2 + \cdots + a_{I,k} X_k - C_I$$

$$F_{II} = a_{II,1} X_1 + a_{II,2} X_2 + \cdots + a_{II,k} X_k - C_{II}$$

Cuando se utilizan estas funciones, se clasifica un individuo en el grupo para el que la función F_j sea mayor. Este tipo de funciones clasificadoras tienen la ventaja de que se generalizan fácilmente al caso de que existan más de dos grupos y vienen implementadas en la mayoría del software estadístico.

Si hacemos:

$$F_{II} - F_I = (a_{II,1} - a_{I,1}) X_1 + (a_{II,2} - a_{I,2}) X_2 + \cdots + (a_{II,k} - a_{I,k}) X_k - (C_{II} - C_I)$$

$$= u_1 X_1 + u_2 X_2 + \cdots + u_k X_k - C = D - C$$

ya se pueden obtener los coeficientes $u_1, u_2, \ldots, u_k$.

Existen otros criterios de clasificación, entre los que destacan el análisis de la regresión y la distancia de Mahalanobis.

La **relación entre el análisis de la regresión y el análisis discriminante** con dos grupos es muy estrecha. Si se realiza un ajuste por mínimos cuadrados, tomando como variable dependiente la variable dependiente que define la pertenencia a uno u otro grupo y como variables explicativas a las variables clasificadoras, se obtienen unos coeficientes que guardan una estricta proporcionalidad con la función discriminante de Fisher.

La **distancia de Mahalanobis** es una generalización de la distancia euclídea que tiene en cuenta la matriz de covarianzas intragrupos. El cuadrado de la distancia de Mahalanobis $DM_{ij}{}^2$ entre los puntos i y j en un espacio de p dimensiones, siendo V_w la matriz de covarianzas intragrupos, viene definida por:

$$DM_{i,j}^2 = (x_i - x_j)' V_w^{-1} (x_i - x_j)$$

donde los vectores x_i y x_j representan dos puntos en el espacio p-dimensional.

La distancia euclídea es un caso particular de la distancia de Mahalanobis en la que $V_w = I$. La distancia euclídea no tiene en cuenta la dispersión de las variables y las relaciones existentes entre ellas, mientras que en la distancia de Mahalanobis sí que se descuentan estos factores al introducir la inversa de la matriz de covarianzas intragrupos. La distancia euclídea será:

$$d_{i,j}^2 = (x_i - x_j)' I(x_i - x_j) = \sum_{h=1}^{p} (X_{ih} - X_{jh})^2$$

Con el criterio de la distancia de Mahalanobis se calculan, para el punto i, las dos distancias siguientes:

$$DM_{i,I}^2 = (x_i - x_I)' V_w^{-1}(x_i - x_I)$$

$$DM_{i,II}^2 = (x_i - x_{II})' V_w^{-1}(x_i - x_{II})$$

La aplicación de este criterio consiste en asignar cada individuo al grupo para el que la distancia de Mahalanobis es menor.

Se observa que la distancia de Mahalanobis se calcula en el espacio de las variables originales, mientras que en el criterio de Fisher se sintetizan todas las variables en la función discriminante, que es la utilizada para realizar la clasificación.

11.3 CONTRASTES Y PROBABILIDAD DE PERTENENCIA (2 GRUPOS)

Realizando determinadas hipótesis se pueden ejecutar contrastes de significación sobre el modelo discriminante, así como contrastes para seleccionar las variables cuando el número de éstas es muy grande y no se conoce a priori las variables que son relevantes en el análisis.

Por otra parte, el cálculo de probabilidad de pertenencia a un grupo requiere que previamente se haya postulado algún modelo probabilístico de la población.

Las hipótesis estadísticas que se adoptan, análogas a las postuladas en el análisis multivariante de la varianza, se refieren tanto a la población como al proceso de obtención de la muestra. Las hipótesis sobre la población son las siguientes:

- *Hipótesis de homoscedasticidad*: La matriz de covarianzas de todos los grupos es constante igual a Σ.

- *Hipótesis de normalidad*: Cada uno de los grupos tiene una distribución normal multivariante, es decir, $x_g \rightarrow N(\mu_g, \Sigma)$

La hipótesis sobre el proceso de obtención de la muestra facilita la realización del proceso de inferencia a partir de la información disponible. Dicha hipótesis consiste en suponer que se ha extraído una muestra aleatoria multivariante independiente en cada uno de los G grupos.

Bajo las hipótesis anteriores, la función discriminante obtenida por Fisher es óptima. No obstante, la hipótesis de que las variables clasificadoras sigan una distribución normal no sería razonable para variables categóricas, utilizadas frecuentemente en el análisis discriminante como variables clasificadoras. Conviene señalar que, cuando se utilizan variables de este tipo, la función discriminante lineal de Fisher no tiene el carácter de óptima. A continuación, y basados en las hipótesis anteriores, se examinan los contrastes de significación del modelo, el problema de selección de variables y el cálculo de probabilidades de pertenencia a una población.

Con los ***contrastes de significación y evaluación de la bondad del ajuste*** que se realizan en el análisis discriminante con dos grupos, se trata de dar respuesta a tres tipos de cuestiones diferentes:

a) ¿Se cumple la hipótesis de homoscedasticidad del modelo?
b) ¿Se cumple la hipótesis de normalidad?
c) ¿Difieren significativamente las medias poblacionales de los dos grupos?

La justificación de las primeras cuestiones ya se conoce de la teoría de modelos. El análisis de normalidad en el caso multivariante se suele realizar variable a variable, dada la complejidad de hacerlo conjuntamente. Para el contraste de homoscedasticidad se puede utilizar el estadístico de Barlett-Box.

La respuesta que se dé a la cuestión c) es crucial para la justificación de la realización del análisis discriminante. En el caso de que la respuesta fuese negativa carecería de interés continuar con el análisis, ya que significaría que las variables introducidas como variables clasificadoras no tienen una capacidad discriminante *significativa*. La hipótesis nula y alternativa para dar respuesta a la cuestión c) son las siguientes: $H_0 : \mu_1 = \mu_2$, $H_1 : \mu_1 \neq \mu_2$.

El contraste de la hipótesis anterior se puede realizar específicamente mediante el estadístico T^2 de Hotelling definido como sigue:

$$T^2 = (\bar{y}_1 - \bar{y}_2)' \bar{S}^{-1} (\bar{y}_1 - \bar{y}_2) \left(\frac{n_1 n_2}{n_1 + n_2} \right)$$

donde:

$$\bar{S} = \frac{W_1 + W_2}{n_1 + n_2 - 2}$$

La matriz $\bar{S}$ es un estimador insesgado de la matriz de covarianzas poblacional Σ, obtenido bajo el supuesto de que la matriz de covarianzas poblacional es la misma en los dos grupos. W_1 y W_2 son las sumas de cuadrados y productos cruzados calculados para cada grupo ($W = W_1 + W_2$).

Bajo la hipótesis nula ($H_0 : \mu_1 = \mu_2$), la T^2 de Hotelling tiene una distribución relacionada con la F de Fisher Snedocor como sigue:

$$\frac{n_1 + n_2 - k - 1}{k} \frac{T^2}{n_1 + n_2 - 2} \rightarrow F_{k, n_1 + n_2 - k - 1}$$

Existen otros estadísticos que se pueden emplear, diseñados para el caso general de G grupos, tales como el estadístico Ra de Rao o el estadístico V de Barlett que están construidos a partir de la Λ de Wilks como sigue:

$$Ra = \frac{1 - \Lambda^{1/s}}{\Lambda^{1/s}} \frac{1 + ts - k(G-1)/2}{k(G-1)} \rightarrow F_{k(G-1), 1 + ts - k(G-1)/2}$$

$$t = n - 1 - (k + G)/2 \qquad s = \sqrt{\frac{k^2 (G-1)^2 - 4}{k^2 + (G-1)^2 - 5}}$$

$$V = -\left\{ n - 1 - \frac{k + G}{2} \right\} Ln(\Lambda) \rightarrow \chi^2_{k(G-1)} \qquad \Lambda = \frac{|W|}{|T|}$$

En caso de que se rechace la hipótesis nula (H_0 : $\mu_1 = \mu_2$) se puede aplicar el análisis univariante de la varianza para contrastar la hipótesis de igualdad de medias para cada una de las variables clasificadoras por separado.

Como medida de evaluación de la bondad del ajuste se utiliza el coeficiente *eta cuadrado* (η^2), que es el coeficiente de determinación obtenido al realizar la regresión entre la variable dicotómica, que indica la pertenencia al grupo, y las puntuaciones discriminantes. A la raíz cuadrada de este coeficiente se le denomina correlación canónica y puede expresarse como:

$$\eta = \sqrt{\frac{\lambda}{1 + \lambda}}$$

En cuanto a la **selección de variables**, en las aplicaciones de análisis discriminante se dispone frecuentemente de observaciones de un número relativamente elevado de variables potencialmente discriminantes. Aunque en todos los desarrollos anteriores se ha considerado que se conocen *a priori* cuáles son las variables clasificadoras, en la práctica se impone, cuando el número de variables es elevado, aplicar un sistema que permita seleccionar las variables con más capacidad discriminante entre un conjunto de variables más amplio. En el   análisis discriminante, al igual que en el análisis de la regresión, los tres métodos más conocidos para selección de variables son los siguientes: selección hacia adelante (*forward*), selección hacia atrás *(backward)* y selección paso a paso *(stepwise)*. Este último combina las características de los otros dos y además es el que se aplica con mayor frecuencia. Los tres procedimientos enunciados son procedimientos de carácter iterativo.

En cuanto al *cálculo de probabilidades de pertenencia a una población*, las funciones discriminantes clasifican a los diferentes individuos en uno u otro grupo, pero no dan más información acerca de los individuos investigados. En muchas ocasiones es conveniente tener información complementaria a las puntuaciones discriminantes. Con estas puntuaciones se puede clasificar a cada individuo, pero es interesante disponer además de información sobre la probabilidad de su pertenencia a cada grupo, ya que ello permitiría realizar análisis más matizados, e incluir otras informaciones tales como la información *a priori* o los costes que implica una clasificación errónea. Para realizar este tipo de cálculos se suelen asumir las hipótesis $x_g \rightarrow N(\mu_g, \Sigma)$, pero considerando que se conocen los parámetros poblacionales. Esta forma de proceder ocasiona ciertos problemas de los que nos ocuparemos posteriormente.

El cálculo de probabilidades se puede realizar en el contexto de la Teoría de la decisión, que permite tener en cuenta tanto la probabilidad de pertenencia a un grupo, como los costes de una clasificación errónea.

La clasificación de los individuos se puede realizar utilizando el teorema de Bayes, que permite el cálculo de las probabilidades *a posteriori* a partir de estas probabilidades *a priori* y de la información muestral contenida en las puntuaciones discriminantes. Considerando el caso general de *G* grupos, el teorema de Bayes establece que la probabilidad *a posteriori* de pertenencia a un grupo *g* con una puntuación discriminante *D* (*Prob(g/D)*) es la siguiente:

$$Prob(g/D) = \frac{\pi_g \times Prob(D/g)}{\sum_{i=1}^{G} \pi_i \times Prob(D/i)}$$

En el segundo miembro aparecen las probabilidades *a priori* π_g y las probabilidades condicionadas *Prob(D/g)*. La probabilidad condicionada *Prob(D/g)* se obtiene calculando la probabilidad de la puntuación observada suponiendo la pertenencia a un grupo *g*. Dado que el denominador del segundo miembro del cociente anterior es una constante, se utiliza también, de forma equivalente, la siguiente expresión:

$$Prob(g/D) \propto \pi_g \times Prob(D/g)$$

donde el símbolo $\propto$ significa proporcionalidad.

La clasificación de cada individuo se puede realizar mediante la comparación de las probabilidades *a posteriori*. Así, se asignará un individuo al grupo para el cual sea mayor su probabilidad *a posteriori*. Aunque a partir de ahora solamente se tratará el caso de 2 grupos, se va presentar el cálculo de probabilidades de forma que sea fácilmente generalizada al caso de *G* grupos.

El cálculo de probabilidades se va realizar bajo tres supuestos diferentes: cálculo de probabilidades sin información *a priori,* cálculo de probabilidades con información *a priori* y cálculo de probabilidades con información *a priori* y costes.

En cuanto al ***cálculo de probabilidades sin información a priori***, se considera que no existe conocimiento previo de las probabilidades de pertenencia a cada grupo. Cuando no existe dicha información, se adopta el supuesto de que la probabilidad de pertenencia a ambos grupos es la misma, es decir, se adopta el supuesto de que $\pi_I = \pi_{II}$. Esto implica que estas probabilidades *a priori* no afectan a los cálculos de las probabilidades *a posteriori*.

Bajo las hipótesis $x_g \rightarrow N(\mu_g, \Sigma)$, la probabilidad de pertenencia a cada grupo, dada la puntuación discriminante obtenida, viene dada como sigue:

$$Prob(g/D) = \frac{e^{F_g}}{e^{F_I} + e^{F_{II}}} \qquad g = I, II$$

$$F_I = a_{I,1}X_1 + a_{I,2}X_2 + \cdots + a_{I,k}X_k - C_I$$

$$F_{II} = a_{II,1}X_1 + a_{II,2}X_2 + \cdots + a_{II,k}X_k - C_{II}$$

Un individuo se clasifica en el grupo para el que la probabilidad *Prob(g/D)* sea mayor. Este criterio implica que un individuo se clasificará en el grupo I si $F_I > F_{II}$. Aplicando este criterio se llega a los mismos resultados que aplicando la función discriminante de Fisher. Esto implica que el punto de corte C que habíamos definido mediante:

$$C = \frac{\overline{D}_I + \overline{D}_{II}}{2}$$

sigue siendo aplicable con este nuevo enfoque.

Existe otro método para clasificar, que consiste en minimizar la probabilidad de clasificación errónea. Denominando *Prob(I/II)* la probabilidad de clasificar a un individuo en la población I perteneciendo realmente a la II y *Prob(II/I)* la probabilidad de clasificar a un individuo en la población II perteneciendo a la I, *la probabilidad total de clasificación errónea* es igual a:

Prob(II/I) + Prob(I/II)

Minimizando esta probabilidad, bajo las hipótesis $x_g \rightarrow N(\mu_g, \Sigma)$, se obtiene también como punto de corte el valor de C dado anteriormente.

En cuanto al **cálculo de probabilidades con información a priori**, en ocasiones se dispone de información de la probabilidad *a priori* sobre pertenencia de un individuo a cada uno de los grupos. Para tener en cuenta este tipo de información vamos a introducir probabilidades *a priori* en nuestro análisis.

Cuando se utilizan probabilidades *a priori* los individuos, o casos, se clasifican en el grupo para el que la probabilidad *a posteriori* sea mayor. De acuerdo con la hipótesis $x_g \rightarrow N(\mu_g, \Sigma)$, la probabilidad *a posteriori* de pertenencia a cada grupo se calcula como sigue:

$$Prob(g/D) = \frac{\pi_I e^{F_g}}{\pi_I e^{F_I} + \pi_{II} e^{F_{II}}} \qquad g = I, II$$

Con este criterio se clasifica a un individuo en el grupo I si:

$$F_I \, Ln(\pi_I) > F_{II} \, Ln(\pi_{II})$$

El punto de corte discriminante C_g que habíamos definido mediante:

$$C_g = \frac{\overline{D}_I + \overline{D}_{II}}{2} - Ln \frac{\pi_{II}}{\pi_I}$$

La *radio* de probabilidades *a priori* debe establecerse de forma que el punto de corte se desplace hacia el grupo con menor probabilidad *a priori*. Al desplazar el punto de corte de esta forma, se tenderá a clasificar una proporción menor de individuos en el grupo con menor probabilidad *a priori*. Cuando las dos probabilidades *a priori* son igual a 0,5, entonces $C_g = C$.

Si se introducen probabilidades *a priori,* la probabilidad total de clasificación errónea es igual a:

$$\pi_I \; x \; Prob(II/I) + \pi_{II} \; x \; Prob(I/II)$$

Como puede verse, cada probabilidad de clasificación errónea va multiplicada por la probabilidad *a priori* del grupo real de pertenencia. Bajo las hipótesis estadísticas $x_g \rightarrow N(\mu_g, \Sigma)$, se obtiene que el punto de corte es C_g.

En cuanto al ***cálculo de probabilidades con información a priori y consideración de costes***, la novedad está en que ahora se considera el coste que una clasificación errónea puede tener. En muchas aplicaciones el coste de clasificación errónea puede diferir para cada uno de los grupos. Cuando se introducen costes de clasificación no puede hablarse ya de cálculo de probabilidades *a posteriori*. No obstante, se puede obtener un criterio para clasificar minimizando el coste total de clasificación errónea. Este coste total viene dado por la siguiente expresión:

$$\pi_I \; x \; Prob(II/I) \; x \; Coste(II/I) + \pi_{II} \; x \; Prob(I/II) \; x \; Coste(I/II)$$

Como puede verse en esta expresión, cada probabilidad va multiplicada por el coste en que se incurre. Cuando se minimiza esta expresión bajo la hipótesis $x_g \rightarrow N(\mu_g, \Sigma)$, , el punto de corte discriminante C_{gc} es el siguiente:

$$C_{g,c} = \frac{\overline{D}_I + \overline{D}_{II}}{2} - Ln \frac{\pi_{II} \times Coste(I/II)}{\pi_I \times Coste(II/I)}$$

En todos los desarrollos anteriores se ha supuesto que las probabilidades son conocidas. En la práctica, sin embargo, se utilizan estadísticos muestrales en su lugar. El empleo de estadísticos muestrales tiene como consecuencia que se subestime la probabilidad de clasificación errónea, sometiéndose por lo tanto sesgos sistemáticos en la clasificación. Para disminuir estos sesgos se han propuesto, entre otros, dos procedimientos alternativos.

El primer procedimiento consiste en dividir la muestra total en dos submuestras, utilizando la primera muestra para estimar la función discriminante, mientras que la segunda se utiliza para su validación. Así, la potencia discriminante de la función vendrá determinada por el porcentaje de individuos clasificados correctamente en esta segunda submuestra.

El segundo procedimiento consiste en excluir un individuo del grupo *I*, calcular la función discriminante, y clasificar después al individuo que se ha excluido. Haciendo lo mismo con el resto de los individuos del grupo *I*, se estima la *Prob(II/I)* con el porcentaje de individuos que han sido clasificados en el grupo *II*. Procediendo de la misma forma con los individuos del grupo *II*, se estima la *Prob(I/II)*. A este segundo procedimiento se le conoce con la denominación *jacknife*.

11.4 CLASIFICACIÓN CON MÁS DE DOS GRUPOS

En un caso general de análisis discriminante con *G* grupos (*G* > 2) llamado *análisis discriminante múltiple*, el número máximo de ejes discriminantes que se pueden obtener viene dado por *min(G-1,k)*. Por lo tanto, pueden obtenerse hasta *G-1* ejes discriminantes, si el número de variables explicativas *k* es mayor o igual que *G-1*, hecho que suele ser siempre cierto, ya que en las aplicaciones prácticas el número de variables explicativas suele ser grande.

Cada una de las funciones discriminantes D_i se obtiene como función lineal de las *k* variables explicativas *X*, es decir:

$$D_i = u_{i1}X_1 + u_{i2}X_2 + \cdots + u_{ik}X_k \quad i=1,2,...,G\text{-}1$$

Los *G*-1 ejes discriminantes vienen definidos respectivamente por los vectores **u₁**, **u₂**,...,**u**$_{G\text{-}1}$ definidos mediante las siguientes expresiones:

$$
\boldsymbol{u_1} = \begin{bmatrix} u_{11} \\ u_{12} \\ \vdots \\ u_{1k} \end{bmatrix} \quad \boldsymbol{u_2} = \begin{bmatrix} u_{21} \\ u_{22} \\ \vdots \\ u_{2k} \end{bmatrix} \quad \cdots \quad \boldsymbol{u_{G-1}} = \begin{bmatrix} u_{G-11} \\ u_{G-12} \\ \vdots \\ u_{G-1k} \end{bmatrix}
$$

Para la obtención del primer eje discriminante, al igual que en caso de dos grupos, se maximiza λ_1, donde:

$$
\lambda_1 = \frac{\boldsymbol{u_1}' \boldsymbol{F} \boldsymbol{u_1}}{\boldsymbol{u_1}' \boldsymbol{W} \boldsymbol{u_1}}
$$

La solución a este problema se obtiene derivando λ_1 respecto de u e igualando a cero, es decir:

$$
\frac{\partial \lambda_1}{\partial u_1} = \frac{2 F u_1 (u_1' W u_1) - 2 W u_1 (u_1' F u_1)}{(u_1' W u_1)^2} = 0 \Rightarrow 2 F u_1 (u_1' W u_1) - 2 W u_1 (u_1' F u_1) = 0
$$

De donde:

$$
\frac{2 F u_1}{2 W u_1} = \frac{u_1' F u_1}{u_1' W u_1} = \lambda_1 \Rightarrow F u_1 = W u_1 \lambda_1 \Rightarrow W^{-1} F u_1 = \lambda_1 u_1
$$

Por lo tanto, la ecuación para la obtención del primer eje discriminante $W^{-1} F u_1 = \lambda_1 u_1$ se traduce en la obtención de un vector propio u_l asociado a la matriz no simétrica $W^{-1} F$.

De los valores propios λ_i que se obtienen al resolver la ecuación $W^{-1} F u_1 = \lambda_1 u_1$ se retiene el mayor, ya que precisamente λ_l es la ratio que queremos maximizar y u_l es el vector propio asociado al mayor valor propio de la matriz $W^{-1} F$.

Dado que λ_l es la ratio a maximizar, nos medirá, una vez calculado, el poder discriminante del primer eje discriminante. Como estamos en un caso general de análisis discriminante con G grupos ($G > 2$), el número máximo de ejes discriminantes que se pueden obtener viene dado por $min(G-1,k)$. Por lo tanto, pueden obtenerse hasta $G-1$ ejes discriminantes, si el número de variables explicativas k es mayor o igual que $G-1$, hecho que suele ser siempre cierto, ya que en las aplicaciones prácticas el número de variables explicativas suele ser grande.

El resto de los ejes discriminantes vendrán dados por los vectores propios asociados a los valores propios de la matriz $W^{-1}F$ ordenados de mayor a menor. Así, el segundo eje discriminante tendrá menos poder discriminatorio que el primero, pero más que cualquiera de los restantes.

Como la matriz $W^{-1}F$ no es simétrica, los ejes discriminantes no serán en general ortogonales (perpendiculares entre sí).

Podemos concluir que los ejes discriminantes son las componentes de los vectores propios normalizados asociados a los valores propios de la matriz $W^{-1}F$ ordenados en sentido decreciente (a mayor valor propio mejor eje discriminante).

En cuanto a los **contrastes de significación**, en el análisis discriminante múltiple se plantean contrastes específicos para determinar si cada uno de los valores λ_i que se obtienen al resolver la ecuación $W^{-1}Fu = \lambda u$ es estadísticamente significativo, es decir, para determinar si contribuye o no a la discriminación entre los diferentes grupos.

Este tipo de contrastes se realiza a partir del estadístico V de Barlett, que es una función de la Λ de Wilks y que se aproxima a una chi-cuadrado. Su expresión es la siguiente:

$$V = -\left\{n - 1 - \frac{k+G}{2}\right\} Ln(\Lambda) \rightarrow \chi^2_{k(G-1)} \qquad \Lambda = \frac{|W|}{|T|}$$

La hipótesis nula de este contraste es H_0: $\mu_1 = \mu_2 = ... \mu_G$, y ha de ser rechazada para que se pueda continuar con el análisis discriminante, porque en caso contrario las variables clasificadoras utilizadas no tendrían poder discriminante alguno.

No olvidemos que W era la matriz suma de cuadrados y productos cruzados intragrupos en el análisis de la varianza múltiple y T era la matriz suma de cuadrados y productos cruzados total.

También existe un **estadístico de Barlett para contrastación secuencial**, que se elabora como sigue:

$$\frac{1}{\Lambda} = \frac{|T|}{|W|} = |W|^{-1}|T| = |W^{-1}T| = |W^{-1}(W+F)| = |I+W^{-1}F|$$

Pero como el determinante de una matriz es igual al producto de sus valores propios, se tiene que:

$$\frac{1}{\Lambda} = (1+\lambda_1)(1+\lambda_2)\cdots(1+\lambda_{G-1})$$

Esta expresión puede sustituirse en la expresión del estadístico V vista anteriormente, para obtener la expresión alternativa siguiente para el estadístico de Barlett:

$$V = -\left\{n-1-\frac{k+G}{2}\right\}Ln(\Lambda) = -\left\{n-1-\frac{k+G}{2}\right\}\sum_{g=1}^{G-1}Ln(1+\lambda_g) \to \chi^2_{k(G-1)}$$

Si se rechaza la hipótesis nula de igualdad de medias, al menos uno de los ejes discriminantes es estadísticamente significativo, y será el primero, porque es el que más poder discriminante tiene.

Una vez visto que el primer eje discriminante es significativo, se pasa a analizar la significatividad del segundo eje discriminante a partir del estadístico:

$$V = -\left\{n-1-\frac{k+G}{2}\right\}\sum_{g=2}^{G-1}Ln(1+\lambda_g) \to \chi^2_{(k-1)(G-2)}$$

De la misma forma se analiza la significatividad de sucesivos ejes discriminantes, pudiendo establecerse el estadístico V de Barlett genérico para contrastación secuencial de la significatividad del eje discriminante j-ésimo como:

$$V = -\left\{n-1-\frac{k+G}{2}\right\}\sum_{g=j+1}^{G-1}Ln(1+\lambda_g) \to \chi^2_{(k-j)(G-j-1)} \qquad j=0,1,2,\cdots,G-2$$

En este proceso secuencial se van eliminando del estadístico V las raíces características que van resultando significativas, deteniendo el proceso cuando se acepte la hipótesis nula de no significatividad de los ejes discriminantes que queden por contrastar.

Como una medida descriptiva complementaria de este contraste se suele calcular el porcentaje acumulativo de la varianza después de la incorporación de cada nueva función discriminante.

11.5 SELECCIÓN DE VARIABLES DISCRIMINANTES. MÉTODOS ALTERNATIVOS

A veces el análisis discriminante es utilizado sin que tengamos la certeza de que nuestras variables poseen una suficiente capacidad de discriminación. En ese caso, el investigador partiría de una lista de variables, sin que pueda precisar cuáles van a ser las variables discriminantes. En principio, contaríamos con una serie de variables, sin que conozcamos las que resultarán más relevantes de cara a diferenciar entre los grupos, y precisamente uno de los resultados que podemos esperar del análisis discriminante es descubrir cuáles son las variables útiles para lograr ese fin. Determinadas variables habrían de ser eliminadas, dada su baja contribución a la discriminación de los grupos. Habrá otras variables que, aun siendo buenos discriminadores, aportan la misma información y resultan redundantes.

Uno de los algoritmos para seleccionar las variables útiles comúnmente usado es el denominado *método stepwise*, o *método paso a paso*, que puede considerarse desde el punto de vista de la selección hacia adelante o hacia atrás. En el *Método de selección paso a paso hacia delante* (*forward*), la primera variable que entra a formar parte del análisis es la que maximiza la separación entre grupos.

A continuación, se forman parejas entre esta variable y las restantes, de modo que encontremos la pareja que produce la mayor discriminación. La variable que contribuye a la mejor pareja es seleccionada en segundo lugar. Con ambas variables, podrían formarse triadas de variables para determinar cuál de éstas resulta más discriminante. De este modo quedaría seleccionada la tercera variable. El proceso continuaría hasta que todas las variables hayan sido seleccionadas o las variables restantes no supongan un suficiente incremento en la capacidad de discriminación. En el *Método de selección paso a paso hacia atrás* (*backward*), todas las variables son consideradas inicialmente, y van siendo excluidas una a una en cada etapa, eliminando del modelo aquéllas cuya supresión produce el menor descenso en la discriminación entre los grupos. Incluso a veces las direcciones hacia delante y hacia atrás se combinan en la aplicación del método *stepwise*. Se partiría de una selección hacia adelante de variables, aunque revisando tras cada paso el conjunto de variables resultantes, por si pudiera excluirse alguna de ellas. Esto puede ocurrir cuando la incorporación de una variable supone que alguna de las anteriormente consideradas resulta redundante.

Antes de ser sometidas a cualquier criterio de selección, las variables que van a ser consideradas en un análisis discriminante deben ser revisadas para determinar si satisfacen ciertas condiciones mínimas, sin cuyo cumplimiento habrían de ser descartadas. Del mismo modo, tras la selección de variables, podríamos revisar las que han quedado incluidas para decidir si alguna de ellas debería ser eliminada. Estas condiciones se basan en la *tolerancia de las variables discriminantes* y en los *estadísticos multivariantes parciales F* (*F de entrada y F de salida*), utilizados para garantizar que el incremento de discriminación debido a la variable supera un nivel fijado. Una variable deberá superar las condiciones impuestas en relación a la tolerancia y a *F* de entrada antes de que apliquemos los criterios de selección. Después de ser introducida una variable, habremos de comprobar que todas las seleccionadas hasta ese momento satisfacen la condición fijada para el estadístico *F* de salida. Una variable que inicialmente fue seleccionada puede ser ahora inadecuada debido a que otras variables introducidas posteriormente aporten la misma contribución a la separación de grupos.

La ***Tolerancia*** es una medida del grado de asociación lineal entre las variables independientes. La tolerancia para una variable no seleccionada es 1- R^2, donde R es la correlación múltiple entre esta variable y todas las variables ya incluidas, cuando han sido obtenidas a partir de la matriz de correlaciones intragrupos. Interesan valores altos de la tolerancia.

El ***Estadístico F de entrada*** representa el incremento producido en la discriminación tras la incorporación de una variable respecto al total de discriminación alcanzado por las variables ya introducidas. Una *F* pequeña aconsejaría no seleccionar la variable, pues su aporte a la discriminación de los grupos no sería importante. El estadístico *F* puede ser utilizado para realizar una prueba estadística, que permita determinar la significación del incremento producido en la discriminación. El estadístico se distribuye según *F* con $(g-1)$ y $(n-s-g+1)$ grados de libertad, donde *n* es el número de individuos, *g* el de grupos y *s* el de variables discriminantes.

El ***Estadístico F de salida*** es un estadístico multivariante parcial, que permite valorar el descenso en la discriminación si una variable fuera extraída del conjunto de las ya seleccionadas. Aquellas variables para las cuales el valor de *F* es bajo, podrían ser descartadas antes de proceder a un nuevo paso en el método de selección de variables. El estadístico *F* permitiría llevar a cabo una prueba de significación. Los grados de libertad con que se distribuye *F* son en este caso de $(g-1)$ y $(n-s-g)$. Tras el último paso en la aplicación del método *stepwise*, el estadístico *F* de salida puede ser usado para ordenar las variables seleccionadas de acuerdo con su contribución a la separación de los grupos. Las variables a las que corresponda el valor más alto de *F* serían las que mayor aportación hacen a la discriminación.

Una vez que sabemos que las variables discriminantes cumplen unas condiciones mínimas para ser seleccionadas como tales, aplicaremos ya ***criterios*** *formales de selección paso a paso* sobre ellas. Hay varios criterios para la selección de variables discriminantes paso a paso. Destacan los siguientes:

Criterio basado en la minimización de la lambda de Wilks. Se selecciona en cada paso la variable que, una vez incorporada a la función discriminante, produce el valor de lambda más pequeño para el conjunto de variables incluidas en la función.

Criterio basado en la V de Rao. Criterio basado en la medida de Rao de la distancia que separa a los grupos. La *V* de Rao también se conoce como traza de Lawley-Hotelling, y para cada paso viene definida por la expresión:

$$V = (n-g)\sum_{i=1}^{p'}\sum_{j=1}^{p'} w_{ij} \sum_{k=1}^{g} n_k \left(\overline{X}_{ik} - \overline{X}_i\right)\left(\overline{X}_{jk} - \overline{X}_j\right)$$

donde p' es el número de variables presentes en el modelo (incluyendo la añadida o suprimida en esa etapa), n_k el tamaño de la muestra en el grupo k, el valor w_{ij} corresponde a los elementos de la matriz inversa de covarianzas intragrupos, y las medias presentes en cada uno de los factores del producto representan los valores medios de una variable dentro del grupo k y en el grupo global. Los valores n y g corresponden, como en casos anteriores, al tamaño de la muestra total y al número de grupos. Cuanto mayores sean las diferencias entre los grupos mayor será el valor de *V*. La contribución de una variable al modelo puede evaluarse a partir del incremento que se produce en *V* al ser ésta añadida al modelo. Contando con un suficiente número de cados, *V* se distribuye según *Chi-cuadrado* con $p'(g-1)$ grados de libertad. El cambio producido en *V* tras la adición o supresión de una variable sigue el mismo modelo de distribución, con un número de grados de libertad coincidente con $(g-1)$ veces el número de variables añadidas o suprimidas en cada paso. Por tanto, tras añadir una variable, podemos contrastar la significación estadística del cambio de un modelo que maximiza las diferencias entre los grupos, pero sin atender a la cohesión interna de los mismos, la cual no se tiene en cuenta en el cálculo de *V*.

Criterio basado en la distancia de Mahalanobis. La distancia de Mahalanobis es una medida de la separación entre dos grupos. De acuerdo con este criterio, mediríamos la distancia de Mahalanobis al cuadrado D^2 entre todos los grupos respecto a las variables incluidas en el modelo, y determinaríamos qué pareja de grupos se encuentran más cercanos (poseen el valor más pequeño para D^2). De las variables que permanecen fuera del modelo, seleccionaríamos para ser incluida aquélla que maximiza D^2 para la pareja de grupos inicialmente más próximos. La expresión de D^2 para el caso de dos grupos a y b puede escribirse como:

$$D_{ab}^2 = (n-g) \sum_{i=1}^{p'} \sum_{j=1}^{p'} w_{ij} \left(\overline{X}_{ia} - \overline{X}_{ib} \right) \left(\overline{X}_{ja} - X_{jb} \right)$$

donde los elementos incluidos en la expresión analítica tienen el mismo significado que les atribuíamos al hablar de la V de Rao, y los factores del producto son las diferencias entre las medias de las variables del modelo para ambos grupos.

Criterio basado en la F intergrupos. A partir de la distancia de Malahanobis es posible calcular un estadístico F para medir la diferencia entre dos grupos y contrastar la hipótesis nula de igualdad de medias para ambos. La expresión de este estadístico, en el caso de dos grupos a y b, es la siguiente:

$$F = \frac{(n.-1-p')n_a n_b}{p'(n.-2)(n_a + n_b)} D_{ab}^2$$

y podría ser usado también como criterio para la selección de variables. En cada paso, seleccionaríamos aquella variable que conduce al mayor valor de F en la pareja de grupos que inicialmente resultaban más próximos entre sí. La diferencia con respecto al criterio basado en la distancia de Mahalanobis al cuadrado, radica en que aquí se tienen en cuenta los tamaños de los grupos.

Criterio basado en la varianza residual. Sumando para cada pareja de grupos la varianza residual no explicada por la función discriminante, tendremos una varianza residual total expresada por:

$$R = \sum_{i=1}^{g-1} \sum_{j=i+1}^{g} \frac{4}{4 + D_{a_i b_j}^2}$$

La variable seleccionada en cada paso será aquella que minimiza el total de la varianza no explicada por la función discriminante.

11.6 INTERPRETACIÓN DE LA FUNCIÓN DISCRIMINANTE

Halladas las funciones discriminantes, y fijado el número de ellas que se retiene, es necesario interpretar el significado de las mismas. La *interpretación de la función discriminante* podrá hacerse atendiendo a las posiciones relativas que determina para los casos y los centroides de cada grupo, y estudiando la relación entre las variables y la función, de modo que podamos establecer la contribución de las distintas variables a la discriminación. Para examinar la posición relativa que ocupan los casos y los centroides de acuerdo con la función o funciones obtenidas, es necesario recurrir a las ***puntuaciones discriminantes***, o valores de la función discriminante para casos específicos. Cada una de las funciones discriminantes extraídas representa un eje en el espacio discriminante y permite determinar la posición de cualquier caso a lo largo de ese eje. Tomando la función correspondiente a un eje cualquiera, el valor de la puntuación discriminante alcanzada por un caso m, perteneciente al grupo k, será la que obtenemos al sustituir en la ecuación los valores X por las puntuaciones observadas para ese caso en cada una de las variables:

$$y_{km} = u_0 + u_1 X_{1km} + u_2 X_{2km} + \cdots + u_p X_{pkm}$$

Si calculamos las puntuaciones discriminantes sobre los diferentes ejes, podremos localizar en el espacio la posición de cualquier individuo. En este cálculo, cada coeficiente no estandarizado u_i representa el cambio producido sobre la posición de un caso si en la variable X_i la puntuación observada aumentara en una unidad. Examinando sus respectivas puntuaciones discriminantes, podremos conocer si dos o más casos se sitúan próximos o quedan enfrentados a lo largo de un determinado eje. En la medida en que hayamos identificado el significado de dicho eje, la posición relativa de los casos cobrará sentido.

No obstante, para estudiar el comportamiento de los grupos, puede resultar más interesante focalizar nuestra atención en la posición de los centroides de cada grupo y no en las de los casos aislados. La puntuación correspondiente a un centroide se determinará sustituyendo las variables de la ecuación discriminante por los valores medios que alcanzan esas variables en el grupo. Las coordenadas de los centroides de diferentes grupos determinan posición de cada uno de ellos en el espacio discriminante.

Las puntuaciones discriminantes pueden representarse gráficamente mediante histogramas unigrupales, histograma total o diagramas de dispersión. Un ***histograma unigrupal*** situaría a lo largo del eje horizontal (eje discriminante) las puntuaciones alcanzadas por los casos, generalmente agrupados en intervalos. Denotando los casos mediante alguna marca (cruces o números, por ejemplo), en cada intervalo de puntuaciones situaríamos una columna de tantos símbolos como casos se encuentren comprendidos en el mismo. Así, la altura de la columna expresará el número de casos incluidos en el intervalo.

Utilizando un símbolo diferente para los casos de cada grupo (por ejemplo, números), podemos representar sobre un mismo eje los histogramas correspondientes a los diferentes grupos. Este tipo de representación, a la que denominaríamos ***histograma total de las puntuaciones discriminantes***, ofrece la posibilidad de examinar cómodamente la posición de los diferentes grupos sobre el eje discriminante y comparar el grado de cohesión dentro de cada uno de ellos.

Por otro lado, los ***diagramas de dispersión*** permiten representar la posición de los casos y los centroides sobre dos funciones simultáneamente. Cada una de estas funciones se hace corresponder con uno de los ejes cartesianos, situando los casos en el plano discriminante definido para ambos. Para ello se toman como coordenadas de cada punto las puntuaciones discriminantes sobre las dos funciones. La primera función discriminante suele hacerse corresponder al eje horizontal, mientras que el eje vertical representa la segunda función. En este tipo de diagramas, se suele denotar con símbolos diferentes la posición de los casos y la de los centroides. Las distancias y proximidades entre los diferentes centroides pueden ser interpretadas si conocemos el significado del espacio discriminante definido por los dos ejes.

Como las funciones no están correlacionadas, es posible que dos grupos aparezcan próximos en cuanto a la primera función, pero que muestren claras diferencias si son examinados respecto a la segunda función discriminante. Las posiciones reflejadas respecto a los dos primeros ejes discriminantes suelen ser las más significativas, dado que los dos primeros ejes son los que determinan una mayor separación entre los grupos. Si el número de funciones calculadas es alto, los dos primeros ejes, aun siendo los de mayor importancia, podrían ser insuficientes para reflejar las posiciones relativas de los centroides. Si los grupos se encuentran suficientemente separados, las funciones discriminantes consideradas deparan una representación gráfica en la que los centroides de grupo se sitúan alejados entre sí y las nubes de puntos mediante las que se representan los individuos de cada grupo no mostrarán solapamientos importantes. Si el número de casos es elevado, en situaciones en las que o bien los grupos no son muy homogéneos o bien la separación entre ellos no es grande, puede darse un solapamiento de puntos que haga difícil la interpretación. En tales situaciones, de cara a facilitar la interpretación, será preferible la representación de los grupos en diagramas de dispersión separados, o bien reducir la representación a los centroides de cada grupo.

La ***contribución absoluta de una variable*** a la determinación de la puntuación discriminante permite también interpretar la función discriminante a través de los ***coeficientes estandarizados*** o ***no estandarizados***. Los coeficientes u_i de la ecuación obtenida para la función discriminante son coeficientes no estandarizados. Si la función discriminante se obtiene a partir de puntuaciones que previamente han sido estandarizadas, los coeficientes u_i reciben la denominación de coeficientes estandarizados.

Los coeficientes no estandarizados pueden interpretarse como la contribución absoluta de una variable a la determinación de la puntuación discriminante. Dado que no existen restricciones sobre la unidad de medida y la variabilidad en las variables originales, estos coeficientes no son comparables. En cambio, los coeficientes estandarizados permiten conocer la importancia relativa de cada variable en la función discriminante. Examinando estos coeficientes, podemos determinar qué variables contribuyen más a las puntuaciones alcanzadas en la función. El término independiente para la ecuación de la función discriminante estandarizada será cero, pues el eje construido a partir de las variables tipificadas pasará por el origen. Ignorando el signo, la magnitud del coeficiente estandarizado indicará la importancia de la contribución que cada variable hace a la determinación de las puntuaciones discriminantes.

Otro camino para determinar la contribución de las variables a la función discriminante consiste en calcular la **correlación de Pearson entre las puntuaciones observadas en la variable y las puntuaciones discriminantes**. A estas correlaciones se las denomina también coeficientes de estructura. Un valor próximo a 1 ó -1 indicará que la variable aporta la misma función información que la función, mientras que valores próximos a 0 demuestran que ambas poseen poco en común. Los **coeficientes de estructura** que se obtienen a partir de la correlación entre las puntuaciones correspondientes a todos los casos, también sirven para determinar la contribución de las variables a la función discriminante. Basándonos en las variables que presentan los coeficientes de estructura más elevados (en valores absolutos), podemos encontrar significado al eje que cada función representa en el espacio discriminante. Si advertimos alguna característica común a esas variables, podríamos utilizar tal característica para nombrar la función. El examen de la posición alcanzada por los centroides de grupo puede ayudar en la interpretación de los ejes. Por lo tanto, la contribución que cada variable hace a la función discriminante puede evaluarse, por tanto, a partir de los coeficientes estandarizados o a partir de los coeficientes de estructura.

11.7 CLASIFICACIÓN DE LOS INDIVIDUOS

El análisis discriminante, decíamos en las primeras páginas, puede ser utilizado con dos finalidades básicas: interpretar las diferencias existentes entre varios grupos o pronosticar la clasificación de los sujetos. En el apartado anterior hemos aludido a la interpretación que las funciones discriminantes permiten hacer, al posicionar en el espacio a los casos y los centroides de grupo o al permitir que identifiquemos el significado de las mismas, de acuerdo con la contribución de las variables a la discriminación. Sin embargo, para el investigador interesado en obtener una regla de decisión que permita clasificar nuevos casos, el número de dimensiones consideradas en el espacio discriminante y su significado posiblemente no atraigan su atención. Puede ser más interesante la utilización de las funciones discriminantes para pronosticar el grupo al que quedará adscrito un nuevo caso no contemplado al extraer las funciones.

En realidad, la clasificación de un sujeto podría hacerse a partir de sus valores en las variables discriminantes o en las funciones discriminantes. En el primer caso, no podríamos hablar propiamente de un análisis discriminante, pues no es necesario el cálculo de las funciones discriminantes, sino la utilización de funciones de clasificación. Uno y otro tipo de funciones sirven al mismo objetivo, pero la clasificación a partir de las funciones discriminantes es más cómoda y suele llevar a mejores resultados en la mayoría de los casos. Los diferentes procedimientos usados para la clasificación se basan en la comparación de un caso con los centroides de grupo, a fin de ver a cuál de ellos resulta más próximo.

Uno de los procedimientos seguidos para asignar un caso a uno de los grupos se basa en las denominadas *funciones de clasificación por grupos*. Estas funciones tienen la propiedad de que resultan más elevadas cuanto mayor sea la proximidad del caso al grupo. Examinando las puntuaciones obtenidas por un caso en cada una de las funciones de clasificación, podemos establecer a qué grupo ha de ser asignado. El caso será asignado a aquel grupo en el que se obtiene la puntuación más alta. Este procedimiento de clasificación resulta muy sensible a la violación del supuesto de igualdad de matrices de varianzas-covarianzas. Cuando no se verifica dicho supuesto, los casos tienden a ser clasificados en el grupo en el que se registra la mayor dispersión.

Un procedimiento alternativo para la clasificación de un caso se basa en el cálculo de su distancia a los centroides de cada uno de los grupos o *funciones de distancia generalizada*. El caso sería adscrito a aquel grupo con cuyo centroide existe una menor distancia. La distancia de Mahalanobis es una medida adecuada para valorar la proximidad entre casos y centroides. Un caso será clasificado en el grupo respecto al cual presenta la distancia más pequeña. Ello significaría que a ese grupo corresponde el centroide cuyo perfil sobre las variables discriminantes resulta más parecido al perfil del caso.

Otro de los procedimientos seguidos para asignar un caso a uno de los grupos es utilizar las *probabilidades de pertenencia al grupo*. Un caso se clasifica en el grupo al que su pertenencia resulta más probable. El cálculo de probabilidad de pertenencia a un grupo asume que todos los grupos tienen un tamaño similar. No se tiene en cuenta que a priori es posible anticipar una mayor probabilidad de pertenencia a un determinado grupo cuando en la población el porcentaje de sujetos que pertenece a cada grupo es muy diferente. En tal situación, conviene incorporar al cálculo las *probabilidades a priori*, con lo que se consigue mejorar la predicción final y reducir los errores de clasificación. De acuerdo con este planteamiento, la regla de Bayes sería útil para calcular la probabilidad posterior de pertenencia del caso a un grupo (*probabilidad a posteriori*), conocida la probabilidad a priori para el mismo. Un caso será clasificado en el grupo en el que su pertenencia cuenta con una mayor probabilidad a posteriori. Podría ocurrir que dos casos que son clasificados en el mismo grupo tengan probabilidades bastante diferentes, o que las probabilidades de que un sujeto pertenezca a dos grupos distintos no sean muy diferentes entre sí, en cuyo caso, aun asignándolo a la clase en la que cuenta con mayor probabilidad, su clasificación no sería tan clara. Por ese motivo, resulta interesante conocer para cada individuo no sólo la *máxima probabilidad*, sino también las probabilidades de pertenecer a otros grupos.

En los apartados anteriores hemos clasificado los individuos basándonos en las variables discriminantes, pero también es posible la **clasificación en función de las funciones discriminantes**. El planteamiento en ese caso sería análogo al presentado hasta ahora, con la única salvedad de que en lugar de variables X_i consideramos funciones F_i. Dado que la clasificación final conseguida es generalmente idéntica, resulta preferible utilizar las funciones discriminantes, pues a la hora de realizar los cálculos trabajar con q funciones conlleva menos esfuerzo que hacerlo con p variables, tanto si se trata de calcular distancias como probabilidades. La clasificación lograda a partir de la función discriminante no coincide con la que obtendríamos a partir de las variables discriminantes, en los casos en que las matrices de covarianza en los grupos no son iguales o cuando alguna función discriminante no es considerada por resultar poco significativa. En este segundo caso, la clasificación resultante es más correcta.

En el paquete SPSS, se trabaja con las funciones discriminantes no estandarizadas, y se aplica la regla de Bayes a las puntuaciones discriminantes (D) obtenidas por cada caso para clasificarlos en algún grupo. Un procedimiento muy útil para la representación gráfica de la clasificación de casos es el **mapa territorial**, que consiste en situar en el eje horizontal y en el vertical dos funciones discriminantes (o variables discriminantes) y separar en el plano resultante, por medio de líneas, las zonas o territorios que ocuparían los sujetos clasificados en cada grupo. Lógicamente, cuando el número de funciones es mayor que dos, el plano no es suficiente para representar todas las dimensiones del espacio discriminante. En ese caso suelen representarse únicamente las dos primeras, que son las que en mayor medida contribuyen a la separación de los grupos. El problema del número de dimensiones en la representación se agrava cuando en la clasificación trabajamos con las variables y no con las funciones discriminantes. Es una razón más para preferir procedimientos de clasificación basados en estas últimas. No obstante, cuando sólo contamos con una función discriminante, la representación del mapa territorial se hará sobre una línea, y no en un plano. Cuando los casos o individuos están bien clasificados, su representación sobre el plano formado por las dos funciones les situaría en el territorio correspondiente al grupo. En cambio, cuando la discriminación es débil, puede haber un cierto número de sujetos que caen fuera del territorio que serían casos mal clasificados. Las líneas que constituyen las fronteras entre el territorio ocupado por los diferentes grupos se determinan a partir de la posición de los centroides. Para el caso de dos grupos, la línea divisoria sería la mediatriz del segmento que une a los dos respectivos centroides, siempre y cuando las matrices de covarianza de los grupos sean idénticas. Si no fuera así, la línea estaría más próxima al centroide correspondiente al grupo con menor varianza. Si existen más de dos grupos, el trazado de las líneas se complica.

Una forma de valorar la bondad de la clasificación de los individuos realizada es aplicar el procedimiento a los casos para los que conocemos su grupo de adscripción, y comprobar si coinciden el grupo predicho y el grupo observado. El porcentaje de casos correctamente clasificados indicaría la corrección del procedimiento. La **matriz de clasificación**, también denominada **matriz de** *confusión*, permite presentar para los casos observados en un grupo, cuántos de ellos se esperaban en ese grupo y cuántos en los restantes. De esta forma, resulta fácil constatar qué tipo de errores de clasificación se producen. La estructura de la matriz de clasificación sería la mostrada en la Figura 6-17, donde cada valor n_{ij} representa el número de casos del grupo i que tras aplicar las reglas de clasificación son adscritos al grupo j. Los valores situados en la diagonal descendente constituyen, por tanto, el número de casos que han sido correctamente clasificados.

En la matriz de clasificación, es frecuente encontrar estos valores en forma de porcentajes. Si el porcentaje de casos correctamente clasificados es alto, cabe esperar que las funciones discriminantes también proporcionen buenos resultados a la hora de predecir el grupo al que se adscribirá cualquier nuevo sujeto perteneciente a la misma población de donde fue extraída la muestra. Este porcentaje puede ser tomado como una medida no sólo de la bondad de la clasificación, sino también de las diferencias existentes entre los grupos; si la clasificación es buena se deberá a que las variables discriminantes permiten diferenciar entre los grupos.

11.8 PROBABILIDAD DE PERTENENCIA A UN GRUPO

Bajo las hipótesis $x_g \rightarrow N(\mu_g, \Sigma)$, la probabilidad de pertenencia de un individuo al grupo o categoría K de la variable dependiente, dada la puntuación discriminante obtenida F_K y suponiendo probabilidades a priori similares, viene dada como sigue:

$$Prob(g/K) = \frac{e^{F_K}}{e^{F_I} + e^{F_{II}} + \cdots + e^{F_G}} \qquad g = I, II, \cdots, K, \cdots G$$

Un individuo se clasifica en el grupo para el que la probabilidad $Prob(g/K)$ sea mayor.

Si la probabilidad a priori de pertenencia de un individuo al grupo K es π_K (probabilidades a priori diferentes), la probabilidad de pertenencia de un individuo al grupo o categoría K de la variable dependiente, dada la puntuación discriminante obtenida F_K, viene dada como sigue:

$$Prob(g/K) = \frac{\pi_K e^{F_K}}{\pi_1 e^{F_I} + \pi_2 e^{F_{II}} + \cdots + \pi_G e^{F_G}} \qquad g = I, II, \cdots, K, \cdots G$$

Un individuo se clasifica en el grupo para el que la probabilidad $Prob(g/K)$ sea mayor.

11.9 ANÁLISIS DISCRIMINANTE CANÓNICO

Ya sabemos que en el análisis discriminante hay dos enfoques. El primero de ellos está basado en la obtención de funciones discriminantes de cálculo similar a las ecuaciones de regresión lineal múltiple y que es el que se ha tratado hasta ahora en este capítulo. El segundo emplea técnicas de correlación canónica y de componentes principales y se denomina *análisis discriminante canónico*.

Ya sabemos que el análisis en componentes principales es una técnica multivariante que persigue *reducir la dimensión de una tabla de datos excesivamente grande* por el elevado número de variables que contiene $x_1, x_2,\ldots, x_n$ y quedarse con unas cuantas variables $C_1, C_2,\ldots, C_p$ combinación de las iniciales (*componentes principales*) ***perfectamente calculables*** y que sinteticen la mayor parte de la información contenida en sus datos. Inicialmente se tienen tantas componentes como variables:

$$C_1 = a_{11}x_1 + a_{12}x_2 + \cdots + a_{1n}x_n$$
$$\vdots$$
$$C_n = a_{n1}x_1 + a_{n2}x_2 + \cdots + a_{nn}x_n$$

Pero sólo se retienen las p componentes (componentes principales) que explican un porcentaje alto de la variabilidad de las variables iniciales ($C_1, C_2,\ldots, C_p$). Se sabe que la primera componente C_1 tiene asociado el mayor valor propio de la matriz inicial de datos y que las sucesivas componentes $C_2,\ldots, C_p$ tienen asociados los siguientes valores propios en cuantía decreciente de su módulo. De esta forma, el análisis discriminante de dos grupos equivaldría al análisis en componentes principales con una sola componente C_1. En este caso la única función discriminante canónica sería la ecuación de la componente principal $C_1 = a_{11}x_1 + a_{12}x_2 + \cdots + a_{1n}x_n$ y el valor propia asociado sería el poder discriminante. Para el análisis discriminante de tres grupos las funciones discriminantes canónicas serán las ecuaciones de las dos primeras componentes principales C_1 y C_2, siendo su poder discriminante los dos primeros valores propios de la matriz de datos. De este modo, las componentes principales pueden considerarse como los sucesivos ejes de discriminación. Los coeficientes de la ecuación de cada componente principal, es decir, de cada eje discriminante, muestran el peso que cada variable aporta a la discriminación. No olvidemos que estos coeficientes están afectados por las escalas de medida, lo que indica que todas las variables deben presentar unidades parecidas, lo que se consigue estandarizando las variables iniciales antes de calcular las componentes principales.

11.10 ESQUEMA GENERAL DEL ANÁLISIS DISCRIMINANTE

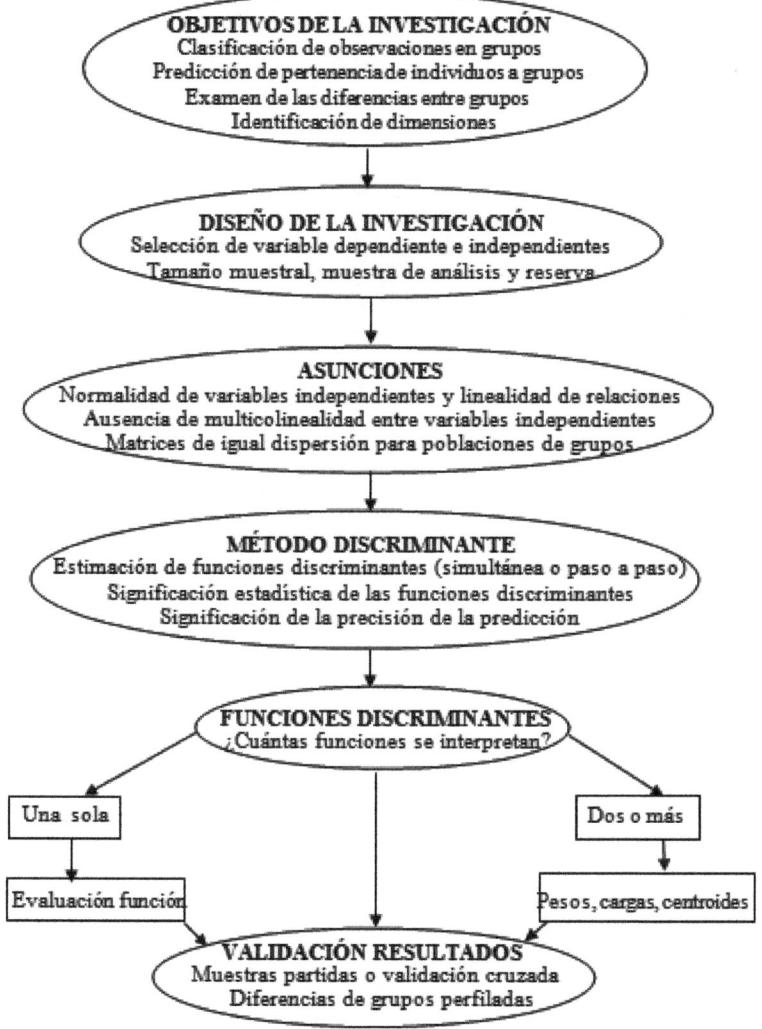

OBJETIVOS DE LA INVESTIGACIÓN
Clasificación de observaciones en grupos
Predicción de pertenencia de individuos a grupos
Examen de las diferencias entre grupos
Identificación de dimensiones

DISEÑO DE LA INVESTIGACIÓN
Selección de variable dependiente e independientes
Tamaño muestral, muestra de análisis y reserva

ASUNCIONES
Normalidad de variables independientes y linealidad de relaciones
Ausencia de multicolinealidad entre variables independientes
Matrices de igual dispersión para poblaciones de grupos

MÉTODO DISCRIMINANTE
Estimación de funciones discriminantes (simultánea o paso a paso)
Significación estadística de las funciones discriminantes
Significación de la precisión de la predicción

FUNCIONES DISCRIMINANTES
¿Cuántas funciones se interpretan?

Una sola

Dos o más

Evaluación función

Pesos, cargas, centroides

VALIDACIÓN RESULTADOS
Muestras partidas o validación cruzada
Diferencias de grupos perfiladas

## Capítulo 12

ANÁLISIS DISCRIMINANTE A TRAVÉS DE R

12.1 ANÁLISIS DISCRIMINANTE LINEAL SIMPLE A TRAVÉS DE R

R dispone de la función *lda* de la librería MASS para realizar análisis discriminante lineal. Su sintaxis básica es la siguiente;

```
lda(v1~v2+v3+...+vn, data=Conjunto de datos)
```

Donde *v1* es la variable categórica dependiente del modelo y *v2, v3,...,vn* son las variables independientes.

Consideraremos como ejemplo el archivo *coches.sav* que dispone de variables sobre 406 automóviles. Una de las variables es *derivada*, que nos indica si un automóvil ha derivado o no al taller, es decir, si ha tenido avería. Se trata de analizar mediante un análisis discriminante simple la probabilidad de que un automóvil tenga avería.

Comenzamos cargando el archivo de datos y haciendo un exploratorio básico de sus variables.

```
> library(haven)
> coches <- read_sav("E:/CURSOR2023/DATOS/coches.sav")
> View(coches)
> attach(coches)
> summary(coches)
```

```
     consumo              motor               cv                 peso               acel
 Min.   : 5.00     Min.   :  66     Min.   : 46.00     Min.   : 244.0     Min.   : 8.00
 1st Qu.: 8.00     1st Qu.:1708     1st Qu.: 75.21     1st Qu.: 741.2     1st Qu.:13.62
 Median :10.31     Median :2434     Median : 94.50     Median : 936.5     Median :15.50
 Mean   :11.27     Mean   :3180     Mean   :104.45     Mean   : 989.5     Mean   :15.50
 3rd Qu.:14.00     3rd Qu.:4806     3rd Qu.:128.00     3rd Qu.:1203.8     3rd Qu.:17.07
 Max.   :26.00     Max.   :7456     Max.   :230.00     Max.   :1713.0     Max.   :24.80
      año               origen            cilindr            derivada
 Min.   : 0.00     Min.   :1.000     Min.   :3.000      Min.   :0.000
 1st Qu.:73.00     1st Qu.:1.000     1st Qu.:4.000      1st Qu.:0.000
 Median :76.00     Median :1.000     Median :4.000      Median :1.000
 Mean   :75.75     Mean   :1.569     Mean   :5.475      Mean   :0.734
 3rd Qu.:79.00     3rd Qu.:2.000     3rd Qu.:8.000      3rd Qu.:1.000
 Max.   :82.00     Max.   :3.000     Max.   :8.000      Max.   :1.000
```

Para realizar el análisis discriminante lineal cargamos la librería *MASS* y utilizamos la función *lda*. Como variables independientes del modelo utilizamos las variables cuantitativas del archivo (consumo, potencia, motor, peso y aceleración).

```
> library(MASS)
> modelo=lda(derivada~consumo+cv+motor+peso+acel)
> modelo

Call:
lda(derivada ~ consumo + cv + motor + peso + acel)

Prior probabilities of groups:
        0         1
0.2660099 0.7339901

Group means:
    consumo       cv    motor      peso     acel
0 16.286689 157.5278 5611.306 1355.7130 12.74444
1  9.456806  85.2095 2298.493  856.7953 16.49195

Coefficients of linear discriminants:
                   LD1
consumo -0.0722900763
cv      -0.0143336480
motor   -0.0008533655
peso     0.0012232259
acel     0.0647361416
```

Se observan los coeficientes de la función discriminante canónica. A continuación, calculamos las probabilidades de avería de los coches basándonos en la clase de la variable dependiente predicha para cada uno de ellos.

```
> clasepredicha=predict(modelo,derivada)$class
> probabilidadpredicha=predict(modelo,derivada)$posterior
> clasepredicha
```

```
  [1] 0 0 0 0 0 0 0 0 0 0 1 0 0 0 0 0 0 0 0 0 1 1 1 1 1 1 1 1 1 1 1 1 0 0 0 1 1 1 1 1 1 1 1
 [43] 1 1 1 0 0 0 0 0 0 0 0 1 1 1 1 1 1 1 1 1 1 1 1 1 1 1 1 0 0 0 0 0 0 0 0 1 0 0 0 0 1
 [85] 1 1 1 1 1 1 1 1 0 0 0 0 0 0 0 0 0 0 0 1 1 1 1 1 0 0 0 0 1 1 1 1 1 1 1 0 0 1 1
[127] 1 1 0 1 1 0 1 1 1 1 1 1 1 1 1 0 0 0 0 1 1 1 1 1 1 1 1 1 1 1 1 1 0 0 0 0 1
[169] 1 1 1 1 0 1 1 1 1 1 1 1 1 1 1 1 1 1 0 0 0 1 1 1 1 1 1 1 1 1 1 1
[211] 1 1 1 1 0 1 1 1 0 0 0 1 1 1 1 1 0 1 0 0 1 1 1 0 0 0 0 1 1 1 1 1 1 1 1 1 1
[253] 1 1 1 1 1 0 0 1 1 1 1 1 1 1 1 1 0 0 0 0 1 1 1 1 1 1 1 1 1 1 1 1 1 1 0 0
[295] 0 0 0 0 1 0 1 1 1 1 1 0 1 1 1 1 1 1 1 1 1 1 1 1 1 1 1 1 1 1 1 1 1 1 1 1 1 1
[337] 1 1 1 1 1 1 1 1 1 1 1 1 1 1 1 1 1 1 1 1 1 1 1 1 1 1 1 1 1 1 1 1 0 1 1 1 1 1
[379] 1 1 1 1 1 1 1 1 1 1 1 1 1 1 1 1 1 1 1 1 1 1 1 1
Levels: 0 1
```

```
> probabilidadpredicha
```

```
              0             1
1    9.721924e-01  2.780761e-02
2    9.998231e-01  1.769331e-04
3    9.966026e-01  3.397434e-03
4    9.946490e-01  5.351038e-03
5    9.901996e-01  9.800433e-03
6    9.999994e-01  6.354025e-07
7    1.000000e+00  2.639262e-08
8    9.999999e-01  6.309387e-08
9    1.000000e+00  2.733259e-08
10   9.999973e-01  2.696040e-06
11   2.869292e-04  9.997131e-01
```

En la salida de *clasepredicha* vemos la clase en que el modelo clasifica a cada coche. En la salida de probabilidad predicha vemos la probabilidad de avería y no avería de cada coche. A nosotros nos interesa la segunda columna de la salida (el 1 es la avería).

```
> class(probabilidadpredicha)
[1] "matrix" "array"
```

Al tratarse de una matriz, seleccionamos su segunda columna, que contendrá las probabilidades de avería de los coches.

```
> probaveria=probabilidadpredicha[,2]
> probaveria
            1            2            3            4            5            6
2.780761e-02 1.769331e-04 3.397434e-03 5.351038e-03 9.800433e-03 6.354025e-07
            7            8            9           10           11           12
2.639262e-08 6.309387e-08 2.733259e-08 2.696040e-06 9.997131e-01 3.187214e-04
           13           14           15           16           17           18
5.383974e-04 1.956023e-05 5.949965e-05 1.154148e-05 1.086035e-04 5.282657e-03
           19           20           21           22           23           24
1.699187e-05 3.085154e-09 9.998845e-01 9.927220e-01 9.832475e-01 9.939850e-01
```

Para analizar esta probabilidad de avería utilizaremos su función de densidad (Figura 12-1).

```
> windows()
> plot(density(probaveria))
```

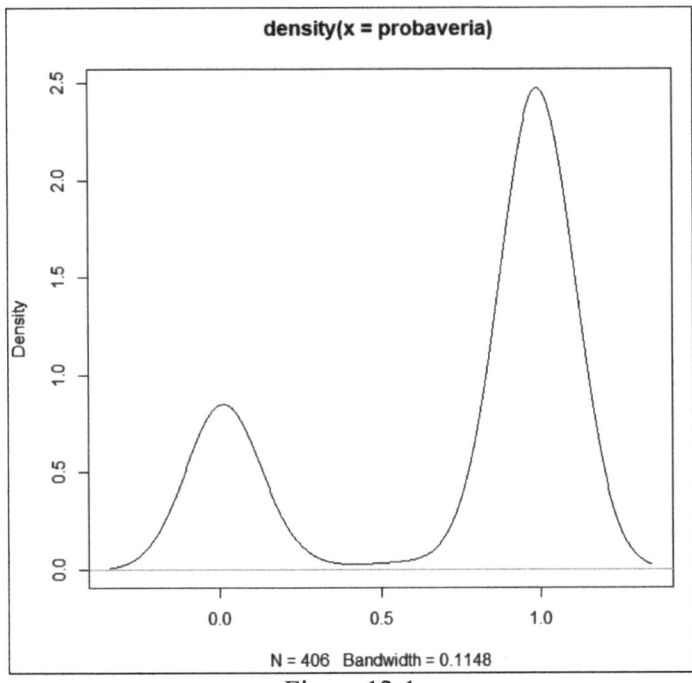

Figura 12-1

Observamos que la función de densidad tiende a ser bimodal. Para probabilidades bajas de avería hay una densidad significativa de coches. Para probabilidad en el entorno de 0,5 apenas hay coches. Para probabilidades altas de avería tenemos una cantidad significativa de coches. Esto es lógico porque la base de datos tiene coches de muchos años y lo lógico es que a lo largo del tiempo los coches tienden a tener alguna avería.

12.1.1 Evaluación de modelos discriminantes simples: Matriz de confusión.

La matriz de confusión es un concepto relevante en el mundo de la inteligencia artificial y en el del aprendizaje automático. En esencia, se trata de una herramienta que permite analizar los resultados de cómo trabaja un algoritmo de aprendizaje supervisado. Esta matriz pone en relación las predicciones realizadas por un algoritmo de aprendizaje supervisado y los resultados correctos que debería haber mostrado. Así puede medirse el mayor o menor desempeño del mismo, determinando qué tipo de errores y de aciertos tiene cada modelo a la hora de pasar por un proceso de aprendizaje sobre datos propuestos.

En definitiva, una matriz de este tipo permite medir cómo de bueno es un modelo de clasificación construido sobre un sistema de aprendizaje automático.

Las métricas que señalan la manera en la que ha de interpretarse una matriz pueden clasificarse en dos grupos distintos:

Exactitud y precisión. La exactitud, que es una métrica fundamental, viene a señalar la cercanía entre los datos arrojados por la matriz y los datos reales. Cuanta mayor es la coincidencia, mayor es la exactitud y, por lo tanto, la matriz puede interpretarse como lo suficientemente exacta. La precisión consiste en la proporción de número de predicciones correctas con el total de predicciones. Es decir, toma la exactitud de los datos correctos y la compara con el total de datos arrojados (sean estos exactos o no). Tal y como ocurría con la métrica anterior, cuanto mayor es la precisión más fielmente puede interpretarse la matriz.

Sensibilidad y especificidad. La **sensibilidad** determina la capacidad del algoritmo de detectar los casos positivos. Es decir, determina el acierto que ha presentado en lo referente a la contabilidad de los casos que presentan cierta característica determinada por el programador como positiva. La **especificidad**: es una métrica estrechamente relacionada con la anterior, que viene a expresar la tasa de acierto que el algoritmo tiene con respecto a los casos negativos. Pone en relación la cantidad de casos negativos detectados con la cantidad de casos negativos totales.

La exactitud, la precisión, la sensibilidad y la especificidad permiten interpretar una matriz de confusión como funcional o no funcional. Solo de esa manera se puede valorar la mayor o menor corrección en el funcionamiento del algoritmo de aprendizaje supervisado en cuestión.

Vamos ahora a calcular la matriz de confusión de nuestro modelo.

```
> matrizconfusion=table(derivada,clasepredicha)
> matrizconfusion

        clasepredicha
derivada   0   1
       0 102   6
       1   2 296
```

Observamos que, de los 298 coches con avería en la base de datos, el modelo sólo ha clasificado mal a 2 y bien a 296 (99% de aciertos). De los 108 coches sin avería de la base de datos solo ha clasificado mal a 8 (94% de aciertos). De los 406 coches de la base de datos se han clasificado bien 102+296=398 (98%)

Observamos un porcentaje muy alto de aciertos en la clasificación que realiza el modelo, por lo tanto, es un modelo predictivo de calidad.

12.1.2 Evaluación de modelos discriminantes simples: Curva característica de operación (Curva ROC)

La curva ROC es una herramienta estadística utilizada para valorar la capacidad discriminante de un modelo con variable dependiente dicotómica. Es decir, una prueba, basada en una variable de decisión, cuyo objetivo es clasificar a los individuos de una población en dos grupos: uno que presente un evento de interés y otro que no (los dos valores de la variable dependiente dicotómica). Esta capacidad discriminante está sujeta al valor umbral elegido de entre todos los posibles resultados de la variable de decisión, es decir, la variable por cuyo resultado se clasifica a cada individuo en un grupo u otro. La curva es el gráfico resultante de representar, para cada valor umbral, las medidas de sensibilidad y especificidad de la prueba diagnóstica (Figura 12-2). Por un lado, la sensibilidad cuantifica la proporción de individuos que presenta el evento de interés y que son clasificados por la prueba como portadores de dicho evento. Por otro lado, la especificidad cuantifica la proporción de individuos que no lo presentan y son clasificados por la prueba como tales. Esta herramienta se utiliza en el campo de la sanidad, la economía, la meteorología y más recientemente en el aprendizaje automático.

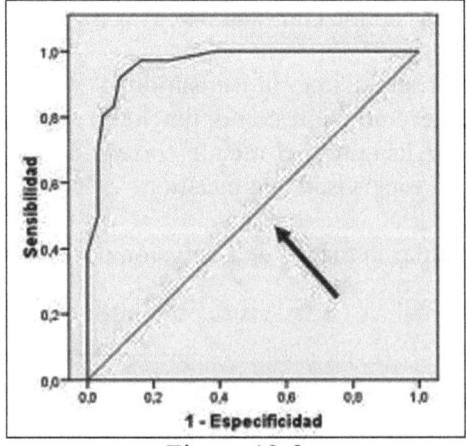

Figura 12-2

El área bajo la curva ROC determina la precisión del modelo tal y como se ve en la figura siguiente. Esta área varía entre cero y uno, siendo el uno el valor óptimo. Buscaremos curvas ROC con área cercana a la unidad.

Vamos a construir la curva ROC de nuestro modelo discriminante (Figura 12-3). Utilizaremos la función *roc* de la librería *pROC*.

```
> derivada1=as.numeric(derivada)
> clasepredicha1=as.numeric(clasepredicha)
> rocobjeto=roc(derivada1,clasepredicha1,auc=TRUE)
> windows()
> plot(rocobjeto,print.auc=TRUE)
```

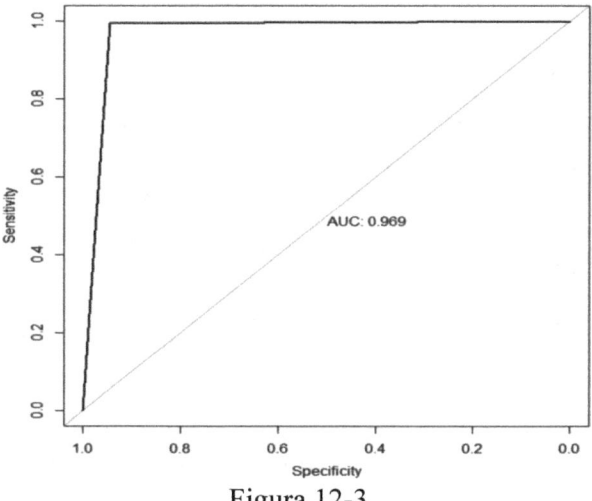

Figura 12-3

Vemos que el modelo tiene una alta capacidad predictiva porque el área bajo la curva ROC es 0,969 que está muy cercana a la unidad.

12.2 ANÁLISIS DISCRIMINANTE CUADRÁTICO SIMPLE A TRAVÉS DE R

R dispone de la función *qda* de la librería MASS para realizar análisis discriminante cuadrático. Su sintaxis básica es la siguiente;

qda(v1~v2+v3+...+vn, data=Conjunto de datos)

Donde *v1* es la variable categórica dependiente del modelo y *v2, v3,...,vn* son las variables independientes.

Consideraremos como ejemplo el mismo ejercicio anterior, pero ahora con análisis discriminante cuadrático.archivo *coches.sav* que dispone de variables sobre más de 400 automóviles. Una de las variables es *derivada*, que nos indica si un automóvil ha derivado o no al taller, es decir, si ha tenido avería. Se trata de analizar mediante un análisis discriminante simple la probabilidad de que un automóvil tenga avería.

Comenzamos cargando el archivo de datos y haciendo un exploratorio básico de sus variables.

```
> library(haven)
> coches <- read_sav("E:/CURSOR2023/DATOS/coches.sav")
> View(coches)
> attach(coches)
> summary(coches)
```

```
    consumo          motor              cv              peso            acel
 Min.   : 5.00   Min.   :  66    Min.   : 46.00   Min.   : 244.0   Min.   : 8.00
 1st Qu.: 8.00   1st Qu.:1708    1st Qu.: 75.21   1st Qu.: 741.2   1st Qu.:13.62
 Median :10.31   Median :2434    Median : 94.50   Median : 936.5   Median :15.50
 Mean   :11.27   Mean   :3180    Mean   :104.45   Mean   : 989.5   Mean   :15.50
 3rd Qu.:14.00   3rd Qu.:4806    3rd Qu.:128.00   3rd Qu.:1203.8   3rd Qu.:17.07
 Max.   :26.00   Max.   :7456    Max.   :230.00   Max.   :1713.0   Max.   :24.80
     año             origen           cilindr          derivada
 Min.   : 0.00   Min.   :1.000    Min.   :3.000    Min.   :0.000
 1st Qu.:73.00   1st Qu.:1.000    1st Qu.:4.000    1st Qu.:0.000
 Median :76.00   Median :1.000    Median :4.000    Median :1.000
 Mean   :75.75   Mean   :1.569    Mean   :5.475    Mean   :0.734
 3rd Qu.:79.00   3rd Qu.:2.000    3rd Qu.:8.000    3rd Qu.:1.000
 Max.   :82.00   Max.   :3.000    Max.   :8.000    Max.   :1.000
```

Para realizar el análisis discriminante cuadrático cargamos la librería *MASS* y utilizamos la función *qda*. Como variables independientes del modelo utilizamos las variables cuantitativas del archivo (consumo, potencia, motor, peso y aceleración).

```
> library(MASS)
> modelo=qda(derivada~consumo+cv+motor+peso+acel)
> modelo

Call:
qda(derivada ~ consumo + cv + motor + peso + acel)

Prior probabilities of groups:
        0         1
0.2660099 0.7339901

Group means:
    consumo       cv    motor      peso      acel
0 16.286689 157.5278 5611.306 1355.7130 12.74444
1  9.456806  85.2095 2298.493  856.7953 16.49195
```

A continuación, calculamos las probabilidades de avería de los coches basándose en la clase de la variable dependiente predicha para cada uno de ellos.

```
> clasepredicha=predict(modelo,derivada)$class
> probabilidadpredicha=predict(modelo,derivada)$posterior
> clasepredicha
```

```
 [1] 0 0 0 0 0 0 0 0 0 0 1 0 0 0 0 0 0 0 0 0 1 1 1 1 1 1 1 1 1 1 1 1 0 0 0 0 1 1 1 1 1 1
[43] 1 1 1 0 0 0 0 0 0 0 0 1 1 1 1 1 1 1 1 1 1 1 1 1 1 1 1 0 0 0 0 0 0 0 0 1 0 0 0 0 1
[85] 1 1 1 1 1 1 1 1 0 0 0 0 0 0 0 0 0 0 1 1 1 1 0 0 0 1 1 1 1 1 1 1 0 0 1 1
[127] 1 1 0 1 1 0 1 1 1 1 1 1 1 1 1 1 1 1 0 0 0 0 1 1 1 0 1 1 1 1 1 1 1 1 1 1 0 0 0 1
[169] 1 1 1 1 1 0 1 1 1 1 1 1 1 1 1 1 1 1 1 1 1 1 1 1 0 0 0 0 1 1 1 1 1 1 1 1 1 1 1
[211] 1 1 1 1 1 0 1 1 1 0 0 0 0 1 1 1 1 1 0 1 0 0 1 1 1 1 0 0 0 0 1 1 1 1 1 1 1 1 1 1 1
[253] 1 1 1 0 0 1 1 1 1 1 1 1 1 0 0 0 0 1 1 1 1 1 1 1 1 1 1 1 1 1 1 1 1 1 0 0
[295] 0 0 0 0 0 0 1 1 1 1 1 0 1 1 1 1 1 1 1 1 1 1 1 1 1 1 1 1 1 1 1 1 1 1 1 1 1 1 1
[337] 1 1 1 1 1 1 1 1 1 1 1 1 1 1 1 1 1 1 1 1 1 1 1 1 1 1 1 1 1 1 1 1 1 1 1 0 1 1 1 1 1
[379] 1 1 1 1 1 1 1 1 1 1 1 1 1 1 1 1 1 0 1 1 1 1 1 1 1 1 1
Levels: 0 1
```

```
> probabilidadpredicha
              0             1
1    9.915241e-01  8.475927e-03
2    1.000000e+00  1.867950e-08
3    9.999924e-01  7.629104e-06
4    9.999581e-01  4.189180e-05
5    9.963911e-01  3.608853e-03
6    1.000000e+00  7.287667e-16
7    1.000000e+00  7.492813e-24
8    1.000000e+00  1.640971e-20
9    1 000000e+00  4 224041e-26
```

En la salida de *clasepredicha* vemos la clase en que el modelo clasifica a cada coche. En la salida de probabilidad predicha vemos la probabilidad de avería y no avería de cada coche. A nosotros nos interesa la segunda columna de la salida (el 1 es la avería).

```
> class(probabilidadpredicha)
[1] "matrix" "array"
```

Al tratarse de una matriz, seleccionamos su segunda columna, que contendrá las probabilidades de avería de los coches.

```
> probaveria=probabilidadpredicha[,2]
> probaveria
            1             2             3             4             5             6
8.475927e-03  1.867950e-08  7.629104e-06  4.189180e-05  3.608853e-03  7.287667e-16
            7             8             9            10            11            12
7.492813e-24  1.640971e-20  4.224041e-26  5.111267e-14  9.999994e-01  2.129020e-05
           13            14            15            16            17            18
2.061514e-04  3.617852e-08  1.294173e-09  2.145286e-12  5.461008e-06  1.054448e-02
           19            20            21            22            23            24
3.366344e-07  4.113117e-52  9.999998e-01  9.976837e-01  9.828997e-01  9.950699e-01
           25            26            27            28            29            30
1 000000e+00  9 999996e-01  1 000000e+00  9 999998e-01  1 000000e+00  1 000000e+00
```

Para analizar esta probabilidad de avería utilizaremos su función de densidad (Figura 12-4).

```
> windows()
> plot(density(probaveria))
```

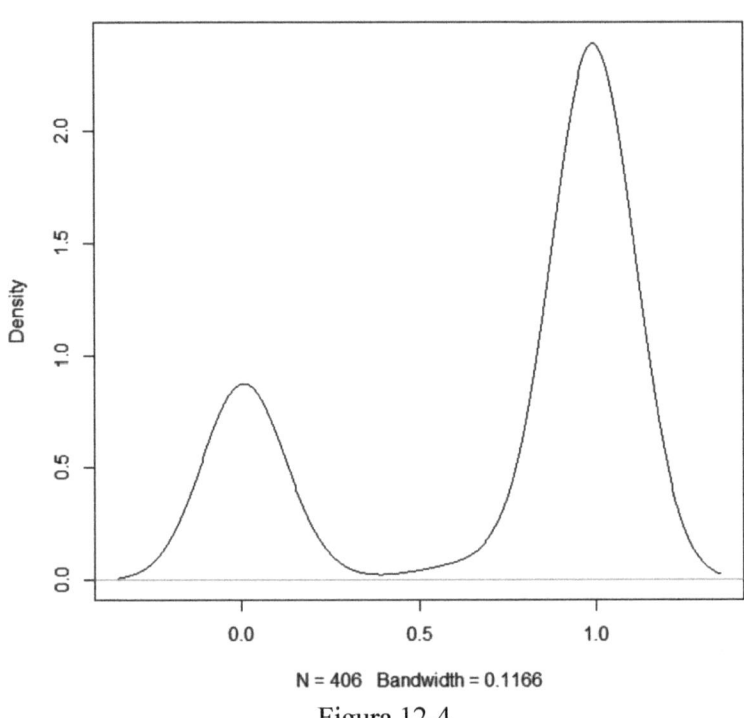

Figura 12-4

Al igual que en el caso del análisis discriminante lineal, observamos que la función de densidad tiende a ser bimodal. Para probabilidades bajas de avería hay una densidad significativa de coches. Para probabilidad en el entorno de 0,5 apenas hay coches. Para probabilidades altas de avería tenemos una cantidad significativa de coches. Esto es lógico porque la base de datos tiene coches de muchos años y lo lógico es que a lo largo del tiempo los coches tienden a tener alguna avería.

Para la evaluación del modelo consideramos la matriz de confusión y la curva ROC, lo mismo que en el caso del discriminante lineal.

Vamos ahora a calcular la matriz de confusión de nuestro modelo cuadrático.

```
> matrizconfusion=table(derivada,clasepredicha)
> matrizconfusion

         clasepredicha
derivada    0    1
       0 104    4
       1    3 295


         clasepredicha
derivada    0    1
       0 102    6
       1    2 296
```

Observamos que, de los 298 coches con avería en la base de datos, el modelo sólo ha clasificado mal a 3 y bien a 295 (99% de aciertos). De los 108 coches sin avería de la base de datos solo ha clasificado mal a 6 (94% de aciertos). De los 406 coches de la base de datos se han clasificado bien 104+295=399 (98%)

Observamos un porcentaje muy alto de aciertos en la clasificación que realiza el modelo, por lo tanto, es un modelo predictivo de calidad.

Vamos a construir la curva ROC de nuestro modelo discriminante (Figura 12-5). Utilizaremos la función *roc* de la librería *pROC*.

```
> derivada1=as.numeric(derivada)
> clasepredicha1=as.numeric(clasepredicha)
> rocobjeto=roc(derivada1,clasepredicha1,auc=TRUE)
> windows()
> plot(rocobjeto,print.auc=TRUE)
```

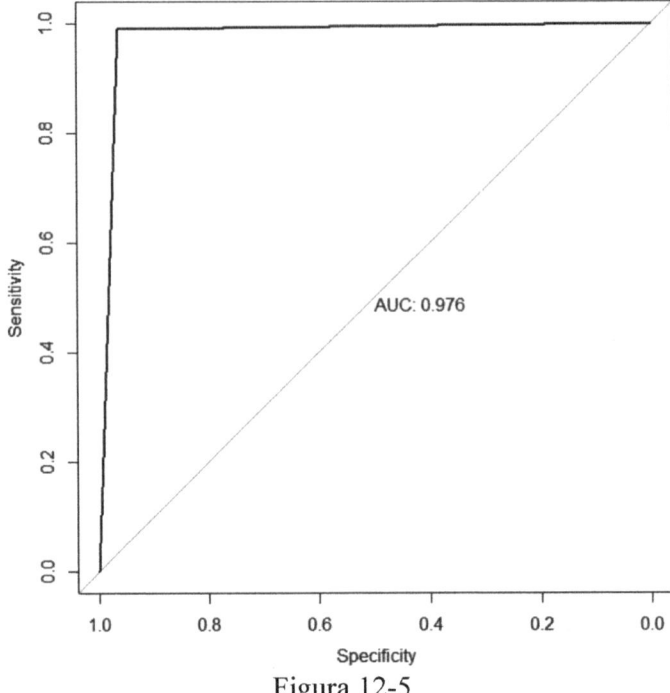

Figura 12-5

Vemos que el modelo tiene una alta capacidad predictiva porque el área bajo la curva ROC es 0,976 que está muy cercana a la unidad. Además, el modelo cuadrático supera ligerísimamente al modelo lineal, porque el área bajo la curva ROC es algo más alta en el modelo cuadrático.

12.3 ANÁLISIS DISCRIMINANTE LINEAL MÚLTIPLE A TRAVÉS DE R

Cuando la variable dependiente del modelo discriminante tiene más de dos categorías, estamos ante el modelo de análisis discriminante múltiple. R dispone de la función *lda* de la librería MASS para realizar análisis discriminante lineal múltiple. Al igual que en el caso del discriminante lineal simple, su sintaxis básica es la siguiente;

lda(v1~v2+v3+…+vn, data=Conjunto de datos)

Donde *v1* es la variable categórica dependiente del modelo y *v2, v3,…,vn* son las variables independientes.

Como ejemplo consideramos 12 variables procedentes de una analítica sanguínea (LDH, proteínas totales, ácido úrico, hemoglobina, leucocitos, plaquetas, fosfatasa alcalina, GCTP, GOT, GPT Br y Ca) medidas en 40 enfermos con cáncer de pulmón contenidas en el fichero *discrim.sav*. Se trata de encontrar funciones discriminantes capaces de clasificar a pacientes en tres grupos (variable GRUPO) según sus expectativas de supervivencia (supervivencia menor que un año, supervivencia entre uno y dos años y supervivencia superior a dos años).

Comenzamos importando el archivo de datos y explorándolas.

```
> library(haven)
> DISCRIM <- read_sav("E:/CURSOR2023/DATOS/DISCRIM.sav")
> View(DISCRIM)
> attach(DISCRIM)
> summary(DISCRIM)
```

```
    NUMERO           LDH            PROT_TOT        AC_URICO          HEMOGLOB
Min.   : 1.00   Min.   : 340.0   Min.   :5.50   Min.   :2.200   Min.   : 8.30
1st Qu.:10.75   1st Qu.: 480.0   1st Qu.:6.50   1st Qu.:3.200   1st Qu.:10.35
Median :20.50   Median : 615.0   Median :7.20   Median :4.750   Median :11.85
Mean   :20.50   Mean   : 682.5   Mean   :7.04   Mean   :4.655   Mean   :12.13
3rd Qu.:30.25   3rd Qu.: 882.5   3rd Qu.:7.50   3rd Qu.:5.850   3rd Qu.:14.00
Max.   :40.00   Max.   :1310.0   Max.   :8.50   Max.   :8.800   Max.   :18.00
   LEUCOCIT         PLAQUET         FOSF_ALC          GGTP            GOT
Min.   : 4400   Min.   : 114000   Min.   :114.0   Min.   : 35.0   Min.   :13.00
1st Qu.: 7625   1st Qu.: 126000   1st Qu.:203.8   1st Qu.: 73.5   1st Qu.:39.50
Median :10250   Median : 152500   Median :310.0   Median :120.0   Median :47.00
Mean   : 9592   Mean   : 264600   Mean   :318.4   Mean   :132.0   Mean   :47.02
3rd Qu.:11325   3rd Qu.: 346500   3rd Qu.:395.0   3rd Qu.:166.2   3rd Qu.:64.25
Max.   :13500   Max.   :1190000   Max.   :689.0   Max.   :309.0   Max.   :70.00
    GPT              BR               CA             Grupo           Grupo1
Min.   : 8.00   Min.   :0.2000   Min.   : 7.800   Length:40        Min.   :1.000
1st Qu.:43.50   1st Qu.:0.5000   1st Qu.: 8.700   Class :character 1st Qu.:1.000
Median :53.50   Median :0.7000   Median : 9.450   Mode  :character Median :2.000
Mean   :52.15   Mean   :0.6875   Mean   : 9.473                    Mean   :1.725
3rd Qu.:64.00   3rd Qu.:0.8000   3rd Qu.:10.225                    3rd Qu.:2.000
Max.   :96.00   Max.   :1.4000   Max.   :10.900                    Max.   :3.000
```

Para realizar el análisis discriminante lineal cargamos la librería *MASS* y utilizamos la función *lda*. Como variables independientes del modelo utilizamos las variables cuantitativas del archivo (consumo, potencia, motor, peso y aceleración).

```
> library(MASS)
> modelo=lda(Grupo1~LDH+PROT_TOT+AC_URICO+HEMOGLOB+LEUCOCIT
+PLAQUET+FOSF_ALC+GGTP+GOT+GPT+BR+CA)
> modelo
```

```
Call:
lda(Grupo1 ~ LDH + PROT_TOT + AC_URICO + HEMOGLOB + LEUCOCIT +
    PLAQUET + FOSF_ALC + GGTP + GOT + GPT + BR + CA)

Prior probabilities of groups:
    1     2     3
0.475 0.325 0.200

Group means:
      LDH PROT_TOT AC_URICO HEMOGLOB  LEUCOCIT  PLAQUET FOSF_ALC     GGTP      GOT
1 817.9474 6.963158 4.042105 10.89474 10105.263 264947.4 389.0000 156.7895 54.15789
2 594.6154 7.046154 4.915385 13.46154  9330.769 296615.4 257.3846 104.7692 40.38462
3 503.7500 7.212500 5.687500 12.90000  8800.000 211750.0 249.7500 117.2500 40.87500
       GPT       BR       CA
1 64.89474 0.7315789 9.910526
2 43.23077 0.6538462 9.115385
3 36.37500 0.6375000 9.012500

Coefficients of linear discriminants:
                  LD1           LD2
LDH      -3.820105e-03 -5.574672e-04
PROT_TOT -7.563441e-01  4.362915e-01
AC_URICO  1.717722e-01  4.577779e-01
HEMOGLOB  4.253553e-01 -2.362299e-01
LEUCOCIT -1.603665e-04 -3.649510e-05
PLAQUET   7.238422e-07 -2.619265e-06
FOSF_ALC -2.678575e-03  2.307060e-03
GGTP     -3.856720e-03  8.965249e-03
GOT      -3.971633e-02  7.650927e-03
GPT      -1.220178e-02 -2.378000e-02
BR       -1.941525e-01  1.204888e-01
CA       -5.602852e-01 -1.849420e-02

Proportion of trace:
   LD1    LD2
0.9647 0.0353


> library(MASS)
> modelo=lda(Grupo1~COMP1+COMP2)
> modelo
Call:
lda(Grupo1 ~ COMP1 + COMP2)

Prior probabilities of groups:
    1     2     3
0.475 0.325 0.200

Group means:
         COMP1       COMP2
1    346.4322    515.1892
2  32015.8040   -203.3458
3 -52848.4579   -893.1374

Coefficients of linear discriminants:
                LD1            LD2
COMP1 -0.0000020248  -4.233474e-06
COMP2 -0.0003402399   1.568833e-04
```

```
Proportion of trace:
    LD1     LD2
 0.7822  0.2178
```

A continuación, calculamos las probabilidades que tiene cada paciente de pertenecer a cada una de las tres categorías de la variable dependiente 1 para supervivencia inferior a un año, 2 para supervivencia entre uno y dos años y 3 para supervivencia superior a tres años) basándonos en la clase de la variable dependiente predicha para cada uno de ellos.

A continuación, calculamos las predicciones del modelo para los elementos de la base de datos.

```
> predicciones=predict(object = modelo, newdata = DISCRIM[, -5])
> predicciones
```

```
$class
 [1] 1 1 1 1 1 1 2 1 1 1 1 1 1 1 1 1 1 1 1 1 1 1 1 1 1 1 1 1 1 1 2 1 1 3 1 1 1 1 2 1 1
Levels: 1 2 3
```

```
$posterior
            1           2           3
1   0.4678424  0.3893648  0.14279281
2   0.4897758  0.3496990  0.16052515
3   0.5188867  0.2893717  0.19174166
4   0.5018771  0.2947122  0.20341073
5   0.6021922  0.2599340  0.13787373
6   0.3591608  0.3136804  0.32715879
7   0.3164744  0.3739125  0.30961308
8   0.5268852  0.2900471  0.18306769
9   0.4404389  0.3412972  0.21826394
10  0.5700297  0.3224535  0.10751678
11  0.4123897  0.3103514  0.27725891
12  0.5335820  0.3243212  0.14209678
```

```
> clasepredicha=predicciones$class
> probabilidadpredicha=predicciones$posterior
```

En la salida de *clasepredicha* vemos la clase en que el modelo clasifica a cada paciente. En la salida de probabilidad predicha vemos la probabilidad de cada una de las tres categorías de la variable dependiente para todos los pacientes en modo matricial. Podemos aislar sus columnas de la siguiente forma.

```
> probabilidad1=probabilidadpredicha[,1]
> probabilidad2=probabilidadpredicha[,2]
> probabilidad3=probabilidadpredicha[,3]
```

Podemos graficar la función de densidad de las tres probabilidades (Figuras 12-6 a 12-8).

```
> windows()
> plot(density(probabilidad1))
```

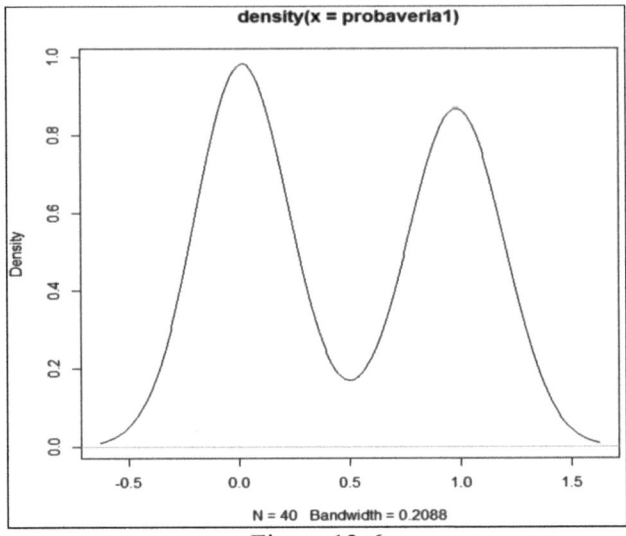

Figura 12-6

Observamos que la función de densidad tiende a ser bimodal con dos modas muy acusadas. Esto quiere decir que, tanto para probabilidades altas como bajas, la densidad de pacientes que sobreviven menos de un año al cáncer de pulmón es muy alta.

```
> plot(density(probabilidad2))
```

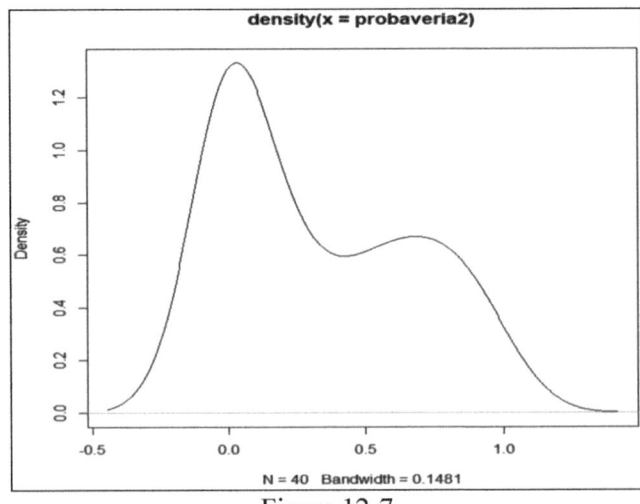

Figura 12-7

Para probabilidades bajas de supervivencia del grupo entre 0 y 2 años hay muchos pacientes y para probabilidades altas de supervivencia hay menos pacientes.

```
> plot(density(probabilidad3))
```

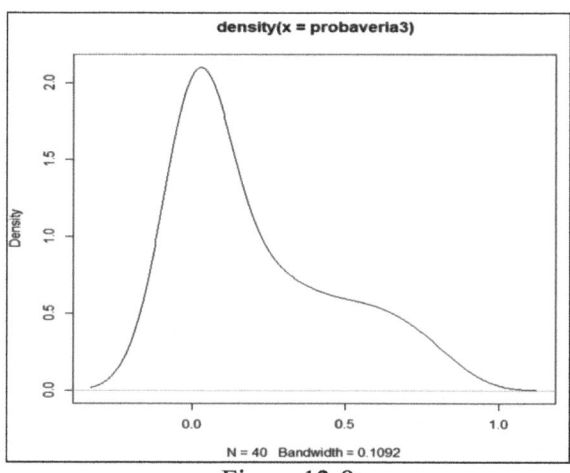

Figura 12-8

Para probabilidades bajas de supervivencia del grupo de más de dos años 2 años hay muchos pacientes y para probabilidades altas de supervivencia hay muy pocos pacientes pacientes.

```
> matrizconfusion=table(Grupo1,clasepredicha)
>
> matrizconfusion
      clasepredicha
Grupo1  1  2  3
     1 19  0  0
     2  0 10  3
     3  0  4  4
```

Solo 7 de las 40 predicciones que ha realizado el modelo han sido erróneas (3 en el grupo 2 y 4 en el grupo 3). El modelo tiene un porcentaje de aciertos del 82,5%.

Ejercicio 12-1. Consideramos 12 variables procedentes de una analítica sanguínea (LDH, proteínas totales, ácido úrico, hemoglobina, leucocitos, plaquetas, fosfatasa alcalina, GCTP, GOT, GPT Br y Ca) medidas en 40 enfermos con cáncer de pulmón contenidas en el fichero discrim.sav. Se trata de encontrar funciones discriminantes capaces de clasificar a pacientes en tres grupos (variable GRUPO) según sus expectativas de supervivencia (supervivencia menor que un año, supervivencia entre uno y dos años y supervivencia superior a dos años). Calcular las probabilidades de clasificación aplicando previamente reducción de la dimensión.

Comenzamos importando el conjunto de datos y separando sus variables.

```
> library(haven)
> DISCRIM <- read_sav("E:/CURSOR2023/DATOS/DISCRIM.sav")
> View(DISCRIM)
> attach(DISCRIM)
```

A continuación, realizamos un análisis de componentes principales.

```
> componentes=princomp(~LDH+PROT_TOT+AC_URICO+HEMOGLOB+LEUCOCIT
+PLAQUET+FOSF_ALC+GGTP+GOT+GPT+BR+CA)
> summary(componentes)
```

```
Importance of components:
                           Comp.1       Comp.2       Comp.3       Comp.4       Comp.5
Standard deviation     2.071312e+05 2.624847e+03 2.660235e+02 1.256639e+02 6.656716e+01
Proportion of Variance 9.998373e-01 1.605633e-04 1.649219e-06 3.680097e-07 1.032662e-07
Cumulative Proportion  9.998373e-01 9.999979e-01 9.999995e-01 9.999999e-01 1.000000e+00
                           Comp.6       Comp.7       Comp.8       Comp.9      Comp.10
Standard deviation     1.912660e+01 1.433490e+01 2.311808e+00 1.280810e+00 7.566947e-01
Proportion of Variance 8.525377e-09 4.788807e-09 1.245495e-10 3.823029e-11 1.334380e-11
Cumulative Proportion  1.000000e+00 1.000000e+00 1.000000e+00 1.000000e+00 1.000000e+00
                          Comp.11      Comp.12
Standard deviation     5.684196e-01 2.031810e-01
Proportion of Variance 7.529676e-12 9.620651e-13
Cumulative Proportion  1.000000e+00 1.000000e+00
```

Como las dos primeras componentes explican el 99% de la variabilidad inicial de los datos, utilizaremos las puntuaciones de las dos primeras componentes como variables independientes de nuestro modelo discriminante.

```
> COMP1=componentes$scores[,1]
> COMP2=componentes$scores[,2]
```

Podemos graficar la función de densidad de las tres probabilidades (Figuras 12-9 a 12-11).

```
> windows()
> plot(density(probabilidad1))
```

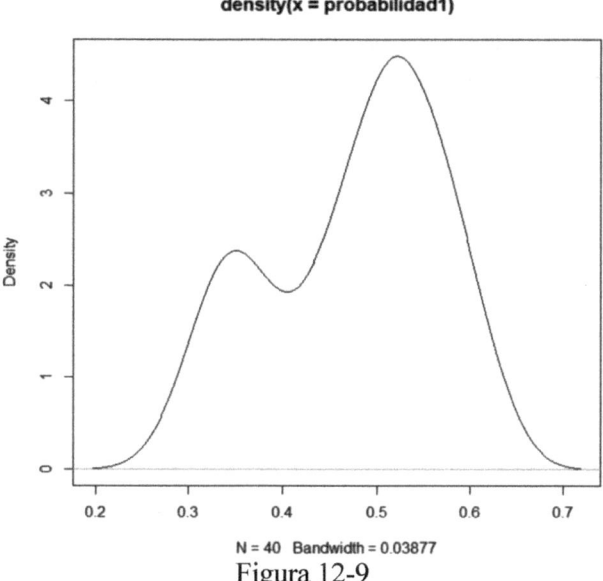

Figura 12-9

Observamos que la densidad de pacientes que sobreviven menos de un año al cáncer de pulmón es alta para cualquier franja de probabilidades.

```
> plot(density(probabilidad2))
```

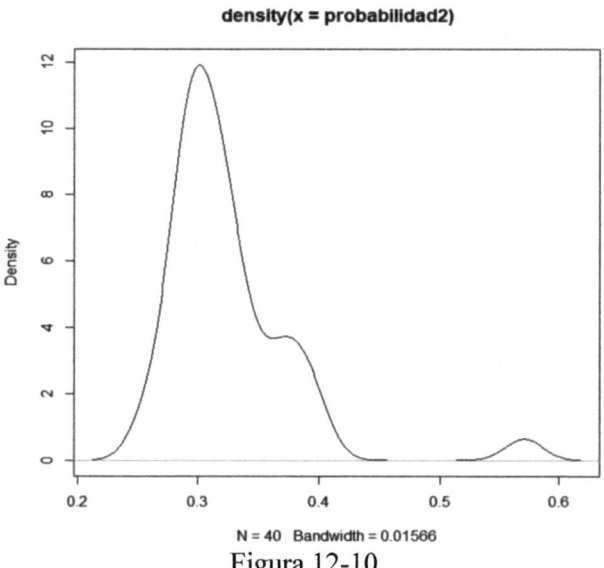

Figura 12-10

Para probabilidades bajas de supervivencia del grupo entre 0 y 2 años hay muchos pacientes y para probabilidades altas de supervivencia hay menos pacientes.

```
> plot(density(probabilidad3))
```

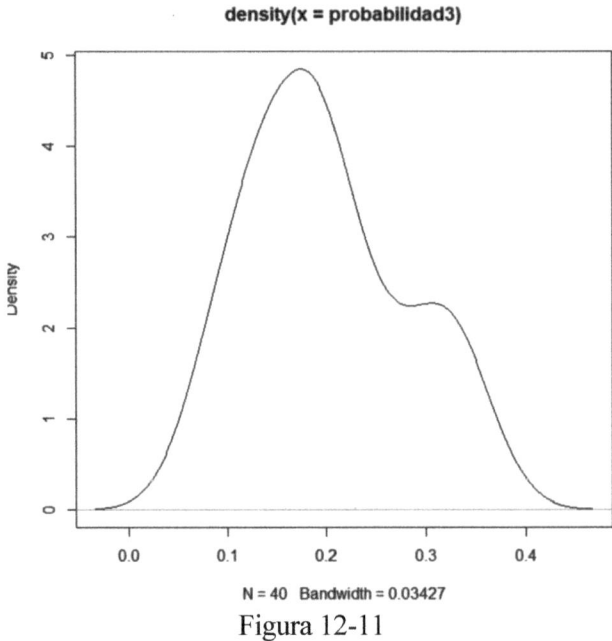

density(x = probabilidad3)

N = 40 Bandwidth = 0.03427

Figura 12-11

Para probabilidades bajas de supervivencia del grupo de más de dos años 2 años hay más pacientes que para probabilidades altas de supervivencia.

Se observa que estos resultados son muy parecidos al caso de no reducir la dimensión.

Validemos ahora el modelo mediante la matriz de confusión.

```
> matrizconfusion=table(Grupo1,clasepredicha)
> matrizconfusion
      clasepredicha
Grupo1  1  2  3
     1 17  1  1
     2 12  1  0
     3  7  1  0
```

19 predicciones que ha realizado el modelo han sido erróneas (12 en el grupo 2 y 7 en el grupo 3). Se observa entonces que la reducción de la dimensión no mejora claramente la clasificación del análisis discriminante.

Ejercicio 12-2. Utilizando un fichero con datos de automóviles coches.sav realizar un análisis discriminante que clasifique los coches según su origen (1=EE.UU. 2=Europa, 3=Japón). Las variables independientes del modelo serán consumo, aceleración, peso y motor.

Comenzamos importando el archivo de datos y explorándolas.

```
> library(haven)
> coches <- read_sav("E:/CURSOR2023/DATOS/coches.sav")
> View(coches)
> attach(coches)
> summary(coches)
```

```
   consumo           motor             cv               peso             acel
Min.   : 5.00    Min.   :  66     Min.   : 46.00    Min.   : 244.0    Min.   : 8.00
1st Qu.: 8.00    1st Qu.:1708     1st Qu.: 75.21    1st Qu.: 741.2    1st Qu.:13.62
Median :10.31    Median :2434     Median : 94.50    Median : 936.5    Median :15.50
Mean   :11.27    Mean   :3180     Mean   :104.45    Mean   : 989.5    Mean   :15.50
3rd Qu.:14.00    3rd Qu.:4806     3rd Qu.:128.00    3rd Qu.:1203.8    3rd Qu.:17.07
Max.   :26.00    Max.   :7456     Max.   :230.00    Max.   :1713.0    Max.   :24.80
     año             origen           cilindr          derivada
Min.   : 0.00    Min.   :1.000    Min.   :3.000    Min.   :0.000
1st Qu.:73.00    1st Qu.:1.000    1st Qu.:4.000    1st Qu.:0.000
Median :76.00    Median :1.000    Median :4.000    Median :1.000
Mean   :75.75    Mean   :1.569    Mean   :5.475    Mean   :0.734
3rd Qu.:79.00    3rd Qu.:2.000    3rd Qu.:8.000    3rd Qu.:1.000
Max.   :82.00    Max.   :3.000    Max.   :8.000    Max.   :1.000
```

Para realizar el análisis discriminante lineal cargamos la librería *MASS* y utilizamos la función *lda*. Como variables independientes del modelo utilizamos las variables cuantitativas del archivo (consumo, potencia, motor, peso y aceleración).

```
> > library(MASS)
> modelo=lda(origen~consumo+motor+cv+peso+acel)
> modelo
Call:
lda(origen ~ consumo + motor + cv + peso + acel)

Prior probabilities of groups:
        1         2         3
0.6256158 0.1798030 0.1945813

Group means:
    consumo    motor        cv      peso      acel
1 12.952608 4043.508 118.94030 1118.6575 14.90315
2  8.919566 1793.932  80.65201  810.1233 16.82192
3  8.050633 1683.089  79.83544  740.0506 16.17215

Coefficients of linear discriminants:


                   LD1           LD2
consumo  -0.108227020  -0.186131266
motor    -0.001212994   0.001221197
cv        0.032593189   0.013335683
peso      0.000321581  -0.007551736
acel      0.035063162  -0.078981732

Proportion of trace:
   LD1    LD2
0.9647 0.0353
```

Se observan los coeficientes de las funciones discriminantes canónicas. A continuación, calculamos las probabilidades del origen de los coches basándonos en la clase de la variable dependiente predicha para cada uno de ellos.

A continuación, calculamos las predicciones del modelo para los elementos de la base de datos.

```
> predicciones=predict(object = modelo, newdata = coches[, -5])
> predicciones
```

```
$class
  [1] 1 1 1 1 1 1 1 1 1 1 2 1 1 1 1 1 1 1 1 1 3 1 1 1 3 1 2 2 3 3 1 1 1 1 2 3 3 3 1 1 1 1
 [43] 1 1 1 1 1 1 1 1 1 1 1 1 1 1 1 3 3 3 3 3 3 1 3 3 3 1 1 1 1 1 1 1 1 1 1 1 1 2 1 1 1 1 2
 [85] 1 2 2 1 3 3 3 3 1 1 1 1 1 1 1 1 1 1 1 1 1 1 1 1 1 1 1 1 1 2 1 2 2 1 1 3 1 1 2 1
[127] 2 2 1 3 3 1 1 1 1 1 3 1 3 1 1 1 1 1 1 1 1 1 3 3 3 3 3 3 3 1 3 3 3 1 1 1 1 1 1 1 1 1
[169] 1 1 1 1 1 3 1 1 1 2 2 2 1 3 1 2 2 2 3 3 3 3 3 2 3 1 1 1 1 1 1 1 2 1 3 3 1 1 1 1
[211] 3 3 3 1 2 1 2 2 2 1 1 1 1 3 3 3 3 3 1 1 1 1 1 1 1 1 1 1 1 1 1 3 1 2 1 3 3 3 3 1 3 2 3
[253] 3 3 3 1 1 1 1 1 1 1 1 1 1 1 1 1 1 3 1 1 3 3 3 3 1 3 1 3 2 2 2 2 3 3 1 1 1 1 1 1
[295] 1 1 1 1 1 1 3 3 3 2 1 1 2 1 3 3 3 3 1 3 3 1 3 3 3 3 3 1 2 2 1 3 2 2 3 3 3 3 3 2 2 1
[337] 3 3 3 3 3 2 3 2 3 1 1 1 1 1 3 3 3 3 3 3 3 1 3 2 3 3 3 3 3 2 2 2 1 3 2 1 1 1 1 2 2 3
[379] 2 1 1 2 1 3 3 3 3 3 3 3 3 3 3 3 3 1 1 1 1 3 3 1 1 3 3 2 2
Levels: 1 2 3
```

```
$posterior
               1              2             3
1     0.98705221  0.0053196969  7.628093e-03
2     0.98776844  0.0044675198  7.764044e-03
3     0.97109914  0.0085801283  2.032073e-02
4     0.96672888  0.0129850457  2.028607e-02
5     0.97851921  0.0082828452  1.319794e-02
6     0.99508104  0.0015450468  3.373915e-03
7     0.99385312  0.0014397861  4.707091e-03
8     0.99276807  0.0018351148  5.396815e-03
9     0.99128287  0.0021606474  6.556481e-03
10    0.98839720  0.0028434104  8.759390e-03
11    0.09690573  0.6247860135  2.783083e-01
12    0.98782492  0.0066092333  5.565845e-03
```

```
> clasepredicha=predicciones$class
> probabilidadpredicha=predicciones$posterior
```

En la salida de *clasepredicha* vemos la clase en que el modelo clasifica a cada coche. En la salida de probabilidad predicha vemos la probabilidad de cada una de las tres categorías de la variable dependiente para todos los coches en modo matricial. Podemos aislar sus columnas de la siguiente forma.

```
> probabilidad1=probabilidadpredicha[,1]
> probabilidad2=probabilidadpredicha[,2]
> probabilidad3=probabilidadpredicha[,3]
```

Podemos graficar la función de densidad de las tres probabilidades (Figuras 12-12 a 12-13).

```
> windows()
> plot(density(probabilidad1))
```

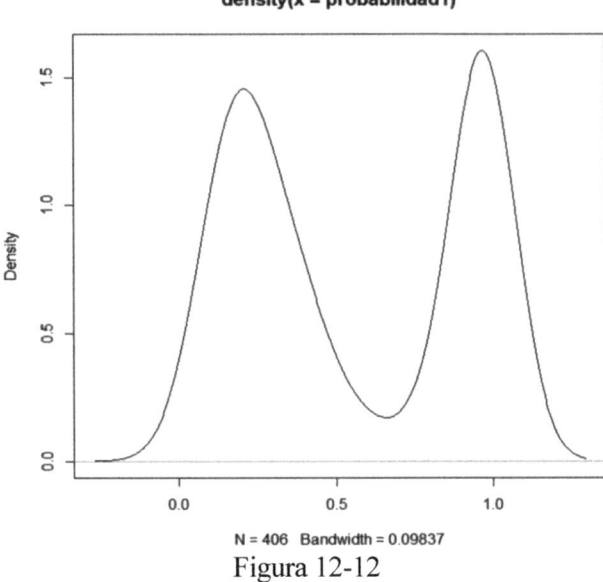

Figura 12-12

Observamos que la función de densidad tiende a ser bimodal con dos modas muy acusadas. Esto quiere decir que, tanto para probabilidades altas como bajas, la densidad de coches de origen EE. UU. es muy alta.

```
> plot(density(probabilidad2))
```

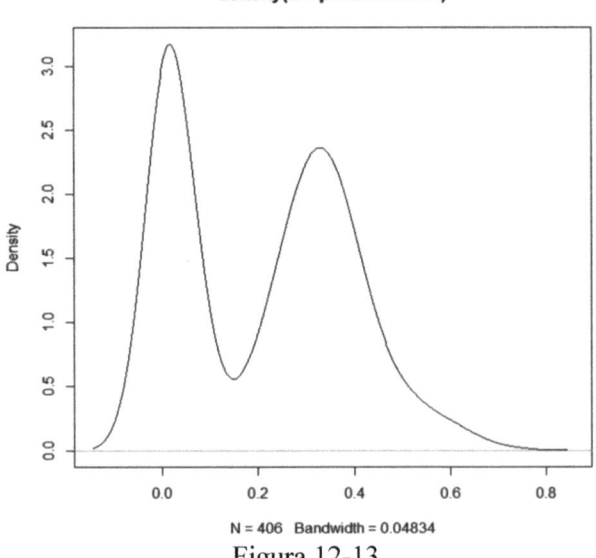

Figura 12-13

Para probabilidades bajas de coches de origen europeo hay muchos coches y para probabilidades altas hay menos.

```
> plot(density(probabilidad3))
```

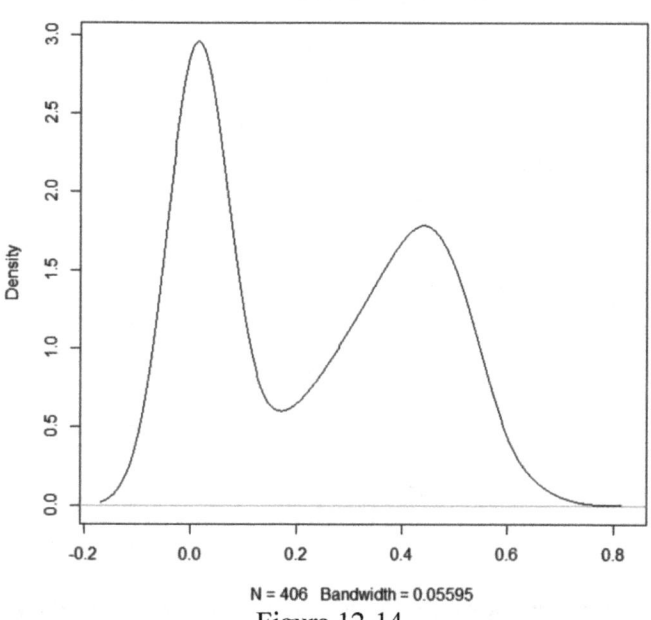

density(x = probabilidad3)

N = 406 Bandwidth = 0.05595

Figura 12-14

Para probabilidades bajas de coches de origen japonés hay muchos coches y para probabilidades altas hay menos. El comportamiento de los coches de origen europeo y japonés es muy similar.

Validaremos el modelo a través de la matriz de confusión.

```
> matrizconfusion=table(origen,clasepredicha)
> matrizconfusion
       clasepredicha
origen    1    2    3
     1  210   14   30
     2   11   25   37
     3    2   14   63
```

71 de las 406 predicciones que ha realizado el modelo han sido erróneas, luego el porcentaje de aciertos del modelo es del 82,5%.

Ejercicio 12-3. Supongamos que tenemos dos grupos de individuos: los que ven todos los días la televisión durante varias horas y los que la ven de forma esporádica. Para discriminar entre ellos se toman dos muestras de 20 individuos y se encuestan sobre las variables DESOCUPACIÓN, CULTURA, ENTRETENIMIENTO, RADIO y RECHAZOTV puntuando cada variable en una escala de 1 a 10 y obteniendo los siguientes resultados:

GRUPO I						GRUPO II				
DESOCU:	CULT.	ENTRET.	RADIO	R.TV		DESOCU:	CULT.	ENTRET.	RADIO	R.TV
3	1	1	4	2		2	2	4	5	5
4	2	1	5	3		3	3	3	6	6
5	2	1	6	3		4	4	3	4	5
4	1	2	2	2		1	4	2	7	7
5	2	3	6	3		3	3	1	4	6
5	2	3	4	3		8	6	4	5	9
6	4	5	5	4		1	7	3	1	8
2	2	1	3	1		4	6	4	3	7
6	2	3	1	4		3	7	5	5	8
7	6	1	6	6		3	8	5	4	6
6	7	5	7	4		7	9	4	1	8
5	7	7	6	1		2	3	5	6	3
3	4	1	5	1		2	4	6	7	1
4	6	3	2	1		3	3	5	1	4
5	7	4	1	6		4	5	3	2	6
7	7	6	7	8		5	6	5	5	7
6	7	1	6	6		4	5	5	6	4
5	8	6	1	4		3	7	3	7	6
5	9	8	4	4		4	6	4	6	5
6	5	4	5	1		6	7	8	1	7

Obtener los coeficientes para la función discriminante canónica, clasificar los individuos en los dos grupos de la variable dependiente y calcular las probabilidades de dicha clasificación. Validar el modelo discriminante.

Comenzamos cargando el archivo de datos y haciendo un exploratorio básico de sus variables.

```
> library(readxl)
> TV <- read_excel("E:/CURSOR2023/DATOS/TV.xlsx")
> View(TV)
> attach(TV)
> summary(TV)
```

```
  DESOCUPACION         CULTURA      ENTRETENIMIENTO      RADIO            RTV
Min.    :1.000    Min.    :1.0    Min.    :1.00    Min.    :1.00    Min.    :1.000
1st Qu.:3.000     1st Qu.:3.0     1st Qu.:2.75     1st Qu.:2.75     1st Qu.:3.000
Median :4.000     Median :5.0     Median :4.00     Median :5.00     Median :4.500
Mean    :4.275    Mean    :4.9    Mean    :3.70    Mean    :4.30    Mean    :4.625
3rd Qu.:5.250     3rd Qu.:7.0     3rd Qu.:5.00     3rd Qu.:6.00     3rd Qu.:6.000
Max.    :8.000    Max.    :9.0    Max.    :8.00    Max.    :7.00    Max.    :9.000
     GRUPO
Min.    :1.0
1st Qu.:1.0
Median :1.5
Mean    :1.5
3rd Qu.:2.0
Max.    :2.0
```

Para realizar el análisis discriminante lineal cargamos la librería *MASS* y utilizamos la función *lda*. Como variables independientes del modelo utilizamos las variables cuantitativas del archivo.

```
> library(MASS)
> modelo=lda(GRUPO~DESOCUPACION+CULTURA+ENTRETENIMIENTO+RADIO
+RTV)
> modelo
Call:
lda(GRUPO ~ DESOCUPACION + CULTURA + ENTRETENIMIENTO + RADIO
+ RTV)

Prior probabilities of groups:
  1   2
0.5 0.5

Group means:
  DESOCUPACION CULTURA ENTRETENIMIENTO RADIO  RTV
1         4.95    4.55             3.3   4.3 3.35
2         3.60    5.25             4.1   4.3 5.90

Coefficients of linear discriminants:
                       LD1
DESOCUPACION    -0.65282019
CULTURA         -0.15894593
ENTRETENIMIENTO  0.34240404
RADIO            0.04381986
RTV              0.62463958
```

Se observan los coeficientes de la función discriminante canónica. A continuación, calculamos las probabilidades de avería de los coches basándonos en las clases de la variable dependiente predicha para cada uno de ellos.

```
> GRUPO1=data.frame(GRUPO)
> clasepredicha=predict(modelo,GRUPO1)$class
> probabilidadpredicha=predict(modelo,GRUPO1)$posterior
> clasepredicha
```

```
[1] 1 1 1 1 1 1 1 1 1 1 1 1 1 1 1 2 2 1 1 1 1 2 2 2 2 2 2 2 2 2 2 1 2 2 2 2 2 2 2 2
Levels: 1 2
```

```
> probabilidadpredicha
            1           2
1   0.9510427917 0.0489572083
2   0.9659237225 0.0340762775
3   0.9929684730 0.0070315270
4   0.9822978045 0.0177021955
5   0.9586951640 0.0413048360
6   0.9669358300 0.0330641700
7   0.9142728868 0.0857271132
8   0.9685365147 0.0314634853
9   0.9780462943 0.0219537057
10  0.9941082506 0.0058917494
11  0.9674912511 0.0325087489
```

En la salida de *clasepredicha* vemos la clase (grupo) en que el modelo clasifica a cada individuo. En la salida de probabilidad predicha vemos la probabilidad de pertenencia o no al grupo de cada individuo. A nosotros nos interesa la segunda columna de la salida (el 1 es la avería).

La primera columna de la salida anterior contendrá las probabilidades de que los individuos vean la televisión durante varias horas (individuos del grupo 1).

```
> probgrupo1=probabilidadpredicha[,1]
> probgrupo1
```

```
            1            2            3            4            5            6
0.9510427917 0.9659237225 0.9929684730 0.9822978045 0.9586951640 0.9669358300
            7            8            9           10           11           12
0.9142728868 0.9685365147 0.9780462943 0.9941082506 0.9674912511 0.9927741016
           13           14           15           16           17           18
0.9968444847 0.9989479341 0.4934650659 0.0849827613 0.9786692879 0.8677677403
           19           20           21           22           23           24
0.5369671016 0.9998213792 0.0022358874 0.0080009886 0.3096929484 0.0001659758
           25           26           27           28           29           30
0.0582296266 0.3352562249 0.0000911592 0.0172127371 0.0002950772 0.0133971242
           31           32           33           34           35           36
0.7232597415 0.0321064014 0.3293216394 0.0598589339 0.1420450306 0.0305511221
           37           38           39           40
0.3160061401 0.0369953104 0.2502504074 0.0275655062
```

Para analizar esta probabilidad utilizaremos su función de densidad (Figura 12-15).

```
> windows()
> plot(density(probgrupo1))
```

density(x = probgrupo1)

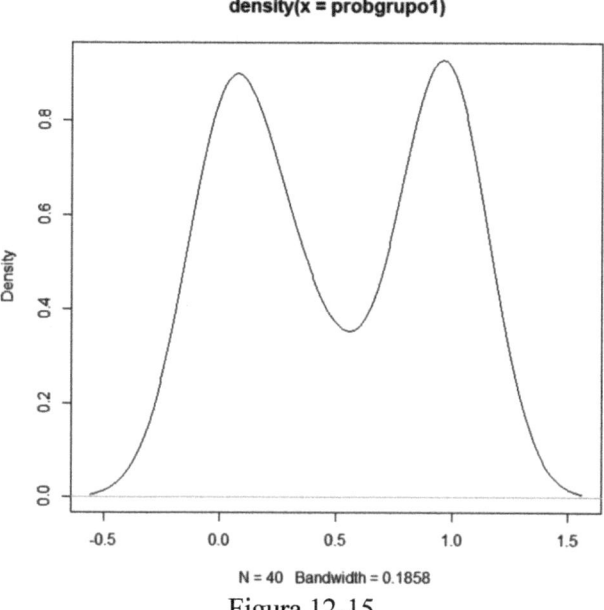

N = 40 Bandwidth = 0.1858

Figura 12-15

Observamos que la función de densidad tiende a ser bimodal. Para probabilidades bajas de pertenecia al grupo1 hay una densidad significativa de individuos. Para probabilidad en el entorno de 0,5 hay menos individuos. Para probabilidades altas de avería tenemos una densidad significativa de individuos.

Para la evaluación del modelo consideramos la matriz de confusión y la curva ROC, lo mismo que en el caso del discriminante lineal.

Vamos ahora a calcular la matriz de confusión de nuestro modelo.

```
> matrizconfusion1=table(GRUPO,clasepredicha)
> matrizconfusion1

      clasepredicha
GRUPO  1   2
    1 18   2
    2  1  19
```

Observamos que de los 40 individuos en la base de datos, el modelo sólo ha clasificado mal a 3 y bien a 37 (92,5% de aciertos). De los 20 individuos del grupo1 de la base de datos solo ha clasificado mal a 2 (90% de aciertos). De los 20 individuos del grupo2 de la base de datos se han clasificado bien 19 (95%)

Observamos un porcentaje muy alto de aciertos en la clasificación que realiza el modelo, por lo tanto, es un modelo predictivo de calidad.

Vamos a construir la curva ROC de nuestro modelo (Figura 12-16). Utilizaremos la función *roc* de la librería *pROC*.

```
> GRUPO1=as.numeric(GRUPO)
> clasepredicha1=as.numeric(clasepredicha)
> rocobjeto=roc(GRUPO1,clasepredicha1,auc=TRUE)
> windows()
> plot(rocobjeto,print.auc=TRUE)
```

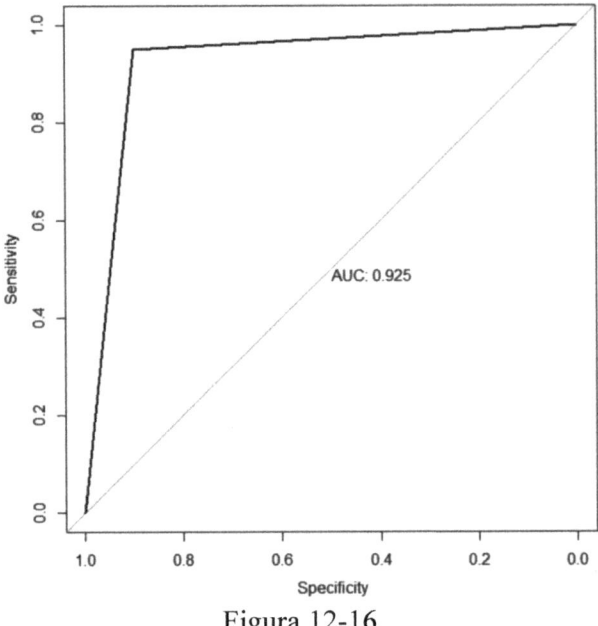

Figura 12-16

Vemos que el modelo tiene una alta capacidad predictiva porque el área bajo la curva ROC es 0,925 que está muy cercana a la unidad.

Finalmente calculamos las probabilidades de que los individuos vean la televisión de forma esporádica (individuos del grupo 2).

```
> probgrupo2=probabilidadpredicha[,2]
> probgrupo2
```

1	2	3	4	5	6
0.0489572083	0.0340762775	0.0070315270	0.0177021955	0.0413048360	0.0330641700

7	8	9	10	11	12
0.0857271132	0.0314634853	0.0219537057	0.0058917494	0.0325087489	0.0072258984

13	14	15	16	17	18
0.0031555153	0.0010520659	0.5065349341	0.9150172387	0.0213307121	0.1322322597

19	20	21	22	23	24
0.4630328984	0.0001786208	0.9977641126	0.9919990114	0.6903070516	0.9998340242

25	26	27	28	29	30
0.9417703734	0.6647437751	0.9999088408	0.9827872629	0.9997049228	0.9866028758

31	32	33	34	35	36
0.2767402585	0.9678935986	0.6706783606	0.9401410661	0.8579549694	0.9694488779

37	38	39	40
0.6839938599	0.9630046896	0.7497495926	0.9724344938

Para analizar esta probabilidad utilizaremos su función de densidad (Figura 12-17).

```
> windows()
> plot(density(probgrupo2))
```

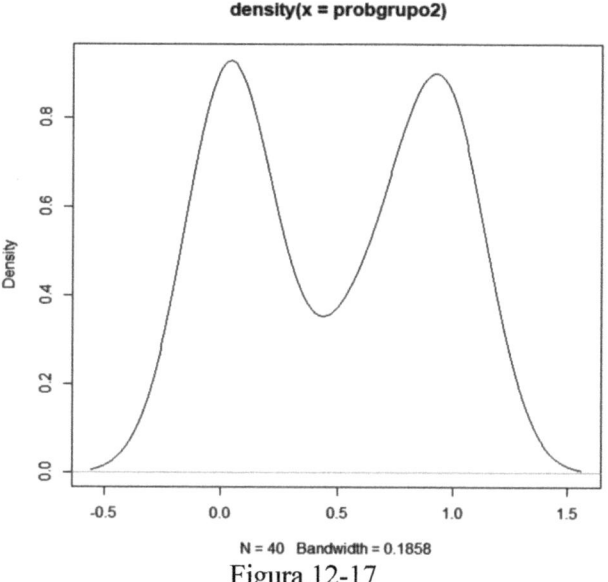

density(x = probgrupo2)

N = 40 Bandwidth = 0.1858

Figura 12-17

Observamos que la función de densidad para el grupo2 se comporta de modo similar que para el grupo1.

## Capítulo 13

MODELOS LINEALES GENERALIZADOS. MODELOS DE ELECCIÓN DISCRETA: MODELOS LOGIT, PROBIT Y RECUENTO

13.1 APRENDIZAJE SUPERVISADO: MODELO LINEAL GENERALIZADO

El modelo lineal generalizado amplía el modelo lineal general, de manera que la variable dependiente y está relacionada linealmente con los factores y las covariables mediante una determinada función de enlace g: $E[y_i] = g^{-1}(x_i'\beta)$.

Si $\mu_i = E[y_i]$ entones $\eta_i = g(u_i) = x_i'\beta$

13.1.1 Elementos de un modelo lineal generalizado:

* Se supone que las variables respuesta, $y_1,...,y_n$, siguen una distribución común miembro de la *familia exponencial*.

* Un conjunto de variables explicativas, $x_1,...,x_p$, y de parámetros $\beta_0,\beta_1,...,\beta_p$ definidos como sigue:

$$y_{n\times 1} = \begin{bmatrix} y_1 \\ \vdots \\ y_n \end{bmatrix}; \quad \beta_{q\times 1} = \begin{bmatrix} \beta_0 \\ \vdots \\ \beta_p \end{bmatrix}; \quad X_{n\times q} = \begin{bmatrix} x_1' \\ \vdots \\ x_n' \end{bmatrix} = \begin{bmatrix} 1 & x_{11} & \cdots & x_{1p} \\ 1 & x_{21} & \cdots & x_{2p} \\ \vdots & \vdots & \ddots & \vdots \\ 1 & x_{n1} & \cdots & x_{np} \end{bmatrix}$$

- Una *función de enlace* monótona *g* tal que

$$g(\mu_i) = x_i'\beta$$

donde $\mu_i = \mathrm{E}[y_i]$.

También podemos escribir el modelo lineal generalizado como:

$$u_i = g^{-1}(x_i'\beta) \Rightarrow E[y_i] = g^{-1}(x_i'\beta)$$

Además, el modelo permite que la variable dependiente tenga una distribución no normal. El modelo lineal generalizado cubre los modelos estadísticos más utilizados, como la regresión lineal para las respuestas distribuidas normalmente, modelos logísticos para datos binarios, modelos loglineales para datos de recuento, modelos log-log complementario para datos de supervivencia censurados por intervalos, además de muchos otros modelos estadísticos a través de la propia formulación general del modelo.

La posibilidad de especificar una distribución específica para la variable dependiente que no sea la normal y la posibilidad de especificar una función de enlace que no sea la identidad, es la principal mejora que aporta el modelo lineal generalizado respecto al modelo lineal general. Si la distribución de la variable dependiente es normal y la función de enlace es la identidad estamos ante el modelo lineal general.

13.2 MODELOS DE VARIABLE DEPENDIENTE LIMITADA Y RECUENTO: LOGIT, PROBIT, POISSON Y BINOMIAL NEGATIVA

Los **modelos de elección discreta** predicen directamente la probabilidad de un suceso que tiene dos o más posibilidades de ocurrencia. Como los valores de una probabilidad están entre cero y uno, las predicciones realizadas con los modelos de elección discreta deben estar acotadas para que caigan en el rango entre cero y uno. El modelo general que cumple esta condición tiene la forma funcional:

$$P = F(X, \beta) + u$$

Se observa que, si *F* es la función de distribución de una variable aleatoria, entonces *P* varía entre cero y uno.

En el caso particular en que la función *F* es la función logística estaremos ante el ***modelo Logit o Regresión Logística***, cuya forma funcional será la siguiente:

$$P = F(X, \beta) + u = \frac{e^{X\beta}}{1 + e^{X\beta}} + u$$

Se observa que:

$$P = F(X, \beta) = \frac{e^{X\beta}}{1 + e^{X\beta}} \Rightarrow \log\left(\frac{P}{1-P}\right) = X\beta$$

Por lo tanto, el modelo logit también se puede expresar en la forma:

$$\log\left(\frac{P}{1-P}\right) = X\beta + u$$

La función de enlace resulta ser $\log\left(\dfrac{P}{1-P}\right)$ que se denomina *función de enlace logit* y pertenece a la *familia binomial*.

En el caso particular en que la función F es la función de distribución de una normal unitaria estaremos ante el *modelo Probit*, cuya forma funcional será la siguiente:

$$P = F(X, \beta) + u = (2\pi)^{-\frac{1}{2}} \int_{-\infty}^{X\beta} e^{-\frac{t^2}{2}} dt + u$$

Tenemos:

$$P = (2\pi)^{-\frac{1}{2}} \int_{-\infty}^{X\beta} e^{-\frac{t^2}{2}} dt = \Phi(X\beta) \Rightarrow \Phi^{-1}(P) = X\beta$$

Por lo tanto, el modelo logit también se puede expresar en la forma:

$$\Phi^{-1}(P) = X\beta + u$$

siendo Φ la función de distribución de una normal $(0,1)$.

La función de enlace resulta ser $\Phi^{-1}(P)$ que se denomina *función de enlace probit* y que también pertenece a la familia binomial.

Pr otra parte, los *modelos de datos de recuento* son los que tienen como variable dependiente una variable discreta que toma un conjunto de valores enteros no negativos finito o infinito numerable. Los *modelos de regresión de Poisson y Binomial Negativa* son los más habituales de este tipo.

El **modelo de regresión de Poisson** supone que cada y_i es una realización de una variable aleatoria con distribución de Poisson de parámetro λ y que este parámetro está relacionado con el vector de regresores x_i. La ecuación básica del modelo es:

$$\text{Prob}[Y = y_i] = \frac{e^{-\lambda} \lambda^{y_i}}{y_i!} \qquad y_i = 0, 1, 2, \cdots$$

La formulación de λ más habitual es logaritmo-lineal, es decir:

$$\text{Ln}(\lambda) = \beta\mathbf{X} \Leftrightarrow \lambda = \exp(\beta\mathbf{X})$$

Por lo tanto la función de enlace es $\text{Ln}(\lambda)$ denominada *función de enlace log* (logarítmica) y que pertenece a la *famila de Poisson*.

El *modelo de regresión Binomial Negativa* supone que cada y_i es una realización de una variable aleatoria con distribución Binomial Negativa de parámetros μ y k. La función de probabilidad de esta distribución es:

$$P(y|k,\mu) = \frac{\Gamma(y+k)}{\Gamma(k)\Gamma(y+1)} \left(\frac{k}{\mu+k}\right)^k \left(1 - \frac{k}{\mu+k}\right)^y$$

$$y = 0, 1, 2, \ldots$$

Se tiene que

$$
\begin{aligned}
E(Y) &= \mu \\
Var(Y) &= \mu + \frac{\mu^2}{k}
\end{aligned}
$$

El parámetro $1/k$ es un parámetro de dispersión, de modo que si $1/k \to 0$ entonces $Var(Y) \to \mu$ y la distribución binomial negativa converge a una distribución de Poisson.

Por otro lado, para un valor fijo de k esta distribución pertenece a la familia exponencial natural, de modo que se puede definir un modelo GLM binomial negativo. En general, se usa una función de tipo logaritmo.

13.3 DISTRIBUCIONES DE LA FAMILIA EXPONENCIAL

La variable aleatoria y se dice que es miembro de la familia exponencial de distribuciones si su función de densidad de probabilidad, $f(y;\theta)$, puede expresarse como:

$$f(y;\theta) = \exp\left\{a(y)b(\theta) + c(\theta) + d(y)\right\}$$

Si $a(y) = y$, la distribución anterior se dice estar en su *forma canónica* y a $b(\theta)$ se le llama el *parámetro natural de la distribución*.

Sea y variable aleatoria con función de densidad de probabilidad $f(y,\theta)$ miembro de la familia exponencial. Entonces, utilizando la parametrización natural, podemos escribir:

$$f(y;\boldsymbol{\theta}) = \exp\left\{[y\theta - b(\theta)]\frac{1}{a(\phi)} + c(y;\phi)\right\}$$

donde θ es el parámetro natural o canónico de localización y φ el *parámetro de dispersión*.

A continuación, se presenta un esquema que muestra los elementos de las diferentes distribuciones pertenecientes a la familia exponencial en términos de la densidad de probabilidad general de una variable aleatoria de la familia exponencial de distribuciones

Distribución	Soporte	θ	$a(\cdot)$	$b(\cdot)$	$c(\cdot)$	$\mu = E[Y]$
Binomial	$[1,n]/n$	$\log\left(\frac{p}{1-p}\right)$	$1/n$	$\log(1+e^\theta)$	$\log\left[\binom{n}{ny}\right]$	$e^\theta/(1+e^\theta)$
Poisson	$[0,\infty]$	$\log(\lambda)$	1	e^θ	$-\log y!$	e^θ
Binomial Negativa	$[0,\infty]$	$\log(1-p)$	1	$-r\log(1-e^\theta)$	$\log\left[\binom{r+y-1}{y}\right]$	$re^\theta/(1-e^\theta)$
Normal	$(-\infty,\infty)$	μ	ϕ	$\theta^2/2$	$-\frac{1}{2}\left(y^2/\phi - \log(2\pi\phi)\right)$	θ
Gamma	$(0,\infty)$	$-\beta$	ϕ	$\log(-\theta)$	$(\phi^{-1}-1)\left[\log(y\phi)+\log(\phi)\right]$ $-\log\Gamma(\phi^{-1})$	$1/\theta$
Gaussiana Inversa	$(0,\infty)$	$-1/2\mu^2$	ϕ	$-(-2\theta)^{1/2}$	$-\frac{1}{2}\left[1/y\phi - \log(-2\pi\phi y^3)\right]$	$(-2\theta)^{-1/2}$

Para cada una de estas distribuciones se puede definir un Modelo Lineal General perteneciente a la familia de la Distribución y con función de enlace θ.

13.4 MODELOS DE ELECCIÓN DISCRETA

La expresión funcional del modelo de análisis de la regresión múltiple es $y = F(x_1, x_2, \cdots, x_n)$. La regresión múltiple admite la posibilidad de trabajar con variables dependientes discretas en vez de continuas para permitir la modelización de fenómenos discretos. Cuando la variable dependiente es una variable discreta que refleja decisiones individuales en las que el conjunto de elección está formado por alternativas separadas y mutuamente excluyentes estamos ante los *modelos de elección discreta*. Cuando la variable dependiente es discreta y toma sólo un número pequeño de valores no tiene sentido tratarla como si fuera una variable continua y suele interesar *caracterizar la probabilidad de que un agente tome una determinada decisión discreta*, condicional a los valores de ciertas variables explicativas. Estas funciones de distribución que caracterizan probabilidades para cada valor de las variables explicativas suelen ser no lineales y no suelen tener solución analítica por lo que suele ser necesario recurrir a métodos numéricos. Los modelos de elección discreta en los que el conjunto de elección tiene sólo dos alternativas posibles se llaman *modelos de elección binaria*. Cuando el conjunto de elección tiene varios valores discretos nos encontramos ante los *modelos de elección múltiple o modelos multinomiales*.

Los modelos de elección discreta se denominan *modelos de datos de recuento* cuando los valores de la variable dependiente discreta son números que no reflejan categorías. En caso de que los valores numéricos de la variable dependiente discreta reflejen categorías, los modelos se denominan *modelo de elección discreta categóricos*, y suelen clasificarse en *modelos de elección discreta categóricos ordenados* (los valores numéricos no tienen significado cuantitativo y reflejan un orden de categorías) y *modelos de elección discreta categóricos no ordenados* (los valores numéricos reflejan únicamente categorías).

13.5 MODELOS DE ELECCIÓN DISCRETA BINARIA

Dentro de los *modelos de elección discreta* en los que el conjunto de elección tiene sólo dos alternativas posibles mutuamente excluyentes, consideraremos el modelo lineal de probabilidad, el modelo Logit y el modelo Probit.

13.5.1 Modelo MLP (Modelo lineal de probabilidad)

Partimos del modelo de regresión lineal habitual:

$$Y = \beta_0 + \beta_1 X_1 + \beta_2 X_2 + \ldots + \beta_k X_k + \varepsilon$$

una de cuyas hipótesis es:

$$E(\varepsilon | X_1, X_2, \ldots, X_k) = 0$$

lo que nos lleva a escribir el modelo como:

$$E(Y|X_1,...,X_k) = \beta_0 + \beta_1 X_1 + \beta_2 X_2 + ... + \beta_k X_k$$

Pero en el caso de los modelos de elección discreta en los que el conjunto de elección tiene sólo dos alternativas posibles mutuamente excluyentes, Y es una variable aleatoria de Bernouilli de parámetro p, lo que nos permite escribir:

$$E(Y|X_1,...,X_k) = P(Y=1|X_1,...,X_k) = \beta_0 + \beta_1 X_1 + \beta_2 X_2 + ... + \beta_k X_k$$

Estamos ahora ante el ***modelo lineal de probabilidad***, donde, por ejemplo, β_1 mide la variación en la probabilidad de "éxito" ($Y = 1$) ante una variación unitaria en X_1 (con todo lo demás constante).

Como Y es una variable aleatoria de Bernouilli:

$$V(Y|X_1,...,X_k) = P(Y=1|X_1,...,X_k)\left(1 - P(Y=1|X_1,...,X_k)\right)$$

Tenemos entonces:

$$Y = \beta_0 + \beta_1 X_1 + \beta_2 X_2 + \cdots + \beta_k X_k + u \Rightarrow u = Y - \beta_0 + \beta_1 X_1 + \beta_2 X_2 + \cdots + \beta_k X_k$$

$$V(u) = V(Y - \beta_0 + \beta_1 X_1 + \beta_2 X_2 + \cdots + \beta_k X_k) = V(Y | X_1,...,X_k)$$

para cada observación $V(u_i) = p_i(1-p_i)$ ya que Y es una variable aleatoria de Bernouilli.

Estamos entonces ante un modelo con heteroscedasticidad porque la varianza del error no es constante, ya que para cada valor de $X_1,...,X_k$, la varianza del error tiene un valor diferente ($V(u)$ no constante). Además, Y es una variable de Bernouilli, con lo que tampoco se cumple la hipótesis de normalidad. Ello obliga a estimar estos modelos por un método alternativo a mínimos cuadrados ordinarios, por ejemplo, utilizando estimadores máximo verosímiles o mínimos cuadrados generalizados.

Realizada la estimación del modelo lineal de probabilidad tenemos que:

$$\hat{Y} = \hat{\beta}_0 + \hat{\beta}_1 X_1 + \hat{\beta}_2 X_2 + ... + \hat{\beta}_k X_k = \hat{P}$$

se puede interpretar como una estimación de la probabilidad de "éxito" (de que $Y = 1$). En algunas aplicaciones tiene sentido interpretar $\hat{\beta}_0$ como la probabilidad de éxito cuando todas las X_j valen 0.

Otra limitación importante del modelo lineal de probabilidad es que para ciertas combinaciones de las variables explicativas $X_1,...,X_k$, las probabilidades estimadas pueden ser mayores que cero o menores que uno.

13.5.2 Modelos Logit y Probit binarios: estimación por máxima verosimilitud

Podemos considerar los ***modelos Logit y Probit*** como modelos de respuesta binaria:

$$P(Y = 1 | X_1, X_2,..., X_k) = G(\beta_0 + \beta_1 X_1 + \beta_2 X_2 + ... + \beta_k X_k)$$

que, para evitar los problemas del modelo lineal de probabilidad, se especifican como $Y = G(X\beta)$, donde G es una función que toma valores estrictamente entre 0 y 1 $(0 < G(Z) < 1)$ para todos los números reales z. Según las diferentes definiciones de G tenemos los distintos modelos de elección binaria.

Si $G(z) = \dfrac{e^z}{1 + e^z}$ estamos ante el ***modelo Logit***, cuya expresión será:

$$Y = G(z) = G(\beta_0 + \beta_1 X_1 + \beta_2 X_2 + \cdots + \beta_k X_k) = \frac{e^{\beta_0 + \beta_1 X_1 + \beta_2 X_2 + \cdots + \beta_k X_k}}{1 + e^{\beta_0 + \beta_1 X_1 + \beta_2 X_2 + \cdots + \beta_k X_k}}$$

En el caso del ***modelo Probit*** tenemos:

$$G(z) = \Phi(z) = \int_{-\infty}^{z} \phi(v) dv$$

donde $\Phi(z) = \dfrac{1}{\sqrt{2\pi}} e^{\frac{-z^2}{2}}$ es la función de densidad de la *normal* (0,1).

La expresión del modelo Probit será:

$$Y = G(z) = G(\beta_0 + \beta_1 X_1 + \beta_2 X_2 + \cdots + \beta_k X_k) = \int_{-\infty}^{\beta_0 + \beta_1 X_1 + \beta_2 X_2 + \cdots + \beta_k X_k} \frac{1}{\sqrt{2\pi}} e^{\frac{-v^2}{2}} dv$$

Los modelos Probit y Logit, como son modelos no lineales, no podremos estimar por MCO y tendremos que emplear métodos de máxima verosimilitud.

Supongamos que tenemos n observaciones idéntica e independientemente distribuidas (muestra aleatoria) que siguen el modelo:

$$P(Y = 1 | \mathbf{X}) = G(\beta_0 + \beta_1 X_1 + ... + \beta_k X_k)$$

Para obtener el estimador de máxima verosimilitud (MV), condicionado a las variables explicativas, necesitamos la función de verosimilitud:

$$L(\beta) = \prod_{Y_i=1} P_i \prod_{Y_i=0} (1-P_i) = \prod_{i=1}^{n} G(X_i'\beta)^{Y_i} (1-G(X_i'\beta))^{1-Y_i}$$

con:

$$P_i = P(Y_i = 1|X_{1i},\ldots,X_{ki}) = G(\beta_0 + \beta_1 X_{1i}+\ldots+\beta_k X_{ki}) = G(X_i'\beta)$$

El estimador de MV de β es el que maximiza el logaritmo de la función de verosimilitud:

$$l(\beta) = \ln L(\beta) = \sum_{i=1}^{n} \left[Y_i \ln G(X_i'\beta) + (1-Y_i)\ln\left(1-G(X_i'\beta)\right) \right]$$

que será un estimador consistente, asintóticamente normal y asintóticamente eficiente.

Las condiciones de primer orden serán:

$$S(\beta) = \sum_{i=1}^{n} \left[\frac{Y_i}{G(X_i'\beta)} - \frac{(1-Y_i)}{(1-G(X_i'\beta))} \right] X_i g(X_i'\beta) =$$

$$= \sum_{i=1}^{n} \left[\frac{Y_i - G(X_i'\beta)}{G(X_i'\beta)(1-G(X_i'\beta))} \right] X_i g(X_i'\beta) = 0$$

donde $g(.)$ es la función de densidad de la normal o la logística (derivada de la función de distribución).

La no linealidad del problema hace que para obtener el estimador MV de β necesitemos aplicar un algoritmo iterativo y obtener el estimador por métodos numéricos iterativos. Mediante el algoritmo Scoring tenemos:

$$\hat{\beta}^{k+1} = \hat{\beta}^k + \left[I(\hat{\beta}^k)\right]^{-1} S(\hat{\beta}^k)$$

La matriz de covarianzas asintótica de $\hat{\beta}$ se estima como:

$$A\,\hat{v}ar(\hat{\beta}) = \left[I(\hat{\beta})\right]^{-1} = \left(\sum_{i=1}^{n} \frac{\left[g(X_i'\hat{\beta})\right]^2 X_i X_i'}{G(X_i'\hat{\beta})\left(1-G(X_i'\hat{\beta})\right)} \right)^{-1}$$

Para realizar *contrastes de hipótesis en los modelos Logit y Probit* tendremos en cuenta que la raíz cuadrada de los elementos de la diagonal principal de la matriz de covarianzas asintótica son los errores estándar (asintóticos) de cada uno de los $\hat{\beta}_j$, que los podemos emplear para construir los estadísticos t (que tendrán una distribución asintótica normal) o intervalos de confianza aproximados para cada parámetro. También podemos contrastar varias restricciones simultáneamente. Lo habitual es que lo que nos interese sean restricciones de exclusión por lo que es en lo que nos vamos a centrar.

Para contrastar la hipótesis nula de que un conjunto de parámetros es igual a cero podemos emplear varios procedimientos:

- *Estadístico de Wald*. Se distribuye asintóticamente como una *Chi-cuadrado* con q (n° de restricciones) grados de libertad y lo proporcionan la mayoría de los programas.

- *Contraste de razón de verosimilitudes (Likelihood Ratio (LR) test)*. Se basa en la diferencia entre el logaritmo de la función de verosimilitud en el modelo sin restringir y en el restringido:

$$LR = 2\left(l(\hat{\beta}_{NR}) - l(\hat{\beta}_{R}) \right)$$

que se distribuye asintóticamente como una *Chi-cuadrado* con q grados de libertad.

En cuanto a las *medidas de la bondad de ajuste en los modelos Logit y Probit* tenemos:

- *Porcentaje de predicciones correctas (matriz de confusión)*. Para cada i calculamos la probabilidad estimada de que $Y_i = 1$:

$$\hat{P}_i = \hat{P}(Y_i = 1 | X_{1i},...,X_{ki}) = G(\hat{\beta}_0 + \hat{\beta}_1 X_{1i} + ... + \hat{\beta}_k X_{ki})$$

Si $\hat{P}_i > 0,5$ nuestra predicción será que Y_i es 1 y si $\hat{P}_i \leq 0,5$ nuestra predicción será que Y_i es 0. El % de veces en que el valor de Y_i observado coincida con la predicción es el % de predicciones correctas. Lo interesante es calcular por separado el % de predicciones correctas de ceros y de unos.

- *Area bajo la curva ROC* (debe de ser cercana a la unidad)

- **Pseudo – R² (de McFadden)**. Está basado en el logaritmo de la función de verosimilitud:

$$Pseudo - R^2 = 1 - \frac{l(\hat{\beta})}{l(\hat{\beta}_0)}$$

donde $l(\hat{\beta})$ es el logaritmo de la función de verosimilitud para el modelo estimado y $l(\hat{\beta}_0)$ el de un modelo sólo con término constante. Como $|l(\hat{\beta})| < |l(\hat{\beta}_0)|$, el valor $Pseudo - R^2$ está entre 0 y 1.

- **Criterios de Información**. Son medidas que tratan de buscar un equilibrio entre la bondad del ajuste, medida en base al valor del logaritmo de la función de verosimilitud, y una especificación parsimoniosa del modelo. (Ejemplos: *Akaike* (AIC), *Schwarz* (SC) y *Hannan-Quinn* (HQ)). Se escoge el modelo con menor valor del criterio de información.

- **P-valores** de los parámetros estimados (deben de ser pequeños)

A la hora de **interpretar las estimaciones en los modelos Probit y Logit**, generalmente lo que nos interesa es conocer el efecto de variaciones en una variable X_j sobre la probabilidad de respuesta, que si la variable es continua será:

$$\Delta\hat{P}(Y = 1|\mathbf{X}) \approx \left[g(\mathbf{X}\hat{\beta})\hat{\beta}_j\right]\Delta X_j$$

Como $g(X\hat{\beta})$ depende de X habrá que calcular los efectos parciales para valores interesantes de X (las medias muestrales, valores máximos y mínimos de las variables de interés, etc.). También se puede calcular el efecto parcial para cada individuo y después calcular su media.

El *efecto parcial de una variable continua X_j sobre la probabilidad de respuesta* $P(Y = 1|X)$ será:

$$\frac{\partial P(Y = 1|\mathbf{X})}{\partial X_j} = g(\mathbf{X}\beta)\beta_j$$

donde $g(.)$ es la función de densidad de la logística (*logit*) o de la normal estándar (*probit*). Este efecto varía de individuo a individuo. Como en el caso del Probit y del Logit, $g(z)>0$ para todo z, *el signo del efecto parcial de X_j es el mismo que el de β_j.*

El *efecto relativo de dos variables continuas* X_j y X_h *no depende de X*. Nótese que el cociente de los efectos parciales es β_j / β_h.

Si X_1, por ejemplo, es una variable explicativa ficticia, el efecto parcial de que varíe de 1 a 0 vendrá dado por:

$$G(\beta_0 + \beta_1 + \beta_2 X_2 + ... + \beta_k X_k) - G(\beta_0 + \beta_2 X_2 + ... + \beta_k X_k)$$

que también varía de un individuo a otro, pues depende de los valores de todas las X_j.

Como en el Probit $g(0) \approx 0,4$, en el Logit $g(0) \approx 0,25$ y en el MPL $g(0) = 1$, se puede obtener la siguiente relación entre las estimaciones:

$$\hat{\beta}_{Logit} \approx 1,6 \hat{\beta}_{Probit} \qquad \hat{\beta}_{Logit} \approx 4 \hat{\beta}_{MPL}$$

13.6 MODELOS DE ELECCIÓN MÚLTIPLE

Los modelos estudiados hasta ahora son modelos de elección discreta en los que el conjunto de elección tiene sólo dos alternativas posibles y que se llaman *modelos de elección binaria*. Pero cuando el conjunto de elección tiene varios valores discretos nos encontramos ante los *modelos de elección múltiple o modelos multinomiales*. Estudiaremos a continuación los más habituales.

13.6.1 Modelo Logit Multinomial

El *Modelo Logit Multinomial* es una extensión del modelo binario para el caso en el que la respuesta, "desordenada", tiene más de 2 posibilidades. Sea (X_i, Y_i) una muestra aleatoria de la población ($i = 1..n$).

Al igual que en el caso binario, lo que nos interesa es saber cómo afectan los cambios en los elementos de X a las probabilidades de respuesta:

$$P(Y = j | X_1, X_2, ..., X_k) = P(Y = j | \mathbf{X}) \qquad j = 0,1,...J$$

En el Modelo Logit Multinomial las probabilidades de respuesta son:

$$P(Y = j | \mathbf{X}) = \frac{\exp(\mathbf{X}\beta_j)}{1 + \sum_{h=1}^{J} \exp(\mathbf{X}\beta_h)} = p_j(\mathbf{X}, \beta) \qquad j = 1,...J$$

$$P(Y = 0 | \mathbf{X}) = \frac{1}{1 + \sum_{h=1}^{J} \exp(\mathbf{X}\beta_h)} = p_0(\mathbf{X}, \beta)$$

Si $J=1$, estamos en el caso binario.

En estos modelos los efectos parciales son complicados y ni siquiera el signo del parámetro nos da el signo del efecto. Si X_k es continua, el efecto parcial será:

$$\frac{\partial P(Y=j|\mathbf{X})}{\partial X_k} = P(Y=j|\mathbf{X})\left\{\beta_{jk} - \left[\sum_{h=1}^{J} \beta_{hk} \exp(\mathbf{X}\beta_h)\right] / g(\mathbf{X},\beta)\right\}$$

donde β_{hk} es el elemento k-ésimo de β_h y:

$$g(\mathbf{X},\beta) = 1 + \sum_{h=1}^{J} \exp(\mathbf{X}\beta_h)$$

Se observa que:

$$\frac{P(Y=j|\mathbf{X})}{P(Y=0|\mathbf{X})} = \frac{p_j(\mathbf{X},\beta)}{p_0(\mathbf{X},\beta)} = \exp(\mathbf{X}\beta_j)$$

luego:

$$\Delta\frac{p_j(\mathbf{X},\beta)}{p_0(\mathbf{X},\beta)} \approx \beta_{jk} \exp(\mathbf{X}\beta_j)\Delta X_k$$

Además:

$$\log\left(\frac{p_j(\mathbf{X},\beta)}{p_0(\mathbf{X},\beta)}\right) = \mathbf{X}\beta_j$$

y por tanto:

$$\Delta\log\left(\frac{p_j(\mathbf{X},\beta)}{p_0(\mathbf{X},\beta)}\right) \approx \beta_{jk}\Delta X_k$$

En general:

$$\log\left(\frac{p_j(\mathbf{X},\beta)}{p_h(\mathbf{X},\beta)}\right) = \mathbf{X}(\beta_j - \beta_h)$$

La probabilidad de elegir j, si la elección es entre j y h, sigue un modelo Logit estándar con vector de parámetros $\beta_j - \beta_h$:

$$P(Y=j|Y=j \text{ o } Y=h, \mathbf{X}) = \Lambda\left[\mathbf{X}(\beta_j - \beta_h)\right] = \frac{\exp\left[\mathbf{X}(\beta_j - \beta_h)\right]}{1 + \exp\left[\mathbf{X}(\beta_j - \beta_h)\right]}$$

El Modelo Logit Multinomial se estima por máxima verosimilitud. El logaritmo de la función de verosimilitud condicional viene dado por:

$$l(\beta) = \sum_{i=1}^{n} \sum_{j=0}^{J} \mathbf{1}[Y_i = j] \log[p_j(X_i, \beta)]$$

y en general obtendremos estimadores consistentes y asintóticamente normales.

13.6.2 Modelo Probit Multinomial

Cuando en un modelo Logit condicional se puede relajar el supuesto de IAI empleando modelos con supuestos más flexibles sobre a_{ij}, puede obtenerse el modelo Probit multinomial como un caso particular suyo.

Supongamos que a_{ij} sigue una distribución normal multivariante con correlaciones arbitrarias entre a_{ij} y a_{ih} (con $j \neq h$) estamos ante el ***Modelo Probit Multinomial***. Aunque este modelo es atractivo teóricamente, las probabilidades de respuesta son muy complicadas y la estimación máxima verosímil es casi imposible con más de 5 alternativas. Los avances econométricos recientes van haciendo más fácil el uso de estos modelos.

13.7 MODELOS LOGIT Y PROBIT ORDENADOS

Los modelos de elección múltiple vistos hasta ahora no tienen en cuenta la naturaleza ordinal de Y. A veces en los modelos de elección múltiple Y es una respuesta ordenada y el valor asignado a cada alternativa no es arbitrario. Estamos entonces ante los modelos de respuesta ordenada. Por ejemplo, cuando Y puede reflejar la valoración de un crédito es una escala de 0 a 6.

Sea Y una variable de respuesta ordenada que toma valores $\{0, 1, 2, ..., J\}$. El modelo Probit (o Logit) ordenado para Y (condicionado a unas variables explicativas X) se puede derivar de un modelo de variable latente:

$$Y^* = \mathbf{X}\beta + \varepsilon$$

donde X no contiene constante, β contiene k parámetros y $\varepsilon|X \rightarrow N(0,1)$. Sean $\alpha_1 < \alpha_2 < ... < \alpha_J$ puntos de corte (*threshold parameters*) desconocidos. Definimos:

$$Y = 0 \quad si \quad Y^* \leq \alpha_1$$

$$Y = 1 \quad si \quad \alpha_1 < Y^* \leq \alpha_2$$

.....

$$Y = J \quad si \quad Y^* > \alpha_J$$

La distribución condicional de Y dado X vendrá dada por:

$$P(Y = 0|\mathbf{X}) = P(Y^* \leq \alpha_1|\mathbf{X}) = P(\mathbf{X}\beta + \varepsilon \leq \alpha_1|\mathbf{X}) = \Phi(\alpha_1 - \mathbf{X}\beta)$$

$$P(Y = 1|\mathbf{X}) = P(\alpha_1 < Y^* \leq \alpha_2|\mathbf{X}) = \Phi(\alpha_2 - \mathbf{X}\beta) - \Phi(\alpha_1 - \mathbf{X}\beta)$$

$$.....$$

$$P(Y = J|\mathbf{X}) = P(Y^* > \alpha_J|\mathbf{X}) = 1 - \Phi(\alpha_J - \mathbf{X}\beta)$$

Si $J=1$ tenemos el Probit binario con la constante $-\alpha_1$ incluida dentro de $\Phi(.)$ (en los binarios solemos poner el punto de corte en cero y estimar la constante).

Los parámetros α y β se pueden estimar por el método de máxima verosimilitud. Si en vez de emplear $\Phi(.)$ utilizamos la logística $\Lambda(.)$ tendremos el Modelo Logit Ordenado.

Para el Probit Ordenado tenemos que los efectos parciales son:

$$\frac{\partial p_0(\mathbf{X})}{\partial X_k} = -\beta_k \phi(\alpha_1 - \mathbf{X}\beta) \qquad \frac{\partial p_J(\mathbf{X})}{\partial X_k} = \beta_k \phi(\alpha_J - \mathbf{X}\beta)$$

$$\frac{\partial p_j(\mathbf{X})}{\partial X_k} = \beta_k [\phi(\alpha_{j-1} - \mathbf{X}\beta) - \phi(\alpha_j - \mathbf{X}\beta)] \quad 0 < j < J$$

El signo de β_k sólo determina el signo del efecto parcial para $P(Y=0|X)$ y $P(Y=J|X)$, pero no para el resto.

Podemos aplicar estos modelos de respuesta ordenada en casos en que Y tiene un sentido cuantitativo, pero también nos interesa conocer la naturaleza de la respuesta ordenada discreta. En estos casos puede interesarnos conocer:

$$E(Y|\mathbf{X}) = a_0 P(Y = a_0|\mathbf{X}) + a_1 P(Y = a_1|\mathbf{X}) + ... + a_J P(Y = a_J|\mathbf{X})$$

donde $a_0, a_1, ..., a_J$ son los valores que toma la variable. Una vez que estimemos las probabilidades podemos estimar $E(Y|X)$ para cualquier valor de X que nos interese.

13.8 MODELOS DE DATOS DE RECUENTO

Una tipología importante de variable dependiente limitada es la variable de recuento, que toma valores enteros no negativos. Un **modelo de datos de recuento** es aquel que tiene como variable dependiente una variable discreta de recuento que toma valores enteros no negativos. Los *modelos de regresión de Poisson* son apropiados para analizar las variables de recuento. También lo son los *modelos de regresión Exponencial* y los *modelos de regresión Binomial Negativa*.

Los modelos de datos de recuento se caracterizan porque no tienen, en general, un límite superior natural, toman valor cero para algunos miembros de la población y suelen tomar pocos valores.

Si Y es la variable de recuento y X_1, ..., X_k son las variables explicativas, normalmente estaremos interesados en:

$$E(Y|X_1,...,X_k) = E(Y|\mathbf{X})$$.

En los casos en los que Y es estrictamente positiva podemos emplear la transformación logarítmica $log(Y)$ y usar el modelo lineal. Sin embargo, en los datos de recuento Y suele tomar valor cero para un porcentaje no despreciable de la población. Con datos de recuento lo que se suele hacer es modelizar $E(Y|\mathbf{X})$ eligiendo formas funcionales que aseguren valores positivos para todo X y todo valor de los parámetros.

13.8.1 Modelo de Regresión de Poisson

Para datos de recuento, en que la variable Y toma pocos valores, lo más habitual es asumir que Y dado X_1, ..., X_k sigue una distribución Poisson. La distribución Poisson viene completamente determinada por su media, con lo que nos vale con especificar $E(Y|\mathbf{X})$.

$$P(Y = h|\mathbf{X}) = \frac{\exp[-E(Y|\mathbf{X})][E(Y|\mathbf{X})]^h}{h!} \qquad h = 0,1,2...$$

Una posibilidad que nos asegura valores positivos para todo valor de X y de los parámetros es modelizar la función esperanza condicional $E(Y|\mathbf{X})$ como una función exponencial:

$$E(Y|X_1,...,X_k) = \exp(\beta_0 + \beta_1 X_1 + ... + \beta_k X_k) = \exp(\mathbf{X}\beta)$$

En este caso:

$$P(Y = h|\mathbf{X}) = \frac{\exp[-\exp(\mathbf{X}\beta)][\exp(\mathbf{X}\beta)]^h}{h!} \qquad h = 0,1,2...$$

que nos permite calcular las probabilidades condicionadas.

Tomando logaritmos tenemos que:

$$\log[E(Y|\mathbf{X})] = \beta_0 + \beta_1 X_1 + ... + \beta_k X_k = \mathbf{X}\beta$$

luego podemos decir que $100 \times \beta_j$ es aproximadamente la variación porcentual en $E(Y|\mathbf{X})$ cuando X_j varía en 1 unidad:

$$\% \Delta E(Y|\mathbf{X}) \approx 100 \beta_j \Delta X_j$$

Podemos interpretar los coeficientes como si fueran un modelo lineal con variable dependiente en logaritmo.

Podemos medir la variación % exacta en $E(Y|\mathbf{X})$ ante una variación unitaria de X_k por $\exp(\beta_k) - 1$:

$$\% \Delta E(Y|\mathbf{X}) = \left(\frac{E(Y|\mathbf{X}+1)}{E(Y|\mathbf{X})} - 1 \right) \times 100 = \left(\frac{\exp(\beta_0 + \beta_1 X + \beta_1)}{\exp(\beta_0 + \beta_1 X)} - 1 \right) \times 100 =$$

$$= (\exp(\beta_1) - 1) \times 100$$

En base a los supuestos que hemos hecho sobre la distribución Poisson y sobre la forma de esperanza condicional, podemos construir el logaritmo de la función de verosimilitud como:

$$l(\beta) = \sum_{i=1}^{n} \{Y_i \mathbf{X}_i \beta - \exp(\mathbf{X}_i \beta)\}$$

donde se ha eliminado el término $-\log(Y_i!)$ porque no depende de β.

Maximizando esta función se obtiene el estimador MV de β, que si la distribución condicional de Y es Poisson y la $E(Y|\mathbf{X})$ está bien especificada será consistente, eficiente y asintóticamente normal. A partir de estas estimaciones se pueden obtener los errores estándar de los $\hat{\beta}_j$.

A veces la distribución Poisson impone restricciones que no se cumplen en las aplicaciones empíricas. En concreto, en la Poisson todas las probabilidades y momentos de orden superior están determinados por la media, por lo que E(Y|X) = V(Y|X). Esta igualdad no se cumple en muchas aplicaciones. Sin embargo, aunque no se cumpla la distribución Poisson, seguiremos obteniendo estimadores consistentes y asintóticamente normales de los β_j si la media condicional está bien especificada.

Cuando Y dado X_1, ..., X_k no sigue una distribución Poisson al estimador que se obtiene de maximizar el logaritmo de la función de verosimilitud:

$$l(\beta) = \sum_{i=1}^{n} \{Y_i \mathbf{X}_i \beta - \exp(\mathbf{X}_i \beta)\}$$

se le llama *estimador de cuasi máxima verosimilitud (CMV)*. Cuando estimamos por CMV si no se cumple el supuesto de $E(Y|X) = V(Y|X)$ hay que ajustar los errores estándar para que sean válidos, para realizar inferencia, aunque la distribución condicional de Y esté mal especificada. Una posibilidad para ajustar los errores estándar, es suponer que la varianza es proporcional a la media:

$$V(Y|\mathbf{X}) = \sigma^2 E(Y|\mathbf{X})$$

donde $\sigma^2 > 0$ es un parámetro desconocido. Si $\sigma^2 = 1$ tenemos el supuesto sobre la varianza de la Poisson. Si $\sigma^2 > 1$ tenemos sobredispersión, que es lo que sucede en muchas aplicaciones. Si $\sigma^2 < 1$ tenemos infradispersión, que es raro en las aplicaciones empíricas.

Bajo el supuesto de varianza proporcional a la media es fácil ajustar los errores estándar de la Poisson obtenidos por máxima verosimilitud. Habrá que multiplicarlos por $\hat{\sigma} = \sqrt{\hat{\sigma}^2}$, siendo $\hat{\sigma}^2$ un estimador consistente de σ^2:

$$\hat{\sigma}^2 = \frac{1}{n-k-1} \sum_{i=1}^{n} \frac{\hat{u}_i^2}{\hat{Y}_i} \qquad \hat{u}_i = Y_i - \hat{Y}_i \qquad \hat{Y}_i = \exp(\hat{\beta}_0 + \hat{\beta}_1 X_1 + ... + \hat{\beta}_k X_k)$$

Los errores estándar así obtenidos se llaman *errores estándar* GLM (*Generalized Linear Models*). Estos errores estándar están obtenidos bajo el supuesto de varianza proporcional a la media, pero también es posible obtener errores estándar para los estimadores de CMV del modelo Poisson sin restringir la varianza.

Bajo el supuesto de distribución Poisson, para realizar *contrastes de restricciones de exclusión*, podemos emplear el contraste de razón de verosimilitudes:

$$LR = 2\left(l(\hat{\beta}_{NR}) - l(\hat{\beta}_R)\right)$$

que se distribuye asintóticamente como una Chi-cuadrado con q grados de libertad.

Bajo el supuesto de varianza proporcional a la media, para realizar *contrastes de restricciones de exclusión*, basta con ajustar el contraste de Razón de verosimilitudes dividiéndolo por $\hat{\sigma}^2$ del modelo sin restringir (estadístico de CMV). Para medir la bondad del ajuste en estos modelos se puede emplear un R^2 definido como el cuadrado del coeficiente de correlación entre Y_i e $\hat{Y}_i$. Tiene la ventaja de que siempre estará entre 0 y 1.

13.8.2 Modelo Binomial Negativa

Existen otros modelos de regresión para datos de recuento empleando distribuciones que generalizan la Poisson, por ejemplo, utilizando la distribución Binomial Negativa. Estamos entonces ante el modelo de regresión de Binomial Negativa. Este modelo se emplea para casos de sobredispersión ya que se supone que $V(Y|X) = \sigma^2 E(Y|X) = (1+\eta^2) E(Y|X)$. En este caso se estiman los parámetros β y η^2 conjuntamente por el método de máxima verosimilitud. Para que las estimaciones sean consistentes y eficientes es necesario que se cumpla el supuesto de binomial negativa. Si estimamos β para η^2 fijo, las estimaciones serán consistentes si la $E(Y|X)$ está bien especificada.

13.8.3 Modelo Exponencial

En el Modelo de regresión exponencial se estiman los parámetros por máxima verosimilitud empleando la distribución exponencial. Si la E(Y|X) está bien especificada los estimadores serán consistentes, aunque la distribución no sea exponencial (como otros estimadores de CMV). Para obtener errores GLM se supone: V(Y|X) = σ2 [E(Y|X)]2.

13.8.4 Modelo Normal

En el Modelo de regresión normal se estiman los parámetros por máxima verosimilitud empleando la distribución normal. Para σ2 fijo, si la E(Y|X) está bien especificada los estimadores serán consistentes, aunque la distribución no sea normal.

## Capítulo 14

MODELOS LINEALES GENERALIZADOS, LOGIT, PROBIT Y RECUENTO CON R

14.1 TRATAMIENTO DE LOS MODELOS LINEALES GENERALIZADOS A TRAVÉS DE R

En R se pueden ajustar modelos avanzados a través del comando *glm* cuya sintaxis general es la siguiente:

glm(formula, family=familia(link=function))

Las familias y sus enlaces por defecto que se pueden utilizar son las siguientes:

binomial	*link="logit"*
binomial	*link="probit"*
gaussian	*link="identity"*
gamma	*link="inverse"*
inverse.gaussian	*link="1/mu^2"*
poisson	*link="log"*
quasi	*link="identity", variance="constant"*
quasibinomial	*link="logit"*
qasipoisson	*link="log"*

Es posible obtener la siguiente información relativa a un modelo GLM:

summary(r)	*Muestra resultados detallados del modelo ajustado*
coefficients(r)	*Lista los parámetros ajustados del modelo*
confint(r)	*Lista los intervalos de confianza al 95% para los parámetros estimados del modelo*
plot(hatvalues(modelo))	*Lista los valores predichos en el modelo ajustado*
residuals(r)	*Lista los residuos del modelo ajustado*
anova(r)	*Lista la tabla ANOVA del modelo ajustado*
plot(rstudent(modelo))	*Grafica los residuos estudentizados*
influencePlot(modelo)	*Detecta los puntos influyentes*
plot(cooks.distance(model))	*Detecta los residuos atípicos*
plot(r)	*Muestra diagnósticos gráficos para el modelo ajustado*
predict(r)	*Predice valores con el modelo ajustado*

Como primer ejemplo, con datos del archivo *coches.sav*, **ajustamos un modelo logit** que prediga la probabilidad de averías en los coches en función de su consumo, potencia y motor.

Comenzamos importando los datos y separando sus variables

```
> library(haven)
> coches <- read_sav("E:/CURSOR2023/DATOS/coches.sav")
> View(coches)
> attach(coches
```

A continuación, ajustamos un modelo logit como caso particular de un modelo lineal generalizado utilizando la familia de probabilidades *binomial* y la función de enlace *logit*.

```
> logistica=glm(derivada~consumo+cv+motor, family=binomial(li
nk="logit"))
> summary(logistica)

Call:
glm(formula = derivada ~ consumo + cv + motor, family = binom
ial(link = "logit"))

Coefficients:
            Estimate Std. Error z value Pr(>|z|)
(Intercept) 25.5108094  4.8037094   5.311 1.09e-07 ***
consumo     -0.5701033  0.2210108  -2.580 0.009894 **
cv          -0.0628101  0.0223905  -2.805 0.005028 **
motor       -0.0023797  0.0006716  -3.543 0.000395 ***
---
Signif. codes:  0 '***' 0.001 '**' 0.01 '*' 0.05 '.' 0.1 ' '
1
```

```
(Dispersion parameter for binomial family taken to be 1)

    Null deviance: 470.351  on 405  degrees of freedom
Residual deviance:  50.787  on 402  degrees of freedom
AIC: 58.787

Number of Fisher Scoring iterations: 9
```

Observamos que el ajuste es bastante bueno (los p-valores de los parámetros estimados son muy bajos). La ecuación predictiva del ajuste del modelo es la siguiente:

$$P(derivada = 1) = \frac{1}{1 + e^{-(25.51 - 0,57\,Consumo - 0,062\,cv - 0,0023\,motor)}}$$

Para evaluar mejor el modelo vamos a utilizar la matriz de confusión. Para ello tendremos que calcular las probabilidades de avería predichas de los coches y la clase predicha en la que se incluyen.

```
> probabilidadpredicha=predict(logistica,type="response")
> clasepredicha=round(probabilidadpredicha)
> matrizconfusion=table(derivada,clasepredicha)
> matrizconfusion

          clasepredicha
derivada   0    1
       0 101    7
       1   3  295
```

La matriz de confusión nos dice que de los 406 coches de la base de datos solo se clasifican incorrectamente 10. El porcentaje global de aciertos es del 97,5%. Para los coches sin avería se clasifican incorrectamente 7. El porcentaje de aciertos para los coches sin avería es del 93% y para los coches con avería es del 99%. Observamos resultados magníficos en la matriz de confusión.

Representaremos ahora la curva ROC del modelo.

```
> windows();library(pROC)
> rocobjeto=roc(derivada, probabilidadpredicha, auc=TRUE)
> plot(rocobjeto, print.auc=TRUE)
```

La figura 14-1 muestra la curva ROC y el área bajo la misma. Observamos que esta área es 0,995, valor muy cercano a la unidad, lo que indica un ajuste muy bueno del modelo logit.

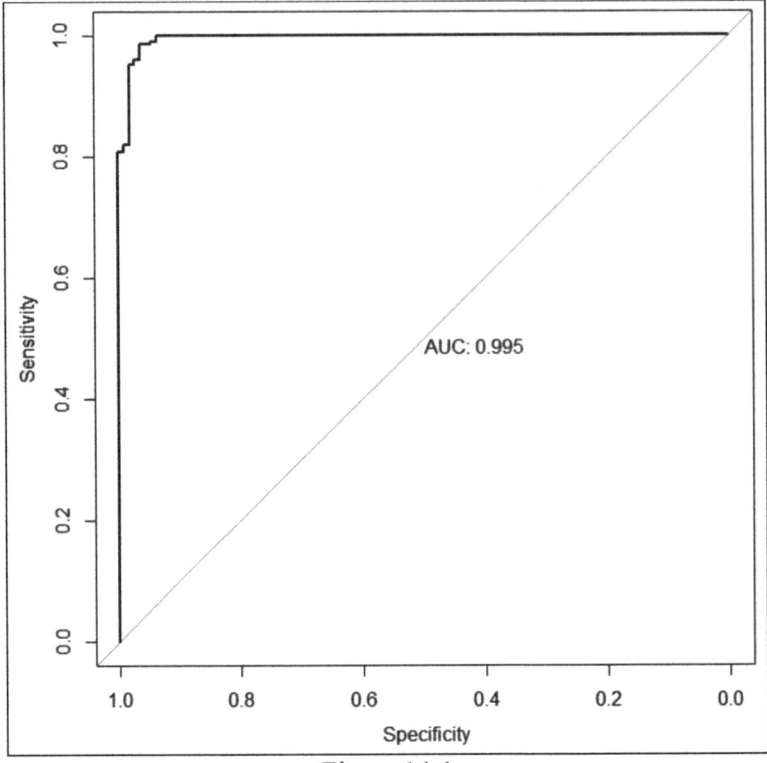

Figura 14-1

Para *ajustar un modelo probit* al caso anterior utilizamos un modelo lineal general con familia de probabilidades *binomial* y función de enlace *probit* mediante la siguiente sintaxis:

```
> probabilistica=glm(derivada~consumo+cv+motor,family=binomia
l(link="probit"))
> summary(probabilistica)

Call:
glm(formula = derivada ~ consumo + cv + motor, family = binom
ial(link = "probit"))

Coefficients:
             Estimate Std. Error z value Pr(>|z|)
(Intercept) 13.7029706  2.3908062   5.732 9.95e-09 ***
consumo     -0.3195378  0.1034361  -3.089  0.00201 **
cv          -0.0343841  0.0112141  -3.066  0.00217 **
motor       -0.0012257  0.0002993  -4.096 4.21e-05 ***
---
Signif. codes:  0 '***' 0.001 '**' 0.01 '*' 0.05 '.' 0.1 ' '
1
```

(Dispersion parameter for binomial family taken to be 1)

```
    Null deviance: 470.351  on 405  degrees of freedom
Residual deviance:  51.705  on 402  degrees of freedom
AIC: 59.705
```

Number of Fisher Scoring iterations: 25

Observamos que el ajuste es bastante bueno. La ecuación predictiva del ajuste del modelo es la siguiente:

$$P(derivada = 1) = (2\pi)^{-1/2} \int_{-\infty}^{13,7-032Consumo-0,034cv-0,0012motor} e^{-\frac{t^2}{2}} dt$$

Para evaluar mejor el modelo vamos a utilizar la matriz de confusión. Para ello tendremos que calcular las probabilidades de avería predichas de los coches y la clase predicha en la que se incluyen.

```
> probabilidadpredicha=predict(probabilistica,type="response")
> clasepredicha=round(probabilidadpredicha)
> matrizconfusion=table(derivada,clasepredicha)
> matrizconfusion

         clasepredicha
derivada   0    1
       0 101    7
       1   3  295
```

La matriz de confusión es exactamente la misma que en caso del modelo logit. La matriz de confusión nos dice que de los 406 coches de la base de datos solo se clasifican incorrectamente 10. El porcentaje global de aciertos es del 97,5%. Para los coches sin avería se clasifican incorrectamente 7. El porcentaje de aciertos para los coches sin avería es del 93% y para los coches con avería es del 99%. Observamos resultados magníficos en la matriz de confusión.

Representaremos ahora la curva ROC del modelo.

```
> windows();library(pROC)
> rocobjeto=roc(derivada, probabilidadpredicha, auc=TRUE)
> plot(rocobjeto, print.auc=TRUE)
```

La figura 14-2 muestra la curva ROC y el área bajo la misma. Observamos que esta área es 0,995, valor muy cercano a la unidad, lo que indica un ajuste muy bueno del modelo probit. El área bajo la curva ROC es la misma que en caso del modelo logit.

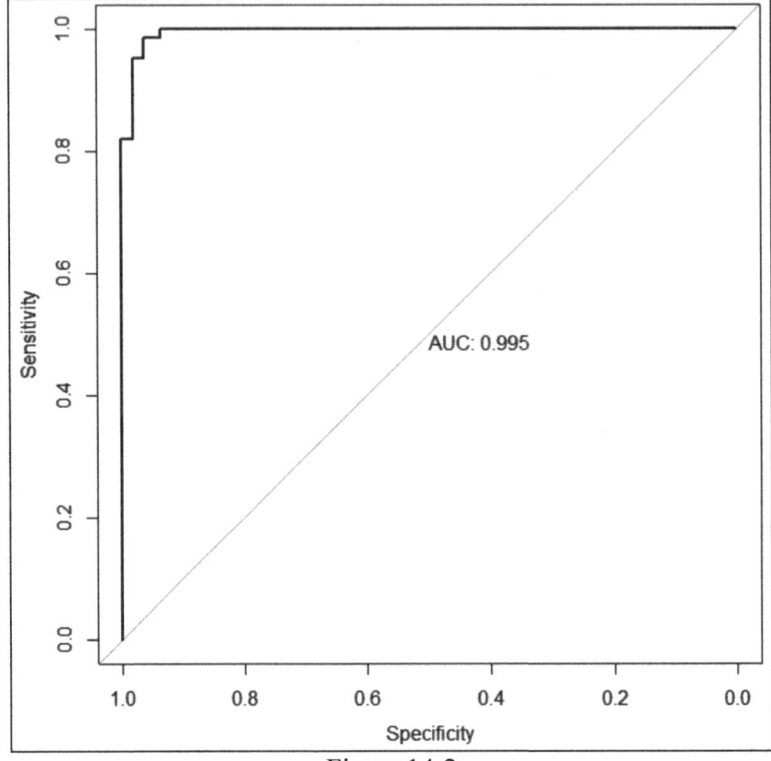

Figura 14-2

Para decidir qué modelo es el mejor habría que acudir al estadístico de la cantidad de información de Akaike. En el caso del modelo logit AIC: 58.787 y en el caso del modelo probit AIC: 59.705. El modelo logit será ligeramente mejor porque tiene el menor AIC y su capacidad predictiva será mejor.

14.2 TRATAMIENTO DE LOS MODELOS LINEALES GENERALIZADOS EN R A TRAVÉS DE MENÚS

La subopción *General linear model* de la opción *Fit models* del menú *Statistics* permite (Figura 14-3) ajustar modelos lineales generalizados, *logit, probit, cloglog* y otros. Rellenando la pantalla de entrada como se indica en la Figura 14-4 se obtiene la salida para el ***modelo logit binomial*** que se muestra en la página siguiente.

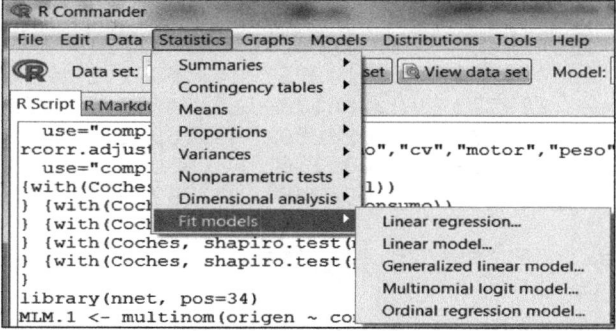

Figura 14-3

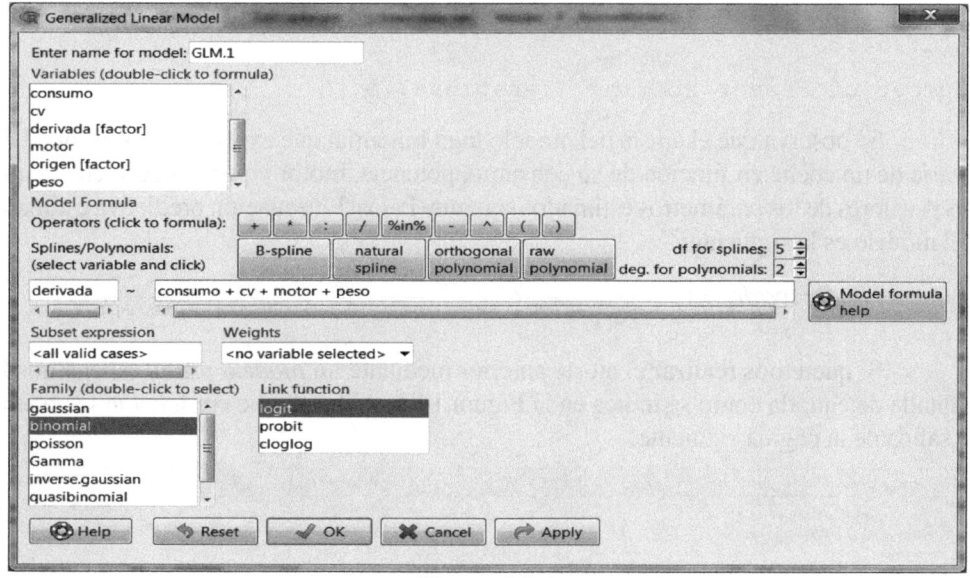

Figura 14-4

```
Rcmdr>  GLM.1 <- glm(derivada ~ consumo + cv + motor + peso,
family=binomial(logit),
Rcmdr+     data=Datos)

Rcmdr>  summary(GLM.1)

Call:
glm(formula = derivada ~ consumo + cv + motor + peso, family
= binomial(logit),
    data = Datos)

Deviance Residuals:
     Min        1Q     Median        3Q        Max
-3.02943   -0.00019   0.00192   0.01133   1.71982
```

```
Coefficients:
             Estimate Std. Error z value Pr(>|z|)
(Intercept) 23.886284   5.014976   4.763 1.91e-06 ***
consumo     -0.689723   0.206173  -3.345 0.000822 ***
cv          -0.075638   0.024650  -3.069 0.002151 **
motor       -0.003919   0.001110  -3.530 0.000415 ***
peso         0.009733   0.004265   2.282 0.022490 *
---
Signif. codes:  0 '***' 0.001 '**' 0.01 '*' 0.05 '.' 0.1 ' '
1

(Dispersion parameter for binomial family taken to be 1)
    Null deviance: 470.35  on 405  degrees of freedom
Residual deviance:  44.63  on 401  degrees of freedom
AIC: 54.63

Number of Fisher Scoring iterations: 9
```

Se observa que el ajuste del modelo logit binomial que explica la probabilidad de avería de un coche en función de su consumo, potencia, motor y peso es correcto ya que los p-valores de los parámetros estimados son muy bajos. La ecuación predictiva estimada del modelo es la siguiente:

$$P(derivada = 1) = \frac{1}{1 + e^{-(23,88 - 0,689\,Consumo - 0,075\,cv - 0,0039\,Motor + 0,0097\,Peso)}}$$

Si queremos realizar el ajuste anterior mediante un ***modelo probit*** rellenamos la pantalla de entrada como se indica en la Figura 14-5. Al hacer clic en *Aceptar* se obtiene la salida de la página siguiente.

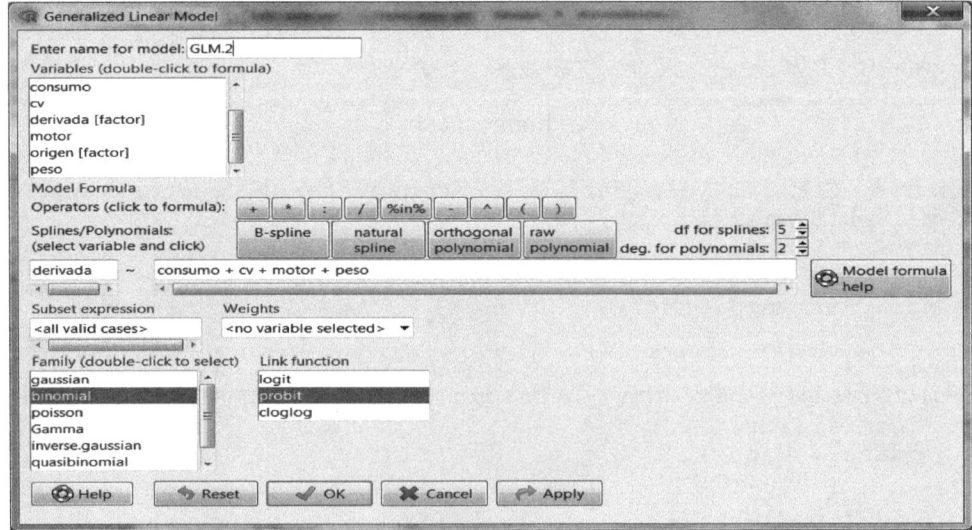

Figura 14-5

```
Rcmdr>  GLM.2 <- glm(derivada ~ consumo + cv + motor + peso,
family=binomial(probit), data=Datos)
RcmdrMsg: [4] AVISO: Warning: glm.fit: fitted probabilities n
umerically 0 or 1 occurred

Rcmdr>  summary(GLM.2)

Call:
glm(formula = derivada ~ consumo + cv + motor + peso, family
= binomial(probit),
    data = Datos)

Deviance Residuals:
     Min          1Q      Median          3Q          Max
-3.06907     0.00000     0.00000     0.00055     1.68325

Coefficients:
              Estimate Std. Error z value Pr(>|z|)
(Intercept) 12.7396040  2.4085454   5.289 1.23e-07 ***
consumo     -0.3529930  0.1058517  -3.335 0.000854 ***
cv          -0.0403722  0.0128115  -3.151 0.001626 **
motor       -0.0020675  0.0005446  -3.796 0.000147 ***
peso         0.0049110  0.0021290   2.307 0.021070 *
---
Signif. codes:  0 '***' 0.001 '**' 0.01 '*' 0.05 '.' 0.1 ' '
1

(Dispersion parameter for binomial family taken to be 1)

    Null deviance: 470.351  on 405  degrees of freedom
Residual deviance:  45.021  on 401  degrees of freedom
AIC: 55.021

Number of Fisher Scoring iterations: 11
```

Se observa que el ajuste del modelo probit binomial que explica la probabilidad de avería de un coche en función de su consumo, potencia, motor y peso es correcto ya que los p-valores de los parámetros estimados son muy bajos. La ecuación predictiva del modelo estimado es la siguiente:

$$P(derivada = 1) = (2\pi)^{-1/2} \int_{-\infty}^{12,73-0,35\,Consumo-0,04\,cv-0,002\,Motor+0,0049\,Peso} e^{-\frac{t^2}{2}} dt$$

14.3 MODELOS LOGIT Y PROBIT MULTINOMIALES A TRAVÉS DE R

Para la *regresión logit y probit multinomial* se utiliza el comando *multinom* del paquete *mlogit* (o el paquete *nnet*). En primer lugar, se genera el data frame que contiene los datos de las variables involucradas en el modelo.

La sintaxis abreviada del comando *multinom* es la siguiente:

multinom(formula, data=conjunto de datos, weights=vector de pesos, probit=FALSE))

Si el argumento *probit* se sitúa en FALSE (valor por defecto), se ajusta un modelo logit multinomial. Si el argumento *probit* se sitúa en TRUE, se ajusta un modelo probit multinomial

Vamos a ajustar un modelo multinomial que prediga el origen de los coches en función de su consumo, potencia y motor.

Comenzamos definiendo un dataframe con las variables del modelo.

```
> datos=data.frame(origen,consumo,cv,motor)
```

En segundo lugar, se realiza la regresión:

```
> logitmultinomial=multinom(origen~consumo+cv+motor,data=datos)
# weights:  15 (8 variable)
initial  value 446.036589
iter  10 value 222.491373
final  value 221.602346
converged

> summary(logitmultinomial)

Call:
multinom(formula = origen ~ consumo + cv + motor, data = datos)

Coefficients:
   (Intercept)      consumo          cv        motor
2     2.595916  -0.04788413  0.04010493  -0.002878232
3     4.933121  -0.43091353  0.09204207  -0.004722537
Std. Errors:
   (Intercept)    consumo         cv        motor
2 0.004900491  0.1069073  0.01476321  0.0005001542
3 0.007639659  0.1204694  0.01862427  0.0006471102
Residual Deviance:  443.2047
AIC:  459.2047
```

$$P(origen = Europa) = \frac{1}{1 + e^{-(2,59-0,047Consumo+0,04cv-0,0028Motor)}}$$

$$P(origen = Japón) = \frac{1}{1 + e^{-(4,93+0,106Consumo+0,014cv-0,0005Motor)}}$$

$$P(origen = EE.UU.) = 1 - P(origen = Europa) - P(origen = Japón)$$

Para el caso del modelo probit multinomial realizamos el siguiente ajuste.

```
> probitmultinomial=multinom(origen~consumo+cv+motor,data=dat
os,probit=TRUE)
# weights:  15 (8 variable)
initial  value 446.036589
iter  10 value 222.491373
final  value 221.602346
converged

> summary(probitmultinomial)
Call:
multinom(formula = origen ~ consumo + cv + motor, data = dato
s,
     probit = TRUE)

Coefficients:
   (Intercept)      consumo         cv          motor
2     2.595916  -0.04788413  0.04010493  -0.002878232
3     4.933121  -0.43091353  0.09204207  -0.004722537

Std. Errors:
   (Intercept)     consumo          cv         motor
2 0.004900491  0.1069073  0.01476321  0.0005001542
3 0.007639659  0.1204694  0.01862427  0.0006471102

Residual Deviance: 443.2047
AIC: 459.2047
```

$$P(origen = EUROPA) = (2\pi)^{-1/2} \int_{-\infty}^{2,59-0,047Consumo+0,04cv-0,0028Motor} e^{-\frac{t^2}{2}} dt$$

$$P(origen = JAPON) = (2\pi)^{-1/2} \int_{-\infty}^{4,93-0,43Consumo+0,09cv-0,004Motor} e^{-\frac{t^2}{2}} dt$$

$$P(origen = EE.UU.) = 1 - P(origen = Europa) - P(origen = Japon)$$

En este caso, el modelo probit multinomial con AIC: 459.2047 tiene la misma capacidad predictiva que el logit multinomial con AIC: 459.2047

14.4 MODELOS LOGIT Y PROBIT ORDENADOS A TRAVÉS DE R

Para la **regresión logística ordenada** se utiliza el comando *polr* del paquete *MASS*. La sintaxis es la siguiente:

La sintaxis abreviada del comando *multinom* es la siguiente:

> *polr(formula, data=conjunto de datos, method = c("logistic", "probit", "loglog", "cloglog", "cauchit")),weights=vector de pesos, contrasts = NULL))*

La sintaxis es válida tanto para modelos binaries como para modelos múltiples.

Vamos a realizar el ejercicio del ejemplo anterior para modelos ordenados.

En primer lugar, consideramos el conjunto de los coches sin valores atípicos ni perdidos con nombre *COCHESSINATIPICOSIMPUTADO1.sav*.

```
> library(haven)
> COCHESSINATIPICOSIMPUTADO1 <- read_sav("E:/CURSOESTADISTICA
2023/DATOS/COCHESSINATIPICOSIMPUTADO1.sav")
> View(COCHESSINATIPICOSIMPUTADO1)
> attach(COCHESSINATIPICOSIMPUTADO1)
```

A continuación, formamos un dataframe con las variables del modelo y nos aseguramos que la variable dependiente es de tipo factor.

```
> datos=data.frame(origen,consumo,motor,cv)
> origen1=factor(origen)
```

Ahora ajustamos el modelo logit ordenado.

```
> logitordenado=polr(formula = origen1 ~ consumo + cv + motor
, data = datos, method = "logistic")

> summary(logitordenado)

Call:
polr(formula = origen1 ~ consumo + cv + motor, data = datos,
    method = "logistic")

Coefficients:
           Value Std. Error t value
consumo -0.1656  0.0850094  -1.948
cv       0.0544  0.0098439   5.526
motor   -0.0035  0.0002793 -12.530
```

```
Intercepts:
     Value      Std. Error t value
1|2    -4.2848     0.0060   -714.9581
2|3    -2.6324     0.1693    -15.5525

Residual Deviance: 443.1129
AIC: 453.1129
```

Si queremos ajustar un modelo probit ordenado, haríamos lo siguiente:

```
> probitordenado=polr(formula = origen1 ~ consumo + cv + moto
r, data = datos, method = "probit")

> summary(probitordenado)

Call:
polr(formula = origen1 ~ consumo + cv + motor, data = datos,
    method = "probit")

Coefficients:
            Value Std. Error t value
consumo -0.101823  5.002e-02  -2.036
cv       0.032809  5.563e-03   5.898
motor   -0.002037  8.951e-05 -22.757

Intercepts:
     Value      Std. Error t value
1|2    -2.4756     0.0043   -581.1949
2|3    -1.4876     0.1005    -14.8061

Residual Deviance: 442.2301
AIC: 452.2301
```

Observamos que el estadístico de Akaike en el logit ordenado (AIC: 453.1129) es menor que en el caso del probit ordenado (AIC: 452.2301). Por lo tanto, el modelo logit ordenado tiene mejor capacidad predictiva que el probit ordenado.

Si queremos ver los p-valores de los modelos ajustados anteriormente, podemos utuluizar el comando *coeftest* de la librería *lmtest*.

```
> library(lmtest)
> coeftest(logitordenado)
t test of coefficients:
            Estimate   Std. Error  t value   Pr(>|t|)
consumo -1.0182e-01  5.0021e-02   -2.0356   0.04245  *
cv       3.2809e-02  5.5631e-03    5.8977 7.854e-09 ***
motor   -2.0369e-03  8.9508e-05  -22.7569 < 2.2e-16 ***
---
Signif. codes:  0 '***' 0.001 '**' 0.01 '*' 0.05 '.' 0.1 ' ' 1
```

```
> coeftest(probitordenado)
```

```
t test of coefficients:

           Estimate   Std. Error   t value   Pr(>|t|)
consumo  -1.0182e-01  5.0021e-02   -2.0356    0.04245 *
cv        3.2809e-02  5.5631e-03    5.8977  7.854e-09 ***
motor    -2.0369e-03  8.9508e-05  -22.7569  < 2.2e-16 ***
---
Signif. codes:  0 '***' 0.001 '**' 0.01 '*' 0.05 '.' 0.1 ' '
1
```

Vemos que las significatividades de los parámetros estimados en ambos modelos son buenas con p valores pequeños.

14.5 MODELOS LOGIT Y PROBIT BINARIOS A TRAVÉS DE MENÚS EN R

La subopción *General linear model* de la opción *Fit models* del menú *Statistics* permite (Figura 14-6) ajustar modelos lineales generalizados, *logit, probit, cloglog* y otros. Rellenando la pantalla de entrada como se indica en la Figura 14-7 se obtiene la salida para el **modelo logit binomial** que se muestra en la página siguiente.

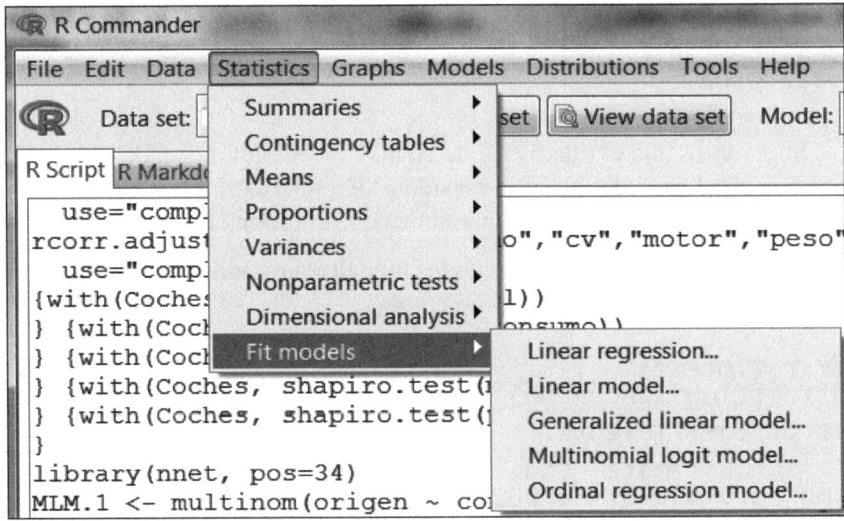

Figura 14-6

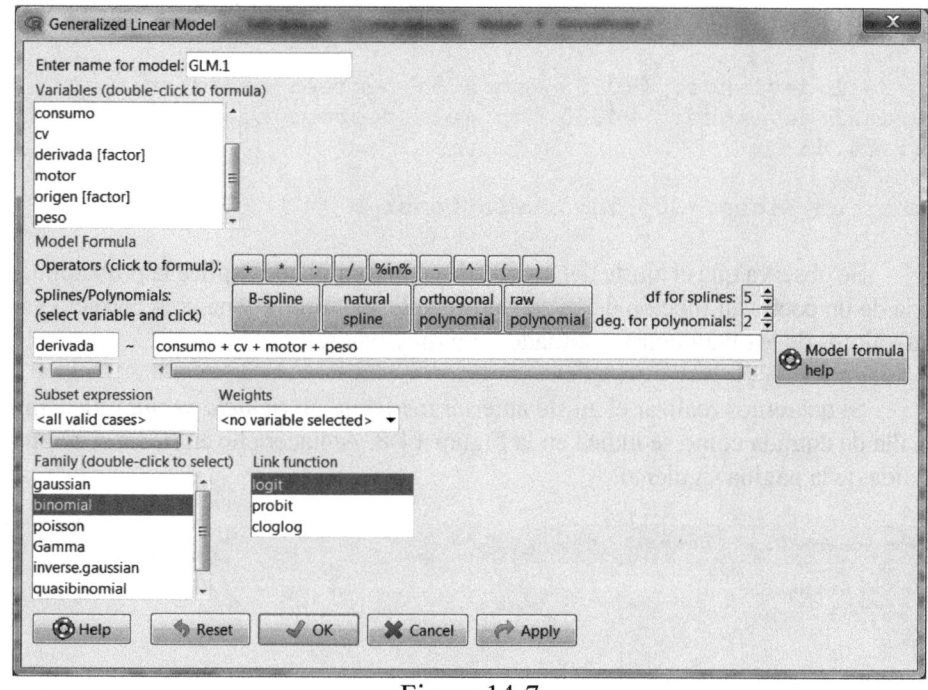

Figura 14-7

```
Rcmdr>  GLM.1 <- glm(derivada ~ consumo + cv + motor + peso,
family=binomial(logit),
Rcmdr+      data=Datos)

Rcmdr>  summary(GLM.1)

Call:
glm(formula = derivada ~ consumo + cv + motor + peso, family
= binomial(logit),
    data = Datos)

Deviance Residuals:
    Min         1Q    Median        3Q        Max
-3.02943   -0.00019   0.00192   0.01133   1.71982

Coefficients:
            Estimate Std. Error z value Pr(>|z|)
(Intercept) 23.886284   5.014976   4.763 1.91e-06 ***
consumo     -0.689723   0.206173  -3.345 0.000822 ***
cv          -0.075638   0.024650  -3.069 0.002151 **
motor       -0.003919   0.001110  -3.530 0.000415 ***
peso         0.009733   0.004265   2.282 0.022490 *
---
Signif. codes:  0 '***' 0.001 '**' 0.01 '*' 0.05 '.' 0.1 ' ' 1
```

```
(Dispersion parameter for binomial family taken to be 1)

    Null deviance: 470.35  on 405  degrees of freedom
Residual deviance:  44.63  on 401  degrees of freedom
AIC: 54.63

Number of Fisher Scoring iterations: 9
```

Se observa que el ajuste del modelo logit binomial que explica la probabilidad de avería de un coche en función de su consumo, potencia, motor y peso es correcto ya que los p-valores de los parámetros estimados son muy bajos.

Si queremos realizar el ajuste anterior mediante un ***modelo probit*** rellenamos la pantalla de entrada como se indica en la Figura 14-8. Al hacer clic en *Aceptar* se obtiene la salida de la página siguiente.

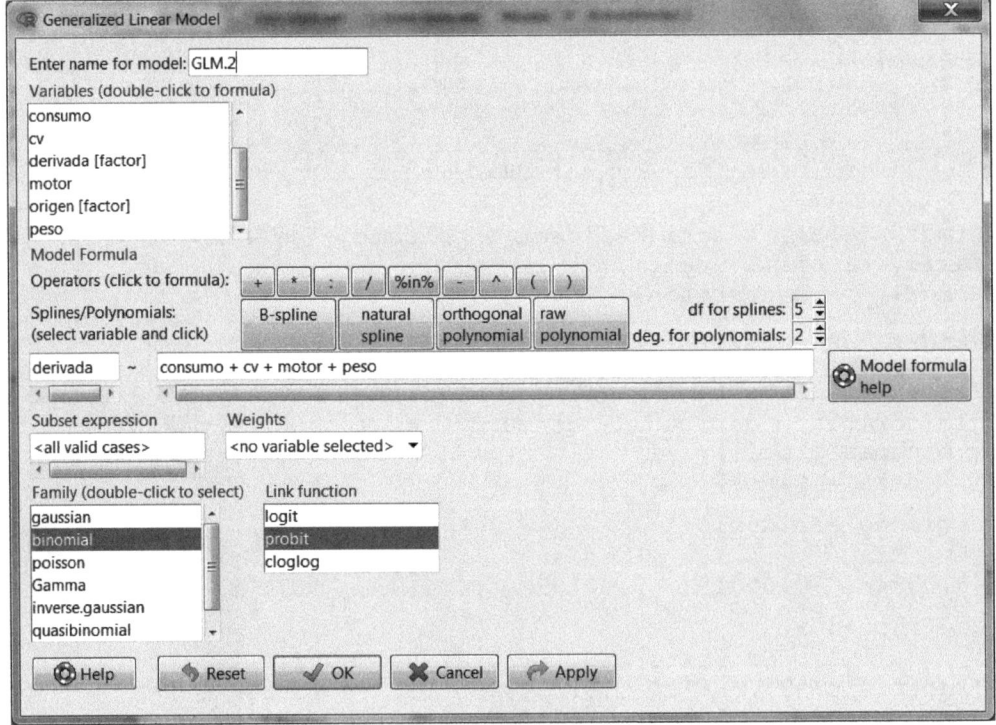

Figura 14-8

```
Rcmdr>  GLM.2 <- glm(derivada ~ consumo + cv + motor + peso,
family=binomial(probit), data=Datos)
RcmdrMsg: [4] AVISO: Warning: glm.fit: fitted probabilities n
umerically 0 or 1 occurred
```

```
Rcmdr>    summary(GLM.2)

Call:
glm(formula = derivada ~ consumo + cv + motor + peso, family
= binomial(probit),
    data = Datos)

Deviance Residuals:
     Min         1Q     Median         3Q        Max
-3.06907    0.00000    0.00000    0.00055    1.68325

Coefficients:
              Estimate Std. Error z value Pr(>|z|)
(Intercept) 12.7396040  2.4085454   5.289 1.23e-07 ***
consumo     -0.3529930  0.1058517  -3.335 0.000854 ***
cv          -0.0403722  0.0128115  -3.151 0.001626 **
motor       -0.0020675  0.0005446  -3.796 0.000147 ***
peso         0.0049110  0.0021290   2.307 0.021070 *
---
Signif. codes:  0 '***' 0.001 '**' 0.01 '*' 0.05 '.' 0.1 ' '
1

(Dispersion parameter for binomial family taken to be 1)

    Null deviance: 470.351  on 405  degrees of freedom
Residual deviance:  45.021  on 401  degrees of freedom
AIC: 55.021

Number of Fisher Scoring iterations: 11
```

Se observa que el ajuste del modelo logit binomial que explica la probabilidad de avería de un coche en función de su consumo, potencia, motor y peso es correcto ya que los p-valores de los parámetros estimados son muy bajos.

14.6 MODELO LOGIT MULTINOMIAL A TRAVÉS DE MENÚS EN R

Para estimar un ***modelo logit multinomial*** que explique la probabilidad de procedencia de un automóvil en función de su consumo, potencia, motor y peso, rellenemos la pantalla de entrada de la subopción *Multinomial logit model* de la opción *Fit Models* del menú *Statistics* (Figura 14-6) tal y como se indica en la Figura 14-9. Al hacer clic en Aceptar se obtiene la salida que se muestra en la página siguiente.

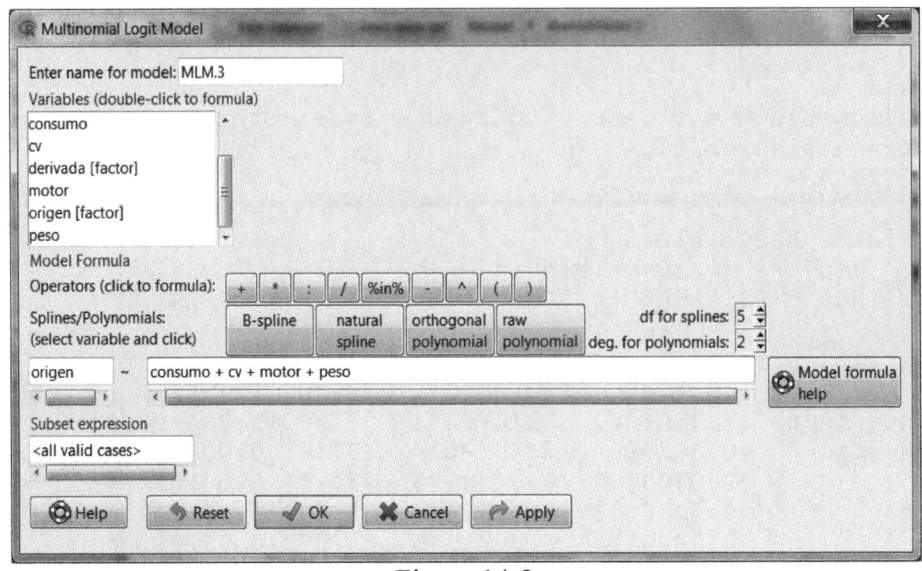

Figura 14-9

```
Rcmdr>  MLM.3 <- multinom(origen ~ consumo + cv + motor + pes
o, data=Datos, trace=FALSE)

Rcmdr>  summary(MLM.3, cor=FALSE, Wald=TRUE)
Call:
multinom(formula = origen ~ consumo + cv + motor + peso, data
= Datos,
    trace = FALSE)

Coefficients:
        (Intercept)     consumo         cv          motor
peso
Europa  −0.7723152 −0.1285933 0.01986355 −0.006161812 0.01489
2476
Japón    3.5844798 −0.4812759 0.09127008 −0.005770095 0.00487
7201

Std. Errors:
        (Intercept)    consumo          cv         motor        p
eso
Europa 0.002474577 0.1035906 0.01761006 0.0009432347 0.002530
233
Japón  0.003522428 0.1125036 0.01971565 0.0009911528 0.002602
307

Value/SE (Wald statistics):
        (Intercept)    consumo         cv       motor       peso
```

```
Europa     -312.0999 -1.241361 1.127966 -6.532639 5.885811
Japón      1017.6163 -4.277872 4.629322 -5.821600 1.874184

Residual Deviance: 407.426
AIC: 427.426
```

14.7 MODELOS LOGIT Y PROBIT MULTINOMIALES ORDENADOS A TRAVÉS DE MENÚS EN R

Para estimar el modelo logit ordenado que explique la probabilidad de la cilindrada de un automóvil en función de su consumo, potencia, motor y peso, se rellena la pantalla de entrada de la subopción Ordinal regression model de la opción Fit models del menú Statistics (Figura 14-6) tal y como se indica en la Figura 14-10. Al pulsar Aceptar se obtiene la salida que se muestra en la página siguiente.

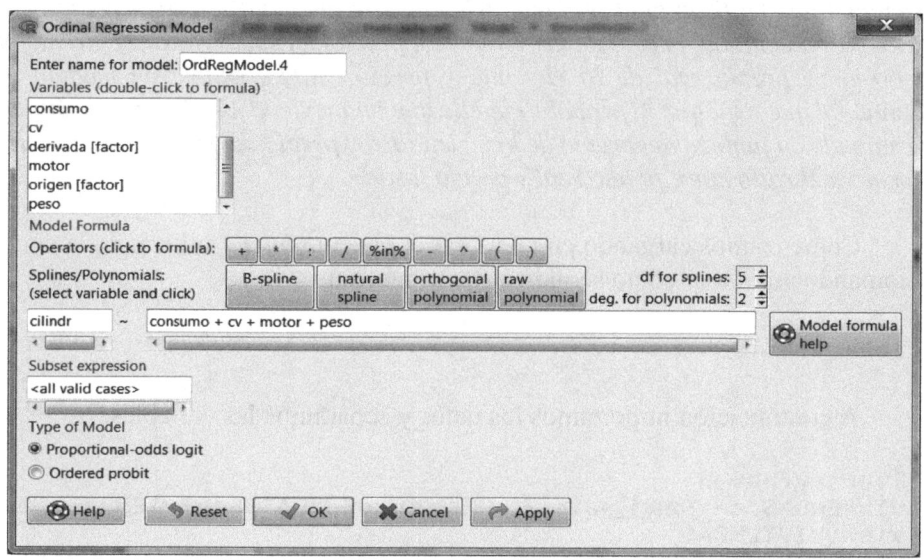

Figura 14-10

```
Rcmdr>  OrdRegModel.4 <- polr(cilindr ~ consumo + cv + motor
+ peso, method="logistic",
Rcmdr+     data=Datos, Hess=TRUE)
RcmdrMsg: [5] AVISO: Warning: glm.fit: fitted probabilities n
umerically 0 or 1 occurred

Rcmdr>  summary(OrdRegModel.4)
Call:
polr(formula = cilindr ~ consumo + cv + motor + peso, data =
Datos,
    Hess = TRUE, method = "logistic")
```

```
Coefficients:
            Value Std. Error t value
consumo  0.204597   0.139318  1.4686
cv       0.027051   0.032173  0.8408
motor    0.005813   0.001424  4.0808
peso    -0.004828   0.002190 -2.2045

Intercepts:
                           Value   Std. Error t value
3 cilindros|4 cilindros   5.1552   0.1643    31.3759
4 cilindros|5 cilindros  15.3329   0.7421    20.6625
5 cilindros|6 cilindros  15.7061   0.7406    21.2083
6 cilindros|8 cilindros  25.5940   3.4050     7.5166

Residual Deviance: 164.1497
AIC: 180.1497
```

Ejercicio 14-1. Utilizando el archivo viviendas.sav que contiene información sobre barrios de una ciudad, precio de las viviendas, precio del suelo, valor de las mejoras y ratio entre precio real de la vivienda y precio tasado, estime un modelo logit multinomial que explique la probabilidad de que una vivienda pertenezca a un barrio determinado en función del precio de la vivienda, del precio del suelo, del valor de las mejorar y del ratio entre precio real y precio tasado

Comenzamos cargando en memoria el paquete *nnet* y utilizando la sintaxis del comando *multinom* como se indica a cntinuación:

```
> library(nnet)
```

A continuación importamos los datos y separamos las variables.

```
> library(haven)
> VIVIENDAS <- read_sav("E:/CURSOR2023/DATOS/VIVIENDAS.sav")
> View(VIVIENDAS)
> attach(VIVIENDAS)
```

Ahora realizamos la regresión logística multinomial.

```
> reg2= multinom(barrio ~ precio + valterr + valmejor + tasa,
contrasts=TRUE)

# weights:  42 (30 variable)
initial  value 4748.020764
iter  10 value 4333.254672
iter  20 value 4319.164119
iter  30 value 3455.721475
iter  40 value 3070.023121
```

```
iter  50 value 3064.738076
iter  60 value 3064.651888
iter  70 value 3064.632879
iter  80 value 3064.630572
iter  80 value 3064.630553
iter  80 value 3064.630526
final  value 3064.630526
converged

> summary(reg2)

Call:
multinom(formula = barrio ~ precio + valterr + valmejor + tasa
,contrasts = TRUE)

Coefficients:
   (Intercept)        precio        valterr        valmejor          tasa
B     4.121860 -4.186222e-06 -4.714150e-05   3.093752e-06   0.006161963
C     5.371426 -1.855751e-05 -2.059026e-05  -6.985867e-06   0.006226186
D     5.583556 -3.490294e-05 -7.743415e-05   4.545140e-05   0.005327313
E     9.437751 -3.560329e-05 -1.202013e-04  -1.345121e-05  -0.053354034
F    11.755051 -4.928927e-05 -5.745320e-05  -9.749678e-05  -0.028527825
G    16.269462 -6.220735e-05 -3.368239e-04  -1.296163e-04   0.013898775

Std. Errors:
   (Intercept)        precio        valterr        valmejor          tasa
B 6.341515e-07 2.851473e-06 1.220322e-05 4.812793e-06 1.200368e-03
C 1.024628e-06 3.419921e-06 1.353138e-05 4.998696e-06 1.389694e-03
D 6.829220e-07 4.904475e-06 1.594236e-05 7.050610e-06 1.071451e-03
E 6.274641e-08 4.759482e-06 1.778867e-05 6.506805e-06 3.972753e-07
F 4.670940e-08 4.444455e-06 1.708155e-05 6.170850e-06 6.553111e-08
G 2.166476e-08 6.633832e-06 2.348407e-05 9.525667e-06 1.591271e-05

Residual Deviance: 6129.261
AIC: 6189.261
```

Se observa una buena estimación con errores estandar muy pequeños.

También se podría haber utilizado el comando *multinom* de la librería *mlogit*, mediante la siguiente sintaxis.

```
> library(mlogit)

> reg3= multinom(barrio ~ precio + valterr + valmejor + tasa)
# weights: 42 (30 variable)
initial  value 4748.020764
iter  10 value 4333.254672
iter  20 value 4319.164119
iter  30 value 3455.721475
iter  40 value 3070.023121
```

```
iter  50 value 3064.738076
iter  60 value 3064.651888
iter  70 value 3064.632879
iter  80 value 3064.630572
iter  80 value 3064.630553
iter  80 value 3064.630526
final  value 3064.630526
converged

> summary(reg3)
Call:
multinom(formula = barrio ~ precio + valterr + valmejor + tas
a)

Coefficients:
    (Intercept)         precio         valterr        valmejor           tasa
B      4.121860  -4.186222e-06  -4.714150e-05   3.093752e-06   0.006161963
C      5.371426  -1.855751e-05  -2.059026e-05  -6.985867e-06   0.006226186
D      5.583556  -3.490294e-05  -7.743415e-05   4.545140e-05   0.005327313
E      9.437751  -3.560329e-05  -1.202013e-04  -1.345121e-05  -0.053354034
F     11.755051  -4.928927e-05  -5.745320e-05  -9.749678e-05  -0.028527825
G     16.269462  -6.220735e-05  -3.368239e-04  -1.296163e-04   0.013898775

Std. Errors:
    (Intercept)         precio         valterr        valmejor           tasa
B  6.341515e-07  2.851473e-06  1.220322e-05  4.812793e-06  1.200368e-03
C  1.024628e-06  3.419921e-06  1.353138e-05  4.998696e-06  1.389694e-03
D  6.829220e-07  4.904475e-06  1.594236e-05  7.050610e-06  1.071451e-03
E  6.274641e-08  4.759482e-06  1.778867e-05  6.506805e-06  3.972753e-07
F  4.670940e-08  4.444455e-06  1.708155e-05  6.170850e-06  6.553111e-08
G  2.166476e-08  6.633832e-06  2.348407e-05  9.525667e-06  1.591271e-05

Residual Deviance: 6129.261
AIC: 6189.261
```

Se observa que el resultado es el mismo que para el caso de la librería *nnet*.

Ejercicio 14-2. *Resuelva el ejercicio anterior mediante un modelo logit multinomial ordenado.*

Comenzaremos cragando en memoria la librería MASS para utilizar a continuación el comando *polr*.

```
> library(MASS)

> reg4= polr(barrio ~ precio + valterr + valmejor + tasa, met
hod="logistic")

> reg4
```

```
Call:
polr(formula = barrio ~ precio + valterr + valmejor + tasa, m
ethod = "logistic")

Coefficients:
        precio          valterr          valmejor            tasa
-2.384657e-05 -5.416448e-05 -3.714585e-05  1.727940e-03

Intercepts:
       A|B          B|C          C|D          D|E          E|F          F|G
-10.621977  -7.170973  -6.098913  -4.591116  -3.061032  -1.840495

Residual Deviance: 6917.487
AIC: 6937.487
```

Ejercicio 14-3. Consideramos el arcivo coches.sav, que contiene variables relativas a determinadas características de un conjunto de automóviles. A través de un modelo de recuento de Poisson, se trata de predecir el origen de los automóviles en función de su consumo, motor, potencia y cilindrada.

En primer lugar leemos los datos con R y separamos sus variables.

```
> library(haven)
> coches <- read_sav("E:/CURSOR2023/DATOS/coches.sav")
> View(coches)
> attach(coches)
```

A continuación, definimos como categórica la variable *cilindr*.

```
> cilindr1=factor(cilindr)
```

A continuación, tenemos que ajustar un modelo de Poisson que explique la variable categórica *origen* en función de los datos de varias variables numéricas continuas (*consumo, motor, potencia, peso* y *aceleración*) y una variable categórica *cilindr* (número de cilindros).

```
glm(formula = origen ~ consumo + motor + cv + cilindr1, famil
y = poisson(link = "log"),
    data = coches)

Deviance Residuals:
     Min          1Q        Median          3Q          Max
-0.96071  -0.21731  -0.02933  0.24191  0.85990

Coefficients:
```

```
                      Estimate Std. Error z value Pr(>|z|)
(Intercept)          1.2253468  0.3921168   3.125  0.00178 **
consumo             -0.0267661  0.0246211  -1.087  0.27698
motor               -0.0004162  0.0001044  -3.986 6.73e-05 ***
cv                   0.0067905  0.0028363   2.394  0.01666 *
cilindr4 cilindros  -0.1045983  0.3172600  -0.330  0.74163
cilindr5 cilindros   0.1179858  0.5236787   0.225  0.82174
cilindr6 cilindros   0.0308354  0.3804583   0.081  0.93540
cilindr8 cilindros   0.4694422  0.4916263   0.955  0.33964
---
Signif. codes:  0 '***' 0.001 '**' 0.01 '*' 0.05 '.' 0.1 ' '
1

(Dispersion parameter for poisson family taken to be 1)

    Null deviance: 149.073  on 404  degrees of freedom
Residual deviance:  69.799  on 397  degrees of freedom
AIC: 1019

Number of Fisher Scoring iterations: 4
```

Tenemos un modelo con las variables explicativas numéricas muy significativas. La ecuación estimada del modelo será la siguiente:

$$Origen = \begin{cases} e^{1.2253468 -0.0267661\,CONSUMO\, -0.0004162\,MOTOR\, +0.0067905\,CV} & si\ cilindr = 3 \\[6pt] e^{1.2253468 -0.0267661\,CONSUMO\, -0.0004162\,MOTOR\, +0.0067905\,CV\, -0.1045983} & si\ cilindr = 4 \\[6pt] e^{1.2253468 -0.0267661\,CONSUMO\, -0.0004162\,MOTOR\, +0.0067905\,CV\, +0.1179858} & si\ cilindr = 5 \\[6pt] e^{1.2253468 -0.0267661\,CONSUMO\, -0.0004162\,MOTOR\, +0.0067905\,CV\, +0.0308354} & si\ cilindr = 6 \\[6pt] e^{1.2253468 -0.0267661\,CONSUMO\, -0.0004162\,MOTOR\, +0.0067905\,CV\, +0.4694422} & si\ cilindr = 8 \end{cases}$$

Ejercicio 14-4. Se considera el archivo logitb.sav que contiene datos de una muestra de 53 pacientes con cáncer de próstata en los que se mide la edad, el nivel de ácido que mide la extensión del tumor, el grado de agresividad del tumor, la etapa en la que se encuentra, los resultados de una radiografía y cuándo se ha detectado al intervenir quirúrgicamente que el cáncer se ha extendido a los nodos linfáticos. A partir de estos datos se trata de ajustar un modelo que permita predecir cuándo el cáncer se extiende a los nodos linfáticos (o no) sin necesidad de intervención quirúrgica.

Comenzamos leyendo el fichero *logitb.sav*, observando su contenido y habilitando sus variables.

```
> library(haven)
> LOGITB <- read_sav("E:/CURSOR2023/DATOS/LOGITB.SAV")
> View(LOGITB)
> attach(LOGITB)
```

A continuación, ajustamos el modelo logít pedido.

```
> logistica1=glm(nodos~radiogra+etapa+grado+edad+acido, famil
y=binomial(link="logit"))
> summary(logistica1)

Call:
glm(formula = nodos ~ radiogra + etapa + grado + edad + acido
,
    family = binomial(link = "logit"))

Coefficients:
            Estimate Std. Error z value Pr(>|z|)
(Intercept)  0.06180    3.45992   0.018   0.9857
radiogra     2.04534    0.80718   2.534   0.0113 *
etapa        1.56410    0.77401   2.021   0.0433 *
grado        0.76142    0.77077   0.988   0.3232
edad        -0.06926    0.05788  -1.197   0.2314
acido        0.02434    0.01316   1.850   0.0643 .
---
Signif. codes:  0 '***' 0.001 '**' 0.01 '*' 0.05 '.' 0.1 ' '
1

(Dispersion parameter for binomial family taken to be 1)

    Null deviance: 70.252  on 52  degrees of freedom
Residual deviance: 48.126  on 47  degrees of freedom
AIC: 60.126

Number of Fisher Scoring iterations: 5
```

Se observa que la constante no es significativa. Ajustaremos entonces el modelo sin constante.

```
> logistica1=glm(nodos~0+radiogra+etapa+grado+edad+acido, fam
ily=binomial(link="logit"))
> summary(logistica1)

Call:
glm(formula = nodos ~ 0 + radiogra + etapa + grado + edad + a
cido,
    family = binomial(link = "logit"))

Coefficients:
          Estimate Std. Error z value Pr(>|z|)
radiogra   2.04560    0.80711   2.534  0.01126 *
etapa      1.56566    0.76919   2.035  0.04180 *
grado      0.76284    0.76648   0.995  0.31961
edad      -0.06830    0.02131  -3.205  0.00135 **
acido      0.02439    0.01294   1.884  0.05955 .
---
Signif. codes:  0 '***' 0.001 '**' 0.01 '*' 0.05 '.' 0.1 ' '
1
```

```
(Dispersion parameter for binomial family taken to be 1)

    Null deviance: 73.474  on 53  degrees of freedom
Residual deviance: 48.126  on 48  degrees of freedom
AIC: 58.126

Number of Fisher Scoring iterations: 5
```

El modelo ya resulta más o menos aceptable, salvo quizás la variable GRADO cuya significatividad es del 70%.

Vamos a calcular la matriz de confusión.

```
> probabilidadpredicha=predict(logistical,type="response")
> clasepredicha=round(probabilidadpredicha)
> matrizconfusion=table(nodos,clasepredicha)
> matrizconfusion

     clasepredicha
nodos  0  1
    0 28  5
    1  7 13
```

La matriz de confusión falla en 12 pacientes de los 53 (77% de aciertos).

Ahora obtenemos la curva ROC (Figura 14-11).

```
> windows()
> library(pROC)
> rocobjeto=roc(nodos, probabilidadpredicha, auc=TRUE)
> plot(rocobjeto, print.auc=TRUE)
```

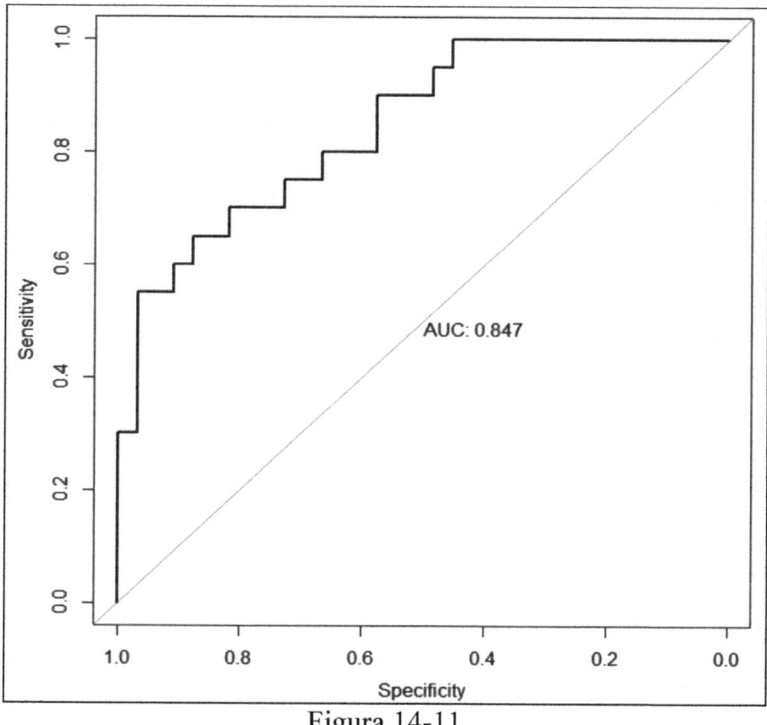

Figura 14-11

Se observa que el área bajo la curva ROC es 0,847

Ejercicio 14-5. Resuelva el ejercicio anterior mediante un modelo Probit.

Comenzamos estimando el modelo mediante una regresión probit.

```
> probit1=glm(nodos~radiogra+etapa+grado+edad+acido, family=b
inomial(link="probit"))
> summary(probit1)

Call:
glm(formula = nodos ~ radiogra + etapa + grado + edad + acido
,
    family = binomial(link = "probit"))

Coefficients:
            Estimate Std. Error z value Pr(>|z|)
(Intercept)  0.065353   2.036217   0.032  0.97440
radiogra     1.211738   0.461926   2.623  0.00871 **
etapa        0.955897   0.443673   2.155  0.03120 *
grado        0.425286   0.449035   0.947  0.34358
edad        -0.042297   0.033914  -1.247  0.21233
acido        0.015021   0.007759   1.936  0.05289 .
```

```
---
Signif. codes:   0 '***' 0.001 '**' 0.01 '*' 0.05 '.' 0.1 ' '
1

(Dispersion parameter for binomial family taken to be 1)

    Null deviance: 70.252  on 52  degrees of freedom
Residual deviance: 47.828  on 47  degrees of freedom
AIC: 59.828

Number of Fisher Scoring iterations: 6
```

Se observa que la constante no es significativa. Ajustaremos el modelo sin constante.

```
> probit1=glm(nodos~0+radiogra+etapa+grado+edad+acido, family
=binomial(link="probit"))
> summary(probit1)

Call:
glm(formula = nodos ~ 0 + radiogra + etapa + grado + edad + a
cido,
    family = binomial(link = "probit"))

Coefficients:
          Estimate Std. Error z value Pr(>|z|)
radiogra  1.211718   0.461858   2.624 0.008701 **
etapa     0.956375   0.442234   2.163 0.030572 *
grado     0.427660   0.446311   0.958 0.337956
edad     -0.041276   0.011823  -3.491 0.000481 ***
acido     0.015067   0.007621   1.977 0.048034 *
---
Signif. codes:   0 '***' 0.001 '**' 0.01 '*' 0.05 '.' 0.1 ' '
1

(Dispersion parameter for binomial family taken to be 1)

    Null deviance: 73.474  on 53  degrees of freedom
Residual deviance: 47.829  on 48  degrees of freedom
AIC: 57.829

Number of Fisher Scoring iterations: 5
```

El modelo ya resulta más o menos aceptable, salvo quizás la variable GRADO cuya significatividad es del 70%. Los resultados son muy similares al caso del modelo logit.

Vamos a calcular la matriz de confusión.

```
> probabilidadpredicha=predict(probit1,type="response")
> clasepredicha=round(probabilidadpredicha)
```

```
> matrizconfusion=table(nodos,clasepredicha)
> matrizconfusion

     clasepredicha
nodos  0  1
    0 28  5
    1  7 13
```

La matriz de confusión falla en 12 pacientes de los 53 (77% de aciertos). Coincide con el caso del modelo logit.

Ahora obtenemos la curva ROC (Figura 14-12).

```
> windows()
> library(pROC)
> rocobjeto=roc(nodos, probabilidadpredicha, auc=TRUE)
> plot(rocobjeto, print.auc=TRUE)
```

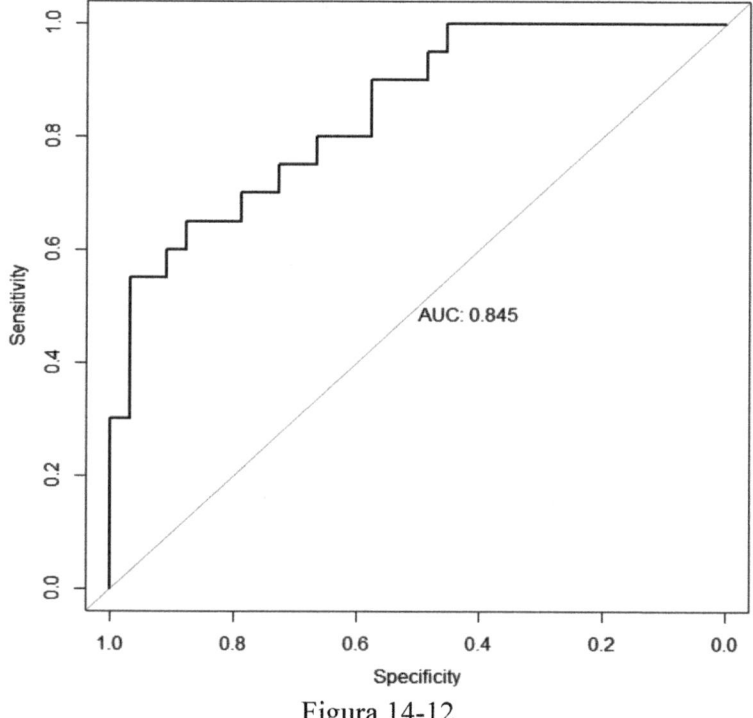

Figura 14-12

Se observa que el área bajo la curva ROC es 0,845 que es menor que en el caso del modelo logit, luego el modelo probit es más preciso que el logit en este caso.

Podemos graficar la función de densidad de probabilidad de este último modelo (probit) como sigue:

```
> windows()
> plot(density(probabilidadpredicha))
```

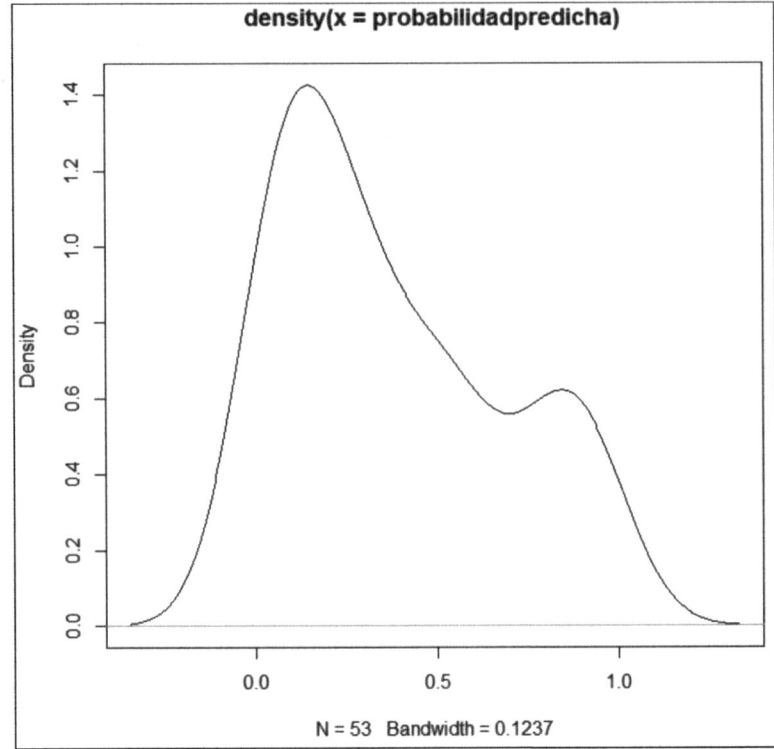

Se observa que para probabilidades más pequeñas de extensión del cáncer a los nodos linfáticos, existe mayor densidad de pacientes, lo cual es favorable.

## Capítulo 15

ÁRBOLES DE DECISIÓN. TRATAMIENTO A TRAVÉS DE R

15.1 ÁRBOLES DE DECISIÓN

Los árboles de decisión constituyen un método de segmentación, que trata de resolver los problemas de discriminación en una población segmentando de forma progresiva la muestra para obtener finalmente una clasificación fehaciente en grupos homogéneos, según la variable de interés denominada variable de segmentación.

Los árboles de decisión constituyen una técnica predictiva ya que la segmentación de la población se realiza según los valores de la variable de interés que juega el papel de variable dependiente del modelo predictivo subyacente en el árbol (variable cualitativa). La asignación de un elemento poblacional a un segmento se realiza de acuerdo a los valores de determinadas variables medidas sobre él que constituyen las variables independientes del modelo (habitualmente también variables cualitativas, aunque también suelen utilizarse variables cuantitativas con sus valores agrupados en un número pequeño de intervalos).

Se trata, por tanto, de seleccionar las variables explicativas que son más discriminantes para la variable dependiente y de construir una regla de decisión que permita asignar un nuevo individuo a un valor o clase de la variable dependiente.

El método consiste en buscar la variable independiente x_j que mejor explique a la variable dependiente y. Esta variable define una primera división de la muestra en dos subconjuntos, llamados segmentos. Después se reitera el procedimiento en el interior de cada uno de estos dos segmentos buscando la segunda mejor variable y así sucesivamente.

Hay que observar que este método, contrariamente a otros métodos multidimensionales no considera simultáneamente al conjunto de variables explicativas, sino que las examina una a una. Sin embargo, la relación entre variables explicativas se tiene en cuenta en las diferentes etapas del árbol.

De esta forma, construimos un árbol de decisión por divisiones sucesivas de la muestra en subconjuntos en el que se distinguen:

a) Los segmentos intermedios o nodos que engendran segmentos inmediatos.
b) Los segmentos terminales que no son divididos.
c) El árbol completo denotado A_{max} para el que cada segmento terminal contiene un solo individuo.
d) Un subárbol A que se obtiene a partir del anterior A_{max} por simple poda de una o muchas ramas.

Los árboles de decisión o árboles de clasificación, técnica muy utilizada hoy en día para segmentar, presentan de hecho un aspecto similar a los dendogramas del análisis de conglomerados jerárquico, aunque se construyen e interpretan de forma completamente distinta. Los árboles de clasificación son en esencia particiones secuenciales del conjunto de datos realizadas para maximizar las diferencias de la variable dependiente o criterio base en los segmentos. Conllevan, por tanto, la división de las observaciones en grupos que difieren respecto a una variable de interés. Estos métodos, se caracterizan además por desarrollar un proceso de división de forma arborescente. Mediante diferentes índices y procedimientos estadísticos se determina la división más discriminante de entre los criterios seleccionados; es decir, aquella que permite diferenciar mejor a los distintos grupos del criterio base, obteniéndose de este modo la primera segmentación.

A continuación, se realizan nuevas segmentaciones de cada uno de los segmentos resultantes, y así sucesivamente hasta que el proceso finaliza con alguna norma estadística preestablecida o interrumpido voluntariamente en cualquier momento por el investigador. Además, los criterios descriptores no tienen por qué aparecer en el mismo orden para todos los segmentos, y un criterio puede aparecer más de una vez para un mismo segmento. Al final, enumerando los criterios mediante los que se ha llegado a un segmento determinado se obtiene el perfil del mismo.

Por ejemplo, supongamos que deseamos conocer qué pasajeros del Titanic tuvieron más probabilidades de sobrevivir a su hundimiento, y qué características estuvieron asociadas a la supervivencia al naufragio. En este caso, la variable de interés o variable dependiente es el grado de supervivencia. Podríamos entonces dividir a los pasajeros en grupos de edad, sexo y clase en la que viajaban y observar la proporción de supervivientes de cada grupo.

Un procedimiento arborescente selecciona automáticamente los grupos homogéneos con la mayor diferencia en proporción de supervivientes entre ellos; en este caso, el sexo (hombres y mujeres). El siguiente paso es subdividir cada uno de los grupos en función de otra característica, resultando que los hombres son divididos en adultos y niños, mientras que las mujeres se dividen en grupos basados en la clase en la que viajan en el barco.

Utilizar diferentes predictores en cada nivel del proceso de división supone una forma sencilla y elegante de manejar interacciones que a menudo complican en exceso los modelos lineales tradicionales. Cuando se ha completado el proceso de subdivisión el resultado es un conjunto de reglas que pueden visualizarse fácilmente mediante un árbol. Por ejemplo: si un pasajero del Titanic es hombre y es adulto, entonces tiene una probabilidad de sobrevivir del 20 por ciento. Además, la proporción de supervivencia en cada una de las subdivisiones puede utilizarse con fines predictivos para vaticinar el grado de supervivencia de los miembros de ese grupo. Un árbol de clasificación del grado de supervivencia de los pasajeros del Titanic podría ser el que se observa en la Figura siguiente.

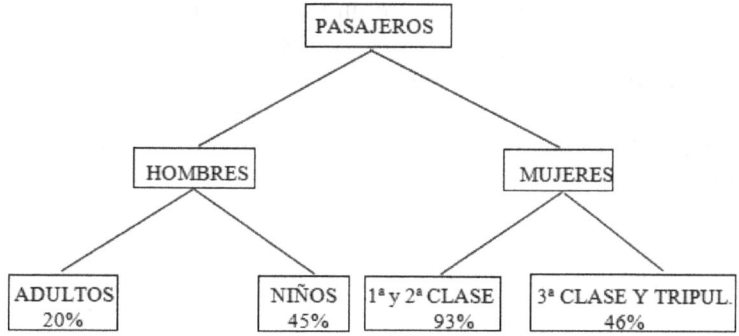

15.2 CARACTERÍSTICAS DE LOS ÁRBOLES DE DECISIÓN

Podríamos enumerar como características más importantes en un árbol de decisión las siguientes:

Especificación de los criterios para minimizar los costes. Se trata de clasificar o predecir con el coste mínimo. Los costes suelen venir medidos en términos de la proporción de casos mal clasificados y uso inadecuado de probabilidades a priori. Las probabilidades a priori o ponderaciones de clase, especifican la probabilidad de que un caso caiga en cada una de las clases de la variable dependiente, sin tener ningún conocimiento previo de los valores de los predictores. Las probabilidades a priori son parte fundamental de cualquier árbol de decisión y la mayoría del software actual permite utilizar ponderaciones estimadas según las proporciones de cada clase, aunque no siempre sea el camino óptimo. Así mismo, el software actual ofrece adicionalmente la posibilidad de tratar las clases como si fueran del mismo tamaño, especificando probabilidades iguales para cada clase. También algunos programas permiten utilizar matrices activas de costes, que permiten que el árbol de decisión se vaya adaptando en cada uno de los nodos para evitar los mayores costes.

Selección del método de división. Se trata de escoger el método con el que seleccionar, en cada uno de los niveles del proceso de división, la mejor división posible del mejor predictor. En la actualidad predominan fundamentalmente los enfoques mediante métodos exhaustivos y métodos de tipo discriminante. En cuanto a los *métodos exhaustivos*, el más conocido y simple consiste en examinar todas las posibles divisiones de los datos según cada predictor y seleccionar la división que produce clasificaciones más puras (observando la mejoría en la bondad de ajuste mediante una serie de medidas como Gini, entropía, $\chi 2$, twoing, symgini, twoing ordenado, desviación de mínimos cuadrados y combinaciones lineales). Este método lo utilizan CART y CHAID exhaustivo. En cuanto a los *métodos de tipo discriminante*, se sigue un proceso distinto y computacionalmente más sencillo. En vez de buscar a la vez la mejor variable y su mejor punto de división, se abordan estos dos problemas por separado. En cada nodo, calculan primero un test $\chi 2$ (para cada predictor categórico) o un ANOVA (para cada predictor métrico), seleccionándose de entre todas las variables significativas, la que proporciona probabilidades asociadas menores. En una segunda fase, se aplica un análisis discriminante sobre el predictor con el fin de encontrar la mejor división posible de la variable. Estos procedimientos son utilizados en los árboles QUEST.

Elección del tamaño adecuado o problema del sobreajuste. Si no se establece ningún límite en el número de divisiones a ejecutar en un árbol, se corre el riesgo de encontrarnos con muy pocos elementos en cada clase y un número ingente de divisiones que provocan sobreajuste. Para tratar este problema se utilizan las reglas de parada y la poda. Las *reglas de parada* detienen la generación de nuevas divisiones cuando éstas supongan una mejora muy pequeña de la predicción. Entre las reglas de parada directa para detener automáticamente el proceso de construcción del árbol, tenemos la extensión máxima del árbol o número de niveles máximos permitidos por debajo del nodo raíz, el mínimo número de casos en un nodo que acota el número de nodos, impidiendo que no sobrepasen un número determinado de casos y la mínima fracción de objetos, mediante la cual los nodos no contendrán más casos que una fracción determinada del tamaño de una o más clases. La regla de parada la establece a priori el propio investigador, en función de investigaciones pasadas, análisis previos, o incluso en función de su propia experiencia e intuición. En cuanto a la *poda*, existe siempre el riesgo de no descubrir estructuras relevantes en los datos debido a una finalización prematura del análisis. Por ello, se sugiere un enfoque alternativo en dos fases. En una primera fase se desarrolla un enorme árbol que contenga cientos o incluso miles de nodos. En una segunda fase, el árbol es podado, eliminándose las ramas innecesarias hasta dar con el tamaño adecuado del árbol. Este proceso automático y retrospectivo, que compara simultáneamente todos los posibles subárboles resultado de podar en diferente grado el árbol original, no debe confundirse con la opción que ofrecen algunos programas (particularmente los de tipo CHAID) de podar manualmente el árbol una vez que se ha llegado a la solución final, opción esta que no elimina los problemas de utilizar reglas de parada.

15.3 TIPOS DE ÁRBOLES DE DECISIÓN

Los tres tipos de árboles más utilizados hoy en día son: los árboles CHAID, los árboles CART y los árboles QUEST.

15.3.1 Árboles CHAID

El método CHAID (*Chi-square Automatic Interaction Detector*) es la conclusión de una serie de métodos basados en el detector Automático de Interacciones (AID) de Morgan y Sonquist. Se trata de un método exploratorio de análisis de datos, útil para identificar variables importantes, y sus interacciones enfocadas a la segmentación y a los análisis descriptivos, que suelen ser pasos previos a otros análisis posteriores. La variable dependiente puede ser cualitativa (nominal u ordinal) o cuantitativa. Para variables cualitativas, el análisis lleva a cabo una serie de análisis $\chi 2$ entre las variables dependiente y predictora. En el caso de variables dependientes cuantitativas, se recurre a métodos de análisis de varianza, en los que los intervalos (divisiones) se determinan óptimamente para las variables independientes, de forma que maximicen la capacidad para explicar la varianza de la medida dependiente. Se divide cada nodo localizando el par de categorías permisible del predictor con el menor valor de $\chi 2$. Si el nivel de significación es menor que un cierto nivel crítico, se unen ambas categorías y se repite el proceso. Si es mayor, se convierten en dos candidatas a la división de la variable. Este proceso continúa con cada par de categorías, hasta que dejan de producirse uniones y posibles divisiones. La última candidata a la división (que generalmente no suele coincidir con la división más significativa) es la que se elige para dividir al predictor. El proceso se repite de forma recursiva en cada uno de los nodos, hasta que se activa cualquiera de las reglas de parada del proceso.

Este método ahorra bastante tiempo de computación, pero no garantiza que sea capaz de encontrar realmente la mejor división posible en cada modo.

Para garantizar el hallazgo de la división más significativa se utiliza el *método CHAID exhaustivo*, que trata a todas las variables por igual, independientemente del tipo de variable y del número de categorías. Por otro lado, este método permite trabajar con variables dependientes categóricas y métricas. Las variables categóricas utilizan el estadístico χ^2 y dan lugar a un *árbol de clasificación*. Las variables métricas utilizan el estadístico F y dan lugar a lo que se conoce como *árboles de regresión*. También permite utilizar predictores de tipo métrico, mediante su conversión previa en variables categóricas. Los métodos CHAID producen divisiones de la validación cruzada en más de dos grupos, lo cual siempre es un valor añadido.

15.3.2 Árboles CART

El método CART (*Classification And Regression Trees*) o C&RT es una alternativa al CHAID exhaustivo para *árboles de clasificación* (variables dependientes categóricas). Este método nació para intentar superar algunas de las deficiencias y debilidades que por entonces mostraba la formulación original del CHAID, que estaba limitado inicialmente a variables dependientes nominales y variables independientes categóricas hasta la aparición de su versión exhaustiva. Estaba claro que se necesitaba utilizar predictores de cualquier nivel de medida. Además, CART tiene una estructura estadística más fuerte que CHAID, lo que le llevó a ser utilizado en campos de la investigación como la medicina, además de en el marketing. CART se utiliza para árboles de clasificación con variable dependiente cualitativa y para árboles de regresión con variable dependiente cuantitativa, y genera árboles binarios.

El método comienza dividiendo la muestra en subconjuntos y evaluando cada predictor cuantitativo para encontrar el mejor punto de corte o cada predictor categórico y para encontrar las mejores agrupaciones de categorías. A continuación, se comparan también los predictores, seleccionándose el predictor y la división que produce la mayor bondad de ajuste. Para predictores cuantitativos suele utilizarse la minimización del error cuadrático o de la desviación media absoluta respecto de la mediana. Para predictores cualitativos suele utilizarse el coeficiente Gini para evaluar la probabilidad de una mala clasificación (valor cero para clasificación perfecta y valor uno para una mala clasificación).

No debemos de olvidar que los métodos CHAID producen divisiones de la validación cruzada en más de dos grupos, mientras que el método CART sólo produce divisiones binarias.

15.3.3 Árboles QUEST

Los árboles QUEST (*Quick, Unbiased, Efficient, Statistical Tree*) consisten en un algoritmo de clasificación arborescente creado específicamente para solventar dos de los principales problemas que presentan métodos como CART y CHAID exhaustivo, a la hora de dividir un grupo de sujetos en función de una variable independiente. Este tipo de árboles mitigan la complejidad computacional (enfoque de cálculo más sencillo) y los sesgos en la selección de variables. Se trata de evitar que se seleccionen aquellas variables que cuentan con un mayor número de categorías. QUEST intenta seleccionar el mejor predictor y su mejor punto de corte como tareas separadas, calculando en cada nodo la asociación entre cada predictor y la variable dependiente mediante el estadístico F del ANOVA o la F de Levene para predictores continuos y ordinales o mediante una χ2 de Pearson para predictores nominales. Se consiguen divisiones binarias de la variable dependiente mediante la creación de dos superclases en el predictor, aplicando un algoritmo conglomerativo.

Por último, para eliminar el sesgo en la selección de variables, se elige el predictor que tiene la mayor asociación con la variable dependiente. Posteriormente, para hallar el mejor punto de corte se recurre a un análisis discriminante cuadrático, repitiéndose el proceso recursivamente hasta que lo permitan las reglas de parada establecidas en el algoritmo. De esta forma, se eliminan sesgos de respuesta y se simplifica el cálculo.

En cuanto a la valoración de los métodos de construcción de árboles, podría establecerse un orden de jerarquía (nunca absoluto) que sitúe el método QUEST como superior a CART y este último método superior a CHAID. No olvidemos que QUEST admite métodos de validación mediante poda y permite utilizar combinaciones lineales de variables. Pero debe quedar claro que esta evaluación sólo es válida en líneas generales.

15.4 R Y LOS ÁRBOLES DE DECISIÓN

Las librerías *rpart* y *rpart.plot* de R habilitan comandos que permiten trabajar con árboles de decisión. La sintaxis del comando *rpart* es la siguiente:

rpart(formula, data=conjunto de datos, weights=vector de ponderaciones, ...)

Como ejemplo podemos considerar un banco que desea categorizar a los solicitantes de créditos en función de si representan o no un riesgo crediticio razonable. Basándose en varios factores, incluyendo las valoraciones del crédito conocidas de clientes anteriores, se puede generar un modelo para pronosticar si es probable que los clientes futuros causen mora en sus créditos. Los datos se almacenan en el archivo *tree_credit.sav*.

Un análisis basado en árboles permite identificar grupos homogéneos con alto o bajo riesgo y facilita la construcción de reglas para realizar pronósticos sobre casos individuales.

En cuanto a los datos, las variables dependientes e independientes pueden ser nominales, ordinales y de escala. Una variable puede ser tratada como nominal cuando sus valores representan categorías que no obedecen a una ordenación intrínseca. Por ejemplo, el departamento de la compañía en el que trabaja un empleado. Son ejemplos de variables nominales: la región, el código postal o la confesión religiosa. Una variable puede ser tratada como ordinal cuando sus valores representan categorías con alguna ordenación intrínseca.

Por ejemplo, los niveles de satisfacción con un servicio, que vayan desde muy insatisfecho hasta muy satisfecho. Son ejemplos de variables ordinales: las puntuaciones de actitud que representan el nivel de satisfacción o confianza y las puntuaciones de evaluación de la preferencia. Una variable puede ser tratada como de escala cuando sus valores representan categorías ordenadas con una métrica con significado, por lo que son adecuadas las comparaciones de distancia entre valores. Son ejemplos de variables de escala: la edad en años y los ingresos en dólares.

Los datos también pueden llevar asociadas ponderaciones de frecuencia Si se encuentra activada la ponderación, las ponderaciones fraccionarias se redondearán al número entero más cercano; de esta manera, a los casos con un valor de ponderación menor que 0,5 se les asignará una ponderación de 0 y, por consiguiente, se verán excluidos del análisis.

En cuanto a supuestos, este procedimiento supone que se ha asignado el nivel de medida adecuado a todas las variables del análisis; además, algunas funciones suponen que todos los valores de la variable dependiente incluidos en el análisis tienen etiquetas de valor definidas. El nivel de medida afecta a los cálculos del árbol; por lo tanto, todas las variables deben tener asignado el nivel de medida adecuado.

Para construir el árbol comenzamos importando los datos del archivo, separando sus variables y presentando estadísticos básicos de las mismas,

```
> library(haven)
> treecredit <- read_sav("E:/CURSOR2023/DATOS/treecredit.sav")
> View(treecredit)
> attach(treecredit)
> summary(treecredit)
```

Valoracioncredito	Edad	Ingresos	Tarjetascredito	Educacion	Creditoscoche
Min. :0.000	Min. :20.00	Min. :1.000	Min. :1.000	Min. :1.000	Min. :1.000
1st Qu.:0.000	1st Qu.:26.99	1st Qu.:2.000	1st Qu.:1.000	1st Qu.:1.000	1st Qu.:1.000
Median :1.000	Median :33.08	Median :2.000	Median :2.000	Median :2.000	Median :2.000
Mean :0.586	Mean :33.82	Mean :2.091	Mean :1.676	Mean :1.501	Mean :1.638
3rd Qu.:1.000	3rd Qu.:39.74	3rd Qu.:3.000	3rd Qu.:2.000	3rd Qu.:2.000	3rd Qu.:2.000
Max. :1.000	Max. :63.35	Max. :3.000	Max. :2.000	Max. :2.000	Max. :2.000

La valoración del crédito es la variable dependiente categórica con valores 0 (si no devuelve el crédito correcta) y 1 (si el cliente devuelve bel crédito). Como variables independientes tenemos la edad (variable continua), el nivel de ingresos categorizada en tres categorías (1=Bajo, 2=Medio, 3=Alto), el número de tarjetas de crédito categorizada en dos categorías (1= menos de 5 y 2=5 o más), el nivel educativo categorizado en dos categorías (1=universitario y 2=bachillerato) y los crédito de coche categorizada en dos categorías (1=un crédito o ninguno y 2= más de un crédito). Se trata de realizar un árbol de decisión que permita segmentar a los clientes y cuantificar la probabilidad de devolver el crédito que tienen cada uno de ellos. También se estudiará la importancia de las variables independientes en cuanto a su efecto sobre la variable dependiente.

A continuación, creamos el árbol, asegurando en primer lugar que la variable dependiente es categórica.

```
> library(rpart)
> Valoracioncredito1=factor(Valoracioncredito)
> arbol=rpart(Valoracioncredito1~Edad+Ingresos+Tarjetascredito
+Educacion+Creditoscoche)
```

La siguiente tarea es representar el árbol.

```
> library(rpart.plot)
> windows()
> rpart.plot(arbol)
```

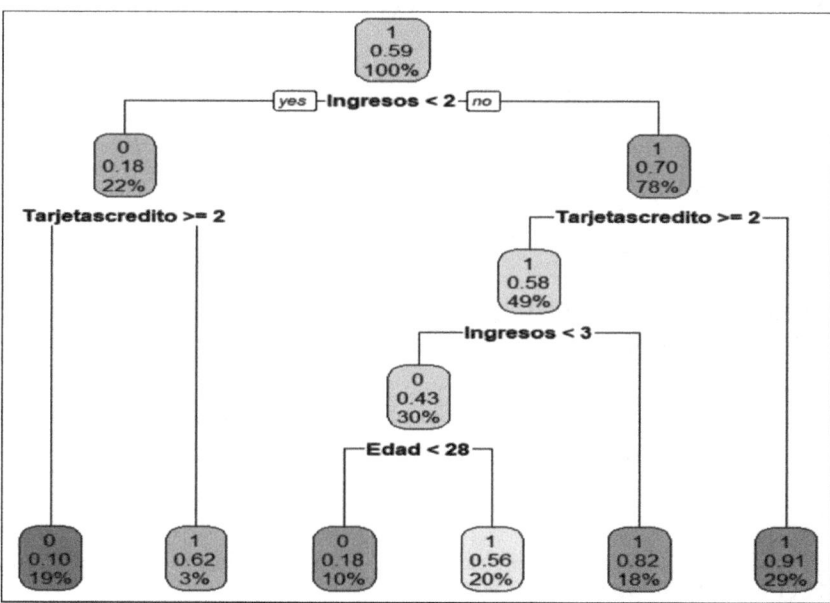

Figura 15-1

En cuanto a la importancia de las variables independientes, vemos que el nivel ingresos es la variable con mayor efecto sobre la valoración del crédito. Esta variable comienza segmentando la población entre los clientes que tienen unos ingresos bajos (<2) y que son el 22% de la población y los que tienes ingresos medios y altos (78% de la población).

La segunda variable en importancia sobre la valoración del crédito es el número de tarjetas de crédito. Clientes con ingresos bajos con 2 o más tarjetas de crédito constituyen el 19% y con menos de 2 son el 3%. Clientes con ingresos medios y altos con dos o más tarjetas de crédito son el 29% y con menos de dos tarjetas de crédito son el 49%. Hemos realizado así el segundo nivel de segmentación.

De entre el 49% anterior, aquellos que tienen ingresos bajos o medios son el 30% y el resto tienen ingresos altos.

La tercera variable en importancia sobre la valoración del crédito es la edad. Clientes con ingresos medios y bajos con más de 2 tarjetas de crédito y menores de 28 años hay un 10%, y mayores de 28 años hay un 20%. Hemos realizado así el tercer nivel de segmentación.

Ahora calcularemos la probabilidad predicha de valoración del crédito para todos los clientes, la clase de la variable dependiente predicha y la matriz de confusión del modelo de árbol. El porcentaje de aciertos en la matriz de confusión valora el modelo.

```
> probabilidadpredicha= predict(arbol,type="vector")
> class(probabilidadpredicha)
[1] "numeric"
> clasepredicha=round(probabilidadpredicha)
> matrizconfusion=table(Valoracioncredito1,clasepredicha)
> matrizconfusion
                    clasepredicha
Valoracioncredito1    1    2
                 0  626  394
                 1   90 1354
```

Vemos que de los 2980 clientes se clasifican mal 394+90=484 (83,75% de aciertos). El porcentaje de aciertos es bastante considerable.

Otro instrumento de validación del modelo es la curva ROC. Vamos a obtener ahora la curva ROC y el área entre la misma y la diagonal (Figura 15-2).

```
> library(pROC)
> windows()
> rocarbol=roc(Valoracioncredito1,probabilidadpredicha,auc=TRUE)
> plot(rocarbol,print.auc=TRUE)
```

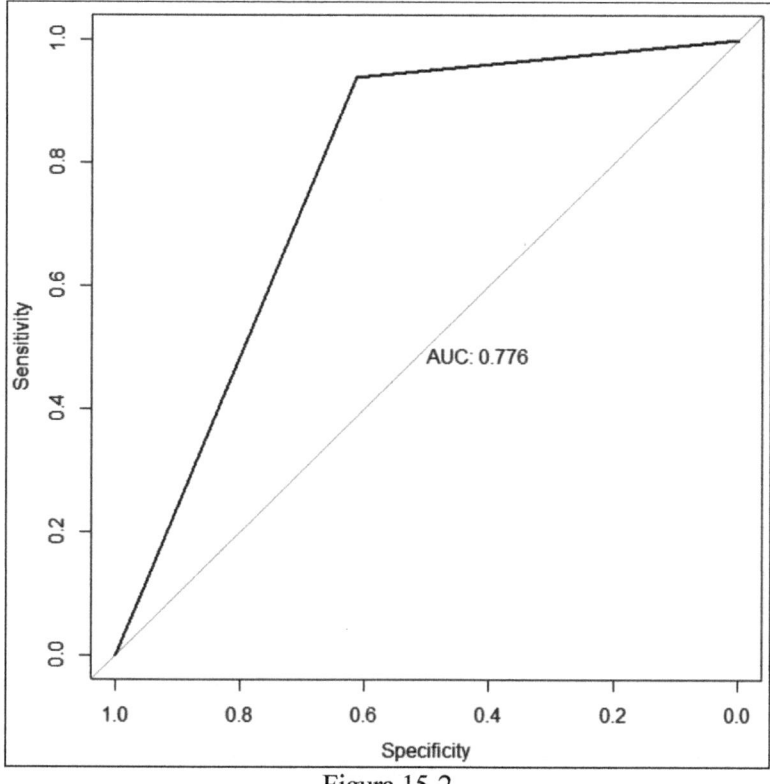

Figura 15-2

Vemos que el área bajo la curva ROC es 0,776, que no está muy lejos de la unidad. Este resultado está en línea con el porcentaje de aciertos de la matriz de confusión.

Representaremos ahora las probabilidades de devolución del crédito predichas (Figura 15-3).

```
> windows()
> plot(density(probabilidadpredicha))
```

Se observa que para probabilidades altas de devolución del crédito hay una densidad alta de clientes. Para probabilidades bajas hay una densidad menor (pero relevante) de clientes y para probabilidades medias hay una densidad muy baja de clientes. De esta forma se observa que la densidad de probabilidad de devolución del crédito es bimodal, con una moda menor para probabilidades bajas y una moda superior para probabilidades altas.

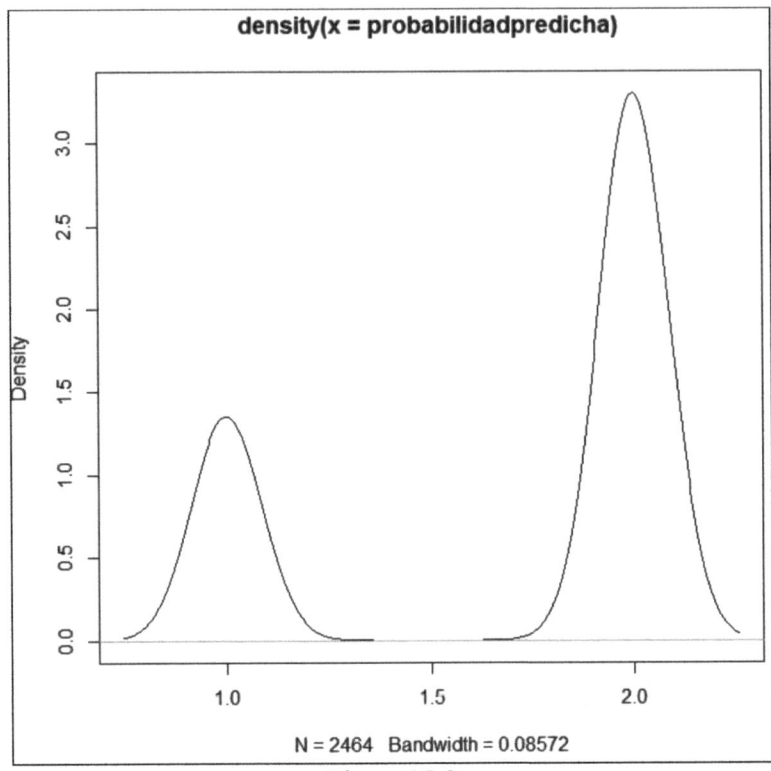

Figura 15-3

15.5 R Y LOS ÁRBOLES ALEATORIOS (RANDOM FOREST)

Antes hablamos de diversos métodos para la construcción de árboles de decisión. El método de los árboles aleatorios (*Randon Forest*) permite encontrar el árbol óptimo de entre todos los métodos posibles.

El paquete *randomForest* de R implementa el comando *randomForest*, que permite obtener el árbol de decisión óptimo. Su sintaxis básica es la siguiente:

randomForest(fórmula, data=conjunto de datos, ntree=n, weights=vector de pesos, strata=factor, …)

Se puede fijar el número de árboles a considerar en la búsqueda del óptimo (*ntree=n*) y una variable categórica de estratificación de la muestra (*strata=factor*). También se admite un vector de pesos en la muestra de datos (*weights=vector*).

Como ejemplo construiremos el árbol de ejemplo anterior mediante el método de los árboles aleatorios (*Random forest*)

```
> library(randomForest)
> Valoracioncredito1=factor(Valoracioncredito)
> arbolaleatorio=randomForest(Valoracioncredito1~Edad+Ingresos
+Tarjetascredito+Educacion+Creditoscoche)

> arbolaleatorio

Call:
 randomForest(formula = Valoracioncredito1 ~ Edad + Ingresos
+       Tarjetascredito + Educacion + Creditoscoche)
               Type of random forest: classification
                     Number of trees: 500
No. of variables tried at each split: 2

        OOB estimate of  error rate: 18.71%
Confusion matrix:
     0    1 class.error
0  742  278   0.2725490
1  183 1261   0.1267313
```

Observamos que se ha trabajo con 500 árboles y una tasa de error de clasificación global del 18,71%.

La matriz de confusión muestra un porcentaje de error de clasificación de un 27,25% para los que no devuelven el crédito y un 12,67% para los que devuelven el crédito.

```
> summary(arbolaleatorio)
                Length Class  Mode
call               2   -none- call
type               1   -none- character
predicted       2464   factor numeric
err.rate        1500   -none- numeric
confusion          6   -none- numeric
votes           4928   matrix numeric
oob.times       2464   -none- numeric
classes            2   -none- character
importance         5   -none- numeric
importanceSD       0   -none- NULL
localImportance    0   -none- NULL
proximity          0   -none- NULL
ntree              1   -none- numeric
mtry               1   -none- numeric
forest            14   -none- list
y               2464   factor numeric
test               0   -none- NULL
inbag              0   -none- NULL
terms              3   terms  call
```

Ahora calculamos la importancia de las variables (efecto de las variables independientes sobre la dependiente).

```
> arbolaleatorio$importance
                    MeanDecreaseGini
Edad                    174.11747
Ingresos                252.86764
Tarjetascredito         129.96388
Educacion                 6.28993
Creditoscoche            37.46712
```

Vemos que el nivel de ingresos es la variable más importante para la devolución del crédito, seguida de la edad y el número de tarjetas de crédito,

Ahora calculamos la probabilidad predicha de devolver el crédito para todos los clientes y graficamos su función de densidad (Figura 15-4).

```
> probabilidadpredicha= predict(arbolaleatorio,type="prob")

> windows()
> plot(density(probabilidadpredicha))
```

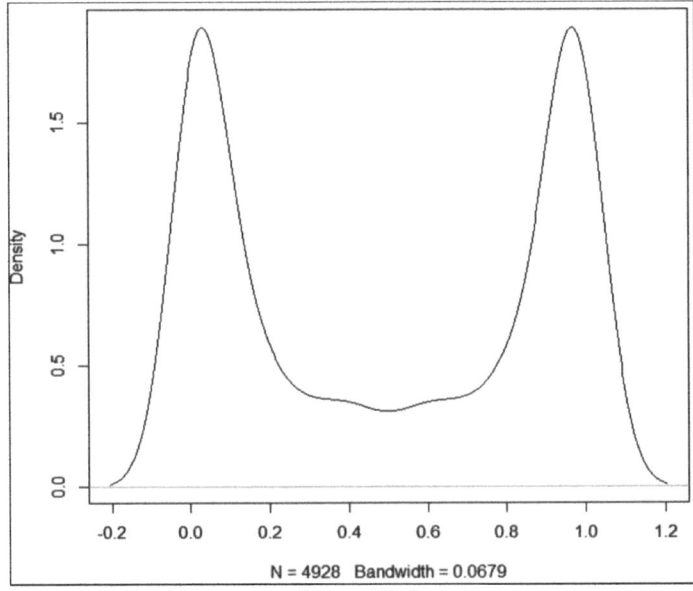

Figura 15-4

La función de densidad es acusadamente bimodal con densidades altas de clientes para probabilidades bajas y altas de devolver el crédito. Para probabilidades medias hay pocos clientes

Ejercicio 15-1. A partir del fichero creditos.sav que contiene información de un banco relativa a la concesión de créditos a sus clientes, se trata de construir un árbol de decisión que permita decidir sobre la asignación o no de un crédito a un cliente tomando como variable dependiente la variable credit_v y como variables explicativas el resto de las variables del fichero excepto la variable identificadora de cliente.

Para construir el árbol comenzamos importando los datos del archivo, separando sus variables y presentando estadísticos básicos de las mismas,

```
> library(haven)
> Creditos <- read_sav("E:/CURSOR2023/DATOS/Creditos.sav")
> View(Creditos)
> attach(Creditos)
> summary(Creditos)
```

```
    credit_v          cat_prof         pago_mes          edad             amex
Min.   :0.0000   Min.   :1.000   Min.   :1.000   Min.   :1.000   Min.   :0.000
1st Qu.:0.0000   1st Qu.:2.000   1st Qu.:1.000   1st Qu.:1.000   1st Qu.:0.000
Median :0.0000   Median :2.000   Median :1.000   Median :1.000   Median :0.000
Mean   :0.4799   Mean   :2.632   Mean   :1.489   Mean   :1.598   Mean   :0.483
3rd Qu.:1.0000   3rd Qu.:3.000   3rd Qu.:2.000   3rd Qu.:2.000   3rd Qu.:1.000
Max.   :1.0000   Max.   :5.000   Max.   :2.000   Max.   :3.000   Max.   :1.000
```

La concesión del crédito es la variable dependiente categórica con valores 0 (si no se concede el crédito) y 1 (si se concede el crédito). Como variables independientes tenemos la categoría profesional con 5 categorías (1=directo, 2=profesional, 3=administrativo, 4=operario cualificado, 5=no cualificado), el sueldo con dos categorías (1=pago semanal, 2=pago mensual), la edad con tres categorías (1=joven menor de 25 años, 2=maduro entre 25 y 35 años, 3=mayor con más de 35 años) y si tiene una tarjeta de American Express con dos categorías (0 si no la tiene y 1 si la tiene). Se trata de realizar un árbol de decisión que permita segmentar a los clientes y cuantificar la probabilidad de concesión del crédito que tienen cada uno de ellos. También se estudiará la importancia de las variables independientes en cuanto a su efecto sobre la variable dependiente.

A continuación, creamos el árbol, asegurando en primer lugar que la variable dependiente es categórica.

```
> library(rpart)
> credit_v1=factor(credit_v)
> arbol=rpart(credit_v1~cat_prof+pago_mes+edad+amex)
```

La siguiente tarea es representar el árbol (Figura 15-5).

```
> library(rpart.plot)
> windows()
> rpart.plot(arbol)
```

Figura 15-5

En cuanto a la importancia de las variables independientes, vemos que el sueldo es la variable con mayor efecto sobre la concesión del crédito. Esta variable comienza segmentando la población entre los clientes que tienen sueldos bajos (<2) y que son el 51% de la población y los que tienen sueldos medios y altos (49% de la población). Hemos realizado la segmentación de primer nivel.

La segunda variable en importancia sobre la concesión del crédito es la edad. Clientes con ingresos bajos con edades jóvenes y maduros constituyen el 49% y mayores son el 2%. Clientes con ingresos medios y altos no tienen más variables de segmentación Hemos realizado así el segundo nivel de segmentación.

Ahora calcularemos la probabilidad predicha de concesión del crédito para todos los clientes, la clase de la variable dependiente predicha y la matriz de confusión del modelo de árbol. El porcentaje de aciertos en la matriz de confusión valora el modelo.

```
> probabilidadpredicha= predict(arbol,type="vector")
> clasepredicha=round(probabilidadpredicha)
> matrizconfusion=table(credit_v1,clasepredicha)
> matrizconfusion
          clasepredicha
credit_v1   1    2
        0 143   25
        1  15  140
```

Vemos que de los 323 clientes se clasifican mal 25+15=40 (87,6% de aciertos). El porcentaje de aciertos es bastante considerable. De entre los clientes a los que no se concede el crédito se clasifican bien el 80% (143/168). De entre los clientes a los que se les concede el crédito se clasifican bien el 90,3% (140/155).

Otro instrumento de validación del modelo es la curva ROC. Vamos a obtener ahora la curva ROC y el área entre la misma y la diagonal (Figura 15-6).

```
> library(pROC)
> windows()
> rocarbol=roc(credit_v1,probabilidadpredicha,auc=TRUE)
> plot(rocarbol,print.auc=TRUE)
```

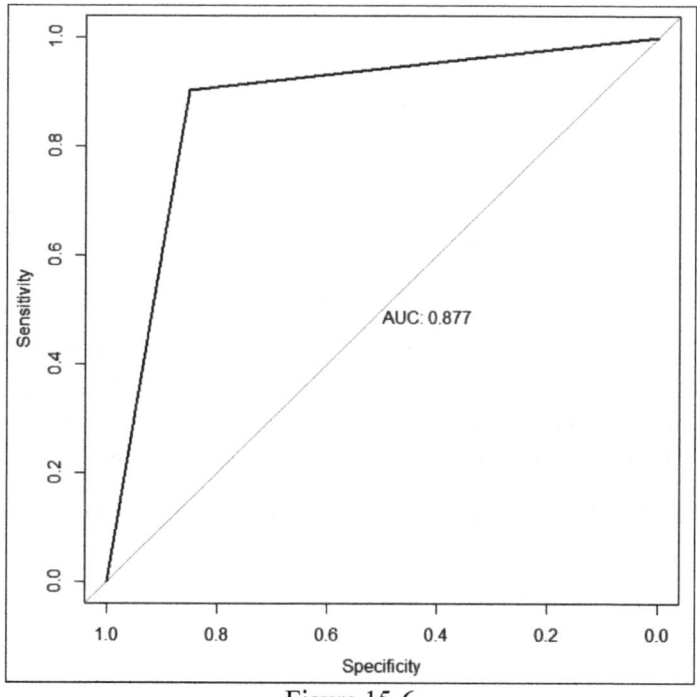

Figura 15-6

Vemos que el área bajo la curva ROC es 0,877, que no está muy lejos de la unidad. Este resultado está en línea con el porcentaje de aciertos de la matriz de confusión.

Representaremos ahora las probabilidades de concesión del crédito predichas (Figura 15-7).

```
> windows()
> plot(density(probabilidadpredicha))
```

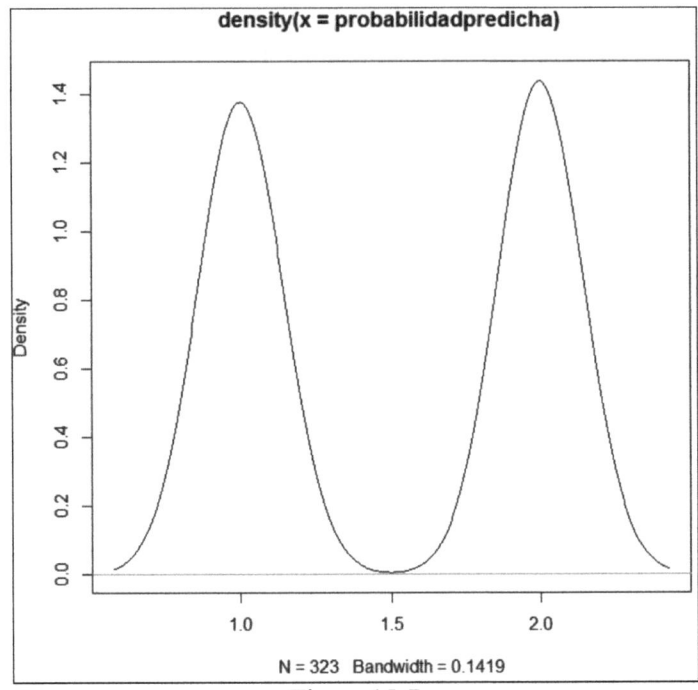

Figura 15-7

Se observa que para probabilidades altas de concesión del crédito hay una densidad alta de clientes. Para probabilidades bajas hay también una densidad alta de clientes y para probabilidades medias hay una densidad muy baja de clientes. De esta forma se observa que la densidad de probabilidad de concesión del crédito es bimodal.

Ejercicio 15-2. Realizar el ejercicio anterior mediante un árbol aleatorio

```
> library(randomForest)
> arbolaleatorio=randomForest(credit_v1~cat_prof+pago_mes+edad
+amex)
> arbolaleatorio

Call:
 randomForest(formula = credit_v1 ~ cat_prof + pago_mes + eda
d +       amex)
               Type of random forest: classification
                     Number of trees: 500
No. of variables tried at each split: 2

        OOB estimate of  error rate: 10.53%
Confusion matrix:
      0    1 class.error
0 166    2  0.01190476
1   32 123  0.20645161
1 183 1261   0.1267313
```

Observamos que se ha trabajo con 500 árboles y una tasa de error de clasificación global del 10,53%.

La matriz de confusión muestra un porcentaje de error de clasificación de un 1,2% para los que no se les concede el crédito el crédito y un 20,64% para los que devuelven el crédito.

```
> summary(arbolaleatorio)
                Length Class  Mode
call                 2 -none- call
type                 1 -none- character
predicted          323 factor numeric
err.rate          1500 -none- numeric
confusion            6 -none- numeric
votes              646 matrix numeric
oob.times          323 -none- numeric
classes              2 -none- character
importance           4 -none- numeric
importanceSD         0 -none- NULL
localImportance      0 -none- NULL
proximity            0 -none- NULL
ntree                1 -none- numeric
mtry                 1 -none- numeric
forest              14 -none- list
y                  323 factor numeric
test                 0 -none- NULL
inbag                0 -none- NULL
terms                3 terms  call
```

Ahora calculamos la importancia de las variables (efecto de las variables independientes sobre la dependiente).

```
> arbolaleatorio$importance
                MeanDecreaseGini
          MeanDecreaseGini
cat_prof        15.7706608
pago_mes        52.6663685
edad            44.3804847
amex             0.8644863
```

Vemos que el sueldo es la variable más importante para la concesión del crédito, seguida de la edad y la categoría profesional.

Ahora calculamos la probabilidad predicha de conceder un crédito para todos los clientes y graficamos su función de densidad (Figura 15-8).

```
> probabilidadpredicha= predict(arbolaleatorio,type="prob")
> windows()
> plot(density(probabilidadpredicha))
```

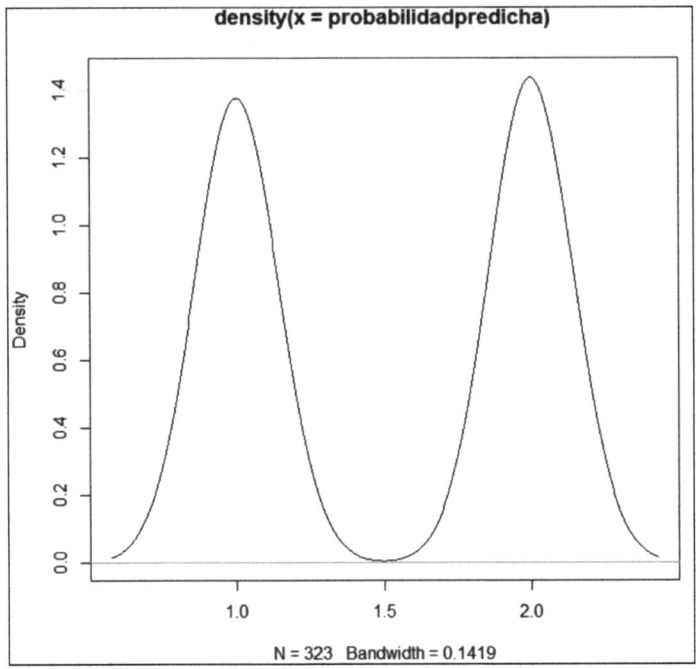

Figura 15-8

La función de densidad es acusadamente bimodal con densidades altas de clientes para probabilidades bajas y altas de concesión del crédito. Para probabilidades medias hay pocos clientes

## Capítulo 16

MODELOS DE REDES NEURONALES. TRATAMIENTO CON R

16.1 DESCRIPCIÓN DE UNA RED NEURONAL

16.1.1 Definición

Podemos definir una *red neuronal* como un conjunto de elementos de procesamiento de la información altamente interconectados, que son capaces de aprender con la información que se les alimenta. La principal característica de esta nueva tecnología de redes neuronales es que puede aplicarse a gran número de problemas que pueden ir desde problemas complejos reales a modelos teóricos sofisticados como por ejemplo reconocimiento de imágenes, reconocimiento de voz, análisis y filtrado de señales, clasificación, discriminación, análisis financiero, predicción dinámica, etc.

Las Redes Neuronales tratan de emular el sistema nervioso, de forma que son capaces de reproducir algunas de las principales tareas que desarrolla el cerebro humano, al reflejar las características fundamentales de comportamiento del mismo. Lo que realmente intentan modelizar las redes neuronales es una de las estructuras fisiológicas de soporte del cerebro, la neurona y los grupos estructurados e interconectados de varias de ellas, conocidos como redes de neuronas. De este modo, construyen sistemas que presentan un cierto grado de inteligencia. No obstante, debemos insistir en el hecho de que los Sistemas Neuronales Artificiales, como cualquier otra herramienta construida por el hombre, tienen limitaciones y sólo poseen un parecido superficial con sus contrapartidas biológicas.

Las redes neuronales, en relación con el procesamiento de información, heredan tres características básicas de las redes de neuronas biológicas: paralelismo masivo, respuesta no lineal de las neuronas frente a las entradas recibidas y procesamiento de información a través de múltiples capas de neuronas.

Una de las principales propiedades de estos modelos es su capacidad de aprender y generalizar a partir de ejemplos reales. Es decir, la red aprende a reconocer la relación (que no deja de ser equivalente a estimar una dependencia funcional) que existe entre el conjunto de entradas proporcionadas como ejemplos y sus correspondientes salidas, de modo que, finalizado el aprendizaje, cuando a la red se le presenta una nueva entrada (aunque esté incompleta o posea algún error), en base a la relación funcional establecida en el mismo, es capaz de generalizarla ofreciendo una salida. En consecuencia, podemos definir una red neuronal artificial como un sistema inteligente capaz, no sólo de aprender, sino también de generalizar.

Una red neuronal está formada por unidades de procesamiento que reciben el nombre de neuronas o nodos. Estos nodos están organizados en grupos que se llaman "capas". Generalmente existen tres tipos de capas: una capa de entrada, una o varias capas ocultas y una capa de salida. Las conexiones se establecen entre los nodos de cada capa adyacentes. La capa de entrada, mediante la cual se presentan los datos a la red, está formada por nodos de entrada que reciben la información directamente del exterior. La capa de salida representa la respuesta de la red a una entrada dada siendo esta información transferida al exterior. Las capas ocultas o intermedias se encargan de procesar la información y se interponen entre las capas de entrada y salida y son las únicas que no tienen conexión con el exterior.

La estructura de red más habitual es la denominada red alimentada hacia delante o *feedforward*, ya que las conexiones entre neuronas se establecen en un único sentido, por el siguiente orden: capa de entrada, capa(s) oculta(s) y capa de salida. Por ejemplo, en la Figura 16-1 se muestra una red con dos capas ocultas. No obstante, existen también redes retroalimentadas o *feedback*, que pueden tener conexiones hacia atrás, es decir, de nodos de una capa a elementos de proceso de capas anteriores, así como redes recurrentes, que pueden poseer conexiones, tanto entre neuronas de una misma capa, como de un nodo a sí mismo. La Figura 16-2 ilustra un modelo de red en que coexisten los distintos tipos de conexiones que hemos comentado, es decir, hacia delante, hacia atrás y recurrentes, mostrando una interconexión total.

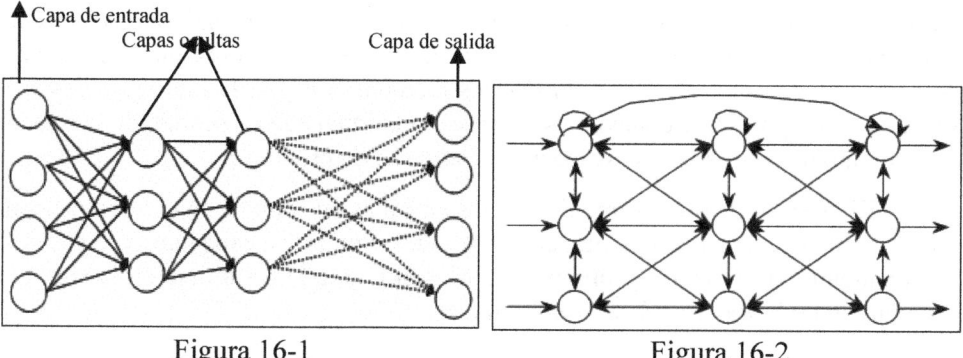

Figura 16-1   Figura 16-2

16.1.2 Función de salida y funciones de transferencia o activación

La red neuronal totalmente interconectada es aquella en la que los nodos de cada capa están conectados con todos los nodos de la capa siguiente. La capa de entrada tiene por única misión la de distribuir la información que se le presenta a la red neuronal para el procesamiento en la capa siguiente. Los nodos de las capas ocultas y de la capa de salida procesan las señales aplicando factores de procesamiento, llamados *pesos*. Cada capa tiene un nodo adicional llamado sesgo (*bias*), que añaden un término adicional a la salida de todos los nodos de la capa. Todas las entradas en un nodo son ponderadas, combinadas y procesadas a través de una función, llamada *función de transferencia o función de activación* que controla el flujo de salida de ese nodo para conectar con todos los nodos de la capa siguiente. Esta función de transferencia sirve para normalizar la salida.

Una red neuronal artificial no es más que la conexión de varias neuronas. Así, las neuronas artificiales, denominadas también unidades, nodos o elementos de proceso, constituyen la unidad básica de una red neuronal (análoga a la neurona biológica). Dichas neuronas artificiales operan a modo de microprocesadores simples, cuya función consiste en dar respuesta a un determinado patrón de entrada. Cada elemento de proceso, al igual que ocurre en una neurona biológica, recibe entradas procedentes de otros nodos vecinos, o del exterior, en el caso de la capa de entrada, y su función consiste en transformar, mediante sencillos cálculos internos, dichas entradas en un sólo valor de salida que envía al resto de nodos (constituyendo la entrada de éstos) o bien, al exterior, si la neurona en cuestión pertenece a la capa de salida. Las conexiones entre elementos de proceso llevan asociadas un peso o fuerza de conexión W que determina cuantitativamente el efecto que producen unos elementos sobre otros. Es decir, en los pesos se almacena la información de la red, al igual que sucede en las redes de neuronas biológicas.

El que una entrada tenga un efecto excitatorio o inhibitorio, depende de que el signo del peso correspondiente sea, respectivamente, positivo o negativo. La efectividad de las entradas está determinada por la fuerza de la conexión, representada por el valor absoluto de los pesos. Así, cada uno de los elementos W_{ij} de la matriz de pesos W, conocida como patrón de conexiones, representa la intensidad y sentido de la relación del elemento de proceso j, con respecto al elemento de proceso i.

El proceso de transformación de las entradas en salidas, en una red neuronal artificial alimentada hacia delante, con r entradas, una única capa oculta, compuesta de q elementos de proceso, y una unidad de salida puede resumirse en la siguiente formulación de la *función de salida de la red*:

$$\hat{f}(x,W) = F(\beta_0 + \sum_{j=1}^{q} \beta_j G(x'\gamma_j))$$

donde, $\hat{f}(x,W)$ es la salida de la red, el vector $x = (1, x_1, x_2, ..., x_r)'$ representa las entradas de la red (el 1 se corresponde con el sesgo de un modelo tradicional), $\gamma_j = (\gamma_{j0}, \gamma_{j1}, ..., \gamma_{ji}, ..., \gamma_{jr})' \in \mathfrak{R}^{r+1}$ son los pesos de las neuronas de la capa de entrada a las de la intermedia u oculta, β_j, $j = 0, ..., q$, representa la fuerza de conexión de las unidades ocultas a las de salida ($j=0$ indexa la unidad sesgo), q es el número de unidades intermedias, es decir, el número de nodos de la capa oculta, F: $\mathfrak{R} \to \mathfrak{R}$ es la función de activación de la unidad de salida y G: $\mathfrak{R} \to \mathfrak{R}$ se corresponde con la función de activación de las neuronas intermedias. W es un vector que incluye todos los pesos de la red, es decir, γ_j y β_j. La Figura 16-3 representa la función $\hat{f}(x,W)$.

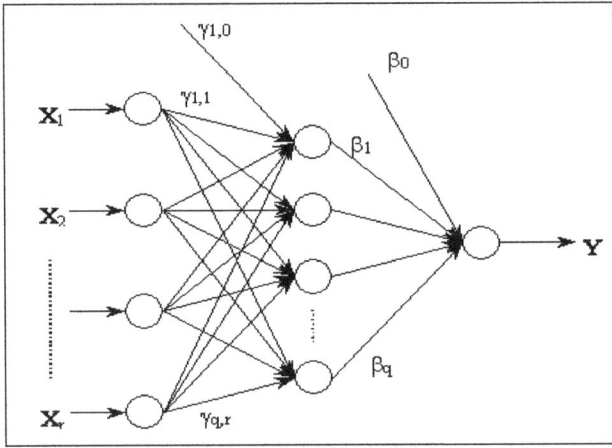

Figura 16-3

Históricamente, se emplearon como funciones de activación *funciones de umbral*, cuyo efecto es que las unidades se activan bruscamente, esto es, o no se activan, o se activan de golpe. La respuesta sólo puede ser blanco o negro, por ello, éstas funciones son adecuadas para tareas de clasificación y reconocimiento. Con el tiempo, se introdujeron funciones de activación que permiten que las neuronas se activen gradualmente a medida que el nivel de actividad de sus entradas aumenta, en lugar de que su estado pueda ser, únicamente, activación-desactivación. En concreto, la función que se propone es la sigmoidal o logística $G(a) = 1/(1+exp(-a))$, que produce una respuesta sigmoidal alisada.

Si en la expresión de $\hat{f}(x,W)$ consideramos que $a = x'\gamma_j$, nos encontramos con que $G(x'\gamma_j)$ se corresponde con el *modelo logit binario*.

En general, las funciones F y G pueden adoptar cualquier forma en la expresión de $\hat{f}(x,W)$. Ahora bien, es práctica habitual considerar, bien que la función de activación de las neuronas de salida y de las intermedias es idéntica, $F(a) = G(a)$, y que se corresponde con la función sigmoidal, o bien, que $F(a) = a$, es decir, que es la función identidad y que $G(a)$ se corresponde con la función logística o sigmoidal, lo que es equivalente a considerar que sólo existe función de activación (la sigmoidal) en las unidades ocultas. Esta última hipótesis es la que suponemos, a partir de ahora, en nuestro planteamiento, porque además de simplificar enormemente la notación, es la que con mayor frecuencia se adopta en la construcción de redes neuronales artificiales. También debemos apuntar que empleamos la función sigmoidal, que es la más habitualmente utilizada, ya que sus propiedades permiten emplear algoritmos de aprendizaje como el de retropropagación de errores, que utilizamos en nuestro trabajo. Formalmente, también es posible demostrar que una RNA con una capa oculta y función de activación sigmoidal es capaz de aproximar cualquier función medible.

Suponiendo, como hemos indicado, que sólo existe función de activación en las neuronas intermedias y que ésta se corresponde con la sigmoidal, tenemos:

$$\hat{f}(x,W) = \beta_0 + \sum_{j=1}^{q} \beta_j G(x'\gamma_j)$$

Otra posibilidad, de gran utilidad en aplicaciones econométricas, es considerar que en la red que representamos, una red neuronal artificial alimentada hacia delante, con r entradas, una única capa oculta, compuesta de q elementos de proceso, y una unidad de salida, también existen conexiones directas entre la capa de entrada y la de salida. En este caso, la salida de la red se obtiene mediante la siguiente expresión:

$$\hat{f}(x,W) = x'\alpha + \beta_0 + \sum_{j=1}^{q} \beta_j G(x'\gamma_j)$$

donde α es un vector de dimensión $r \times 1$ que representa los pesos de las conexiones directas entre las capas de entrada y salida. Como es lógico, ahora W, que recoge la totalidad de pesos de la red, se compone de α, γ_j y β_j.

16.2 REDES NEURONALES Y AJUSTE DE MODELOS PREDICTIVOS (APRENDIZAJE SUPERVISADO)

La función de salida $\hat{f}(x,W)$ podemos descomponerla en dos partes. La primera de ellas, que se corresponde con los dos primeros términos, representa un modelo lineal, de manera que, si tomamos como variables de entrada r retardos de la variable x, se convierte en una regresión lineal sobre las variables de entrada retardadas, que actúan como variables explicativas, y una constante (β_0).

Esta primera parte, como es lógico, capta las dependencias lineales entre los patrones de entrada y las salidas de la red. La segunda parte, que es el tercer término de la formulación anterior, recoge, en caso de que existan, las dependencias no lineales entre las variables de entrada y la salida de la red, dado que la función empleada es no lineal. Concretando, este tercer término es una composición, ponderada con los pesos sinápticos de las neuronas intermedias a las de salida (β_j), de funciones sigmoidales de las entradas de la red, ponderadas, éstas últimas, por la fuerza de conexión de las unidades de entrada a las intermedias. Este modelo puede considerarse una extensión de los conocidos y, tan frecuentemente utilizados, modelos lineales, ya que se compone de un modelo lineal, aumentado con términos no lineales.

Como podemos apreciar, la red que describimos mediante la expresión de $\hat{f}(x,W)$, goza de tal grado de flexibilidad que permite ajustar todo tipo de funciones, por ello se caracteriza a las redes neuronales artificiales como "aproximadores universales". Es decir, una red neuronal es capaz de aprender cualquier función.

El modelo de redes neuronales artificiales debe considerarse como uno más dentro del conjunto de los no paramétricos, al que se pueden aplicar los resultados de la inferencia estadística. Así, el abanico de oportunidades no se limita a las redes neuronales artificiales, sino que, por el contrario, cabe destacar múltiples alternativas como, los árboles de regresión y clasificación (CART) y los splines de regresión adaptativa multivariante (Friedman, 1991).

16.3 APRENDIZAJE EN LAS REDES NEURONALES

Después de diseñar una red neuronal artificial, lo que pretendemos conseguir con la misma es que, para ciertas entradas, o patrones ejemplo que suministramos a la red, ésta sea capaz de generar una salida deseada. Para ello, además de que la topología de la red (entendida como la estructura de la red) sea adecuada, se requiere que la misma aprenda a proporcionar soluciones correctas, es decir, es necesario someter a la red a un proceso de aprendizaje o entrenamiento. El aprendizaje puede entenderse como un procedimiento de prueba y error que permite la estimación estadística de los parámetros del modelo de red neuronal empleado.

Suelen considerarse tres tipos básicos de aprendizaje que dan lugar a diferentes tipos de redes neuronales. Cuando el entrenador proporciona a la red la salida deseada, se dice que el *aprendizaje* es *supervisado*. En caso contrario, nos encontramos ante un *aprendizaje no supervisado*. Por último, un tipo intermedio de *aprendizaje* es el *reforzado o híbrido*, en el cual el entrenador sólo proporciona a la red una indicación de si la respuesta a una entrada dada es buena o mala.

Las redes neuronales con *aprendizaje no supervisado* son aquéllas que entrenan sin necesidad de un *supervisor* o *entrenador* externo que proporcione a la red la salida deseada, pues son capaces de organizar sus parámetros internamente adaptándose al entorno del mejor modo posible. La red, una vez se le presentan las entradas, es capaz de determinar, por sí sola, las características, correlaciones, regularidades o categorías de las mismas, proporcionando una salida codificada. Por ello, podemos afirmar que estas redes poseen propiedades de autoorganización. Este tipo de aprendizaje únicamente debe utilizarse cuando existe algún grado de redundancia en los patrones de entrada que se le presentan a la red. En caso contrario, la red es incapaz de detectar las pautas de comportamiento y características de los datos que se le ofrecen. La estructura de la red debe ser la adecuada para el tipo de datos de entrada que se le presentan, pues en función de cuál sea la arquitectura de la red neuronal con aprendizaje no supervisado, ésta podrá detectar un tipo de patrón u otro. Los sistemas neuronales con aprendizaje no supervisado se caracterizan por poseer arquitecturas simples, puesto que las leyes de aprendizaje ya complican bastante su funcionamiento. En segundo término, la mayor parte de ellas son redes alimentadas hacia adelante, o *feed-forward* con una sola capa intermedia u oculta. Los modelos más característicos que entrenan mediante aprendizaje no supervisado son las *redes de Kohonen* (1977,1984) y *Grossberg* (1976). Las redes no supervisadas suelen utilizarse para la clasificación. Concretamente las redes de *Cohonen* suelen utilizarse cuando uno de los objetivos del análisis sea la visualización sencilla e intuitiva de los conglomerados, cuando se desconoce su forma u cuando existan casos atípicos o errores en los datos.

Las redes neuronales con *aprendizaje supervisado*, que suelen venir asociadas al *perceptrón multicapa* (*Multilayer Perceptron* MLP) y la *función de base radial* RBF, presentan un patrón de salida o variable dependiente que les permite contrastar y corregir los datos. Las redes neuronales con patrón de salida suelen ser una técnica utilizada para la clasificación como para la predicción con ello se pueden segmentar mercados, posicionar productos, realizar previsiones de demanda, evaluaciones de expedientes de crédito o de análisis del valor de acciones en bolsa y un sinfín de aplicaciones más. El modelo de red neuronal perceptrón multicapa se fundamenta en el *aprendizaje por retropropagación del error* (*Back-Propagation*) y utiliza habitualmente el *algoritmo por retropropagación*, el *algoritmo del gradiente descendente* (*conjugate gradient descent*) y el *algoritmo de Levenberg-Marquardt*. Así como en el percetrón multicapa todas las capas tienen la misma estructura (lineal), en la función de base radial (FBR), la capa intermedia tiene precisamente una estructura radial. La función de base radial es una función supervisada con patrón de salida que realiza clasificaciones (y o previsiones) a partir de elipses e hiperelipses que parten el espacio de entrada de datos. La función de base radial presenta ciertas ventajas con respecto a las redes neuronales multicapas entre las que destacan que se puede modelizar usando nada más que una capa intermedia en vez de varias y que su algoritmo es más rápido y no se queda nunca en una solución local.

Debemos destacar que, en ocasiones, aunque sea posible aplicar el aprendizaje supervisado, los métodos de aprendizaje no supervisado pueden resultar de gran utilidad, e incluso ofrecer mejores resultados. Por ejemplo, el *Algoritmo de Retropropagación de Errores (Back-Propagation)* en redes multicapa es muy lento, como consecuencia de que el valor que adopta cada peso depende de los valores que toma en las demás capas. Para evitar este problema podría emplearse, bien un método de aprendizaje no supervisado, o bien un sistema híbrido, que permita a algunas capas autoorganizarse antes de que sus salidas pasen a la red supervisada. Por otra parte, debemos destacar que puede ser aconsejable efectuar algún tipo de entrenamiento no supervisado a redes previamente entrenadas mediante mecanismos de aprendizaje supervisado. La finalidad de este modo de proceder es permitir que la red se adapte paulatinamente a los posibles cambios del entorno.

El *aprendizaje reforzado o híbrido* es intermedio entre el supervisado y el no supervisado. En este tipo de aprendizaje, al igual que en el supervisado, existe un *profesor* o *supervisor externo*. Sin embargo, se diferencian en que el "entrenador" no proporciona a la red las salidas deseadas, pues su comportamiento se evalúa de manera global, esto es, sólo es posible decidir e indicar a la red si su respuesta es buena o mala y en qué grado se comporta bien. El fundamento del aprendizaje reforzado reside en que se deben reforzar aquellas acciones que generan una mejora en el comportamiento y respuesta de la red neuronal.

Análogamente al aprendizaje supervisado, la red neuronal responde generando un conjunto de salidas, correspondientes a los patrones de entrada que se le presentan. Ahora bien, como no se proporcionan salidas deseadas al sistema, es imposible computar la fracción de error que comete cada una de las unidades de salida. Tan sólo se dispone de un indicador del éxito o fracaso de la red, similar a una función de utilidad, que la evalúa de forma global. Esto exige el empleo de algoritmos de aprendizaje mucho más complejos que en el supervisado, así como mayores exigencias en cuanto a tamaño de la muestra.

Formalmente, el proceso del aprendizaje consiste en resolver un problema de mínimos cuadrados no lineales. Para ello, hay que emplear métodos numéricos de optimización como el de *retropropagación de errores (Back-propagation)*, que se fundamenta en el algoritmo de aproximación estocástica de Robbins y Monro (1951) aplicado a mínimos cuadrados no lineales. Actualmente es el algoritmo más utilizado.

Una vez finalizado el aprendizaje se debe proceder a testear la red. La fase de test consiste en introducir nuevos patrones de entrada y comprobar la eficacia del sistema generado. Si no resulta aceptable se repite la fase de entrenamiento utilizando nuevos patrones-ejemplo, e incluso puede ser necesario modificar la estructura de la red.

16.4 FUNCIONAMIENTO DE UNA RED NEURONAL

Para la creación y aplicación de una red neuronal a un problema concreto, hemos de distinguir los siguientes pasos:

Conceptualización del modelo para el estudio del problema concreto. En este Modelo debemos señalar las entradas, las salidas y la información de que se dispone.

Adecuación de la información de que se dispone a la estructura de la red a crear. Es decir, se constituirán los patrones de aprendizaje, parte de la información que va a ser utilizada para el entrenamiento o aprendizaje de la red y los patrones de validación, parte de la información que va a ser utilizada como validación de la red.

Fase de aprendizaje. Se le va presentando a la red los patrones adecuados y la red va proporcionando una salida, este proceso se repite un cierto número de etapas, estas salidas se comparan con las salidas esperadas y los diversos algoritmos de aprendizaje intentan minimizar el error que hay entre la salida proporcionada por la red y la salida esperada.

Fase de validación. Se presentan a la red entrenada el conjunto de patrones de validación, y se ve el error cometido por la red en este conjunto, este error es una medida de la bondad de la red.

Fase de generalización. Si hemos conseguido una red adecuada se procede a utilizar la red como modelo predictor, aportándole una nueva entrada, la red la procesará y dará una salida.

Como ejemplo ilustrativo consideramos una entidad bancaria quiere construir un modelo para la concesión de créditos personales para la compra de un automóvil. El conjunto de información está constituido por un fichero de 5.000 clientes anteriores en el que consta para cliente las siguientes variables: sexo, estado civil, salario, bienes, cuenta corriente etc., y si ha hecho frente a los pagos regularmente o no. El modelo tendría pues, una capa de entrada con tantos nodos como variables aparecen en el fichero, una o varias capas intermedias y una capa de salida con un nodo, en que aparece una salida esperada que un cero o un uno según haya hecho frente a los pagos regularmente o no.

Dividiremos el fichero en una parte que constituirá el conjunto de aprendizaje y la otra el conjunto de validación. A la red se le da como entrada un conjunto de aprendizaje, la red se entrenará, validaríamos el modelo con el conjunto de validación y cuando llegue el nuevo cliente se presenta su información a la red y si la red está bien entrenada clasificará al cliente en la clase de los que paga en tiempo y forma o en la clase complementaria.

16.5 EL ALGORITMO DE APRENDIZAJE RETROPROPAGACIÓN (BACK- PROPAGATION)

El proceso de aprendizaje o entrenamiento de la red consiste en ir presentando a la red el conjunto de patrones un determinado número de etapas prefijadas de antemano, de forma a minimizar el error de aprendizaje, entendiendo éste como la diferencia cuadrática entre la salida esperada y la salida que aporta la red. En la primera etapa, la red tiene unos pesos de interconexión elegidos de forma aleatoria, a la red se le presenta un vector de entrada en la primera etapa, constituido por el primer patrón, éste se va propagando a través de todas las capas hasta proporcionar una salida, la señal de salida se compara con la salida deseada en todos los nodos de la capa de salida. Este proceso se realiza para todos los patrones del conjunto de aprendizaje, y la suma de los errores cuadráticos de todos los patrones será el error cometido por la red en esa primera etapa.

El objetivo es ir cambiando o actualizando para la segunda etapa los pesos de interconexión de forma a disminuir el error total. La idea del *algoritmo back-propagation* consiste en actualizar los pesos de interconexión de forma que la señal de error se transmita hacia atrás partiendo de la capa de salida; sin embargo, estas unidades intermedias sólo reciben una fracción de error proporcional a la contribución relativa que haya aportado a la salida. Este proceso se repite capa por capa hasta que todos los nodos hayan recibido una señal de error que describa su contribución al mismo. Una vez hemos actualizado los pesos, se repite el proceso de presentar de nuevo los patrones de aprendizaje y el cálculo de error, este proceso acaba bien porque el error total es menor que uno prefijado, bien porque hemos concluido con el número de etapas prefijado.

La importancia de este proceso radica en que a medida que se entrena la red, los nodos de las capas ocultas aprenden a reconocer distintas características del problema.

Para realizar la descripción matemática del algoritmo en una red con tres capas utilizaremos la siguiente notación (Pascual y Parras):

o_i = salida del nodo i de la primera capa.

w_{ij} = peso de conexión entre el nodo i de la primera capa y el nodo j de la capa oculta.

net_j = entrada neta del nodo j de la capa oculta. $net_j = \sum_i w_{ij} o_i$

o_j = salida del nodo j de la capa oculta. $o_j = \dfrac{1}{1 + \exp\left(- net_j\right)}$

w_{jk} = peso de la conexión entre el nodo j de la capa oculta y el nodo k de la capa final.
net_k = entrada neta del nodo k de la capa oculta.

$$net_k = \sum_j w_{jk} o_j$$

o_k = salida del nodo k de la capa oculta. $o_k = \dfrac{1}{1 + \exp\left(- net_k\right)}$

t_k = salida esperada en el nodo k de la capa final.

Para un patrón determinado p la salida vendrá dada por o_{pk} y la salida esperada por t_{pk}. El error de toda la red vendrá dado por:

$$E = \frac{1}{2} \sum_p \sum_k \left(t_{pk} - o_{pk}\right)^2$$

El objetivo de la *back-propagation* es el determinar el conjunto de pesos (w_{ij}, w_{jk}), que hagan mínimo el error cuadrático de la red. El algoritmo comienza por un conjunto de pesos arbitrarios y se va actualizando en cada etapa de acuerdo con la siguiente regla:

1. En primer lugar, los pesos de la capa final, w_{jk} mediante la técnica del gradiente descendente:

$$\frac{\partial E}{\partial w_{jk}} = \frac{\partial E}{\partial o_k} \cdot \frac{\partial o_k}{\partial net_k} \cdot \frac{\partial net_k}{\partial w_{jk}} = -\left(t_k - o_k\right)o_k\left(1 - o_k\right)o_j$$

de forma que w_{jk} se actualiza con una tasa de aprendizaje negativa (-η), con lo cual el w_{jk} actualizado es $w_{jk}^* = w_{jk} + \left(-\eta\right)\left[-\left(t_k - o_k\right)o_k\left(1 - o_k\right)o_j\right]$

2. La actualización de los pesos correspondientes a la capa oculta son:

$$\frac{\partial E}{\partial w_{ij}} = \sum_k \frac{\partial E}{\partial o_k} \cdot \frac{\partial o_k}{\partial net_k} \cdot \frac{\partial net_k}{\partial o_j} \frac{\partial o_j}{\partial net_j} \cdot \frac{\partial net_j}{\partial w_{ij}} = \sum_k -\left(t_k - o_k\right)o_k\left(1 - o_k\right)w_{jk}o_j\left(1 - o_j\right)o_i$$

A veces se añade a la actualización un término momento, con lo cual se acelera el proceso de actualización de pesos.

16.6 ANÁLISIS DE SERIES TEMPORALES MEDIANTE REDES NEURONALES

Una serie temporal consiste en una secuencia de valores de varias variables que evolucionan (van cambiando) en el tiempo. Se trata de predecir el comportamiento futuro del fenómeno o sistema dinámico que genera esos valores basándose en una colección de datos históricos. Por ejemplo, la predicción del consumo de energía eléctrica o la predicción del número de vacunas contra la gripe que se van a demandar en una región determinada. La mejor manera de resolver estos problemas es encontrando la ley subyacente que genera dichos procesos. Esta ley se puede obtener mediante métodos analíticos, como puede ser un conjunto de ecuaciones diferenciales. Sin embargo, la información que vamos a tener del proceso va a ser generalmente parcial o incompleta y, por lo tanto, la predicción no se puede hacer mediante un modelo analítico conocido. Se intentará descubrir alguna regularidad empírica fuerte en las observaciones de las series temporales. En muchos problemas del mundo real algunas regularidades, como la periodicidad, aparecen enmascaradas por ruidos, e incluso algunos procesos dinámicos se describen por series de tiempo caóticas, donde los datos parecen aleatorios sin periodicidades aparente.

Aunque el caos impide cualquier predicción a largo plazo, sin embargo, se consiguen resultados prometedores para predicciones a corto plazo utilizando redes neuronales artificiales que vienen descritas por una función multivariante no lineal:

$$y(t) = F\left[y(t-1), y(t-2),..., y(t-k)\right]$$

donde $y(t)$, t = m, $m-1$,....,k, son las muestras dadas de la serie de tiempo, F es una función no lineal desconocida y $k<m$.

La mayoría de las técnicas disponibles suponen relaciones lineales entre las variables o entre las variables desfasadas en el tiempo. Pero estas técnicas suelen ser inadecuadas para analizar los datos temporales del mundo real ante la imposibilidad de explicar cambios repentinos de amplitud grande y en intervalos irregulares de tiempo. La formulación de modelos no lineales razonables es una tarea muy difícil. Por ello, como el objetivo es hacer buenas previsiones, las redes neuronales son una buena alternativa para el cálculo de predicciones. Lapides y Fraber (1987) fueron los pioneros en aplicar las redes neuronales para modelado de sistemas simples (libres de ruido) y su predicción. El problema principal, al menos por el momento, es la dificultad de encontrar la red adecuada para cada caso, no existen reglas fijas que determinen la arquitectura de la red neuronal apropiada a cada caso de estudio. En el trabajo de La Fuente y Pino (1995) se presenta un análisis comparativo para el cálculo de previsiones entre las metodologías de Box-Jenkins y las redes neuronales y se propone la utilización de la metodología de Box-Jenkins como paso previo al diseño de la estructura de la red neuronal.

El perceptrón multicapa es el modelo más utilizado de redes de neuronas artificiales para predicción de valores futuros. La unidad de salida nos da una combinación lineal de las salidas de todas las unidades ocultas:

$$\hat{y}(t) = \omega_0 + \sum_{j=1}^{h} \omega_j \psi_j \left(\sum_{i=1}^{k} \omega_{ji} y(t-i) + \omega_{j0} \right)$$

donde ψ_j es la función de activación. Los pesos sinápticos ω_{ji} y ω_j se van ajustando durante el proceso de aprendizaje y pueden ser positivos, negativos o nulos.

Para diseñar la red neuronal tenemos que ver cuántas neuronas ocultas debemos utilizar. Generalmente el número de neuronas ocultas es proporcional al tamaño de la muestra que se utiliza para el entrenamiento de la red. El comportamiento de la red se valora según la función de error:

$$E(\omega) = \sum_{k=1}^{p} (y(k) - \hat{y}(k))^2$$

donde p es el número de muestras utilizadas en el entrenamiento.

Recientemente se ha demostrado que, para p muestras de entrenamiento, un perceptrón con una sola capa oculta de p-1 neuronas puede implementar dicho conjunto de entrenamiento. Es decir, que son suficientes p-1 neuronas, pero generalmente necesitaremos menos.

Otro modelo alternativo al perceptrón es la red neuronal que emplea funciones de base radial, es decir, su salida es de la forma:

$$\hat{y}(t) = \omega_0 + \sum_{i=1}^{h} \omega_i \phi_i \left(\left\| x(t) - c_i \right\| \right)$$

donde $x(t) = (y(t-1),..., y(t-k))'$ y $c_i \in R^k$ $(i = 1, 2,..., h)$ son los centros de las funciones de base radial. Una función de base radial muy utilizada es la función Gaussiana:

$$\phi(r) = \exp\left(\frac{-r^2}{\sigma^2} \right)$$

Se ha demostrado experimentalmente que las redes neuronales con funciones de base radial aproximan una amplia clase de funciones multidimensionales. Además, presentan la ventaja sobre el perceptrón de que sus tiempos de entrenamiento so mucho menores.

16.7 REDES NEURONALES A TRAVÉS DE R

Las librerías de R *neuralnet* y *nnet* disponen de funciones adecuadas para el trabajo con redes neuronales en R-

16.7.1 Librería neuralnet

El comando *neuralnet* de la librería *neuralnet* tiene la siguiente sintaxis simplificada:

neuralnet(formula, data=conjunto de datos, hidden = c(m,n),...)

El vector *c(m,n)* especifica el número de neuronas ocultas en cada capa.

Como ejemplo vamos a calcular las probabilidades que tienen los solicitantes de créditos bancarios de devolver correctamente dicho crédito. Para ello se usa un fichero de nombre *créditos.sav* que contiene una variable dicotómica *credit_v* que recoge el éxito o fracaso en la devolución de un crédito en el histórico de clientes (1=devolución correcta, 0=devolución incorrecta o no devolución). Esta variable será la variable dependiente del modelo de red. Como variables independientes se utilizarán la categoría profesional del cliente, su sueldo mensual, su edad y si dispone o no de una tarjeta American Express.

Comenzamos cargando el archivo, separando sus variables y obteniendo estadísticos básicos de las mismas.

```
> library(haven)
> Creditos <- read_sav("E:/CURSOR2023/DATOS/Creditos.sav")
> View(Creditos)
> attach(Creditos)
> summary(Creditos)
```

```
   credit_v            cat_prof          pago_mes           edad             amex
Min.    :0.0000    Min.    :1.000    Min.    :1.000    Min.    :1.000    Min.    :0.000
1st Qu.:0.0000    1st Qu.:2.000    1st Qu.:1.000    1st Qu.:1.000    1st Qu.:0.000
Median :0.0000    Median :2.000    Median :1.000    Median :1.000    Median :0.000
Mean    :0.4799    Mean    :2.632    Mean    :1.489    Mean    :1.598    Mean    :0.483
3rd Qu.:1.0000    3rd Qu.:3.000    3rd Qu.:2.000    3rd Qu.:2.000    3rd Qu.:1.000
Max.    :1.0000    Max.    :5.000    Max.    :2.000    Max.    :3.000    Max.    :1.000
```

A continuación, insatalamos y cargamos la librería *neuralnet*.

```
> install.packages("neuralnet")
> library(neuralnet)
```

Ahora con la función *neuralnet* creamos el modelo de red con dos capas ocultas de 2 y 3 nodos respectivamente y lo representamos (en la gráfica 16-4 se observan los pesos sinápticos estimados)..

```
> red=neuralnet(credit_v~cat_prof+pago_mes+edad+amex,
data=Creditos, hidden=c(2,3) )
> windows()
> plot(red)
```

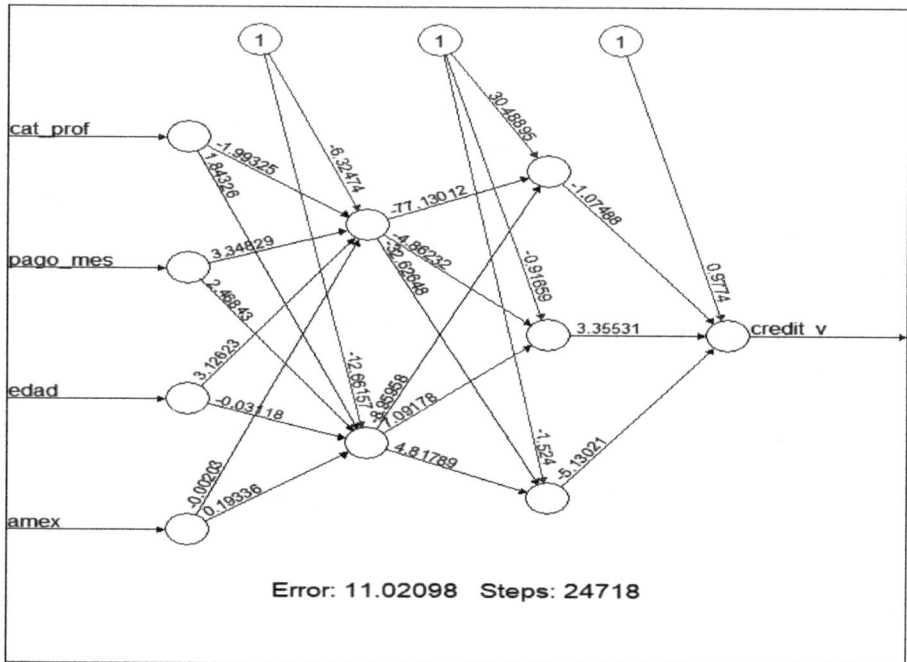

Figura 16-4

A continuación, calculamos las probabilidades predichas y graficamos la función de densidad (Figura 16-5).

```
> A=predict(red,Creditos)
> probabilidadpredicha= A[,1]
> windows()
> plot(density(probabilidadpredicha))
```

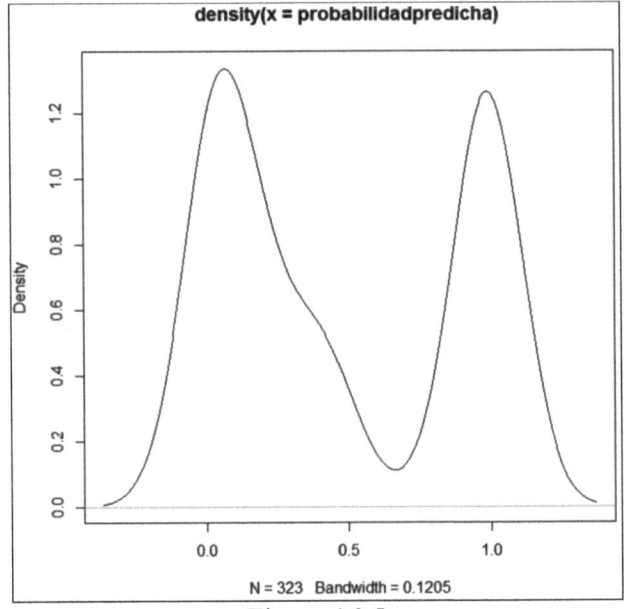

Figura 16-5

Obtenemos una densidad bimodal que indica que tanto para probabilidades bajas como altas de evolución del crédito hay una densidad elevada de clientes. Para probabilidades medias la densidad e clientes es baja.

A continuación, calculamos las clases predichas.

```
> clasepredicha=round(probabilidadpredicha)
```

Para realizar la diagnosis obtenemos la matriz de confusión.

```
> matrizconfusion=table(credit_v,clasepredicha)
> matrizconfusion

        clasepredicha
credit_v   0   1
       0 166   2
       1  30 125
```

De entre los 323 clientes se clasifican erróneamente 32 (2 de entre los 168 que no devuelven correctamente el crédito y 30 de entre los que lo devuelven). Por tanto la probabilidad global de aciertos es (323-32)/323=90%, que es un valor muy alto.

De entre los que no devuelven el crédito se clasifican bien (168-2)/168=98,8%. De entre los que devueven el crédito se clasifican bien (155-30)/155=80,6%

Vamos a representar ahora la curva ROC (Figura 16-6).

```
> library(pROC)
> windows()
> rocarbol=roc(credit_v, probabilidadpredicha, auc=TRUE)
> plot(rocarbol,print.auc=TRUE)
```

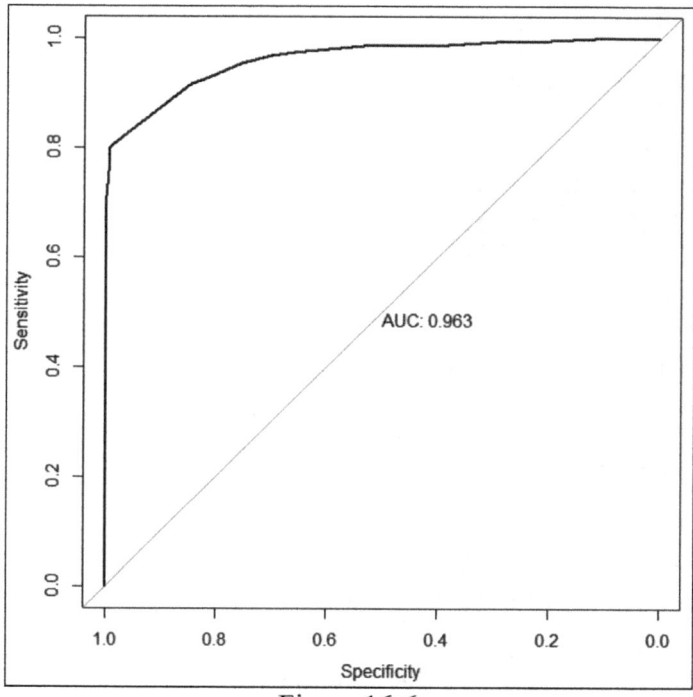

Figura 16-6

Como el area bajo la curva ROC es 0,963 (muy próxima a 1) se concluye que el modelo red neuronal es muy bueno. Además, supera al modelo de árbol de decisión del capítulo anterior que tenía un área bajo la curva ROC menor (0,877).

Obtendremos mucha información numérica sobre la red neuronal si usamos:
```
> red
```

16.7.2 Librería nnet

Para trabajar con la red neuronal también se puede utilizar la función *nnet* de la librería *nnet*. Su sintaxis simplificada es la siguiente:

nnet(*formula*, *data*, *weights*, *size=n* ...,)

El argumento *size=n* indica el número de nodos en la capa oculta.

Construiremos la red del ejemplo anterior con 8 nodos en la capa oculta.

```
> red=nnet(credit_v~cat_prof+pago_mes+edad+amex,Creditos,size=8)
# weights:   49
initial   value 110.047987
iter  10 value 34.223158
iter  20 value 27.167309
iter  30 value 22.301505
iter  40 value 22.086891
iter  50 value 22.065327
iter  60 value 22.056048
iter  70 value 22.040573
iter  80 value 22.018170
iter  90 value 21.996565
iter 100 value 21.971972
final   value 21.971972
stopped after 100 iterations
```

A continuación vemos los pesos sinápticos estimados.

```
> summary(red)
a 4-8-1 network with 49 weights
options were -
 b->h1 i1->h1 i2->h1 i3->h1 i4->h1
  8.44  -2.74  -3.16  10.02   7.88
 b->h2 i1->h2 i2->h2 i3->h2 i4->h2
  2.08  -3.20  -0.53  -0.29   1.12
 b->h3 i1->h3 i2->h3 i3->h3 i4->h3
  0.30  -4.87   1.54   2.26  -3.43
 b->h4 i1->h4 i2->h4 i3->h4 i4->h4
  9.97  17.05 -11.61 -14.84  -0.08
 b->h5 i1->h5 i2->h5 i3->h5 i4->h5
  9.17  19.17 -21.32 -29.78   4.70
 b->h6 i1->h6 i2->h6 i3->h6 i4->h6
-17.78  31.21  -7.86 -42.32   7.48
 b->h7 i1->h7 i2->h7 i3->h7 i4->h7
 -0.66  -2.79  -0.65  -1.56  -0.57
 b->h8 i1->h8 i2->h8 i3->h8 i4->h8
  0.06  -3.29  -2.42   4.42   0.35
  b->o  h1->o  h2->o  h3->o  h4->o  h5->o  h6->o  h7->o  h8->o
 14.57  -8.93  -3.24   4.09  -6.02 -21.09  17.63   0.72  -3.4
```

A continuación, calcularemos la probabilidad de devolver el crédito para cada cliente y la clase a que pertenece (devolución correcta o no).

```
> probabilidadpredicha= predict(red,type="raw")
clasepredicha=round(probabilidadpredicha)
```

Si representamos la densidad de probabilidad (Figura 16-7) vemos que es bimodal alrededor del cero y del 1.

```
> plot(density(probabilidadpredicha))
```

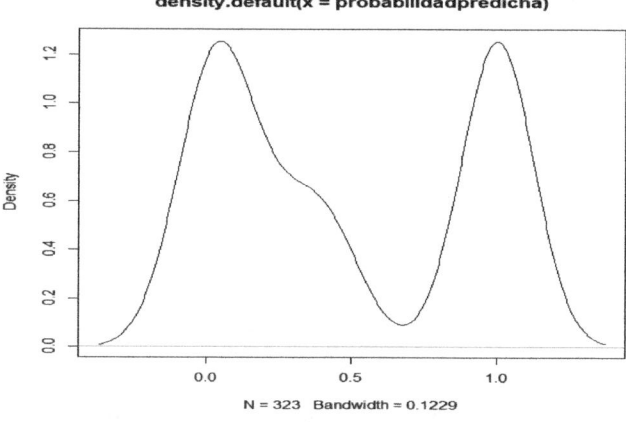

density.default(x = probabilidadpredicha)

Figura 16-7

Ahora realizaremos la diagnosis del modelo a través de la matriz de confusión y de la curva ROC.

```
> matrizconfusion=table(credit_v,clasepredicha)
> matrizconfusion
         clasepredicha
credit_v   0   1
       0 167   1
       1  31 124
```

Se observa que el porcentaje global de aciertos es (323-32)/323=90%, que es un valor similar al obtenido anteriormente con el comando neuralnet..

Vamos a representar ahora la curva ROC (Figura 16-8).

```
> library(pROC)
> rocred=roc(credit_v, probabilidadpredicha, auc=T
RUE)
> plot(rocred,print.auc=TRUE)
```

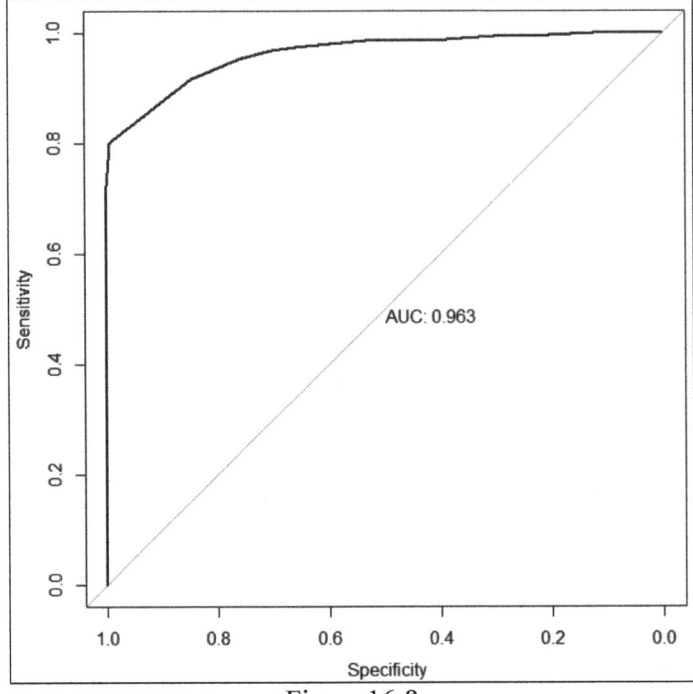

Figura 16-8

Vemos que el área bajo la curva ROC también coincide con las funciones *nnet* y *neuralnet*. La precisión de ambas redes es similar.

16.8 R Y LAS SERIES TEMPORALES MEDIANTE REDES NEURONALES

R dispone del comando *nnetar* en la librería *forecast* que permite predecir series temporales a través de redes neuronales.

Vamos a considerar la serie mensual X del fichero *estacional.sav* que comienza enero de 1968 y finaliza en octubre de 1981. Se trata de calcular un año de predicciones utilizando redes neuronales.

Comenzamos leyendo la serie y dotándola e estructura de serie temporal.

```
> library(haven)
> datos=read_sav("C:/ DATOS/estacional.sav")
> attach(datos)
> serieX=ts(X,start=c(1968,1),frequency=12)
```

A continuación, se estima el modelo de redes neuronales adecuado para obtener las predicciones.

```
> estimacion=nnetar(serieX)
> estimacion
Series: serieX
Model:  NNAR(2,1,2)[12]
Call:   nnetar(y = serieX)

Average of 20 networks, each of which is
a 3-2-1 network with 11 weights
options were - linear output units

sigma^2 estimated as 354.1
```

A continuación, realizamos la diagnosis del modelo realizando el análisis de los residuos y calculando errores de estimación (Figura 16-9). En cuanto al análisis de los residuos se observan algunas deficiencias en la aleatoriedad residual ya que algunos términos de la función de autocorrelación residual se salen de la franja de confianza. La normalidad residual se cumple correctamente ya que el histograma residual se ajusta bien a la campana de Gauss.

```
> checkresiduals(estimacion)
```

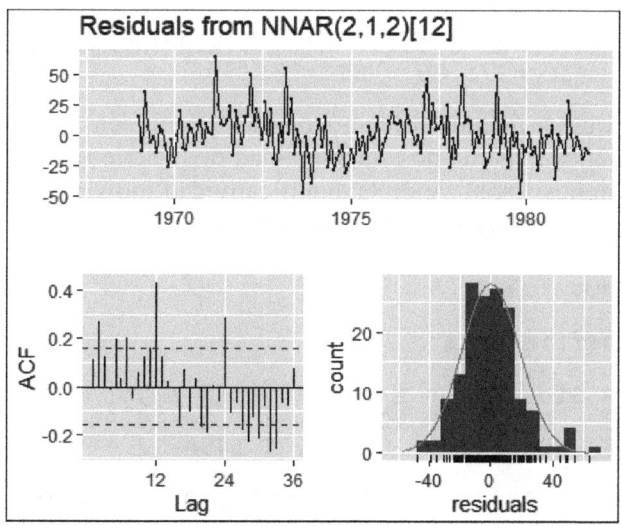

Figura 16-9

Ahora calculamos los errores de estimación.

```
> accuracy(estimacion)
                      ME     RMSE      MAE       MPE     MAPE      MASE
Training set -0.005061888 18.81742 14.38546 -2.235458 11.29547 0.4763601
                    ACF1
Training set 0.1121133
```

Ejercicio 16-1. Considerar la serie de ventas mensuales de una empresa con nombre ventas del fichero test.sav que comienza en enero de 1988 y finaliza en abril de 1996. Se trata de calcular un año de predicciones utilizando modelización automática y modelización con redes neuronales. Comparar resultados.

Comenzamos leyendo la serie y dotándola de estructura de serie temporal.

```
> library(haven)
> datos=read_sav("C:/DATOS/test.sav")
> attach(datos)
> serieventas=ts(ventas,start=c(1988,1),frequency=12)
```

A continuación, realizamos la identificación y estimación del modelo ARIMA automático.

```
> modelo=auto.arima(serieventas)
> modelo
Series: serieventas
ARIMA(1,1,1)

Coefficients:
          ar1      ma1
       0.7666   0.5812
s.e.   0.0716   0.0842

sigma^2 estimated as 0.9117:  log likelihood=-135.9
AIC=277.81    AICc=278.06    BIC=285.59
```

Vemos que se identifica como óptimo un modelo ARIMA(1,1,1). R ha detectado automáticamente la no estacionalidad de la serie *ventas*. A continuación, realizamos la diagnosis analizando la significatividad individual de los parámetros estimados y realizando el análisis de los residuos.

```
> coeftest(modelo)

z test of coefficients:

     Estimate Std. Error  z value  Pr(>|z|)
ar1 0.766572    0.071608 10.7051 < 2.2e-16 ***
ma1 0.581243    0.084219  6.9015 5.145e-12 ***
---
Signif. codes:  0 '***' 0.001 '**' 0.01 '*' 0.05 '.' 0.1 ' '
1
```

Todos los parámetros son significativos porque sus p-valores son muy pequeños.

Ahora realizamos la diagnosis residual (Figura 16-10).

```
> checkresiduals(modelo)
```

```
Ljung-Box test
```

```
data:  Residuals from ARIMA(1,1,1)
Q* = 16.114, df = 18, p-value = 0.5846
```

```
Model df: 2.    Total lags used: 20
```

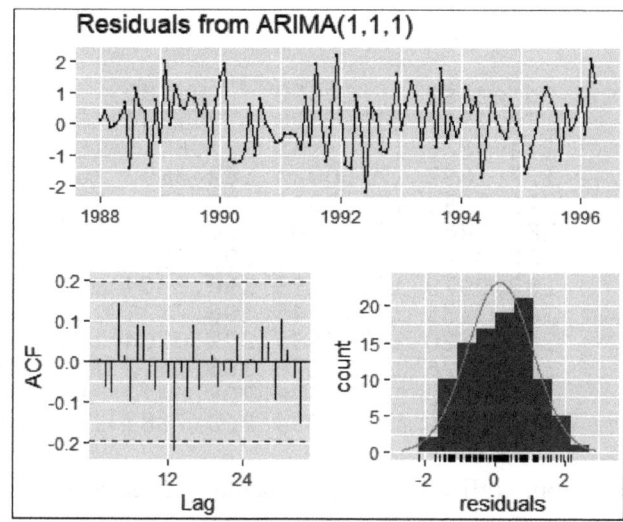

Figura 16-10

Vemos que los residuos son aleatorios (p- valor del estadístico de Ljung-Box=0,5846 que es mayor que 0,05) y normales (histograma bien ajustado a la campana de Gauss). A continuación, vemos que los errores de estimación son pequeños.

```
> accuracy(modelo)
                    ME       RMSE        MAE       MPE       MAPE        MASE
Training set 0.1244025 0.9404222 0.7741289 0.1001516 0.5684078 0.05369985
                  ACF1
Training set 0.005808231
```

Ahora calculamos las predicciones y sus intervalos de confianza.

```
> predicciones=forecast(modelo,12)
> summary(predicciones)
```

```
Forecast method: ARIMA(1,1,1)
```

```
Model Information:
Series: serieventas
ARIMA(1,1,1)
```

```
Coefficients:
         ar1      ma1
      0.7666   0.5812
s.e.  0.0716   0.0842
```

```
sigma^2 estimated as 0.9117:  log likelihood=-135.9
AIC=277.81   AICc=278.06   BIC=285.59
```

```
Error measures:
                ME       RMSE       MAE       MPE      MAPE       MASE
Training set 0.1244025 0.9404222 0.7741289 0.1001516 0.5684078 0.05369985
                ACF1
Training set 0.005808231
```

```
Forecasts:
          Point Forecast    Lo 80     Hi 80     Lo 95     Hi 95
May 1996        170.9557 169.7320 172.1794 169.0843 172.8272
Jun 1996        174.4823 171.3595 177.6051 169.7065 179.2581
Jul 1996        177.1857 172.0021 182.3692 169.2581 185.1132
Aug 1996        179.2580 171.9816 186.5344 168.1297 190.3863
Sep 1996        180.8466 171.5105 190.1827 166.5683 195.1249
Oct 1996        182.0644 170.7345 193.3942 164.7368 199.3919
Nov 1996        182.9979 169.7553 196.2404 162.7452 203.2506
Dec 1996        183.7135 168.6448 198.7821 160.6679 206.7590
Jan 1997        184.2620 167.4537 201.0704 158.5559 209.9682
Feb 1997        184.6826 166.2179 203.1472 156.4433 212.9218
Mar 1997        185.0049 164.9626 205.0472 154.3529 215.6569
Apr 1997        185.2520 163.7054 206.7987 152.2993 218.2048
```

A continuación, graficamos las predicciones (Figura 16-11)

```
> plot(predicciones)
```

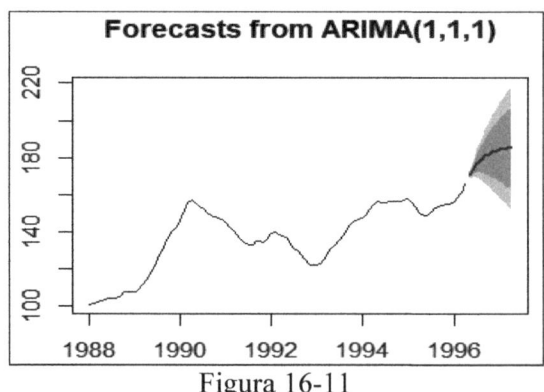

Figura 16-11

A continuación, se identifica, estima y diagnostica el modelo automático óptimo teniendo en cuenta procesamiento paralelo.

```
>modelo1=auto.arima(serieventas,parallel=TRUE, stepwise=FALSE)
>modelo1
```

```
Series: serieventas
ARIMA(1,1,1)
```

```
Coefficients:
         ar1     ma1
      0.7666  0.5812
s.e.  0.0716  0.0842

sigma^2 estimated as 0.9117:  log likelihood=-135.9
AIC=277.81    AICc=278.06    BIC=285.59
```

Se observa que, en este caso, R detecta el mismo modelo ARIMA automático con procesamiento paralelo y sin él.

Vamos a obtener ahora predicciones de ventas a través de modelos de redes neuronales.

```
> modelo2=nnetar(serieventas)
> modelo2
Series: serieventas
Model:   NNAR(1,1,2)[12]
Call:    nnetar(y = serieventas)

Average of 20 networks, each of which is
a 2-2-1 network with 9 weights
options were - linear output units

sigma^2 estimated as 2.711
```

Realizaremos ahora la diagnosis residual (Figura 16-12).

```
> checkresiduals(modelo2)
```

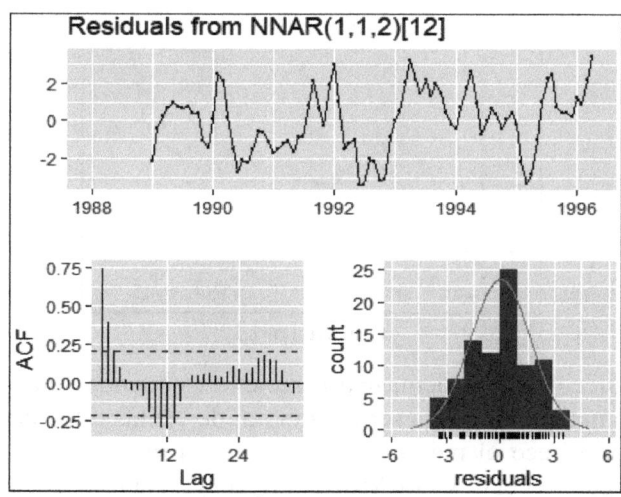

Figura 16-12

Hay términos de la ACF residual que se salen de la franja de confianza. Por lo tanto, el residuo puede tener problemas de no aleatoriedad.

A continuación, calculamos y graficamos las predicciones (Figura 16-13).

```
> predicciones=forecast(modelo2, 12)
> summary(predicciones)
```

Forecast method: NNAR(1,1,2)[12]

Model Information:

Average of 20 networks, each of which is
a 2-2-1 network with 9 weights
options were - linear output units

Error measures:
```
                  ME      RMSE       MAE         MPE     MAPE       MASE
Training set 0.00128216 1.646582 1.353109 -0.01441601 0.963246 0.09386259
                 ACF1
Training set 0.742861
```

Forecasts:
```
          Jan      Feb      Mar      Apr      May      Jun
Jul       Aug
1996                                      170.1463 177.2492 18
8.9811 199.0193
1997 209.2313 209.7297 210.5804 211.8973
          Sep      Oct      Nov      Dec
1996 204.6079 207.1511 208.2485 208.7423
1997
```

```
> plot(predicciones)
```

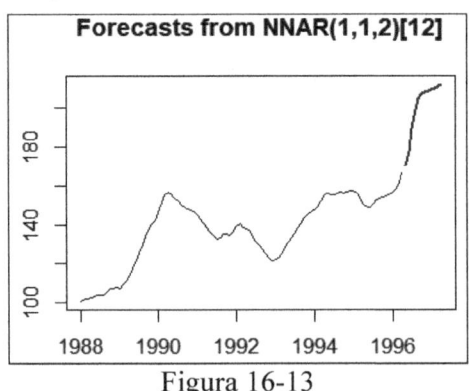

Figura 16-13

Las predicciones son demasiado crecientes y menos lógicas que en el caso del modelo automático. Para esta serie temporal de ventas está claro que el modelo óptimo es el que ofrece el método automático con el comando *auto.arima*. Nos quedamos entonces con el modelo ARIMA(1,1,1) y sus predicciones.